Compilation of Reported F^{19} NMR Chemical Shifts 1951 to Mid-1967

COMPILATION OF REPORTED F^{19} NMR CHEMICAL SHIFTS

1951 to Mid-1967

CLAUDE H. DUNGAN

Chemistry Department, University of Kentucky, Lexington, Kentucky

and

JOHN R. VAN WAZER

Chemistry Department, Vanderbilt University, Nashville, Tennessee

WILEY-INTERSCIENCE
A Division of John Wiley & Sons
New York · London · Sydney · Toronto

Library of Congress Catalogue Card Number: 75-122629

ISBN 0 471 22650 5

Printed in the United States of America

10 9 8 7 6 5 4 3 2 1

PREFACE

The material presented in this book was gathered in the St. Louis laboratories of the Monsanto Company as part of a larger effort to interpret F^{19} nuclear magnetic resonance chemical shifts. Although this overall project is still alive at Vanderbilt University, it has not progressed anywhere near as rapidly as we had hoped. In response to numerous requests for this tabulation of F^{19} chemical shifts, we decided to publish it without completing the larger study of which it was a part and without bringing the compilation up to date, since neither of us have the time to do this.

We believe that an outstanding value of this compilation lies in the fact that all of the chemical-shift data are presented here with respect to a given reference standard, $CFCl_3$. One of the annoying features of the F^{19} nuclear magnetic resonance literature in the period covered herein was the use of a rather large number of reference standards — a situation which made it very unhandy to compare the shift values of different compounds or even shift values determined on the same compound by different investigators.

We view the overall area of F^{19} chemical shifts as being a generally uncharted jungle of data and hope that this compilation will serve as an aid in mapping it as a whole. Good luck to those chemists' cartographers who undertake this job.

John R. Van Wazer
Claude H. Dungan

Nashville, Tennessee
December, 1969

COMMENTS

Scope of Coverage

This compilation consists of 6,022 F^{19} NMR chemical-shift values of which approximately 20% are duplicate measurements of the same compound. The method used in the literature search was to review all scientific publications which were cross referenced in *Chemical Abstracts* under the classifications NMR and fluorine for the period 1946 through June, 1964. Papers appearing from the latter period through September, 1967 were obtained from *Nuclear Magnetic Resonance Abstracts*. *Nuclear Magnetic Resonance Abstracts* come in 5 X 8 keysort cards with an accompanying number code for indexing. Code 2 refers to F^{19} NMR data and the inclusion of chemical-shift or spin-coupling data is shown by codes 30 and 31 respectively. Also searched for pertinent references were the books "Advances in Fluorine Chemistry", Volumes 1-5; and the Annual Review issues of the journal *Analytical Chemistry*. In addition a continual card file of reviewed publications was maintained and all NMR cross references given in each journal were checked against this file.

Only 534 of the more than 1,050 publications that were reviewed have been used as reference sources for this compilation. Articles were omitted for a variety of reasons including (1) the absence of a stated shift reference in the article, (2) shift data reported in cps values without any mention as to the magnetic field strength or RF frequency used in the measurement, (3) data that was obviously too crude to be of value, (4) uninterpreted spectra, or (5) unexplained anomalies appearing in the spectrum that seemed to lead to questionable assignments, etc. In the cases where analysis of uninterpreted spectra was fairly straight-forward (*e.g.* AB-type resonances), the chemical shifts were calculated and included in this tabulation.

Another area which was particularly troublesome was determining the correct sign of some of the reported chemical-shift values with respect to the given reference standard. Conventionally, peak positions appearing upfield of a given reference are reported as plus and those falling downfield of the reference are reported as minus, in agreement with the following formula for the chemical shift in ppm:

$$\delta = \frac{H_{obs.} - H_{ref.}}{H_{ref.}} \times 10^6 \qquad (1)$$

where $H_{obs.}$ is the strength of the magnetic field at the observed resonance and $H_{ref.}$ is the strength of the magnetic field at the resonance of the chemical reference standard. However, some authors (2,3,7,8, 10,13,14,27,28,32,33,46,77,107,146,170, 171,184,185,205,247,311,362,494, and 515) have assigned negative values to upfield shifts and, as a result, a casual reader of this NMR literature could inadvertently assume the wrong sign for the chemical shifts. Unfortunately, the intent of the authors was not always obvious since information with respect to the sign of the reported chemical shifts was sometimes buried in complicated mathematical sections or in personalized symbolism. Every effort was made to include such data in this compilation by converting them, as required, to the standard notation. Thus barring error on our part, the correct values of these numerous and very interesting shift measurements are now readily available to the reader.

In addition to this editing, an attempt was made, after all the data had been assembled and categorized, to reassess those shift values that appeared to be inconsistent with a particular series of environments and thus to delete obviously faulty data. It was not possible though, nor was it intended to make any serious screening efforts for most of the values. Therefore, no claim is made with respect to the validity of the various chemical shifts appearing in this compilation. Furthermore, although a great deal of effort was exerted towards completely searching all literature pertaining to this subject, no doubt some publications have been overlooked. Apologies are extended for any omissions and it is requested that the reader consider the enormity of this task.

Tabulation of the Shift Data

The data compilation is divided into three main sections: I. Fluorine bonded to an element other than carbon; II. Fluorine bonded to carbon (excluding fluorine substituted on a benzene ring); and III. Fluorinated benzenes and derivatives. The "nearest-neighbor" approach of subdivision has been used exclusively throughout the first two sections while the fluorobenzenes are subdivided by a similar but slightly different method. It was found necessary to change the classification scheme for the fluorobenzenes since the former method is not sufficiently descriptive for ring compounds. The "nearest-neighbor" technique becomes too unwieldly to use past the third order of environment and, even at this degree of subdivision, the method provides insight only with respect to the ortho substituent. Thus the few classifications which could be realized by this technique for the fluorobenzenes would contain far too many compounds and their usefulness for reference purposes would diminish accordingly.

ARRANGEMENT OF SECTION I

The fluorine environments of Section I, which include a total of 876 different chemical-shift measurements, are first classified according to the elements to which they are bonded and the coordination number of these elements. The classes are then further subdivided by the atoms which are connected to that element. For example, to search for the chemical-shift value of the F_2N-fluorines contained in the compound $F_2NC(O)Cl$, one would first look through the contents of Section I for the main classification "Fluorine Bonded to Three-Coordinated Nitrogen". This is a fairly large class of compounds and so, after finding this subdivision, the reader will have to choose the subclasses appropriate to this structure. Since the fluorine nucleus observed in the chemical-shift is understood, only the other two substituents of the nitrogen need be sought as nearest neighbors to the nitrogen. Therefore, the appropriate subclass is readily found under the title (B) "Nearest Neighbors to Nitrogen—Carbon, Fluorine". Since no further divisions are made for this subclass one should find this compound between compound numbers 197 through 236.

In those sections where there were insufficient numbers of compounds having the same environments with respect to the "observed fluorine," the letter X (denoting any element) was inserted in the title so that several classes of compounds could be lumped together. Over-all, this created not only a better balance of physical size between the many subclasses but also it decreased the total number of titles that would otherwise have to be searched to find a given compound. In searching the contents for a given environment, it must be remembered that "X" never represents an element that has been previously listed within a given sequence of a particular section.

Arrangement of Section II

All of the compounds in which a fluorine is attached to a carbon atom (except for the fluorobenzene derivatives) are given in Section II. The subdivision of this section, which includes the shifts from over 3,000 separate measurements, was accomplished as follows: (1) The main class is the coordination number of the immediately adjacent carbon atom; (2) the subclass is the name of the element(s) bonded to that carbon; and (3) atomic symbols are given which designate the atoms which are connected to the subclass elements. Thus, if one were to look through the contents to find the approximate compilation page number for the chemical-shift value of the underlined fluorine in the structure $C\underline{F}_3CHFSO_2F$, the following series of environment classifications would be applicable:

II. Fluorine Bonded to Carbon (Excluding Fluorobenzene Derivatives)

C. Fluorine Bonded to Four-Coordinated Carbon

26. Nearest Neighbors to Carbon—Carbon (4-Coord.), Fluorine, Fluorine

(B) Next-Nearest Neighbors—H,X,X

These sequential classifications are more easily recognized as being unique to this structure if it is drawn in the following manner:

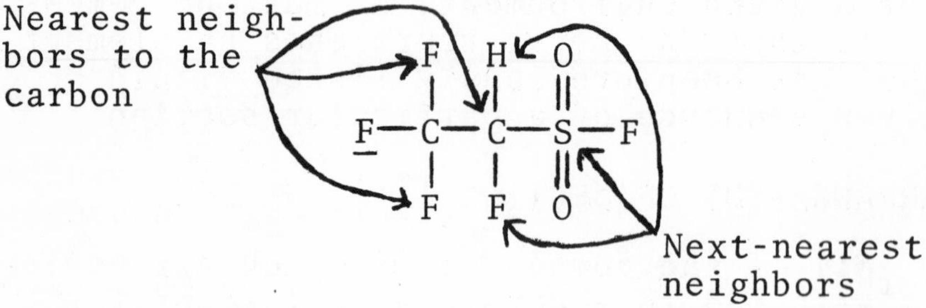

It will be noted, that although the third environment with respect to the "observed" fluorine atom is comprised of the elements H, S, F, the absences of this classification within this particular series requires that the reader instead look at compound numbers 3130 through 3153 making up the broader subclassification H, X, X.

Arrangement of Section III

The over 800 separate measurements on the various fluorobenzenes in Section III are listed: first, according to the number of fluorine atoms attached to the ring; second, by the number of other substituents (exclusive of hydrogens) and their relative positions to the "observed" fluorine; third, by the element by which the substituent is attached (if the substituent is comprised of more than one element) to the ring; and, finally, by the nearest-neighbor atomic elements of the attached nucleus.

Columns of the Table

The first column of the tables making up Sections I-III contains the assigned compound numbers. The second column comprises the formula of the compound; and, when practical, the structure is drawn with the "observed" fluorine to the left side of the column.

Some of the olefin-type structures appear with the insertions (cis) or (trans). the words "cis" and "trans" as used here refer not only to the spatial relationship of two like substituents that are connected at the points of unsaturation but can refer to unlike ligands as well. These are used in the latter sense, however, only where one of the ligands is a fluorine atom and the other is a substituent that is sufficiently bulky to comprise the main part of the overall structure.

A chemical-shift value (referenced in ppm to the F^{19} resonance position of $CFCl_3$) is given in the column following the structure. The reported value refers to the "observed" fluorine(s) that are either underlined or, in the absence of this designation, to any one of the fluorine atoms which are part of the structure. The number of significant figures making up the chemical shift corresponds to the values indicated in the literature sources from which they were taken and, if reported, the error on the measurement is given in the next column under the heading: Error (ppm).

In order to have the shifts on a common scale, all of the values that were reported in the literature with respect to a reference standard other than $CFCl_3$ were numerically converted by the following formula to the ϕ^* scale (26) based on the $CFCl_3$ reference.

$$\phi^* = \phi_R^* + \delta_S$$

where ϕ^* and ϕ_R^* are, respectively, the F^{19} chemical shifts of the fluorine in the analytical sample and of the original reference compound relative to $CFCl_3$ and δ_S is the F^{19} chemical shift of the fluorine in the analytical sample relative to the F^{19} resonance of the original reference. These converted shifts are not, of course, true ϕ^* values and also no corrections were made for bulk-susceptibility effects due to the referencing technique or the solvent. Therefore, though the values given here make up a general compilation which is useful for the interpretation of a diverse array of samples, they should be used with caution in exacting studies.

An "int." or "ext." abbreviation is given in column 5 and these denote whether the reference compound was mixed with the analytical sample (internal referencing) or was contained in a separate capillary (external referencing). In addition, there is also a code number representing the chemical reference standard to which the shift value was originally reported. The reference compounds corresponding to these numbers are given in Appendix I, together with their chemical shift values (ϕ_R^*) relative to $CFCl_3$.

A code number representing the physical state of the sample is presented in column 7 when this information was available from the literature source. The corresponding list is given in Appendix II and includes not only the various solvents used but also numbers denoting if the sample was run as a gas, a solid, or a neat liquid.

In column 7, the temperature of the sample at the time of measurement is given in degrees Kelvin. Although this information was usually not stated, it can be expected that most of the samples (if not indicated otherwise in the table) were run in the temperature range 20-40°C. corresponding to the normal operating range of spectrometer magnets.

The literature reference numbers are given in the last column and these are listed by their year of publication and author at the end of this compilation.

CONTENTS

Compilation of Reported F^{19} NMR Chemical Shifts 1951 to Mid-1967

NO.	COMPOUND	SHIFT (PPM)	ERROR (PPM)	REF	SOLV	TEMP (K)	LIT REF

I. FLUORINE BONDED TO AN ELEMENT OTHER THAN CARBON

A. FLUORIDE ION

NO.	COMPOUND	SHIFT (PPM)	ERROR (PPM)	REF	SOLV	TEMP (K)	LIT REF
1	$F^{-}+[H_3O]^{+}$	125.	6.	EXT.- 5	4		1
2	$[Na]^{+}$	124.8		5	4		24
3	$[K]^{+}$	125.3		EXT.- 5	4		150
4	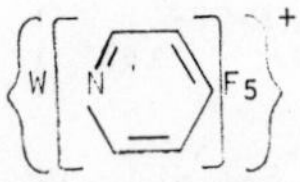	127.		EXT.- 2	44		74

MAIN-GROUP ELEMENTS

B. GROUP II ELEMENTS - BERYLLIUM

NO.	COMPOUND	SHIFT (PPM)	ERROR (PPM)	REF	SOLV	TEMP (K)	LIT REF
5	BeF_2	168.		EXT.- 2	4		208
5		176.	6.0	EXT.- 5	12		1
****							
6	BeF_4	160.6	0.6	EXT.- 2	4		208

C. GROUP III ELEMENTS

1. FLUORINE BONDED TO THREE-COORDINATED BORON

NO.	COMPOUND	SHIFT (PPM)	ERROR (PPM)	REF	SOLV	TEMP (K)	LIT REF
7	F_2BH	68.5		INT.-15	6	200	205
****							
8	$F_2BB\underline{F}BF_2$	-26.2		EXT.- 1	66	213	533
****							
9	$\underline{F}_2BBFB\underline{F}_2$	61.0		EXT.- 1	66	213	533
****							
10	$(F_2B)_3BCO$	38.4		INT.- 1	1		533
11	$(\underline{F}_2B)_3B\cdot PF_3$	37.4		1			533
****							
12	$F_2BCH{=}CH_2$	88.6		INT.- 1	1		36
12		88.6		INT.- 1	1		60
13	$\underline{F}_2BCF{=}CF_2$	86.7		INT.- 1	1		60
13		86.7		INT.- 1	1		60
13		86.7	0.2	INT.- 1	1		64
14	$\underline{F}_2BCF_2CF_3$	91.		15	1		62
15	$\underline{F}_2BC(F){=}C(F)B\underline{F}_2$ (cis)	80.6		1			533
16	$F_2BC_6H_5$	91.7		INT.- 1	1		60
16		96.		15	1		62
****							
17	$\cdot B(CH_3)_2$	19.3		INT.- 1	1		60
17		24.		15	1		62
****							
18	$(F_2BCH_2)_2$	72.9		INT.- 1	1		60
19	F_2BCH_3	68.8		INT.- 1	1		36
19		68.8		INT.- 1	1		60

NO.	COMPOUND	SHIFT (PPM)	ERROR (PPM)	REF	SOLV	TEMP (K)	LIT REF
20	$F_2BC_2H_5$	74.6		INT.- 1	1		60
20		74.6		INT.- 1	1		36
21	$F_2BC_3H_7$	72.8		INT.- 1	1		60
21		72.8		INT.- 1	1		36
22	$F_2BC_4H_9$	72.8		INT.- 1	1		60
22		77.		15	1		62
23	$F_2BCH_2CH{=}CH_2$	74.5		INT.- 1	1		60
23		79.		15	1		62
****							
24	$FB(C_2H_5)Cl$	31.3		EXT.- 1	12		60
24		32.		15	1		62
****							
25	$FB[N(CH_3)_2]_2$	134.		EXT.- 1			454
26	$FB[N(C_2H_5)_2]_2$	133.		EXT.- 1			454
27	$FB[N(C_4H_9)_2]_2$	129.		EXT.- 1			454
****							
28	$F_2BNHCH(CH_3)_2$	157.8		INT.- 1	38		426
****							
29	BF_3	126.8		INT.- 1	1		60
29		127.		INT.- 1			62
29		125.3		INT.- 1	6		260
29		130.7		EXT.- 2			29
29		133.	6.	EXT.- 5	12		1
29		127.2		INT.-10	21		122
****							
30	$\underline{F_2}BSiF_2SiF_3$	47.4	0.4	EXT.- 1			365
31	$\underline{F_2}BSiF_2SiF_2SiF_3$	46.6	0.5	EXT.- 1			365
****							
32	F_2BCl	79.8		INT.-15			60
32		79.8	0.2	INT.-15			37
****							
33	F_2BBr	62.9		INT.-15			60
33		62.9	0.3	INT.-15			37
****							
34	$FBCl_2$	32.3		INT.-15			60
34		32.3	0.6	INT.-15			37
****							
35	FBClBr	16.5		INT.-15			60
35		16.5	0.7	INT.-15			37
****							
36	$FBBr_2$	.9		INT.-15			60
36		.9	0.7	INT.-15			37

NO.	COMPOUND	SHIFT (PPM)	ERROR (PPM)	REF	SOLV	TEMP (K)	LIT REF
	2. FLUORINE BONDED TO FOUR-COORDINATED BORON						
37	$F_2B(CH{=}CH_2)\cdot N(CH_3)_3$	166.0		EXT.- 1	38		60
37		170.		15	38		62
****							
38	$[F_3B(CHCH_2)]^{-}+H^{+}$	138.0		1	4		166
39	$F_3BC_6H_5$	210.8		EXT.- 2			265
****							
40	$F_2B(C_2H_5)\cdot N(CH_3)_3$	165.3		EXT.- 1	38		60
40		169.		15	38		62
****							
41	$[F_3BCF_3]^{-}+H_3O^{+}$	153.8		EXT.- 2	4		59
****							
42	$F_3B\cdot NHCH_3$	153.98		INT.- 6	4		426
43	$F_3B\cdot N(C_2H_5)_3$	148.8		EXT.- 1	58		132
44	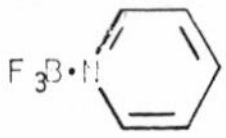	149.4		EXT.- 1	44		132
****							
45	$F_3B\cdot NH_3$	146.5		INT.- 1			307
46	$F_3B\cdot NH_2CH_3$	152.7		INT.- 1			307
47	$F_3B\cdot NH(CH_3)_2$	158.8		INT.- 1			307
48	$F_3B\cdot N(CH_3)_3$	163.5		INT.- 1			307
48		164.0		EXT.- 1	38		60
48		168.		15	1		62
49	$F_3B\cdot N(C_2H_5)_3$	148.9		INT.- 1			307
****							
50	$F_3B\cdot H_2O$	146.59		1	37	193	495
51	$F_3B\cdot O(CH_3)_2$	146.05		1	37	193	495
51		158.3		INT.-18			164
51		158.3		18	55		349
52	$F_3B\cdot O(CH_3)(C_2H_5)$	151.7		18	56		349
53	$F_3B\cdot O(CH_3)(C_6H_5)$	152.8		EXT.- 1	56		132
54	$F_3B\cdot O(C_2H_5)_2$	153.	3.	EXT.- 1	14		491
54		153.0		INT.-17			164
55	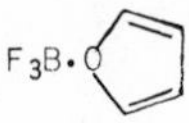	154.2		EXT.- 1	39		132
55		155.7		18	39		349
****							
56	$[F_4B]^{-}$	147.5		EXT.- 2			29
57	$[F_4B]^{-}+H_3O^{+}$	148.8		EXT.- 2	4		59
58	$2[F_4B]^{-}+[C_6H_5-C_6H_4-C_6H_5]^{2+}$	138.5		EXT.- 2	48		338

NO.	COMPOUND	SHIFT (PPM)	ERROR (PPM)	REF	SOLV	TEMP (K)	LIT REF
****							
59	$F_3B \cdot P(CH_3)_3$	139.0		INT.- 1			307
****							
60	$F_3B \cdot S(C_2H_5)_2$	133.5		18	57		349
	3. FLUORINE BONDED TO ALUMINUM						
61	$[AlF]^{++}$	156.6	0.3	EXT.-18	4		11
****							
62	$[AlF_2]^{+}$	156.1	0.3	EXT.-18	4		11
****							
63	$FAl(C_2H_5)_2$	160.	1.	EXT.- 3	32		440
	D. GROUP IV ELEMENTS						
	1. FLUORINE BONDED TO SILICON						
64	$FSiH_3$	217.	3.	INT.- 1	1		38
64		217.	3.	INT.- 1	1		139
****							
65	F_2SiH_2	151.	2.	INT.- 1	1		139
****							
66	F_3SiH	109.5	0.5	INT.- 1	1		139
****							
67	$SiF_3Si\underline{F}_2BF_2$	143.5	0.7	EXT.- 1			365
68	$SiF_3SiF_2Si\underline{F}_2BF_2$	145.3	0.6	EXT.- 1			365
****							
69	$F_3SiC_6H_5$	134.8		INT.- 1			474
69		138.4	0.9	EXT.-21	2		21
****							
70	$FSi(CH_3)_3$	157.2		INT.- 1			237
70		153.1	0.2	EXT.-21	2		21
70		155.5	0.8	EXT.-21	12		9
71	$FSi(C_2H_5)_3$	172.5	0.6	EXT.-21	2		21
71		174.2	0.8	EXT.-21	12		9
72	$FSi(C_6H_5)_3$	176.24	0.03	INT.- 1	1		26
****							
73	$F_2Si(CH_3)_2$	127.8	0.3	EXT.-21	2		21
73		131.0	0.8	EXT.-21	12		9
74	$F_2Si(C_2H_5)_2$	142.9		EXT.- 2	12		9
****							
75	F_3SiCH_3	132.0	0.2	EXT.-21	2		21
75		135.9	0.8	EXT.-21	12		9
76	$F_3SiC_2H_5$	136.4	0.1	EXT.-21	2		21
76		141.3	0.8	EXT.-21	12		9
****							
77	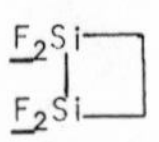	121.8		INT.- 1	12		472

NO.	COMPOUND	SHIFT (PPM)	ERROR (PPM)	REF	SOLV	TEMP (K)	LIT REF
78	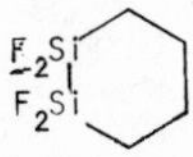	137.0		INT.- 1	12		472
79	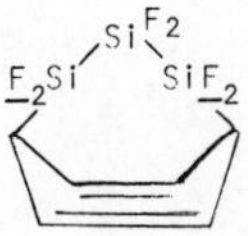	130.		INT.- 1			474
****							
80	$\underline{F}_3SiNCNSi(CH_3)_3$	150.3		INT.- 1	1		336
81	$\underline{F}_3SiN(CH_3)_2$	156.5		INT.- 1	1		336
****							
82	$\underline{F}_3SiOSi\underline{F}_3$	157.17	0.01	INT.-10	12		438
83	$\underline{F}_3SiOSi(CH_3)_3$	158.5		INT.- 1	1		336
****							
84	SiF_4	163.3		INT.- 1	1		139
84		159.6	0.3	EXT.-21	2		21
84		159.8		EXT.- 2			29
84		176.	6.0	EXT.- 5	12		1
84		163.5	0.8	EXT.- 2	12		9
84		165.5		EXT.-29	21		160
****							
85	$\underline{F}_3SiSi\underline{F}_3$	126.0	0.6	1			364
85		121.05	0.01	INT.-10	12		438
86	$\underline{F}_3SiSiF_2Si\underline{F}_3$	126.0	0.6	1			364
87	$\underline{F}_3SiSiF_2BF_2$	126.6	0.6	EXT.- 1			365
88	$\underline{F}_3SiSiF_2SiF_2BF_2$	126.8	0.6	EXT.- 1			365
****							
89	$F_3SiSi\underline{F}_2SiF_3$	139.0	0.7	1			364
90	$F_3SiSi\underline{F}_2SiF_2BF_2$	141.8	0.6	EXT.- 1			365
91	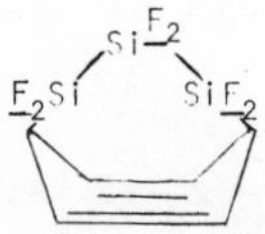	134.		INT.- 1			474
****							
92	$[SiF_6]^{=}$	126.3		EXT.- 2			29
	2. FLUORINE BONDED TO GERMANIUM OR TIN						
93	GeF_4	175.5		EXT.- 2			29
93		171.4		EXT.- 2		360	389
93		186.	6.1	EXT.- 5	12		1
94	F_3GeCl	141.9		EXT.- 2		360	389

NO.	COMPOUND	SHIFT (PPM)	ERROR (PPM)	REF	SOLV	TEMP (K)	LIT REF
95	F_2GeCl	116.2		EXT.- 2		360	389
96	$FGeCl_3$	100.9		EXT.- 2		360	389
****							
97	$[GeF_6]^{2-}+2[NH_4]^+$	122.9		EXT.- 2	4		489
****							
98	sym-$[F_3Sn(OH)_3]^{2-}$	130.0		EXT.- 2	4		201
99	asym-$[\underline{F_2}(F)Sn(OH)_3]^{2-}$	130.1		EXT.- 2	4		201
99		127.9		EXT.- 2	4		201
100	cis-$[F_2(\underline{F_2})Sn(OH)_2]^{2-}$	139.1		EXT.- 2	4		201
100		136.7		EXT.- 2	4		201
101	trans-$[F_4Sn(OH)_2]^{2-}$	135.3		EXT.- 2	4		201
****							
102	$[F_5SOH]^{2-}$	145.1		EXT.- 2	4		201
103	$\{F_4(\underline{F})Sn[OC(H)N(CH_3)_2]\}^-$	163.		EXT.- 2	34	259	345
104	$\{\underline{F_4}(F)Sn[OC(H)N(CH_3)_2]\}^-$	155.0		EXT.- 2	34	259	345
****							
105	trans-$\{F_4Sn[O(H)C_2H_5]_2\}^{2-}$	162.		EXT.- 1	27	231	345
****							
106	$\{F_4(\underline{F})Sn[O(H)CH_3]\}^-$ (axial fluorine)	172.		EXT.- 1	22	243	345
107	$\{\underline{F_4}(F)Sn[O(H)CH_3]\}^-$ (equat. fluorines)	164.		EXT.- 1	22	243	345
108	$\{F_4(\underline{F})Sn[O(H)C_2H_5]\}^-$ (axial fluorine)	167.		EXT.- 1	27	245	345
109	$\{\underline{F_4}(F)Sn[O(H)C_2H_5]\}^-$ (equat. fluorines)	160.		EXT.- 1	27	245	345
110	$\{F_4(\underline{F})Sn[O(H)CH(CH_3)_2]\}^-$ (axial fluorine)	160.0		EXT.- 2	28	258	345
111	$\{\underline{F_4}(F)Sn[O(H)CH(CH_3)_2]\}^-$ (equat. fluorines)	155.		EXT.- 2	28	258	345
112	$\{F_4(\underline{F})Sn[O(H)CH_2CH_2Cl]\}^-$ (axial fluorine)	163.		EXT.- 2	36	255	345
113	$\{\underline{F_4}(F)Sn[O(H)CH_2CH_2Cl]\}^-$ (equat. fluorines)	158.		EXT.- 2	36	255	345
114	$\{F_4(\underline{F})Sn[O(H)CH_2CH_2OH]\}^-$ (axial fluorine)	159.		EXT.- 2	35	254	345
115	$\{\underline{F_4}(F)Sn[O(H)CH_2CH_2OH]\}^-$ (equat. fluorines)	156.		EXT.- 2	35	254	345
****							
116	$[SnF_6]^{2-}$	158.		EXT.- 1	27		345
116		155.8		EXT.- 2	4		201
117	$[SnF_6]^{2-}+2[NH_4]^+$	155.8		EXT.- 2	4		489

NO.	COMPOUND	SHIFT (PPM)	ERROR (PPM)	REF	SOLV	TEMP (K)	LIT REF
	E. GROUP V ELEMENTS						
	1. FLUORINE BONDED TO TWO-COORDINATED NITROGEN						
118	$FN=C_6F_{10}$	-52.4		INT.- 1	1		332
119	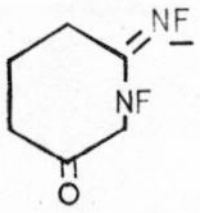 (anti)	-29.4		INT.- 1			528
120	(syn)	-18.9		INT.- 1			528
121	$FN=C(CN)CH_3$ (anti)	-61.5		8	12		443
121	(syn)	-48.9		8	12		443
122	$FN=C(CH_3)CF_2CH_3$	-24.25		EXT.- 1	12		189
123	$FN=C(CH_3)C=NF(CH_3)$ (anti, anti)	-41.5		INT.- 1	1		482
124	(syn, anti)	-33.4		INT.- 1	1		482
125	$FN=C(CH_3)C=NF(CH_3)$ (syn, anti)	-38.6		INT.- 1	1		482
126	(syn, syn)	-34.1		INT.- 1	1		482
127	$FN=C(CN)CH_2OC(O)CH_3$ (anti)	1.5		8	12		443
128	(syn)	7.7		8	12		443
****							
129	$FN=C(CN)N(CH_2CH_3)_2$ (anti)	35.8		8	12		443
130	(syn)	38.2		8	12		443
****							
131	$FN=CFC_6H_5$	37.9		INT.- 1	13		510
132	$FN=CFCF_3$	22.5		EXT.- 2			181
132		22.5		EXT.- 2			181
133	$FN=CFCF_2CF_2CF_3$	14.4		INT.- 1	1		332
134	$FN=CFCF_2CF=NF$	14.9		INT.- 1	1		332
135	$FN=CFCN$ (anti)	15.9		8	12		443
136	(syn)	3.1		8	12	193	443
137	$FN=CFCF_2Cl$	22.3		EXT.- 2			181
137		22.3		EXT.- 2			181
138	$FN=CFCFCl_2$	21.5		INT.- 1	1		332
139	$FN=CFCCl_3$	16.6		EXT.- 2			181
139		16.6		EXT.- 2			181
****							

NO.	COMPOUND	SHIFT (PPM)	ERROR (PPM)	REF	SOLV	TEMP (K)	LIT REF
140	$FN=CF_2$	67.0		INT.- 1			405
****							
141	FN=CFCl (anti)	15.3		INT.- 1			405
142	(syn)	6.8		INT.- 1			405
****							
143	FN=CFBr (anti)	3.5		INT.- 1			405
144	(syn)	-7.6		INT.- 1			405
****							
145	$[NF=N]^+ + [AsF_6]^-$	-102.8	0.2	EXT.- 2	43		337
****							
146	FN=NF (cis)	-133.7		INT.- 1	1		104
147	(trans)	-94.9		INT.- 1	1		104
****							
148	$FN=N(O)C_6H_{11}$	-44.20		EXT.- 2			240
149	$FN=N(O)CH_2C_6H_5$	-48.50		EXT.- 2			240
150	$FN=N(O)CH(C_6H_5)CH_3$	-49.35		EXT.- 2			240
151	$FN=N(O)C(CH_3)_3$	-42.43		EXT.- 2			240
152	$FN=N(O)C_6H_5$	-42.00		EXT.- 2			240
153	$FN=N(O)-(o-C_6H_4CH_3)$	-52.63		EXT.- 2			240
154	$FN=N(O)-(m-C_6H_4CH_3)$	-40.83		EXT.- 2			240
155	$FN=N(O)-(p-C_6H_4CH_3)$	-39.50		EXT.- 2			240
156	$FN=N(O)-(p-C_6H_4NO_2)$	-47.23		EXT.- 2			240
157	$FN=N(O)-(o-C_6H_4Cl)$	-55.05		EXT.- 2			240
158	$FN=N(O)-(p-C_6H_4Cl)$	-43.63		EXT.- 2			240
159	$FN=N(O)-(p-C_6H_4Br)$	-45.23		EXT.- 2			240
160	$FN=N(O)CF_3$	-42.15		EXT.- 2			240
161	$FN=N(O)C(NO_2)(CH_3)_2$	-50.03		EXT.- 2			240
162	$FN=N(O)C(Cl)(CH_3)_2$	-47.03		EXT.- 2			240
****							
163	FNO	-479.	1.	EXT.- 1	12	203	98
****							
164	FNS	-232.7		EXT.-38			77

NO.	COMPOUND	SHIFT (PPM)	ERROR (PPM)	REF	SOLV	TEMP (K)	LIT REF

2. FLUORINE BONDED TO THREE-COORDINATED NITROGEN

(A). NEAREST NEIGHBORS TO NITROGEN- CARBON, CARBON

NO.	COMPOUND	SHIFT (PPM)	ERROR (PPM)	REF	SOLV	TEMP (K)	LIT REF
165	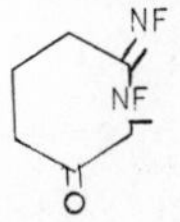 (anti)	68.9		INT.- 1			528
166	(syn)	61.9		INT.- 1			528
****							
167	$[CH_2{=}N(F)CH_2CH_2CH_3]^+$	-77.18		EXT.- 2	5		383
168	$[CH_3CH{=}N(F)CH_2CH_3]^+$	-46.12		EXT.- 2	5		383
169	$CH_3CH_2N\underline{F}C(O)F$	71.4		INT.- 1			511
170	$CH_3CH_2CH_2N\underline{F}C(O)F$	69.4		INT.- 1			511
171	$CH_3CH_2CH_2CH_2N\underline{F}C(O)F$	69.3		INT.- 1			511
172	$FN(CH_3)C(O)NHCH_3$	98.5		EXT.- 2			377
173	$FN(C_2H_5)C(O)NHC_2H_5$	72.96		EXT.- 2			377
174	$FN[CH(CH_3)CH_2CH_3]C(O)C_6H_5$	88.9		INT.- 1	13		510
****							
175	$FN(CH_3)_2$	24.5		INT.- 1			477
****							
176	$C(C_6H_5)F_2N\underline{F}CH_2CH(CH_3)_2$	73.0		INT.- 1	13		510
****							
177	$C(C_6H_5)F_2N\underline{F}CH(CH_3)_2$	105.2		INT.- 1	13		510
178	$C(C_6H_5)F_2N\underline{F}CH(CH_3)CH_2CH_3$	109.6		INT.- 1	13		510
179	$C(C_6H_5)F_2N\underline{F}CH(CH_3)CH_2CH_2CH_3$	107.4		INT.- 1	13		510
180	$C(C_6H_5)F_2N\underline{F}CH(CH_3)C_6H_5$	108.		INT.- 1	13		510
****							
181	$\underline{F}N(CF_3)(CF_2CF_3)$	90.44		2			152
182	$\underline{F}N(CF_3)(CF_2CF_2CF_3)$	88.9		2			152
183	$\underline{F}N(CF_2CF_3)_2$	93.1		INT.- 1	1		332
183		88.1		EXT.- 2			95
183		92.9		2			152
184	$\underline{F}N(CF_2CF_2CF_3)_2$	90.3		2			152
185	$\underline{F}N[C(C_6H_5)F_2]C(CH_3)_2$	82.8		INT.- 1	13		510
186	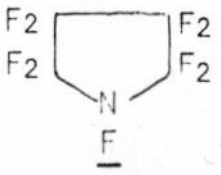	120.4		EXT.- 2			86
186		118.6		2			127

NO.	COMPOUND	SHIFT (PPM)	ERROR (PPM)	REF	SOLV	TEMP (K)	LIT REF
187	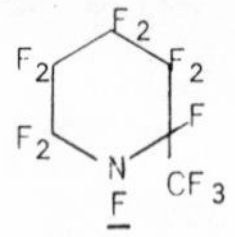	103.	1.0	INT.- 1	1		507
188	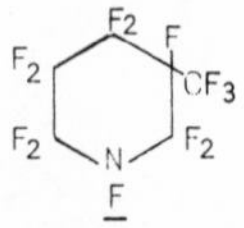	113.	1.0	INT.- 1	1		507
189	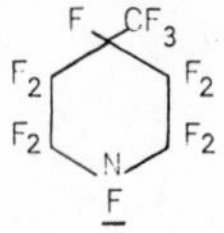	112.	1.0	INT.- 1	1		507
190	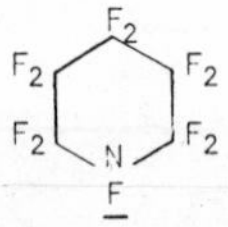	112.2		INT.- 1	1		332
190		114.	1.0	INT.- 1	1	199	507
190		113.1	0.1	EXT.- 2	12		16
191	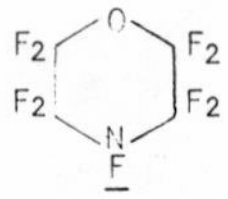	113.	1.0	INT.- 1	1	198	507
191		112.9		EXT.- 2			251
191		112.5	0.1	EXT.- 2	12		16
****							
192	$CF_3N\underline{F}CF_2N\underline{F}CF_3$	85.2		EXT.- 2			99
193	$CF_3N\underline{F}CF_2NFCF_2NF_2$	85.4		EXT.- 2			99
194	$CF_3NFCF_2N\underline{F}CF_2NF_2$	84.4		EXT.- 2			99
195	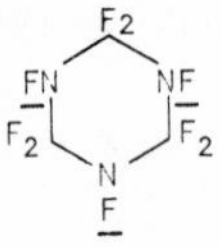	87.9		INT.- 1	1		332
195		88.3		EXT.- 2			99
****							
196	$\underline{F}N(CF_3)_2$	87.5		INT.- 1	1		256
196		89.3		EXT.- 2			95

2. FLUORINE BONDED TO THREE-COORDINATED NITROGEN

(B). NEAREST NEIGHBORS TO NITROGEN- CARBON, FLUORINE

NO.	COMPOUND	SHIFT (PPM)	ERROR (PPM)	REF	SOLV	TEMP (K)	LIT REF
197	$F_2NC(O)CH_3$	-30.			1		93
198	$\underline{F}_2NC(O)N\underline{F}_2$	-30.8		EXT.- 1			493

NO.	COMPOUND	SHIFT (PPM)	ERROR (PPM)	REF	SOLV	TEMP (K)	LIT REF
199	$\underline{F}_2NC(O)F$	-33.1		INT.- 1			493
199		-28.7		EXT.- 1			493
199		-29.1		1			296
200	$F_2NC(O)Cl$	-40.4		EXT.- 1			493
****							
201	$F_2NCH_2CH_3$	-52.		2			142
202	$F_2NCH(C_6H_5)_2$	-48.6		INT.- 1			499
203	$\underline{F}_2NCHFCH_2CH_3$	-23.2		INT.- 1			511
204	$F_2NCH_2C{\equiv}CCH_3$	-52.8		EXT.- 1	12		189
205	$\underline{F}_2NCH(C_6H_5)CH(C_6H_5)N\underline{F}_2$	-41.32	0.02	INT.- 1			505
AB-TYPE MULTIPLET WITH DELTA = 5.57 PPM							
206	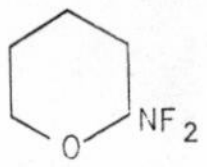	-28.1		INT.- 1			499
****							
207	$F_2NCH(OCH_3)_2$	-23.		INT.- 1			499
****							
208	$F_2NC(CH_3)_3$	-27.1		INT.- 1			499
209	$F_2NC(CH_3)_2C_2H_5$	-25.1		INT.- 1			499
210	$F_2NC(C_6H_5)_3$	-32.4		INT.- 1			499
211	$F_2NC(CF_3)_2F$	-20.		EXT.- 2			39
212	$CF_3CF(N\underline{F}_2)C(O)F$	-26.3		1			317
213	$CF_3CF(N\underline{F}_2)CF_2OF$	-24.3		INT.- 1	1		509
214	$CF_3CF(N\underline{F}_2)CF_2OSO_2F$	-23.2		1			317
215	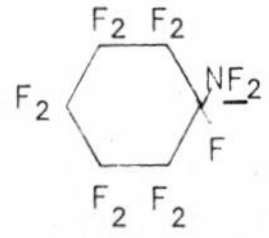	-24.4		INT.- 1	1		332
****							
216	$F_2NC(CH_3)(OCH_3)_2$	-18.7		INT.- 1			499
****							
217	$\underline{F}_2NCF_2CN$	-26.		EXT.- 2			285
218	$\underline{F}_2NCF_2CF_2Cl$	-17.9		EXT.- 2			181
219	$\underline{F}_2NCF_2CFCl_2$	-20.7		INT.- 1	1		332
219		-21.8		EXT.- 2			181
220	$\underline{F}_2NCF_2CCl_3$	-27.0		EXT.- 2			181
221	$\underline{F}_2NCF_2C_6H_5$	-17.04		INT.- 1	13		510

NO.	COMPOUND	SHIFT (PPM)	ERROR (PPM)	REF	SOLV	TEMP (K)	LIT REF
222	$F_2NCF_2CF_2NF_2$	-15.9		EXT.- 2			285
223	$F_2NCF_2CF_2OSO_2F$	-13.9		1			317
224	$F_2NCF_2CF_2OF$	-17.3		INT.- 1	1		509
225	$F_2NCF_2CF_2CF_3$	-15.5	0.1	EXT.- 2	12		16
226	$F_2NCF_2CCl_2CF_3$	-24.3		EXT.- 2			181
227	$F_2NCF_2CF_2CF_2CF_3$	-16.7		INT.- 1	1		332
227		-16.1		2			127
228	$F_2NCF_2CF_2CF_2CF_2CF_3$	-15.9		2			127
229	$F_2NCF_2CF_2CF_2NF_2$	-17.0		INT.- 1	1		332
229		-16.1		2			127
230	$F_2NCF_2CCl_2CF_2NF_2$	-23.5		EXT.- 2			181
231	$F_2NCF_2C(O)CF_3$	-18.2		1			317
232	$F_2NCF_2C(O)F$	-17.8		1			317
233	$F_2NC(C_6H_5)Cl_2$	-43.5		INT.- 1			499
234	$F_2NCF_2NF_2$	-19.0		INT.- 1			439
235	$F_2NCF_2NFCF_2NFCF_3$	-18.7		EXT.- 2			99
236	$F_2NCF_2(OSO_2F)CFCF_3$	-18.0		1			317

2. FLUORINE BONDED TO THREE-COORDINATED NITROGEN

(C). NEAREST NEIGHBORS TO NITROGEN- CARBON, X

NO.	COMPOUND	SHIFT (PPM)	ERROR (PPM)	REF	SOLV	TEMP (K)	LIT REF
237	$FNHC(O)OC_2H_5$	116.9		EXT.- 2			377
****							
238	CF_3NFSF_5	48.2		INT.- 1	1		318
239	$CF_3CF_2NFSF_5$	49.4		INT.- 1	1		318

2. FLUORINE BONDED TO THREE-COORDINATED NITROGEN

(D). NEAREST NEIGHBORS TO NITROGEN- FLUORINE, X

NO.	COMPOUND	SHIFT (PPM)	ERROR (PPM)	REF	SOLV	TEMP (K)	LIT REF
240	F_2NNF_2	-59.8		INT.- 1	1		104
240		-60.4		INT.- 1	62	118	276
240		-56.8		EXT.- 2	24		141
241	F(F)NN(F)F (d, l pair)	-48.6		INT.- 1	62	118	276

AB-TYPE MULTIPLET WITH DELTA = 24.40 PPM

NO.	COMPOUND	SHIFT (PPM)	ERROR (PPM)	REF	SOLV	TEMP (K)	LIT REF
242	$F_2NC(S)NH_2$	-37.7		EXT.- 1	14		369
****							
243	$[F_2NO]^+ + [AsF_6]^-$	-331.	3.	1			418
****							
244	F_2NOCF_3	-124.		1			358
245	F_2NSO_2F	-41.7		EXT.- 1	12	223	219

NOTE- X IS ANY ELEMENT NOT PREVIOUSLY PRINTED UNDER THE TITLE ELEMENT.

NO.	COMPOUND	SHIFT (PPM)	ERROR (PPM)	REF	SOLV	TEMP (K)	LIT REF
****							
246	NF_3	-146.9		INT.- 1	1		104
246		-145.	1.	1			168
246		-142.	1.	INT.- 1	12	77	466
246		-142.		EXT.- 2			29
246		-138.	3.	EXT.- 5	12		1
****							
247	$\underline{F}_2NSCF_3$	-103.1		2			241
****							
248	$F_2NSO_2NH_2 \cdot OP(C_6H_5)_3$	-38.7		EXT.- 1			369
****							
249	$\underline{F}_2NSF_5$	-65.8		1			172
249		-68.2		EXT.- 2			167
****							
250	$\underline{F}_2NCl$	-140.6		1			168
****							
251	$\underline{F}_2NOSbF_5$ (axial position)	-130.		INT.- 1	1		348

2. FLUORINE BONDED TO THREE-COORDINATED NITROGEN

(E). NEAREST NEIGHBORS TO NITROGEN- SULFUR, X, OR CHLORINE, X

NO.	COMPOUND	SHIFT (PPM)	ERROR (PPM)	REF	SOLV	TEMP (K)	LIT REF
252	$\underline{F}N(SO_2F)_2$	28.5		EXT.- 1	12		219
****							
253	$\underline{F}NCl_2$	-128.7		1			168

3. FLUORINE BONDED TO FOUR COORDINATED NITROGEN

NO.	COMPOUND	SHIFT (PPM)	ERROR (PPM)	REF	SOLV	TEMP (K)	LIT REF
254	F_3NO	-365.7	0.2	INT.- 1	1	191	382
254		-363.	2.	1			418
255	$FN(HCl)CH_3)_2$	8.5		INT.- 1			477

4. FLUORINE BONDED TO THREE-COORDINATED PHOSPHORUS

NO.	COMPOUND	SHIFT (PPM)	ERROR (PPM)	REF	SOLV	TEMP (K)	LIT REF
256	F_2PCN	88.2		EXT.- 2	12		467
****							
257	$FP(C_6H_5)N(CH_3)_2$	128.5		INT.- 1			234
257		128.5		INT.- 1			354
258	$FP(C_6H_5)N(C_2H_5)_2$	125.7		INT.- 1			354
****							
259	$F_2PC_6H_5$	92.3		INT.- 1			352
259		92.3		INT.- 1	13		516
****							
260	$FP(CH_3)_2$	195.5		EXT.- 1			526
261	$\underline{F}P(CF_3)_2$	219.0	0.4	INT.- 1	1		339
261		217.5		EXT.- 2			18
262	$\underline{F}P(CF_2CF_2CF_3)_2$	215.5	0.4	INT.- 1	1		339
****							

NOTE- X IS ANY ELEMENT NOT PREVIOUSLY PRINTED UNDER THE TITLE ELEMENT.

NO.	COMPOUND	SHIFT (PPM)	ERROR (PPM)	REF	SOLV	TEMP (K)	LIT REF
263	$\underline{F}P(CH_3)N(CH_3)_2$	117.9		INT.- 1			234
263		115.0		INT.- 1			354
263		117.5		INT.- 1			354
263		117.5		INT.- 1			354
264	$\underline{F}P(CF_3)N(CH_3)_2$	134.3		INT.- 1	12		228
265	$\underline{F}P(CH_2CHF_2)N(CH_3)_2$	119.5		1			301
266	$\underline{F}_2PCF_3$	104.1	0.4	INT.- 1	1		339
266		105.0		EXT.- 2			18
267	F_2PCCl_3	88.0		INT.- 1			157
267		88.0		INT.- 1			340
268	$\underline{F}_2PCF_2CF_2CF_3$	102.5	0.4	INT.- 1	1		339
****							
269	$\underline{F}P(CF_3)Cl$	144.0		INT.- 1	12		228
****							
270	$FP[N(CH_3)_2]_2$	100.6	0.2	INT.- 1			346
270		99.6		INT.- 1			354
270		100.4		INT.- 1			191
****							
271	$FP(OCH_3)[N(C_2H_5)]_2$	72.2		INT.- 1			524
272	$F_2PN(CH_3)_2$	65.3	0.2	INT.- 1			346
272		65.5		INT.- 1			191
272		64.1		2			143
273	$F_2PN(C_2H_5)_2$	64.8	0.2	INT.- 1			346
273		64.8		1			380
274	$F_2PN(CH_2CH{=}CH_2)_2$	63.7		INT.- 1			524
275	$F_2PN(CH_2)_4$	67.9		1			380
276	$F_2PN(CH_2)_5$	65.2	0.2	INT.- 1			346
276		66.4		1			380
****							
277	$FP(OCH_3)_2$	63.4		INT.- 1			524
278	$FP(OC_2H_5)_2$	58.9		INT.- 1			524
279	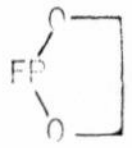	40.9	0.2	INT.- 1			346
280	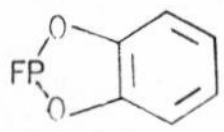	37.0	0.2	INT.- 1			346
****							
281	F_2POCH_3	51.5	0.3	EXT.- 2			4
282	$F_2POC_2H_5$	49.0		INT.- 1			524
283	$F_2POC_3H_7$	49.1	0.2	INT.- 1			346

NO.	COMPOUND	SHIFT (PPM)	ERROR (PPM)	REF	SOLV	TEMP (K)	LIT REF
284	$F_2POC_4H_9$	49.2	0.2	INT.- 1			346
285	$F_2POCH_2CH=CH_2$	48.7	0.2	INT.- 1			346
286	$F_2POC_6H_5$	44.5	0.2	INT.- 1			346
287	$\underline{F}_2POCH_2CH_2OP\underline{F}_2$	48.9	0.2	INT.- 1			346
288	$\underline{F}_2POC_6H_4OP\underline{F}_2$	44.9	0.2	INT.- 1			346
289	$\underline{F}_2POP\underline{F}_2$	36.6		EXT.- 2			467
****							
290	PF_3	34.0	0.2	INT.- 1			346
290		34.2		EXT.- 2			29
290		33.1	0.4	EXT.- 2			4
290		41.	5.	EXT.- 5	12		1
****							
291	$\underline{F}_2PP\underline{F}_2$	114.1		EXT.- 2			467
****							
292	F_2PCl	36.6		EXT.- 2	12		151
****							
293	$FPCl_2$	55.8		EXT.- 2	12		151

5. FLUORINE BONDED TO FOUR-COORDINATED PHOSPHORUS

(A). NEAREST NEIGHBORS TO PHOSPHORUS- CARBON, X, X

NO.	COMPOUND	SHIFT (PPM)	ERROR (PPM)	REF	SOLV	TEMP (K)	LIT REF
294	$FP(O)(CH_3)(C_6H_5)$	66.5		INT.- 1			524
295	$FP(S)(CH_3)(C_6H_5)$	76.4		INT.- 1			524
****							
296	$\{\underline{F}P(C_6H_5)[N(CH_3)_2]_2\}^+ + [P(C_6H_5)F_5]^-$	86.7		INT.- 1	25		236
296		86.7	0.1	INT.- 1	33		464
297	$\{\underline{F}P(C_6H_5)[N(CH_2)_5]_2\}^+ + [P(C_6H_5)F_5]^-$	86.4		INT.- 1	25		524
298	$[C_6H_5P\underline{F}_2NCH_3]_2$	62.0		EXT.- 2			351
299	$FP(S)(CH=CH_2)[N(CH_3)_2]$	57.7		INT.- 1			524
300	$FP(S)(C_6H_5)[N(C_2H_5)_2]$	59.6		INT.- 1			524
301	$Mo(CO)_3\{P(C_6H_5)[N(C_2H_5)_2]F\}_3$	84.7		INT.- 1			516
****							
302	$FP(O)(CH=CHSC_2H_5)OC_2H_5$	64.0		INT.- 1			524
303	$FP(O)(C_6H_5)N(CH_3)_2$	72.4		INT.- 1			524
304	$[FP(O)(C_6H_5)(O-)]^- + [C_6H_5NH_3]^+$	53.9		INT.- 1	3		524
305	$FP(O)(C_6H_5)OCH_3$	66.3		INT.- 1			524
306	$FP(O)(C_6H_5)OC_2H_5$	63.8		INT.- 1			524
307	$FP(O)(C_6H_5)OC_4H_9$	64.0		INT.- 1			524
308	$FP(O)(C_6H_5)Cl$	36.6		INT.- 1			524

NOTE- X IS ANY ELEMENT NOT PREVIOUSLY PRINTED UNDER THE TITLE ELEMENT.

NO.	COMPOUND	SHIFT (PPM)	ERROR (PPM)	REF	SOLV	TEMP (K)	LIT REF
309	$F_2P(O)CH{=}CHC_6H_5$	64.5		INT.- 1			524
310	$F_2P(O)[\sigma,\sigma'-C_6H_3(CH_3)_2]$	64.0		INT.- 1			524
311	$\underline{F}_2P(O)(m-C_6H_4F)$	65.8		INT.- 1			524
312	$F_2P(O)C_6H_5$	65.4		INT.- 1			352
****							
313	$FP(S)(C_6H_5)OCH_3$	47.5		INT.- 1			524
****							
314	$F_2P(S)CH{=}CHC_6H_5$	45.3		INT.- 1			524
315	$F_2P(S)C_6H_5$	46.1		INT.- 1			524
316	$Ni[P(C_6H_5)F_2]_4$	55.8		INT.- 1	13		516
317	$Mo(CO)_3[P(C_6H_5)F_2]_3$	46.1		INT.- 1			516
****							
318	$FP(O)(CH_3)_2$	65.0		INT.- 1			524
319	$FP(S)(CH_3)_2$	75.7		INT.- 1			524
320	$FP(O)(C_4H_9)_2$	77.3		INT.- 1			524
321	$FP(S)(C_4H_9)_2$	88.1		INT.- 1			524
322	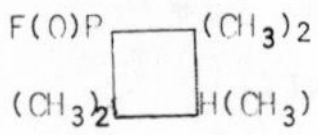 F(O)P $(CH_3)_2$ $(CH_3)_2$ $H(CH_3)$	91.8		INT.- 1	13		524
323	$FP(O)(CH_2)_4$	84.9		INT.- 1			524
324	$FP(S)(CH_2)_5$	92.8		INT.- 1			524
325	$FP(S)(CH_3)NHCH_3$	45.4		INT.- 1			524
326	$FP(O)(CH_3)N(CH_3)_2$	60.0		INT.- 1			524
327	$FP(S)(CH_3)N(CH_3)_2$	51.5		INT.- 1			524
328	$[\underline{F}P(CH_3)N(CH_3)_2]^+ + [P(CH_3)F_5]^-$	82.3		INT.- 1			354
328		82.2	0.1	INT.- 1	33		464
329	$[FP(CH_3)N(CH_3)_2]^+ + [Ni(CO)_2]^-$	84.0		INT.- 1	12		516
330	$[\underline{F}P(C_2H_5)N(CH_3)_2]^+ + [P(C_2H_5)F_5]^-$	91.0		INT.- 1	25		524
331	$[C_2H_5P\underline{F}_2NCH_3]_2$	64.4		EXT.- 2			351
332	$[ClCH_2P\underline{F}_2NCH_3]_2$	61.9		EXT.- 2			351
****							
333	$FP(O)(CH_3)OCH_3$	62.0		INT.- 1			524
334	$FP(O)[C(CH_3)_3]OCH_3$	82.0		INT.- 1	2		347
335	$FP(O)(C_2H_5)OCH(CH_3)_2$	66.0		INT.- 1			237
336	$FP(O)(CH_3)N(CH_3)_2$	60.0		INT.- 1			354

NO.	COMPOUND	SHIFT (PPM)	ERROR (PPM)	REF	SOLV	TEMP (K)	LIT REF
337	$F_2P(O)CH_3$	60.4		INT.- 1			524
337		60.3		INT.- 1			354
337		59.5		INT.- 1			354
338	$F_2P(O)C_2H_5$	68.1	0.6	INT.- 1			237
339	$F_2P(O)C(CH_3)_3$	81.6		INT.- 1	12		347
340	$F_2P(O)C_6H_{11}$	74.2		INT.- 1			524
341	$[FP(O)(CH_3)(O)]^- + [C_6H_5NH_3]^+$	56.0		EXT.- 1	4		524
342	$[FP(O)(CH_2Cl(O)]^- + [C_6H_5NH_3]^+$	62.1		INT.- 1	3		524
343	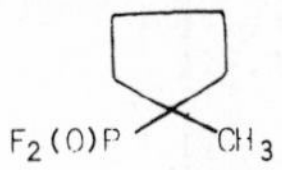	79.3		INT.- 1			524
****							
344	$FP(S)(C_2H_5)OC_2H_5$	49.9		INT.- 1			524
****							
345	$F_2P(S)CH_3$	41.5		INT.- 1			524
346	$F_2P(S)CH_2Cl$	52.8		INT.- 1			524
347	$F_2P(S)C_2H_5$	50.0		INT.- 1			524
****							
348	$FP(S)(CH_3)SC_2H_5$	41.8		INT.- 1			524
****							
349	$Mo(CO)_3\{P(CH_3)[N(CH_3)_2]F\}_3$	77.7		INT.- 1			516

5. FLUORINE BONDED TO FOUR-COORDINATED PHOSPHORUS

(B). NEAREST NEIGHBORS TO PHOSPHORUS- NITROGEN, X, X

NO.	COMPOUND	SHIFT (PPM)	ERROR (PPM)	REF	SOLV	TEMP (K)	LIT REF
350	$FP[N(CH_3)_2]_2 \cdot BH_3$	89.3		2			143
351	$FP[N(CH_3)_2]_2 \cdot B(CH_3)_3$	106.7		2			143
****							
352	$F_2P[N(CH_3)_2] \cdot BH_3$	72.2		2			143
353	$\underline{F_2}P[N(CH_3)_2] \cdot BF_3$	76.4		2			143
****							
354	$FP(O)(NCS)_2$	55.0		INT.- 1			519
355	$FP(S)(NCS)_2$	27.4		INT.- 1			520
356	$(F_2PN)_3$	70.1		INT.- 1			524
357	$(F_2PN)_4$	70.0		INT.- 1	9		524
****							
358	$F_2P(O)NCO$	72.2		INT.- 1			519
359	$F_2P(O)NCS$	71.6		INT.- 1			519
360	$\underline{F_2}P(O)N{=}SF_2$	69.9		EXT.- 1			498

NOTE- X IS ANY ELEMENT NOT PREVIOUSLY PRINTED UNDER THE TITLE ELEMENT.

NO.	COMPOUND	SHIFT (PPM)	ERROR (PPM)	REF	SOLV	TEMP (K)	LIT REF
****							
361	$F_2P(S)NCS$	36.6		INT.- 1			520
****							
362	$FP(S)[N(CH_3)_2]_2$	59.5		INT.- 1			524
363	$FP(O)[N(CH_3)_2]_2$	82.9		INT.- 1			524
363		83.6		INT.- 1			486
364	$FP[N(CH_3)_2]_2Ni(CO)_2$	68.8		INT.- 1	12		516
365	$Mo(CO)_3\{P[N(CH_3)_2]_2F\}_3$	59.7		INT.- 1	13		516
****							
366	$F_2P(O)N(CH_3)_2$	81.4		INT.- 1			524
366		82.0		INT.- 1			486
367	$F_2P(O)N(CF_3)_2$	70.5		1			408
368	$F_2P(O)N(C_2H_5)_2$	78.6		INT.- 1			524
****							
369	$F_2P(S)N(CH_3)_2$	51.5		INT.- 1			524
369		52.1		INT.- 1			437
370	$F_2P(S)N(C_2H_5)_2$	49.0		INT.- 1			524
370		48.9		INT.- 1			437
371	$F_2P(S)N(C_3H_7)_2$	48.9		INT.- 1			437
372	$F_2P(S)N(CH_2)_4$	48.4		INT.- 1			437
373	$F_2P(S)NHNHC_6H_{11}$	56.2		INT.- 1			437
373		54.3		INT.- 1			437
****							
374	$Mo(CO)_3[F_2PN(CH_2)_5]_3$	30.8		INT.- 1			516
375	$Mo(CO)_3[F_2PN(C_2H_5)_2]_3$	29.2		INT.- 1	2		516
376	$Mo(CO)_2[F_2PN(CH_2)_5]_4$	26.9		INT.- 1			516
****							
377	$F_2P[N(CH_3)_2]Ni(CO)_2$	43.3		INT.- 1	12		516
378	$F_2P[N(C_2H_5)_2]Ni(CO)_2$	41.4		INT.- 1	12		516
379	$F_2P[N(CH_2)_5]_2Ni(CO)_2$	43.1		INT.- 1	42		516
****							
380	$Ni\{P[N(CH_3)_2]F_2\}_4$	38.9		INT.- 1			516
381	$Ni\{P[N(C_2H_5)_2]F_2\}_4$	38.8		INT.- 1			516
382	$Ni\{P[N(CH_2)_5]F_2\}_4$	39.6		INT.- 1	23		516

5. FLUORINE BONDED TO FOUR-COORDINATED PHOSPHORUS

(C). NEAREST NEIGHBORS TO PHOSPHORUS- OXYGEN, X, X

NO.	COMPOUND	SHIFT (PPM)	ERROR (PPM)	REF	SOLV	TEMP (K)	LIT REF
383	$[FP(O)_3]^{2-}+2Na^+$	73.0		EXT.- 1	4		524
384	$+2NH_4^+$	73.3		EXT.- 1	4		524
****							

NOTE- X IS ANY ELEMENT NOT PREVIOUSLY PRINTED UNDER THE TITLE ELEMENT.

NO.	COMPOUND	SHIFT (PPM)	ERROR (PPM)	REF	SOLV	TEMP (K)	LIT REF
385	$[FP(O)_2OCH_3]^- + Na^+$	70.5		INT.- 1	3		524
386	$[FP(O)_2OCH(CH_3)_2]^- + Na^+$	76.0		EXT.- 1	4		524
****							
387	$FP(O)(OH)_2$	74.3	0.5	EXT.- 2			22
387		74.0	0.1	EXT.- 2			4
388	$FP(O)[OCH(CH_3)_2]_2$	77.5		INT.- 1			524
389	$FP(O)(OC_2H_5)_2$	81.5		INT.- 1			524
389		77.5		INT.- 1			237
390	$FP(O)(OC_6H_5)_2$	78.4		INT.- 1			524
391	POP(O)(F)OP (polymer segment)	66.5		EXT.- 2			199
392	FP(O)(OH)OP(O)(O-) (polymer segment)	71.5	0.5	EXT.- 2			22
393	$\underline{F}P(O)(OSO_2F)_2$	68.9		EXT.- 2			401
****							
394	$[F_2P(O)_2]^- + Na^+$	82.0		EXT.- 1	4		524
395	$+K^+$	82.2		EXT.- 1	4		524
396	$+NH_4^+$	82.1		EXT.- 1	4		524
****							
397	FP(O)Cl(O-) (polymer segment)	35.1		EXT.- 2			199
398	$(\underline{F})ClP(O)OP(O)(\underline{F})Cl$	35.1		EXT.- 2			199
****							
399	$Ni[P(OC_6H_5)F_2]_4$	24.6		INT.- 1			516
400	$Ni[P(OC_3H_7)F_2]_4$	29.2		INT.- 1			516
****							
401	$F_2P(O)OH$	76.6	0.5	EXT.- 2			22
401		86.		EXT.- 2			4
402	$F_2P(O)OCH_3$	87.5		INT.- 1			524
403	$F_2P(O)OC_2H_5$	84.6	0.5	INT.- 1			237
404	$F_2P(O)OC_6H_5$	84.1		INT.- 1			524
405	$\underline{F_2}P(O)OP(O)\underline{F_2}$	85.7		INT.- 1			524
405		81.		INT.- 1			519
406	$\underline{F_2}P(O)OSO_2F$	78.3		EXT.- 2			401
****							
407	OPF_3	92.3		EXT.- 2			151
407		92.3	0.2	EXT.- 2			4
407		88.9		EXT.- 2			401
****							
408	$F_2P(O)Cl$	46.1	0.3	EXT.- 2			4
****							

NO.	COMPOUND	SHIFT (PPM)	ERROR (PPM)	REF	SOLV	TEMP (K)	LIT REF
409	$FP(O)Cl_2$	6.3		EXT.- 2			199
409		7.5	0.7	EXT.- 2			4
410	$FP(S)(OCH_3)_2$	48.5		INT.- 1			524
411	$FP(S)(OC_6H_5)_2$	41.7		INT.- 1			524
412	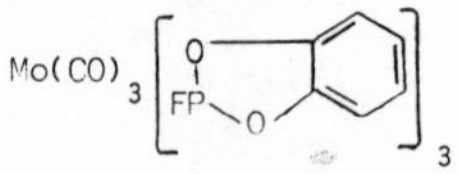	-1.0		INT.- 1	23		516
****							
413	$F_2P(S)OCH_3$	48.4		INT.- 1			524
414	$F_2P(S)OC_6H_5$	45.6		INT.- 1			524
415	$Mo(CO)_3[P(OC_3H_7)F_2]_3$	19.7		INT.- 1			516
416	$Mo(CO)_3[P(OC_6H_5)F_2]_3$	13.1		INT.- 1			516
	5. FLUORINE BONDED TO FOUR-COORDINATED PHOSPHORUS						
	(D). NEAREST NEIGHBORS TO PHOSPHORUS- FLUORINE, X, X, OR CHLORINE, X, X						
417	$F_2P(H)\cdot BH_3$	55.0		EXT.- 2			522
****							
418	$F_2P(S)H$	46.1		INT.- 1			395
****							
419	$F_3P\cdot BH_3$	56.6		EXT.- 2			522
420	$\underline{F}_3P\cdot B(BF_2)_3$	53.9		1			533
****							
421	SPF_3	51.3		INT.- 1			436
422	$F_2P(S)Cl$	15.9		INT.- 1			436
423	$F_2P(S)Br$	2.3		INT.- 1			436
424	$Mo(CO)_3(PF_3)_3$	3.0		INT.- 1	23		516
425	$Ni(PF_3)_4$	16.7		INT.- 1			516
425		17.		EXT.- 2			361
426	$Pd(P\underline{F}_3)_4$	22.		EXT.- 2			361
****							
427	$[\underline{F}PCl_3]^+ + [SbCl_6]^-$	7.8		2	25		163
	6. FLUORINE BONDED TO FIVE-COORDINATED PHOSPHORUS						
	(A). NEAREST NEIGHBORS TO PHOSPHORUS- HYDROGEN, X, X, X						
428	PH_4F	49.6		INT.- 1		161	433
428		49.6		INT.- 1		235	433
428		47.1		EXT.- 1	2	253	433
****							

NOTE- X IS ANY ELEMENT NOT PREVIOUSLY PRINTED UNDER THE TITLE ELEMENT.

NO.	COMPOUND	SHIFT (PPM)	ERROR (PPM)	REF	SOLV	TEMP (K)	LIT REF
429	PH_2F_3	29.1		EXT.- 1		239	433
429		54.2		EXT.- 1		267	433
429		48.0		INT.- 1	2	267	433
429		54.		EXT.- 2	12	258	534
429		49.0		2	21	305	534
430	$P(D_2)F_3$	54.		EXT.- 2	12	305	534
431	$PH_2(\underline{F_2})F$ (axial fluorines)	31.		EXT.- 2	12	227	534
432	$PH_2(F_2)\underline{F}$ (equat. fluorine)	106.		EXT.- 2	12	227	534
****							
433	$\underline{F_2}(F)HPC_6H_5$ (axial fluorines)	31.		EXT.- 2			225
434	$F_2(\underline{F})HPC_6H_5$ (equat. fluorine)	86.2		EXT.- 2			225
****							
435	PHF_4	49.		2	12	183	534
435		51.8		2	21	305	534
436	$P(D)F_4$	49.		2	12	228	534

6. FLUORINE BONDED TO FIVE-COORDINATED PHOSPHORUS

(B). NEAREST NEIGHBORS TO PHOSPHORUS- CARBON(3 COORD.), X, X, X

NO.	COMPOUND	SHIFT (PPM)	ERROR (PPM)	REF	SOLV	TEMP (K)	LIT REF
437	$F_2P(C_6H_5)_3$	40.4		INT.- 1	10		524
437		38.		EXT.- 2	12		155
437		37.3		EXT.- 2			294
438	$F_2P(CH_3)(C_6H_5)_2$	28.5		INT.- 1			524
****							
439	$F_2P(CH_3)_2(C_6H_5)$	16.9		INT.- 1			524
440	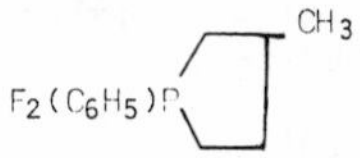	28.7		INT.- 1			524
****							
441	$F_2P(C_6H_5)_2N(CH_3)_2$	35.8		INT.- 1	12		523
****							
442	$\underline{F_2}(F)P(C_6H_5)_2$ (axial fluorines)	32.87		EXT.- 2			294
442		33.		EXT.- 2	12		155
443	$F_2(\underline{F})P(C_6H_5)_2$ (equat. fluorine)	77.70		EXT.- 2			294
443		77.7		EXT.- 2	12		155
****							
444	$\underline{F_2}(F)P(CH_3)C_6H_5$ (axial fluorines)	16.5		EXT.- 2	12		155
445	$F_2(\underline{F})P(CH_3)C_6H_5$ (equat. fluorine)	81.9		EXT.- 2	12		155

****

NOTE- X IS ANY ELEMENT NOT PREVIOUSLY PRINTED UNDER THE TITLE ELEMENT.

NO.	COMPOUND	SHIFT (PPM)	ERROR (PPM)	REF	SOLV	TEMP (K)	LIT REF
446	$[F_2P(C_6H_5)NCH_3]_2$	63.6		INT.- 1	23		523
447	$[F_2P(C_6H_5)NC_2H_5]_2$	60.3		INT.- 1	23		523
448	$[F_2P(C_6H_5)NC_6H_5]_2$	54.0		INT.- 1	23		523
449	$\{F_2P[\sigma,\sigma'-C_6H_3(CH_3)_2]NCH_3\}_2$	61.8		INT.- 1	13		523
450	$[\underline{F_2}P(m-C_6H_4CF_3)NCH_3]_2$	62.6		INT.- 1	31		523
****							
451	$\underline{F_2}(F)P(C_6H_5)N(CH_3)_2$	40.3		INT.- 1			235
451	(axial fluorines)	40.6		INT.- 1			234
451		39.5	0.05	INT.- 1			353
451		40.0		INT.- 1			354
451		40.0		INT.- 1	12		523
451		41.		EXT.- 2			225
452	$F_2(\underline{F})P(C_6H_5)N(CH_3)_2$	68.1		INT.- 1			235
452	(equat. fluorine)	68.5		INT.- 1			234
452		68.3	0.05	INT.- 1			353
452		68.3		INT.- 1	12		523
452		68.1		INT.- 1			354
452		68.		EXT.- 2			225
453	$\underline{F_2}(F)P(C_6H_5)NHCH_3$ (axial fluorines)	39.7	0.05	INT.- 1			353
454	$F_2(\underline{F})P(C_6H_5)NHCH_3$ (equat. fluorine)	71.8	0.05	INT.- 1			353
455	$\underline{F_2}(F)P(C_6H_5)N(C_2H_5)_2$	43.4	0.05	INT.- 1			353
455	(axial fluorines)	43.5		INT.- 1			234
455		43.5		INT.- 1			354
455		43.5		INT.- 1	12		523
455		42.		EXT.- 2			225
456	$F_2(\underline{F})P(C_6H_5)N(C_2H_5)_2$	66.5	0.05	INT.- 1			353
456	(equat. fluorine)	66.5		INT.- 1			234
456		66.5		INT.- 1			354
456		66.5		INT.- 1	12		523
456		66.		EXT.- 2			225
457		39.2		INT.- 1			235
457	$\underline{F_2}(F)P(C_6H_5)N$  (axial fluorines)	39.2		INT.- 1	12		523
458		69.0		INT.- 1			235
458	$F_2(\underline{F})P(C_6H_5)N$  (equat. fluorine)	69.1		INT.- 1	12		523
459	$\underline{F_2}(F)P(C_6H_5)N(CH_2)_5$ (axial fluorines)	43.6	0.05	INT.- 1			353
460	$F_2(\underline{F})P(C_6H_5)N(CH_2)_5$ (equat. fluorine)	68.0	0.05	INT.- 1			353
****							
461	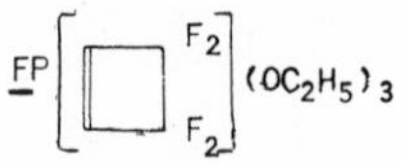	56.6		INT.- 1			524
****							
462	$F_4PCH=CHC_6H_5$	45.		EXT.- 2	12		155

NO.	COMPOUND	SHIFT (PPM)	ERROR (PPM)	REF	SOLV	TEMP (K)	LIT REF
463	$F_4PC_6H_5$	54.2		INT.- 1			352
463		54.		EXT.- 2	12		155
464	$F_4P(m\text{-}C_6H_4CH_3)$	54.		INT.- 2			351
465	$F_4P(p\text{-}C_6H_4CH_3)$	54.		INT.- 2			351
466	$F_4P[m\text{-}C_6H_4CH(CH_3)_2]$	54.4		INT.- 1			524
467	$F_4P[p\text{-}C_6H_4CH(CH_3)_2]$	55.0		INT.- 1			524
468	$F_4P(m\text{-}C_6H_4CF_3)$	53.9		INT.- 1			524
469	$F_4P[\sigma,\sigma'\text{-}C_6H_3(CH_3)_2]$	45.6		INT.- 1			524
470	$F_4P[\sigma,m\text{-}C_6H_3(CH_3)_2]$	52.		EXT.- 2	12		155
471	$F_4P(p\text{-}OC_6H_4CH_3)$	55.8		INT.- 1			524
472	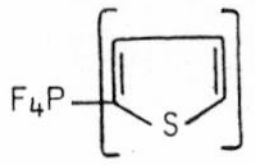	52.5		INT.- 1			524
****							
473	$F_2(F)P(C_6H_5)Cl$ (axial fluorines)	-12.		EXT.- 2			225
474	$F_2(F)P(C_6H_5)Cl$ (equat. fluorine)	54.		EXT.- 2			225

6. FLUCRINE BCNDED TO FIVE-COORDINATED PHOSPHORUS

(C). NEAREST NEIGHBORS TO PHOSPHORUS- CARBON(4 COORD.), X, X, X

NO.	COMPOUND	SHIFT (PPM)	ERROR (PPM)	REF	SOLV	TEMP (K)	LIT REF
475	$F_2P(CH_3)_3$	4.8		INT.- 1			524
475	(axial fluorines)	4.8		INT.- 1			490
475		4.		EXT.- 2	12		155
476	$F_2P(CF_3)_3$ (axial fluorines)	59.7		EXT.- 2	12		155
477	$F_2P(C_2H_5)_3$	39.8		INT.- 1			524
477	(axial fluorines)	33.		EXT.- 2	12		155
478	$F_2P(C_4H_9)_3$ (axial fluorines)	33.		EXT.- 2	12		155
****							
479	$F_2P(CH_3)_2N(CH_3)_2$	14.4		INT.- 1	12		523
****							
480	$F_2(F)P(CH_3)_2$ (axial fluorines)	3.		EXT.- 2	12		155
481	$F_2(F)P(CH_3)_2$ (equat. fluorine)	86.3		EXT.- 2	12		155
482	$F_2(F)P(C_2H_5)_2$ (axial fluorines)	25.		EXT.- 2	12		155
483	$F_2(F)P(C_2H_5)_2$ (equat. fluorine)	93.		EXT.- 2	12		155

NOTE- X IS ANY ELEMENT NOT PREVIOUSLY PRINTED UNDER THE TITLE ELEMENT.

NO.	COMPOUND	SHIFT (PPM)	ERROR (PPM)	REF	SOLV	TEMP (K)	LIT REF
484	$\underline{F}_2(F)P(C_4H_9)_2$ (axial fluorines)	21.		EXT.- 2	12		155
485	$F_2(\underline{F})P(C_4H_9)_2$ (equat. fluorine)	90.		EXT.- 2	12		155
486	$\underline{F}_3P(C_2F_5)_2$	56.		EXT.- 2			225
487	$F_2(\underline{F})P(CH_2)_2$ (equat. fluorine)	69.0		EXT.- 2	12		155
488	$F_3P(CH_2)_4$	41.1		INT.- 1			524
488		41.6		INT.- 2			351
489	$\underline{F}_2(F)P(CH_2)_5$(axial fluorines)	19.4		INT.- 1			524
489		19.		EXT.- 2	12		155
490	$F_2(\underline{F})P(CH_2)_5$(equat. fluorine)	83.3		INT.- 1			524
490		83.		EXT.- 2	12		155
****							
491	$[F_2P(CH_3)NCH_3]_2$	57.0		INT.- 1	23		523
492	$[F_2P(CH_3)NC_6H_5]_2$	50.4		INT.- 1	23		523
493	$[F_2P(CH_2Cl)NCH_3]_2$	62.9		INT.- 1	23		523
494	$[F_2P(C_2H_5)NCH_3]_2$	65.4		INT.- 1	12		523
****							
495	$\underline{F}_2(F)P(CH_3)N(CH_3)_2$ (axial fluorines)	27.6		INT.- 1			234
495		27.5		INT.- 1			354
495		27.6		INT.- 1			354
496	$F_2(\underline{F})P(CH_3)N(CH_3)_2$ (equat. fluorine)	69.0		INT.- 1			234
496		67.6		INT.- 1			354
496		69.0		INT.- 1			354
497	$\underline{F}_2(F)P(C_2H_5)N(CH_3)_2$ (axial fluorines)	38.4		INT.- 1	12		523
498	$F_2(\underline{F})P(C_2H_5)N(CH_3)_2$ (equat. fluorine)	72.5		INT.- 1	12		523
499	$\underline{F}_2(F)P(C_2H_5)N(C_2H_5)_2$ (axial fluorines)	41.5	0.05	INT.- 1			353
499		41.4		INT.- 1	12		523
499		40.		EXT.- 2			225
500	$F_2(\underline{F})P(C_2H_5)N(C_2H_5)_2$ (equat. fluorine)	70.0	0.05	INT.- 1			353
500		70.0		INT.- 1	12		523
500		69.		EXT.- 2			225
501	$\underline{F}_2(F)P(C_2H_5)N$  (axial fluorines)	33.2		INT.- 1	12		523
502	$F_2(\underline{F})P(C_2H_5)N$  (equat. fluorine)	73.1		INT.- 1	12		523
****							
503	F_4PCH_3	46.		EXT.- 2	12		155
504	F_4PCH_2Cl	53.		EXT.- 2	12		155
505	$\underline{F}_4PCF_3$	66.5		EXT.- 2	12		155

NO.	COMPOUND	SHIFT (PPM)	ERROR (PPM)	REF	SOLV	TEMP (K)	LIT REF
506	$F_3(\underline{F})PCF_3$ (axial fluorine)	67.		2			47
507	$\underline{F}_3(F)PCF_3$ (equat. fluorines)	67.		2			47
508	F_4PCCl_3	67.1		INT.- 1			340
509	$F_4PC_2H_5$	50.6		INT.- 1			237
509		60.7		EXT.- 2			225
509		52.		EXT.- 2	12		155
510	$F_4PC_4H_9$	50.		EXT.- 2	12		155
511	$F_4PC_8H_{18}$	46.		EXT.- 2	12		155
****							
512	$F_2P(CCl_3)Cl_2$	-2.4		INT.- 1			340
512		-2.4		INT.- 1			157
****							
513	$F_2P(CCl_3)Br_2$	-22.8		INT.- 1			157
513		-22.8		INT.- 1			340

6. FLUORINE BONDED TO FIVE-COORDINATED PHOSPHORUS

(D). NEAREST NEIGHBORS TO PHOSPHORUS- NITROGEN, X, X, X

NO.	COMPOUND	SHIFT (PPM)	ERROR (PPM)	REF	SOLV	TEMP (K)	LIT REF
514	$F_2P[N(CH_3)_2]_3$	51.4		EXT.- 2			462
****							
515	$\underline{F}_2(F)P[N(CH_3)_2]_2$ (axial fluorines)	54.0		INT.- 1	12		523
515		68.9		9			386
515		73.9		9			386
516	$F_2(\underline{F})P[N(CH_3)_2]_2$ (equat. fluorine)	73.0		INT.- 1	12		523
516		60.7		9			386
516		55.2		9			386
517	$\underline{F}_2(F)P[N(C_2H_5)_2]_2$ (axial fluorines)	59.5		INT.- 1			235
517		59.5		INT.- 1			353
517		59.5		INT.- 1	12		523
517		60.		EXT.- 2			225
518	$F_2(\underline{F})P[N(C_2H_5)_2]_2$ (equat. fluorine)	67.5		INT.- 1			235
518		67.5	0.05	INT.- 1			353
518		67.5		INT.- 1	12		523
518		68.		EXT.- 2			225
519	$[F_3PNCH_3]_2$	79.5		INT.- 1	12		523
519		80.69		EXT.- 1			429
520	$[F_3PNC_6H_5]_2$	73.5		INT.- 1	23		523
****							
521	$F_4PN(CH_3)_2$	66.5		INT.- 1	12		523
521		66.8		INT.- 1	12		523
521		67.4		9			386
521		67.9		9			386
521		69.0		9			386
522	$\underline{F}_2(F_2)PN(CH_3)_2$ (axial fluorines)	59.0		INT.- 1	12		523

NOTE- X IS ANY ELEMENT NOT PREVIOUSLY PRINTED UNDER THE TITLE ELEMENT.

NO.	COMPOUND	SHIFT (PPM)	ERROR (PPM)	REF	SOLV	TEMP (K)	LIT REF
523	$F_2(\underline{F_2})PN(CH_3)_2$ (equat. fluorines)	75.9		INT.- 1	12		523
524	$\underline{F}_4PN(C_2H_5)_2$	66.5		INT.- 1			235
524		67.		EXT.- 2			225
525	$\underline{F}_2(F_2)PN(C_2H_5)_2$ (axial fluorines)	59.2		EXT.- 2		208	225
526	$F_2(\underline{F_2})PN(C_2H_5)_2$ (equat. fluorines)	71.3		EXT.- 2		208	225
527	$F_4PN(C_6H_5)_2$	60.0		INT.- 1	12		523
****							
528	$\underline{F}_2(F)P[N(CH_3)_2]Cl$ (axial fluorines)	-16.9		1		203	408
529	$F_2(\underline{F})P[N(CH_3)_2]Cl$ (equat. fluorine)	55.8		1		203	408
530	$\underline{F}_3P[N(CF_3)_2]Cl$	5.5		1			408
****							
531	$\underline{F}_2P[N(CF_3)_2]Cl_2$	-64.0		1			408

6. FLUORINE BONDED TO FIVE-COORDINATED PHOSPHORUS

(E). NEAREST NEIGHBORS TO PHOSPHORUS- FLUORINE, X, X, X OR CHLORINE, X, X, X

NO.	COMPOUND	SHIFT (PPM)	ERROR (PPM)	REF	SOLV	TEMP (K)	LIT REF
532	PF_5	75.87		EXT.- 2			29
532		71.5	0.1	EXT.- 2			4
532		79.	5.0	EXT.- 5	12		1
****							
533	F_3PCl_2	-31.1		EXT.- 1	12	251	215
533		-31.5		EXT.- 2	12		151
533		-35.		EXT.- 2			225
534	$\underline{F}_2(F)PCl_2$ (axial fluorines)	-67.4		EXT.- 1	12	129	215
534		-67.		EXT.- 2		143	225
534		-67.		EXT.- 2		153	320
535	$F_2(\underline{F})PCl_2$ (equat. fluorine)	41.5		EXT.- 1	12	129	215
535		41.		EXT.- 2		143	225
535		41.		EXT.- 2		153	320
****							
536	$\underline{F}_2(F)PBr_2$ (axial fluorine)	-104.		EXT.- 2		153	320
537	$F_2(\underline{F})PBr_2$ (equat. fluorine)	34.		EXT.- 2		153	320
****							
538	$\underline{F}_2PCl_3$ (axial fluorines)	-123.0		EXT.- 1	12	133	215
538		-115.2		EXT.- 2	12		151
****							
539	$\underline{F}PCl_4$ (axial fluorine)	-132.		EXT.- 1	12	133	215
539		-143.4		EXT.- 2	12		151

NOTE- X IS ANY ELEMENT NOT PREVIOUSLY PRINTED UNDER THE TITLE ELEMENT.

NO.	COMPOUND	SHIFT (PPM)	ERROR (PPM)	REF	SOLV	TEMP (K)	LIT REF
	7. FLUORINE BONDED TO SIX-COORDINATED PHOSPHORUS						
540	$[F_4(\underline{F})PC_6H_5]^- + [N(CH_3)_2H_2]^+$ (axial fluorine)	59.3		INT.- 1	25		524
541	$[\underline{F}_4(F)PC_6H_5]^- + [N(CH_3)_2H_2]$ (equat. fluorines)	57.2		INT.- 1	25		524
542	$[F_4(\underline{F})PC_6H_5]^- + [N(C_2H_5)_2NH_2]^+$ (axial fluorine)	60.0	0.05	INT.- 1			353
543	$[\underline{F}_4(F)PC_6H_5]^- + [(C_2H_5)_2NH_2]^+$ (equat. fluorines)	56.0	0.05	INT.- 1			353
544	$[F_4(\underline{F})PC_6H_5]^- + [C_5H_{10}NH_2]^+$ (axial fluorine)	59.0	0.05	INT.- 1			353
545	$[\underline{F}_4(F)PC_6H_5]^- + [C_5H_{10}NH_2]^+$ (equat. fluorines)	56.0	0.05	INT.- 1			353
546	$[F_4(\underline{F})PC_6H_5]^- + \{P(C_6H_5)[N(CH_3)_2]_2F\}^+$ (axial fluorine)	60.9	0.05	INT.- 1	33		464
547	$[\underline{F}_4(F)PC_6H_5]^- + \{P(C_6H_5)[N(CH_3)_2]_2F\}^+$ (equat. fluorines)	57.3	0.05	INT.- 1	33		464
548	$[F_4(\underline{F})PC_6H_5]^- + \{P(C_6H_5)[N(CH_2)_5]_2F\}^+$ (axial fluorine)	59.8		1	25		524
549	$[\underline{F}_4(F)PC_6H_5]^- + \{P(C_6H_5)[N(CH_2)_5]_2F\}^+$ (equat. fluorines)	57.0		INT.- 1	25		524
550	$\underline{F}_4PH(CF_3)$	63.8		1	25		194
551	$[F_4(\underline{F})PCH_3]^- + [N(CH_3)_2H_2]^+$ (axial fluorine)	57.4	0.05	INT.- 1	33		464
552	$[\underline{F}_4(F)PCH_3]^- + [N(CH_3)_2H_2]^+$ (equat. fluorines)	46.8	0.05	INT.- 1	33		464
553	$[F_4(\underline{F})PCH_3]^- + \{P(CH_3)[N(CH_3)_2]_2F\}^+$	57.6		INT.- 1			354
553	(axial fluorine)	57.5	0.05	INT.- 1	33		464
554	$[\underline{F}_4(F)PCH_3]^- + \{P(CH_3)[N(CH_3)_2]_2F\}^+$	45.8		INT.- 1			354
554	(equat. fluorines)	46.4	0.05	INT.- 1	33		464
555	$[F_4(\underline{F})PC_2H_5]^- + [N(C_2H_5)_2H_2]^+$ (axial fluorine)	54.9		INT.- 1	25		524
556	$[\underline{F}_4(F)PC_2H_5]^- + [N(C_2H_5)_2H_2]^+$ (equat. fluorines)	55.2		INT.- 1	25		524
557	$[F_4(\underline{F})PC_2H_5]^- + \{P(C_2H_5)[N(CH_3)_2]_2F\}^+$ (axial fluorine)	57.5		INT.- 1	25		524
558	$[\underline{F}_4(F)PC_2H_5]^- + \{P(C_2H_5)[N(CH_3)_2]_2F\}^+$ (equat. fluorines)	56.0		INT.- 1	25		524
559	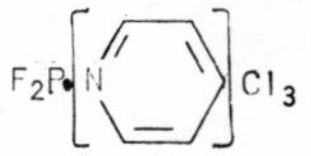	-25.3		EXT.- 2	26		151
560	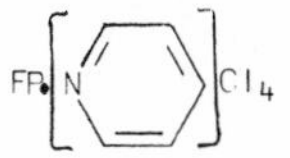	-63.4		EXT.- 2	26		151

NO.	COMPOUND	SHIFT (PPM)	ERROR (PPM)	REF	SOLV	TEMP (K)	LIT REF
561	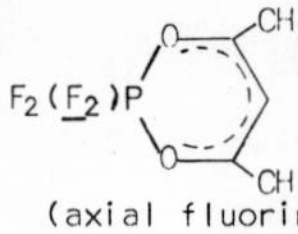 (axial fluorines)	53.87		INT.- 1	13		385
562	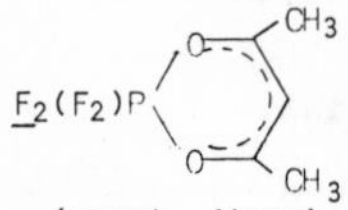 (equat. fluorines)	73.81		INT.- 1	13		385
****							
563	$[P\underline{F}_6]^-$	64.9		EXT.- 2			29
564	$+[H]^+$	71.0	0.0	EXT.- 2			4
565	$+[K]^+$	71.7		EXT.- 1	4		524
565		68.8	0.1	EXT.- 2			4
566	$+[NH_4]^+$	71.5		EXT.- 1	4		524
567	$+[N(CH_3)_4]^+$	71.6		EXT.- 1	4		524
568	$+[N(CH_2C_6H_5)H_2]^+$	70.3		1	25		524
569	$+\{Co(CO)(\pi-C_5H_5)[P(C_6H_5)_3]-CF_2CF_3\}^+$	74.2		INT.- 1			366
570	$+\left[(CF_3)_2C(OH)C\begin{matrix}P(C_6H_5)_3\\P(C_6H_5)_3\end{matrix}\right]^+$	71.6		1	25		480
	8. FLUORINE BONDED TO ARSENIC						
571	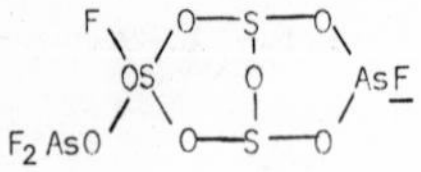	52.5		INT.-19			43
572	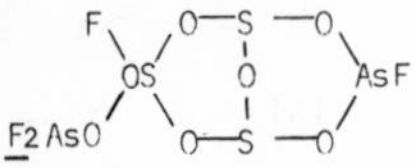	43.3		INT.-19			43
573	$F_2AsOAs(O-)_2$ (building unit)	45.7		INT.-19			244
574	$\underline{F}_2AsOAsF(O-)$ (building unit)	45.0		INT.-19			244
575	$\underline{F}_2AsOAs\underline{F}_2$	43.7		INT.-19			244
576	$F_2AsOAs(\underline{F})OAsF_2$	45.7		INT.-19			244
577	AsF_3	40.0		EXT.- 2			244
577		41.5		EXT.- 2			29
577		38.	4.6	EXT.- 5	12		1

NO.	COMPOUND	SHIFT (PPM)	ERROR (PPM)	REF	SOLV	TEMP (K)	LIT REF
578	$\underline{F_2}As(C_6H_5)_3$	85.		EXT.- 2			225
579	$\underline{F_2}(F)As(C_6H_5)_2$ (axial fluorines)	68.1		EXT.- 2			225
580	$F_2(\underline{F})As(C_6H_5)_2$ (equat. fluorine)	90.4		EXT.- 2			225
581	$\underline{F_4}AsC_6H_5$	63.		EXT.- 2	12		225
582	AsF_5	65.2		EXT.- 2			29
583	$[AsF_6]^-$	58.4		EXT.- 2			29
584	$+[F_2NO]^+$	60.		1			418

9. FLUORINE BONDED TO ANTIMONY

NO.	COMPOUND	SHIFT (PPM)	ERROR (PPM)	REF	SOLV	TEMP (K)	LIT REF
585	SbF_3	52.6		EXT.- 2			29
585		85.	5.1	EXT.- 5	4		1
586	SbF_5	114.	5.4	EXT.- 5	12		1
587	$[SbF_6]^-$	108.8		EXT.- 2			29
587		~~156.5~~		INT.-27	54	213	422
588	$+[F_2NO]^+$	135.		1			418
589	$FSb(C_6H_5)_3Cl$	150.		EXT.- 2			225
590	$F_2Sb(C_6H_5)_3$	135.		EXT.- 2			225
591	$F_4(\underline{F})SbONF_2$ (axial fluorine)	-57.9		INT.- 1	1		348
592	$\underline{F_4}(F)SbONF_2$ (equat. fluorines)	-62.3		INT.- 1	1		348
593	$F_4(\underline{F})SbFSb(F_4)F$ (axial fluorine)	170.0		INT.-27	54	213	422
594	$F(\underline{F_4})SbFSb(F_4)F$ (equat. fluorines)	147.9		INT.-27	54	213	422
595	$F_5Sb\underline{F}SbF_5$ (bridgeing fluorine)	121.4		INT.-27	54	213	422
596	$-[OS(O)(F)OSb(\underline{F_2})(F_2)OS(O)(F)]-$ polymer segment (A or X part of A_2X_2)	91.8	0.5	INT.-11			211
597	$-[OS(O)(O)OSb(F_2)(\underline{F_2})OS(O)(F)]-$ polymer segment (A or X part of A_2X_2)	122.0	0.5	INT.-11			211
598	$-[OS(F)(O)OSb(\underline{F_4})OS(O)(F)]-$ (polymer segment)	97.5	0.5	INT.-11			211

NO.	COMPOUND	SHIFT (PPM)	ERROR (PPM)	REF	SOLV	TEMP (K)	LIT REF
	10. FLUORINE BONDED TO BISMUTH						
599	$F_2Bi(C_6H_5)_3$	158.		EXT.- 2			225
	F. GROUP VI ELEMENTS						
	1. FLUORINE BONDED TO OXYGEN						
600	$\underline{F}OCF_3$	-149.9		INT.-11	29		87
601	$\underline{F}OCF_2CHF_2$	-131.		INT.- 1			468
601		-131.		INT.- 1	1		509
602	$\underline{F}OCF_2CF_3$	-139.4		INT.- 1			344
602		-139.4		INT.- 1			468
603	$\underline{F}OC(CF_3)_3$	-149.6		INT.- 1			344
604	$\underline{F}OCF(CF_3)_2$	-153.9		INT.- 1			344
605	$(\underline{F}O)_2C(CF_3)_2$	-148.0		INT.- 1	1		531
606	$(\underline{F}O)_2CFCF_3$	-150.4		INT.- 1	1		531
607	$\underline{F}OCF_2CF_2Cl$	-140.2		INT.- 1			344
608	$\underline{F}OCF_2CFCl_2$	-141.6		INT.- 1			344
609	$\underline{F}OCF_2CCl_3$	-141.8		INT.- 1			344
610	$\underline{F}OCF_2CF_2CF_3$	-144.3		INT.- 1			344
611	$\underline{F}OCF_2CF_2NO_2$	-150.6		INT.- 1			344
612	$\underline{F}OCF_2CF_2NF_2$	-147.0		INT.- 1	1		509
613	$\underline{F}OCF_2CF(NF_2)CF_3$	-150.7		INT.- 1	1		509
614	$\underline{F}OCF_2O\underline{F}$	-159.2		INT.- 1	1		530
614		-155.7		INT.- 1	1		503
615	$\underline{F}OCF_2CF_2CF_2O\underline{F}$	-146.0		INT.- 1			459
616	$\underline{F}OCF_2CF_2CF_2CF_2O\underline{F}$	-146.7		INT.- 1	1		509
617	$(\underline{F}OCF_2CF_2)_2CF_2$	-146.9		INT.- 1	1		509
618	$\underline{F}OCF_2CF_2C(O)F$	-144.4		INT.- 1			459
619	$\underline{F}O\underline{F}$	-868.		EXT.- 1		86	527
619		-836.	10.	INT.- 4	7	168	441
620	$\underline{F}OS(O)_2F$	-291.		1			209
621	F_2O	-249.	1.	1	12	49	295
621		-250.0		EXT.- 1	21		81
621		-274.4		INT.-11	29		87
621		-240.	2.0	INT.- 5	8	80	455
****							
622	FOS(O)OCl	-33.9		1			144
****							
623	$\underline{F}OSO_2F$	-249.		1			209
623		-244.9		INT.-11	29		87
623		-234.		20	12		6

NO.	COMPOUND	SHIFT (PPM)	ERROR (PPM)	REF	SOLV	TEMP (K)	LIT REF
624	$\underline{F}OSO_2CHFCH_3$	-44.9		EXT.- 1	47	213	513
625	$\underline{F}OSO_2CF_2CF_3$	-49.4		1			144
626	$\underline{F}OSO_2CF_2CF_2Cl$	-49.4		1			144
627	$\underline{F}OSO_2CCl_2CFCl_2$	-50.4		1			144
628	$\underline{F}OSO_2CF_2CF_2Br$	-49.4		1			144
629	$CF_3CF_2CF[S(O)_2O\underline{F}]CF_3$	-51.3		1			399
630	$\underline{F}OSO_2C(O)CF_3$	-47.8		1			399
631	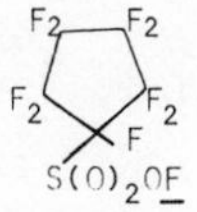	-51.		1			144
****							
632	$\underline{F}OSF_5$	-188.8	0.5	INT.- 1	1		97
632		-188.7		INT.-11	29		87
632		-177.		20	12		6
****							
633	$FOClO_3$	-225.9		INT.- 1	1		81

2. FLUORINE BONDED TO TWO- OR THREE-COORDINATED SULFUR

NO.	COMPOUND	SHIFT (PPM)	ERROR (PPM)	REF	SOLV	TEMP (K)	LIT REF
634	$\underline{F}SCF_3$	351.		EXT.- 1			525
635	$\underline{F}SCF_2Cl$	297.		EXT.- 1			525
636	$\underline{F}SCFCl_2$	265.		EXT.- 1			525
637	$FSCCl_3$	27.9		EXT.- 1			525
638	$\underline{F}SCF(CF_3)_2$	361.		EXT.- 1			525
638		361.		EXT.- 8	12		110
****							
639	$\underline{F}S S\underline{F}$	122.5		INT.- 1			238
****							
640	$FS(O)C_6H_5$	-20.64		INT.- 8			113
641	$CF_3N=S(\underline{F})CF(CF_3)_2$	9.9		EXT.- 2			284
642	$CF_3CF_2N=S(\underline{F})CF(CF_3)_2$	24.2		EXT.- 2			284
643	$CF_3CF_2CF_2N=S(\underline{F})CF(CF_3)_2$	8.9		EXT.- 2			284
****							
644	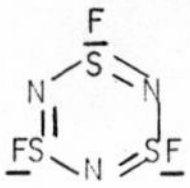	-21.7		EXT.-38			77

NO.	COMPOUND	SHIFT (PPM)	ERROR (PPM)	REF	SOLV	TEMP (K)	LIT REF
645	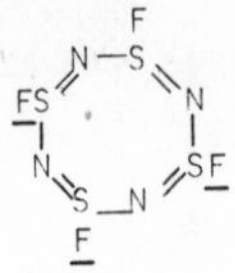	-29.7		EXT.-38			77
****							
646	$F_2S{=}NP(O)F_2$	-57.1		EXT.- 1			498
647	$\underline{F}_2S{=}NC(O)F$	-41.7		2			274
648	$\underline{F}_2S{=}NS_5$	-53.7		EXT.- 1	2		397
649	$\underline{F}_2S{=}NS(O)_2F$	-40.0		INT.- 1		303	496
649		-40.0		INT.- 1		303	497
649		-35.7		INT.- 1		223	496
649		-35.7		INT.- 1		223	497
****							
650	F_2SO	-74.5		INT.- 1			238
651	F_2SS	-79.5		INT.- 1			238

3. FLUORINE BONDED TO FOUR-COORDINATED SULFUR

(A). NEAREST NEIGHBORS TO SULFUR- CARBON, X, X,

NO.	COMPOUND	SHIFT (PPM)	ERROR (PPM)	REF	SOLV	TEMP (K)	LIT REF
652	$\underline{F}SO_2CF{=}CF_2$	-63.9		EXT.- 2			376
653	$FSO_2C_6H_5$	-65.50	0.01	INT.- 1	1		26
654	$FSO_2(p\text{-}C_6H_4OCH_3)$	-67.7		EXT.- 61	22		171
655	$FSO_2(p\text{-}C_6H_4NO_2)$	-65.2		EXT.- 61	22		171
656	$\underline{F}SO_2(p\text{-}C_6H_4F)$	-64.5		EXT.- 61	22		171
****							
657	$F_2(\underline{F})SC_6H_5$	26.15		INT.- 8	10		113
658	$\underline{F}_2(F)SC_6H_5$	-71.84		INT.- 8	10	233	113
****							
659	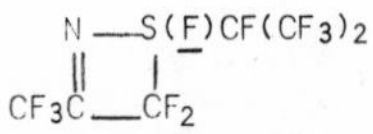	31.4		EXT.- 2			284
****							
660	$[(CF_3)_2CF]_2S\underline{F}_2$	10.9		EXT.- 8	12		110
661	$(CF_3)_2CFS\underline{F}_2CF_3$	14.0		EXT.- 8	12		110
****							
662	$\underline{F}SO_2CHFCF_2OCH_3$	-54.1		EXT.- 2			376
663	$\underline{F}SO_2CHFCF_3$	-50.8		EXT.- 2			376
664	$\underline{F}SO_2CHFCF_2Br$	-57.4		EXT.- 2			376
665	$\underline{F}SO_2CFClCF_2Cl$	-45.4		EXT.- 2			376

NOTE- X IS ANY ELEMENT NOT PREVIOUSLY PRINTED UNDER THE TITLE ELEMENT.

NO.	COMPOUND	SHIFT (PPM)	ERROR (PPM)	REF	SOLV	TEMP (K)	LIT REF
666	$\underline{F}SO_2CFBrCF_2Br$	-45.7		EXT.- 2			376
****							
667	$\underline{F}_2(F)SCF_3$ (axial fluorines)	-50.		EXT.- 2			225
668	$F_2(\underline{F})SCF_3$ (equat. fluorine)	104.		EXT.- 2			225
669	$\underline{F}_2(F)SCF(CF_3)_2$	197.		EXT.- 8	12		110
670	$F_2(\underline{F})SCF(CF_3)_2$	54.3		EXT.- 8	12		110

3. FLUORINE BONDED TO FOUR-COORDINATED SULFUR

(B). NEAREST NEIGHBORS TO SULFUR- NITROGEN, X, X

NO.	COMPOUND	SHIFT (PPM)	ERROR (PPM)	REF	SOLV	TEMP (K)	LIT REF
671	F_3SN	-61.7		EXT.-38			77
****							
672	$\underline{F}_2S(=NCF_3)_2$	-57.2		INT.- 1	1		318
673	$\underline{F}_2S(=NCF_2CF_3)_2$	-63.1		INT.- 1	1		318
****							
674	$FS(O)_2N{=}S{=}O$	-59.2		EXT.- 1			521
675	$\underline{F}S(O)_2N{=}S(O)F_2$	-60.1		EXT.- 1			498
676	$\underline{F}S(O)_2N{=}SF_2$	-44.0		INT.- 1		223	497
676		-44.0		INT.- 1		223	496
676		-62.2		INT.- 1		303	496
676		-62.2		INT.- 1		303	497
677	$FS(O)_2N{=}SCl_2$	-61.4		EXT.- 1			521
****							
678	$\underline{F}_2S(O){=}NS(O)_2F$	-45.4		EXT.- 1			498
****							
679	FSO_2NH_2	-57.0		EXT.- 1			521
680	$(FSO_2)_2NH$	-56.9		EXT.- 1			219
681	$\underline{F}SO_2NF_2$	-24.6		EXT.- 1	12	223	219
682	$(\underline{F}SO_2)_2NF$	-44.9		EXT.- 1	12		219

3. FLUORINE BONDED TO FOUR-COORDINATED SULFUR

(C). NEAREST NEIGHBORS TO SULFUR- OXYGEN, X, X

NO.	COMPOUND	SHIFT (PPM)	ERROR (PPM)	REF	SOLV	TEMP (K)	LIT REF
683	FSO_2OH	-65.6	0.1	EXT.- 1	12		432
683		-45.46		INT.-12	20		94
****							
684	$\underline{F}S(O)_2OCF_3$	-46.1		INT.- 1			319
684		-46.8	0.1	INT.- 1	1		432
685	$\underline{F}S(O)_2OCF_2Cl$	-48.0	0.1	INT.- 1	1		432
685		-48.6		EXT.- 2			400
686	$\underline{F}S(O)_2OCF_2CF_3$	-49.6	0.1	INT.- 1	1		432

NOTE- X IS ANY ELEMENT NOT PREVIOUSLY PRINTED UNDER THE TITLE ELEMENT.

NO.	COMPOUND	SHIFT (PPM)	ERROR (PPM)	REF	SOLV	TEMP (K)	LIT REF
687	$\underline{F}S(O)_2OCF(CF_3)CF_2CF_3$	-51.2	0.1	INT.- 1	1		432
688	$\underline{F}S(O)_2OCF(CF_3)CFBrCF_3$	-51.0	0.1	INT.- 1	1		432
689	$[\underline{F}S(O)_2O]_3CF$	-50.0		INT.- 1			319
690	$[\underline{F}S(O)_2O]_2CF_2$	-48.7	0.1	INT.- 1	1		432
690		-48.5		INT.- 1			319
691	$[\underline{F}S(O)_2O]_2CF_2CF_2$	-50.7	0.1	INT.- 1	1		432
692	$\underline{F}S(O)_2OCF_2CF_2NF_2$	-50.4	0.1	INT.- 1	1		432
692		-47.6		1			317
693	$\underline{F}S(O)_2OCF_2CF(NF_2)CF_3$	-50.7		1			317
694	$\underline{F}S(O)_2OC(O)CF_3$	-47.4	0.1	INT.- 1	1		432
694		-47.2		EXT.- 2			400
695	$\underline{F}S(O)_2OC(O)CF_2Cl$	-48.1		EXT.- 2			400
696	$\underline{F}S(O)_2OC(O)CF_2CF_3$	-48.0		EXT.- 2			400
697	$\underline{F}S(O)_2OC(O)CF_2CF_2CF_3$	-47.5		EXT.- 2			400
698	$\underline{F}S(O)_2OC(O)CF_2CF_2OS(O)_2F$	-48.5		EXT.- 2			400
698		-51.4		EXT.- 2			400
****							
699	$\underline{F}S(O)_2ONF_2$	-44.1	0.1	INT.- 1	1		432
****							
700	$\underline{F}S(O)_2OOCF_3$	-37.9	0.1	INT.- 1	1		432
701	$\underline{F}S(O)_2OOSOOF$	-40.4	0.1	INT.- 1	1		432
702	$\underline{F}S(O)_2OOS(O)_2\underline{F}$	-40.4		1			209
702		-41.		20			12
703	$\underline{F}S(O)_2OOF$	-42.6	0.1	INT.- 1	1		432
703		-43.0		1			209
****							
704	$\underline{F}S(O)_2OF$	-36.3	0.1	INT.- 1	1		432
704		-37.		1			209
704		-35.9		INT.-11	29		87
704		-34.		20	12		6
****							
705	$[\underline{F}S(O)_2O]_3PO$	-53.		EXT.- 2			401
706	$[\underline{F}S(O)_2O]_2P(O)F$	-50.		EXT.- 2			401
707	$\underline{F}S(O)_2OP(O)F_2$	-49.		EXT.- 2			401
****							
708	$\underline{F}S(O)_2OS(O)_2\underline{F}$	-47.2		1			319
708		-47.		INT.-12	20		94
708		-48.5		1			209
709	$\underline{F}S(O)_2OS(O)_2OS(O)_2\underline{F}$	-49.6	0.1	INT.- 1	1		432
709		-48.63		EXT.-12			67
709		-48.60		INT.-12	20		94

NO.	COMPOUND	SHIFT (PPM)	ERROR (PPM)	REF	SOLV	TEMP (K)	LIT REF
710	$\underline{F}S(O)_2[OS(O)_2]_2OS(O)_2\underline{F}$	-48.61		INT.-12			211
710		-49.72		EXT.-12			67
710		-49.04		INT.-12	20		94
711	$\underline{F}S(O)_2[OS(O)_2]_3OS(O)_2\underline{F}$	-49.13		INT.-12			211
711		-49.93		EXT.-12			67
711		-49.18		INT.-12	20		94
712	$\underline{F}S(O)_2[OS(O)_2]_4OS(O)_2\underline{F}$	-50.03		INT.-12			211
712		-49.27		INT.-12	20		94
712		-50.15		EXT.-12			67
713	$\underline{F}S(O)_2[OS(O)_2]_5OS(O)_2\underline{F}$	-49.53		EXT.-12			67
714	$\underline{F}S(O)_2OSOOF$	-48.8	0.1	INT.- 1	1		432
715	$\underline{F}S(O)_2OSF_5$	-45.1		INT.- 1	1		68
****							
716	$FS(O)_2OCl$	-33.9	0.1	EXT.- 1	12		432
****							
717	$FS(O)_2OBr$	-41.3	0.1	EXT.- 1	12		432
****							
718	$CF_3CF[OS(O)_2\underline{F}]CF_2NF_2$	-50.7		1			317
719	$\underline{F}(SO_3)_2SO_2\underline{F}$	-48.61		INT.-12			211
720	$-[OS(O)(F)OSb(F_4)OS(O)(\underline{F})OSb(F_4)OS(O)(F)]-$ polymer segment (cis-cis)	-45.2	0.5	INT.-11			211
721	$-[OS(O)(F)OSb(F_4)OS(O)(\underline{F})OSb(F_4)OS(F)(O)]-$ polymer segment (cis-trans)	-45.51		INT.-11			211
722	$-[OS(F)(O)OSb(F_4)OS(O)(\underline{F})OSb(F_4)OS(F)(O)]-$ polymer segment (trans-trans)	-45.92		INT.-11			211
****							
723	$\underline{F}S(O)_2\underline{F}$	-33.5		1			209
723		-31.95	0.07	INT.-12			211
****							
724	$FS(O)_2Br$	-120.9		INT.- 1			316

3. FLUORINE BONDED TO FOUR-COORDINATED SULFUR

(D). NEAREST NEIGHBORS TO SULFUR- FLUORINE, X, X

NO.	COMPOUND	SHIFT (PPM)	ERROR (PPM)	REF	SOLV	TEMP (K)	LIT REF
725	$S(F_2)\underline{F}_2$	-71.		EXT.- 2			29
726	$S(\underline{F}_2)F_2$	-118.		EXT.- 2			29

NOTE- X IS ANY ELEMENT NOT PREVIOUSLY PRINTED UNDER THE TITLE ELEMENT.

NO.	COMPOUND	SHIFT (PPM)	ERROR (PPM)	REF	SOLV	TEMP (K)	LIT REF

4. FLUORINE BONDED TO FIVE-COORDINATED SULFUR

NO.	COMPOUND	SHIFT (PPM)	ERROR (PPM)	REF	SOLV	TEMP (K)	LIT REF
727	$F_3(\underline{F})S{=}NCF_3$ (axial fluorine)	-92.		EXT.- 2		169	225
728	$\underline{F}_3(F)S{=}NCF_3$ (equat. fluorines)	-65.		EXT.- 2		169	225
**** 729	F_4SO	-91.		20	12		6

5. FLUORINE BONDED TO SIX-COORDINATED SULFUR

(A). NEAREST NEIGHBORS TO SULFUR- CARBON(3 COORD.), X, X, X, X

NO.	COMPOUND	SHIFT (PPM)	ERROR (PPM)	REF	SOLV	TEMP (K)	LIT REF
730	$F_4(\underline{F})S(C_6H_5)$ (axial fluorine)	-83.08		INT.- 8	2		138
731	$\underline{F}_4(F)S(C_6H_5)$ (equat. fluorines)	-80.23		INT.- 8	2		138
732	$F_4(\underline{F})S(m\text{-}C_6H_4NH_2)$ (axial fluorine)	-84.93		INT.- 8	2		138
733	$\underline{F}_4(F)S(m\text{-}C_6H_4NH_2)$ (equat. fluorines)	-83.43		INT.- 8	2		138
734	$F_4(\underline{F})S(p\text{-}C_6H_4NH_2)$ (axial fluorine)	-81.95		INT.- 8	2		138
735	$\underline{F}_4(F)S(p\text{-}C_6H_4NH_2)$ (equat. fluorines)	-82.63		INT.- 8	2		138
736	$F_4(\underline{F})S(m\text{-}C_6H_4NO_2)$ (axial fluorine)	-84.30		INT.- 8	2		138
737	$\underline{F}_4(F)S(m\text{-}C_6H_4NO_2)$ (equat. fluorines)	-82.78		INT.- 8	2		138
738	$F_4(\underline{F})S(p\text{-}C_6H_4NO_2)$ (axial fluorine)	-80.35		INT.- 8	2		138
739	$\underline{F}_4(F)S(p\text{-}C_6H_4NO_2)$ (equat. fluorines)	-86.23		INT.- 8	2		138
740	$F_4(\underline{F})S(m\text{-}C_6H_4OH)$ (axial fluorine)	-63.33		INT.- 8	2		138
741	$\underline{F}_4(F)S(m\text{-}C_6H_4OH)$ (equat. fluorines)	-61.90		INT.- 8	2		138
742	$F_4(\underline{F})S(p\text{-}C_6H_4OH)$ (axial fluorine)	-62.03		INT.- 8	2		138
743	$\underline{F}_4(F)S(p\text{-}C_6H_4OH)$ (equat. fluorines)	-62.30		INT.- 8	2		138
744	$F_4(\underline{F})S(p\text{-}C_6H_4Cl)$ (axial fluorine)	-61.75		INT.- 8	2		138
745	$\underline{F}_4(F)S(p\text{-}C_6H_4Cl)$ (equat. fluorines)	-62.38		INT.- 8	2		138

NOTE- X IS ANY ELEMENT NOT PREVIOUSLY PRINTED UNDER THE TITLE ELEMENT.

NO.	COMPOUND	SHIFT (PPM)	ERROR (PPM)	REF	SOLV	TEMP (K)	LIT REF
746	$F_4(\underline{F})S(m-C_6H_4Br)$ (axial fluorine)	-62.03		INT.- 8	2		138
747	$\underline{F_4}(F)S(m-C_6H_4Br)$ (equat. fluorines)	-63.53		INT.- 8	2		138
748	$F_4(\underline{F})S(p-C_6H_4Br)$ (axial fluorine)	-61.28		INT.- 8	2		138
749	$\underline{F_4}(F)S(p-C_6H_4Br)$ (equat. fluorines)	-61.68		INT.- 8	2		138
****							
750	$F_4(\underline{F})S(CF{=}CF_2)$ (axial fluorine)	-69.3	0.2	INT.- 1	12		257
751	$\underline{F_4}(F)S(CF{=}CF_2)$ (equat. fluorines)	-59.2	0.2	INT.- 1	12		257

5. FLUORINE BONDED TO SIX-COORDINATED SULFUR

(B). NEAREST NEIGHBORS TO SULFUR- CARBON(4 COORD.), X, X, X, X

NO.	COMPOUND	SHIFT (PPM)	ERROR (PPM)	REF	SOLV	TEMP (K)	LIT REF
752	$CF_3S(\underline{F_4})CF_2SF_5$	-27.4		EXT.- 2			95
752		-27.4		EXT.- 2			109
753	$\underline{F_4}S(C_2F_5)_2$	-28.5		EXT.- 2			95
753		-28.5		EXT.- 2			109
753		-27.5		EXT.- 2			15
754	$\underline{F_4}S(C_3F_7)_2$	-29.6		EXT.- 2			15
755	$CF_3S\underline{F_4}CF_2CF_3$	-23.2		EXT.- 2			95
755		-23.2		EXT.- 2			109
755		-20.8		EXT.- 2			25
756	$CF_3S\underline{F_4}CF_2C(O)OCH_3$	-23.2		EXT.- 2			95
756		-23.2		EXT.- 2			109
757	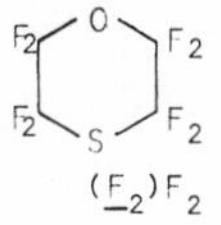	-18.3		EXT.- 2			15
758	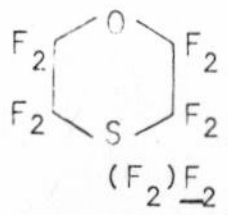	-46.5		EXT.- 2			15
****							
759	$F_4(\underline{F})SCH_2F$ (axial fluorine)	-71.8		INT.- 1			410
760	$\underline{F_4}(F)SCH_2F$ (equat. fluorines)	-48.2		INT.- 1			410
761	$F_4(\underline{F})SCF_3$ (axial fluorine)	-62.85		INT.-11	29		103
762	$\underline{F_4}(F)SCF_3$ (equat. fluorines)	-39.0		INT.-11	29		103

NOTE- X IS ANY ELEMENT NOT PREVIOUSLY PRINTED UNDER THE TITLE ELEMENT.

NO.	COMPOUND	SHIFT (PPM)	ERROR (PPM)	REF	SOLV	TEMP (K)	LIT REF
763	$F_4(\underline{F})SC_2F_5$	-61.0	0.2	INT.- 1	1		68
763	(axial fluorine)	-61.4		EXT.- 2			95
763		-61.4		EXT.- 2			109
763		-60.9.		EXT.- 2			15
764	$\underline{F}_4(F)SC_2F_5$	-42.2	0.2	INT.- 1	1		68
764	(equat. fluorines)	-42.0		EXT.- 2			95
764		-42.0		EXT.- 2			109
764		-42.2		EXT.- 2			15
765	$F_4(\underline{F})SC_3F_7$ (axial fluorine)	-60.9		EXT.- 2			15
766	$\underline{F}_4(F)SC_3F_7$ (equat. fluorines)	-42.2		EXT.- 2			15
767	$F_4(\underline{F})SC_4F_9$	-60.3		EXT.- 2			95
767	(axial fluorine)	-60.3		EXT.- 2			109
767		-60.9		EXT.- 2			15
768	$\underline{F}_4(F)SC_4F_9$	-43.0		EXT.- 2			95
768	(equat. fluorines)	-43.0		EXT.- 2			109
768		-42.2		EXT.- 2			15
769	$F_4(\underline{F})SCF_2SF_4CF_3$	-65.1		EXT.- 2			95
769	(axial fluorine)	-65.1		EXT.- 2			109
770	$\underline{F}_4(F)SCF_2SF_4CF_3$	-49.3		EXT.- 2			95
770	(equat. fluorines)	-49.3		EXT.- 2			109

5. FLUORINE BONDED TO SIX-COORDINATED SULFUR

(C). NEAREST NEIGHBORS TO SULFUR- NITROGEN, X, X, X, X OR OXYGEN, X, X, X, X

NO.	COMPOUND	SHIFT (PPM)	ERROR (PPM)	REF	SOLV	TEMP (K)	LIT REF
771	$\underline{F}_5SN{=}C(N_3)CF_3$	-70.39		8			218
772	$F_4(\underline{F})SNSF_2$ (axial fluorine)	-71.3		EXT.- 1	2		397
773	$\underline{F}_4(F)SNSF_2$ (equat. fluorines)	-84.1		EXT.- 1	2		397
**** 774	$F_4(\underline{F})SN(CH_3)_2$ (axial fluorine)	-66.5		1			404
775	$\underline{F}_4(F)SN(CF_3)_2$ (equat. fluorines)	-78.1		1			404
776	$F_4(\underline{F})SNF_2$	-49.5		1			172
776	(axial fluorine)	-50.5		EXT.- 2			167
777	$\underline{F}_4(F)SNF_2$	-37.0		1			172
777	(equat. fluorines)	-38.5		EXT.- 2			167
778	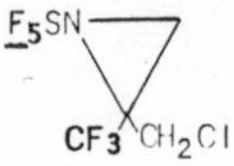	-66.		8			218

NOTE- X IS ANY ELEMENT NOT PREVIOUSLY PRINTED UNDER THE TITLE ELEMENT.

NO.	COMPOUND	SHIFT (PPM)	ERROR (PPM)	REF	SOLV	TEMP (K)	LIT REF
779	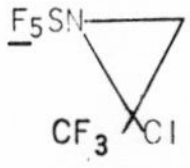	-66.		8			218
****							
780	$F_4(F)SOCF_3$ (axial fluorine)	-61.65		INT.-11	29		103
781	$F_4(F)SOCF_3$ (equat. fluorines)	-68.8		INT.-11	29		103
782	$F_4(F)SOCH_2CH_2F$ (axial fluorine)	-75.40		INT.-11	29		103
783	$F_4(F)SOCH_2CH_2F$ (equat. fluorines)	-59.90		INT.-11	29		103
784	$F_4(F)SOCH_2CHFCl$ (axial fluorine)	-73.35		INT.-11	29		103
785	$F_4(F)SOCH_2CHFCl$ (equat. fluorines)	-60.11		INT.-11	29		103
786	$F_4(F)SOC_2F_5$ (axial fluorine)	-60.77		INT.-11	29		103
787	$F_4(F)SOC_2F_5$ (equat. fluorines)	-72.6		INT.-11	29		103
788	F (F)$SOCCl_2CFCl_2$ (axial fluorine)	-63.79		INT.-11	29		103
789	$F_4(F)SOCCl_2CFCl_2$ (equat. fluorines)	-72.2		INT.-11	29		103
790	$F_4(F)SOC_5F_9$ (axial fluorine)	-61.42		INT.-11	29		103
791	$F_4(F)SOC_5F_9$ (equat. fluorines)	-72.1		INT.-11	29		103
792	$F_4(F)SOC_6H_5$ (axial fluorine)	-72.6	0.2	INT.- 1	1		68
793	$F_4(F)SOC_6H_5$ (equat. fluorines)	-62.6	0.2	INT.- 1	1		68
****							
794	$[F_4(F)SO]_2$ (axial fluorine)	-57.3	0.5	INT.- 1	1		97
794		-57.26		INT.-11	29		103
795	$[F_4(F)SO]_2$ (equat. fluorines)	-56.0	0.5	INT.- 1	1		97
795		-56.67		INT.-11	29		103
****							
796	F_5SOF	-45.		20	12		6
797	$F_4(F)SOF$ (axial fluorine)	-55.6	0.5	INT.- 1	1		97
797		-55.6		INT.-11	29		87
798	$F_4(F)SOF$ (equat. fluorines)	-53.8	0.5	INT.- 1	1		97
798		-53.8		INT.-11	29		87
****							

NO.	COMPOUND	SHIFT (PPM)	ERROR (PPM)	REF	SOLV	TEMP (K)	LIT REF
799	$[F_4(\underline{F})S]_2O$ (axial fluorine)	-61.95		INT.-11	29		103
800	$[\underline{F_4}(F)S]_2O$ (equat. fluorines)	-71.4		INT.-11	29		103
801	$[F_4(\underline{F})SO]_2SO_2$ (axial fluorine)	-56.99		INT.-11	29		103
802	$[\underline{F_4}(F)SO]_2SO_2$ (equat. fluorines)	-72.5		INT.-11	29		103
803	$F_4(\underline{F})SOSO_2F$ (axial fluorine)	-55.6	0.2	INT.- 1	1		68
803		-55.79		INT.-11	29		103
804	$\underline{F_4}(F)SOSO_2F$ (equat. fluorines)	-71.9	0.2	INT.- 1	1		68
804		-72.2		INT.-11	29		103

5. FLUORINE BONDED TO SIX-COORDINATED SULFUR

(D). NEAREST NEIGHBORS TO SULFUR- FLUORINE, X, X, X, X

NO.	COMPOUND	SHIFT (PPM)	ERROR (PPM)	REF	SOLV	TEMP (K)	LIT REF
805	SF_6	-57.0	0.5	INT.- 1	1		97
805		-50.		EXT.- 2			29
805		-47.	3.8	EXT.- 5	12		1
805		-58.24		EXT.-29	21		160
****							
806	$F_4(\underline{F})SCl$ (axial fluorine)	-62.3	0.2	INT.- 1	1		68
806		-62.30		INT.-11	29		103
807	$\underline{F_4}(F)SCl$ (equat. fluorines)	-125.2	0.2	INT.- 1	1		68
807		-125.8		INT.-11	29		103
****							
808	$F_4(\underline{F})SBr$ (axial fluorine)	-62.42		INT.-11	29		103
809	$\underline{F_4}(F)SBr$ (equat. fluorines)	-145.6		INT.-11	29		103

6. FLUORINE BONDED TO SELENIUM

NO.	COMPOUND	SHIFT (PPM)	ERROR (PPM)	REF	SOLV	TEMP (K)	LIT REF
810	SeF_4	-64.		EXT.- 2			29
811	SeF_6	-51.		EXT.- 2			29
811		-50.	3.7	EXT.- 5	12		1

7. FLUORINE BONDED TO TELLURIUM

NO.	COMPOUND	SHIFT (PPM)	ERROR (PPM)	REF	SOLV	TEMP (K)	LIT REF
812	TeF_4	25.1		EXT.- 2			29
****							
813	TeF_6	55.9		EXT.- 2			29
813		63.	4.9	EXT.- 5	12		1

G. GROUP VII ELEMENTS

1. FLUORINE BONDED TO HYDROGEN OR FLUORINE

NO.	COMPOUND	SHIFT (PPM)	ERROR (PPM)	REF	SOLV	TEMP (K)	LIT REF
814	HF	204.		EXT.- 5			150
814		202.	6.3	EXT.- 5	12		1

NOTE- X IS ANY ELEMENT NOT PREVIOUSLY PRINTED UNDER THE TITLE ELEMENT.

NO.	COMPOUND	SHIFT (PPM)	ERROR (PPM)	REF	SOLV	TEMP (K)	LIT REF
****							
815	$[F_2H]^-$	161.7		INT.-27	4		502
****							
816	F_2	-422.9		INT.-11	29		87

2. FLUORINE BONDED TO CHLORINE OR BROMINE

NO.	COMPOUND	SHIFT (PPM)	ERROR (PPM)	REF	SOLV	TEMP (K)	LIT REF
817	FCl	436.9		INT.-10	21		122
****							
818	F_3Cl	-80.	3.4	EXT.- 5	12		1
819	$\underline{F_2}$(F)Cl	-123.8			11	213	14
819		-116.		EXT.- 2			29
820	F_2($\underline{F}$)Cl	-4.		EXT.- 2			29
820		-12.7			11	213	14
821	$FClO_2$	-336.1		INT.-10	21		122
****							
822	$FClO_3$	-287.0		INT.- 1	1		81
822		-243.	5.	INT.- 2			35
****							
823	BrF_3	22.2		EXT.- 2			29
823		38.	4.6	EXT.- 5	12		1
****							
824	$BrF_4\underline{F}$ (axial fluorine)	-272.		EXT.- 2			29
824		-270.	1.5	EXT.- 5	12		1
825	Br($\underline{F_4}$)F (equat. fluorines)	-142.		EXT.- 2			29
825		-132.	2.9	EXT.- 5	12		1

3. FLUORINE BONDED TO IODINE

NO.	COMPOUND	SHIFT (PPM)	ERROR (PPM)	REF	SOLV	TEMP (K)	LIT REF
826	I(F_4)$\underline{F}$ (axial fluorine)	-61.		EXT.- 2			29
826		-54.	3.7	EXT.- 5	12		1
826		-58.9		INT.-10	12		180
826		-68.8			11		14
827	I($\underline{F_4}$)F (equat. fluorines)	-19.3		EXT.- 2			29
827		-5.	4.2	EXT.- 5	12		1
827		-10.3		INT.-10	12		180
827		-24.9			11		14
****							
828	OI(F_4)$\underline{F}$ (axial fluorine)	-109.	1.	INT.-10	12		180
828		-108.	2.	INT.-10	16		180
828		-109.	1.	INT.-10	17		180
828		-108.8		INT.-10	21		122
828		-108.3	0.02	INT.-10	21		123
828		-109.		INT.-16			145
829	OI($\underline{F_4}$)F (equat. fluorines)	-73.	1.	INT.-10	12		180
829		-73.	2.	INT.-10	16		180
829		-71.	1.	INT.-10	17		180
829		-71.7		INT.-10	21		122
829		-71.8	0.02	INT.-10	21		123
829		-72.		INT.-16			145
****							

NO.	COMPOUND	SHIFT (PPM)	ERROR (PPM)	REF	SOLV	TEMP (K)	LIT REF
830	IF_7	-177.		EXT.- 2			226
830		-161.	2.6	EXT.- 5	12		1
830		-171.	3.	INT.-10	12		180
830		-172.3		INT.-10	21		122
830		-172.7	0.2	INT.-10	21		123

H. GROUP VIII ELEMENTS

1. FLUORINE BONDED TO KRYPTON OR XENON

NO.	COMPOUND	SHIFT (PPM)	ERROR (PPM)	REF	SOLV	TEMP (K)	LIT REF
831	KrF_2	-48.9	6.	5	43	273	321
****							
832	KrF_4 (?)	-50.		INT.-27	43		188
****							
833	XeF_2	206.		EXT.- 5	43	54	150
833		189.		EXT.- 5	52		150
833		177.		5	12	405	165
833		206.		5	43		321
****							
834	XeF_4	29.		EXT.- 5	43		150
834		59.		EXT.- 5	52		150
834		25.	20.	5			128
834		22.		5	12	387	165
834		29.	1.5	INT.-27	43		131
****							
835	$OXeF_4$	-97.		EXT.- 5	12		150
835		-95.		EXT.- 5	52		150
835		-94.		5	12	300	165
****							
836	XeF_6	-114.		EXT.- 5	12		150
836		-83.		5	12	329	165
836		-113.		EXT.- 5	52		150
836		-93.		5	52	300	165

J. FLUORINE BONDED TO THE TRANSITION ELEMENTS

1. FLUORINE BONDED TO TITANIUM, ZIRCONIUM OR HAFNIUM

NO.	COMPOUND	SHIFT (PPM)	ERROR (PPM)	REF	SOLV	TEMP (K)	LIT REF
837	$(F_2)F_2Ti[ONC_5H_5]_2$ (axial fluorines)	-134.		INT.- 1	11	233	406
838	$(F_2)F_2Ti[ONC_5H_5]_2$ (equat. fluorines)	-157.5		INT.- 1	11	233	406
839	$F_2(F_2)Ti[2\text{-}ONC_5H_4CH_3]_2$ (axial fluorines)	-129.		INT.- 1	11	233	406
840	$F_2(F_2)Ti[2\text{-}ONC_5H_4CH_5]_2$ (equat. fluorines)	-155.		INT.- 1	11	233	406
841	$F_4Ti[2,6\text{-}ONC_5H_3(CH_3)_2]_2$ (equat. fluorines)	-133.		INT.- 1	11	233	406
****							
842	$F_2(F_2)Ti[O(H)CH_3]_2$ (axial fluorines)	-143.	1.	EXT.- 1	22	239	162

NO.	COMPOUND	SHIFT (PPM)	ERROR (PPM)	REF	SOLV	TEMP (K)	LIT REF
843	$\underline{F}_2(F_2)Ti[O(H)CH_3]_2$ (equat. fluorines)	-203.	1.	EXT.- 1	22	239	162
844	$F_2(F_2)Ti[O(H)C_2H_5]_2$ (axial fluorines)	-146.	1.	EXT.- 1	27	251	162
845	$\underline{F}_2(F_2)Ti[O(H)C_2H_5]_2$ (equat. fluorines)	-206.	1.	EXT.- 1	27	251	162
846	$F_2(\underline{F}_2)Ti[O(H)CH(CH_3)_2]_2$ (axial fluorines)	-148.	1.	EXT.- 1	28	239	162
847	$\underline{F}_2(F_2)Ti[O(H)CH(CH_3)_2]_2$ (equat. fluorines)	-206.	1.	EXT.- 1	28	239	162
****							
848	$F_4(F)Ti[O(H)CH_3]$ (axial fluorine)	-173.	1.	EXT.- 1	22	235	162
849	$\underline{F}_4(F)Ti[O(H)CH_3]$ (equat. fluorines)	-96.	1.	EXT.- 1	22	235	162
850	$F_4(F)Ti[O(H)C_2H_5]$ (axial fluorine)	-182.	1.	EXT.- 1	27	235	162
851	$\underline{F}_4(F)Ti[O(H)C_2H_5]$ (equat. fluorine)	-99.	1.	EXT.- 1	27	235	162
852	$F_4(F)Ti[O(H)CH(CH_3)_2]$ (axial fluorine)	-184.	1.	EXT.- 1	28	239	162
853	$\underline{F}_4(F)Ti[O(H)CH(CH_3)_2]$ (equat. fluorines)	-102.	1.	EXT.- 1	28	239	162
****							
854	$[TiF_6]^{2-}$	-72.	1.	EXT.- 1	22	233	162
854		-75.	1.	EXT.- 1	27	255	162
854		-74.	1.	EXT.- 1	27	269	162
854		-77.	1.	EXT.- 1	28	239	162
855	$[TiF_6]^{2-}+2[NH_4]^+$	-75.6		EXT.- 2	4		489
****							
856	$[ZrF_6]^{2-}+2[NH_4]^+$	2.6		EXT.- 2	4		489
****							
857	$[HfF_6]^{2-}+2[NH_4]^+$	43.5		EXT.- 2	4		489
	2. FLUORINE BONDED TO NIOBIUM OR TANTALUM						
858	$[NbF_6]^-$	-101.		EXT.- 2	25		158
****							
859	$[F_4(\underline{F})Ta(O_2)]^{2-}+2K^+$ (axial fluorine)	11.0		EXT.- 2	4		288
860	$[\underline{F}_4(F)Ta(O_2)]^{2-}+2K^+$ (equat. fluorines)	24.8		EXT.- 2	4		288

NO.	COMPOUND	SHIFT (PPM)	ERROR (PPM)	REF	SOLV	TEMP (K)	LIT REF
	3. FLUORINE BONDED TO MOLYBDENUM OR TUNGSTEN						
861	MoF_6	-278.		EXT.- 2			29
****							
862	$[F(\underline{F})MoO_5]^{2-}+2K^+$ (axial fluorine)	128.1		EXT.- 2	4		288
863	$[\underline{F}(F)MoO_5]^{2-}+2K^+$ (equat. fluorine)	135.1		EXT.- 2	4		288
****							
864	WF_6	-165.		EXT.- 2			29
864		-167.2		INT.-10	18		180
865	$F_4(\underline{F})WCl$ (axial fluorine)	-126.5		INT.- 1	2		275
866	$\underline{F_4}(F)WCl$ (equat. fluorines)	-182.		INT.- 1	2		275
867	 (axial fluorine)	97.		EXT.- 2	44		74
868	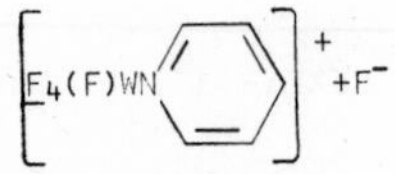 (equat. fluorines)	-18.		EXT.- 2	44		74
****							
869	$[F_2(\underline{F})(F)WO_3]^{2-}+2Na^+$	62.54		EXT.- 2	4		288
870	$[F_2(F)(\underline{F})WO_3]^{2-}+2Na^+$	124.04		EXT.- 2	4		288
871	$[\underline{F_2}(F)(F)WO_3]^{2-}+2Na^+$	94.27		EXT.- 2	4		288
	4. FLUORINE BONDED TO RHENIUM						
872	$F_4(\underline{F})ReO$ (axial fluorine)	3.7		INT.-10	15		180
873	$\underline{F_4}(F)ReO$ (equat. fluorines)	-199.	0.5	INT.-10	15		180
****							
874	$Re\underline{F_7}$	-347.	3.	INT.-10	15		180
	5. FLUORINE BONDED TO SILVER						
875	Ag F	265.	25.	5			23
****							
876	Ag_2F	35.	25.	5			23

NO.	COMPOUND	SHIFT (PPM)	ERROR (PPM)	REF	SOLV	TEMP (K)	LIT REF

II. FLUORINE BONDED TO CARBON (EXCLUDING FLUOROBENZENE DERIVATIVES)

A. FLUORINE BONDED TO TWO-COORDINATED CARBON

NO.	COMPOUND	SHIFT (PPM)	ERROR (PPM)	REF	SOLV	TEMP (K)	LIT REF
877	FC≡CH	94.6		EXT.- 2			28
878	FC≡N	157.		EXT.- 2			206
878		156.0		EXT.- 2			41

B. FLUORINE BONDED TO THREE-COORDINATED CARBON

1. NEAREST NEIGHBORS TO CARBON- HYDROGEN, X

NO.	COMPOUND	SHIFT (PPM)	ERROR (PPM)	REF	SOLV	TEMP (K)	LIT REF
879	cis-CHF=CHF	167.7		EXT.- 1	12		61
879		167.7		EXT.- 1	12		60
880	cis-CHF=CFBr	145.4		INT.- 1	2		282
881	trans	167.7		INT.- 1	2		282
882	$CHF=CF_2$	185.		INT.- 1	1		60
883	cis-$CHF=CHCH_3$	131.50		INT.- 1	1		85
883		131.50		INT.- 1	1		202
884	trans	129.60		INT.- 1	1		85
884		129.60		INT.- 1	1		202
885	cis-$CHF=CHF(CF_3)_2$	108.27	0.05	INT.- 1	1		186
886	(trans)	115.98	0.05	INT.- 1	1		186
887	$CHF=CFCF=CH_2$	162.21		INT.- 1	1		504
888	$CHF=CHCHFCH_2CHFCH_2CF_3$	123.		INT.- 1			203
888		124.		INT.- 1			203
889	CH(O)F	-41.3		EXT.- 1	12		134
889		-41.		EXT.- 1	12	213	156

2. NEAREST NEIGHBORS TO CARBON- BORON, X

NO.	COMPOUND	SHIFT (PPM)	ERROR (PPM)	REF	SOLV	TEMP (K)	LIT REF
890	$B(CF=CF_2)_3$	185.9		INT.- 1	1		60
890		185.9	0.2	INT.- 1	1		64
891	$CF_2=C(F)BF_2$	206.6		INT.- 1	1		60
891		206.8	0.2	INT.- 1	1		64
892	$CF_2=C(F)BCl_2$	184.5	0.2	INT.- 1	1		64
892		184.5		INT.- 1	1		60
893	cis-$F_2BCF=C(F)BF_2$	158.		1			533

3. NEAREST NEIGHBORS TO CARBON- CARBON(2 COORD.), X

NO.	COMPOUND	SHIFT (PPM)	ERROR (PPM)	REF	SOLV	TEMP (K)	LIT REF
894	$CF_2=CFCN$	191.		EXT.- 2			335
****							
895	syn-NF=CFCN	67.8		8	12	193	443
896	anti	101.8		8	12		443
897	CF(S)CN	-79.		2			107

4. NEAREST NEIGHBORS TO CARBON- CARBON(3 COORD.), CARBON(3 COORD.)

(A). NEXT NEAREST NEIGHBORS- H, C H, C

NO.	COMPOUND	SHIFT (PPM)	ERROR (PPM)	REF	SOLV	TEMP (K)	LIT REF
898		104.76		INT.- 3	2		247
899	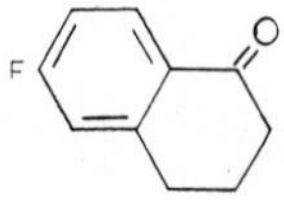	106.14		INT.- 3	2		247
900	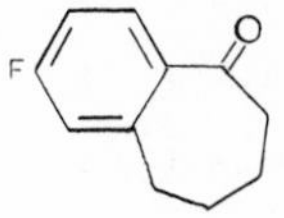	108.56		INT.- 3	2		247
901	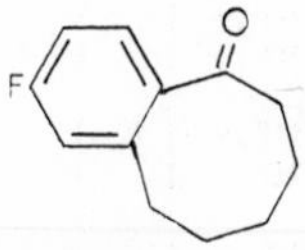	109.25		INT.- 3	2		247
902	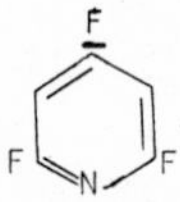	93.2		INT.- 1			264
903	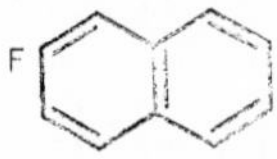	114.7		INT.- 3			45
903		114.75		INT.- 3			13
903		114.83		INT.- 3	10		137
904	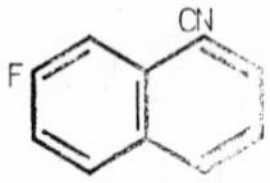	110.93		INT.-25	19		479
905	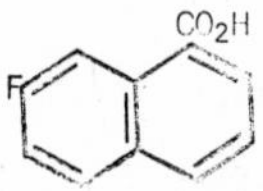	112.79		INT.-25	19		479
906	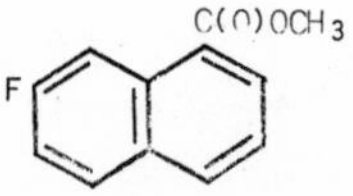	112.29		INT.-25	19		479
907	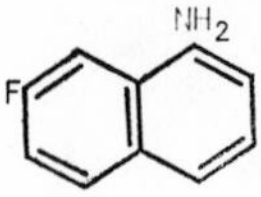	118.12		INT.-25	19		479

NO.	COMPOUND	SHIFT (PPM)	ERROR (PPM)	REF	SOLV	TEMP (K)	LIT REF
908	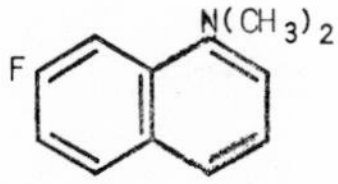	115.61		INT.-25	19		479
909	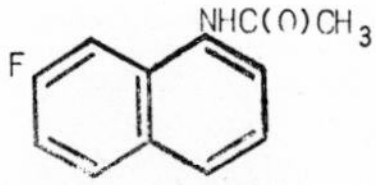	115.44		INT.-25	19		479
910	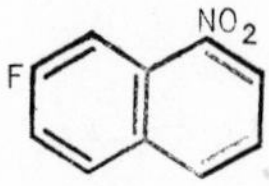	109.48		INT.-25	19		479
911	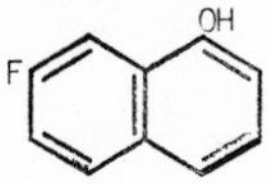	117.21		INT.-25	19		479
912	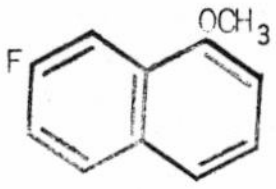	116.26		INT.-25	19		479
913	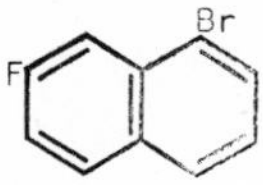	112.85		INT.-25	19		479
914	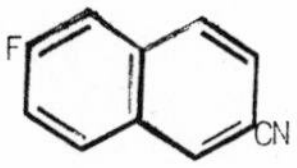	110.80		INT.-25	19		479
915	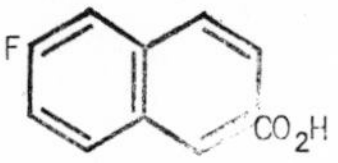	112.62		INT.-25	19		479
916	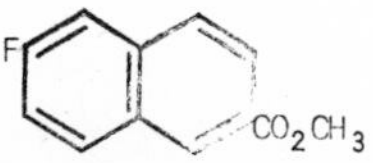	112.16		INT.-25	19		479
917	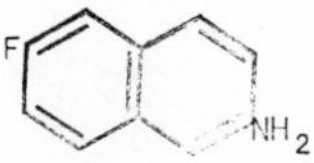	123.20		INT.-25	19		479
918	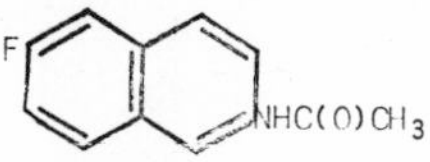	118.55		INT.-25	19		479
919	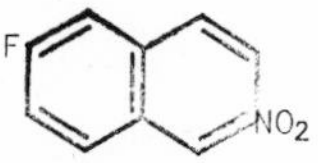	109.71		INT.-25	19		479

NO.	COMPOUND	SHIFT (PPM)	ERROR (PPM)	REF	SOLV	TEMP (K)	LIT REF
920	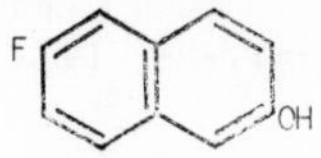	121.11		INT.-25	19		479
921	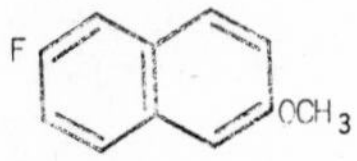	119.95		INT.-25	19		479
922	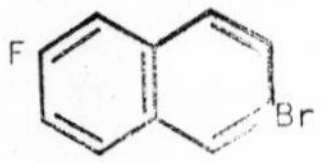	115.02		INT.-25	19		479
923	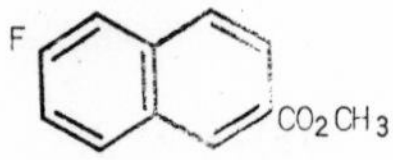	116.14		INT.-25	19		479
924	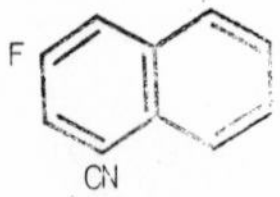	115.44		INT.-25	19		479
925	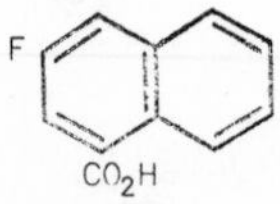	116.96		INT.-25	19		479
926	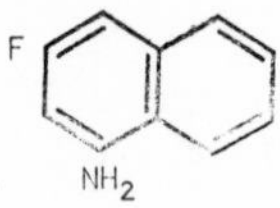	115.77		INT.-25	19		479
927	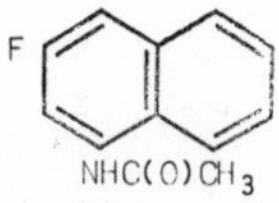	115.29		INT.-25	19		479
928	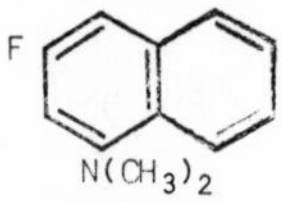	115.23		INT.-25	19		479
929	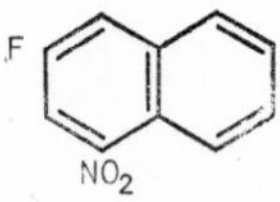	115.45		INT.-25	19		479
930		115.19		INT.-25	19		479

NO.	COMPOUND	SHIFT (PPM)	ERROR (PPM)	REF	SOLV	TEMP (K)	LIT REF
931	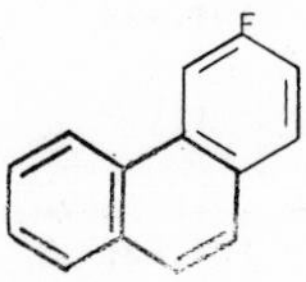	113.50		INT.- 3	10		137
932	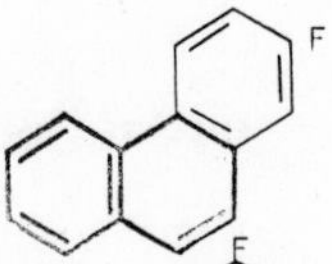	115.23		INT.- 3	10		137
933	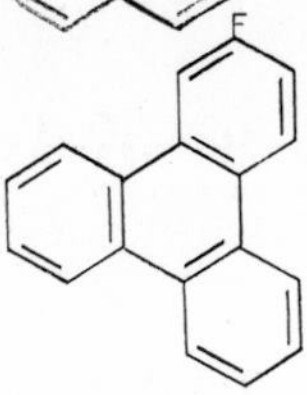	114.15		INT.- 3	10		137

4. NEAREST NEIGHBORS TO CARBON- CARBON(3 COORD.), CARBON(3 COORD.)

(B). NEXT NEAREST NEIGHBORS- H, C C, C

NO.	COMPOUND	SHIFT (PPM)	ERROR (PPM)	REF	SOLV	TEMP (K)	LIT REF
934	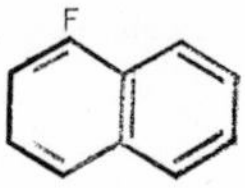	123.0		INT.- 3			45
934		123.05		INT.- 3			13
934		123.48		INT.- 3	10		137
935	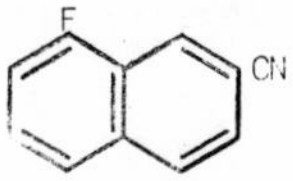	122.86		INT.-25	19		479
936	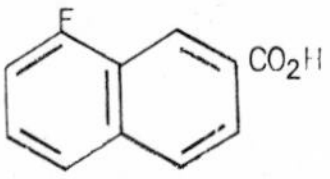	123.68		INT.-25	19		479
937	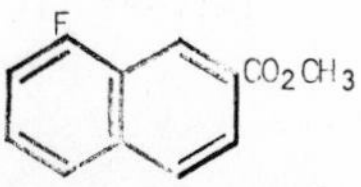	123.54		INT.-25	19		479
938	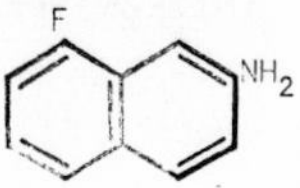	127.71		INT.-25	19		479
939	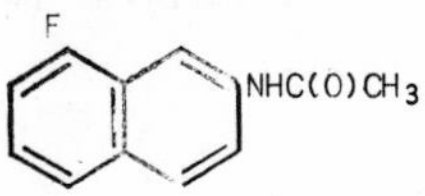	125.54		INT.-25	19		479

NO.	COMPOUND	SHIFT (PPM)	ERROR (PPM)	REF	SOLV	TEMP (K)	LIT REF
940	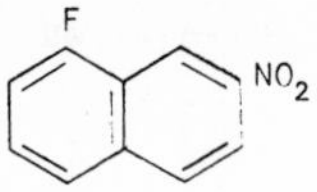	121.82		INT.-25	19		479
941	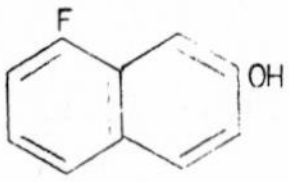	126.54		INT.-25	19		479
942	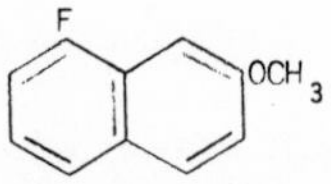	125.86		INT.-25	19		479
943	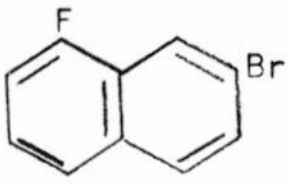	124.82		INT.-25	19		479
944	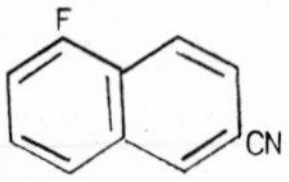	123.92		INT.-25	19		479
945	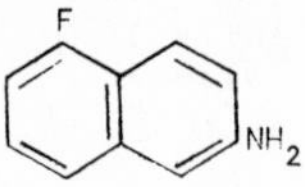	126.26		INT.-25	19		479
946	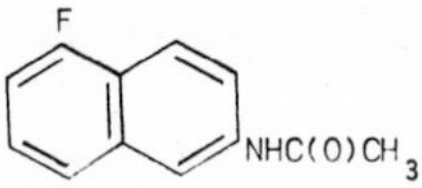	125.64		INT.-25	19		479
947	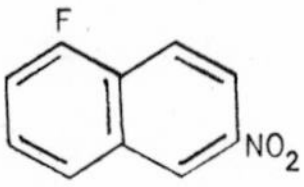	123.12		INT.-25	19		479
948	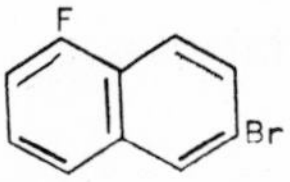	124.36		INT.-25	19		479
949	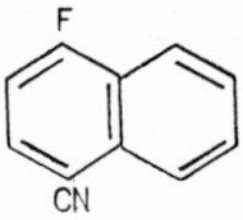	113.87		INT.-25	19		479
950	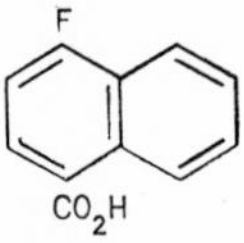	117.02		INT.-25	19		479

NO.	COMPOUND	SHIFT (PPM)	ERROR (PPM)	REF	SOLV	TEMP (K)	LIT REF
951	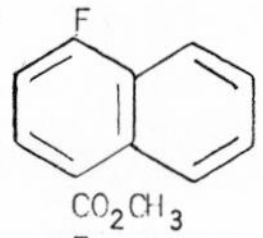	116.32		INT.-25	19		479
952	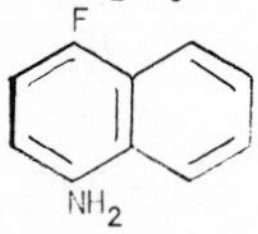	140.07		INT.-25	19		479
953	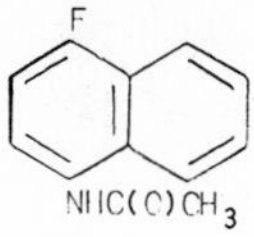	128.24		INT.-25	19		479
954	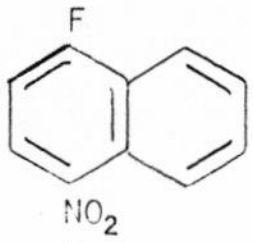	112.44		INT.-25	19		479
955		131.87		INT.-25	19		479
956	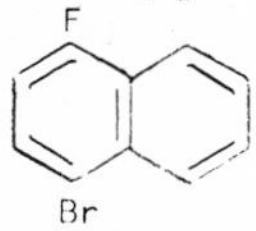	124.59		INT.-25	19		479
957	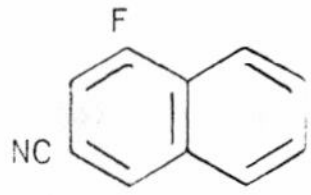	121.53		INT.-25	19		479
958	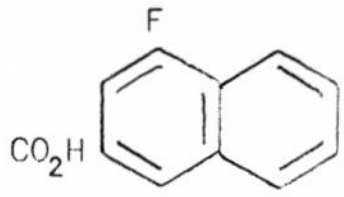	124.19		INT.-25	19		479
959	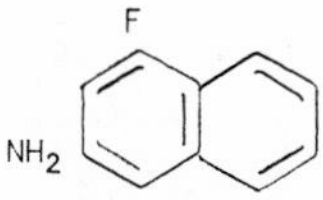	126.01		INT.-25	19		479
960	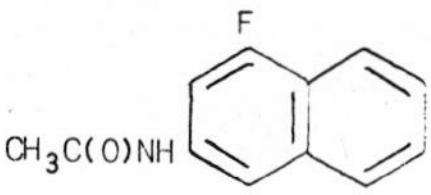	124.36		INT.-25	19		479
961	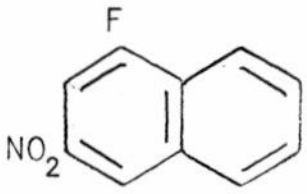	120.33		INT.-25	19		479

NO.	COMPOUND	SHIFT (PPM)	ERROR (PPM)	REF	SOLV	TEMP (K)	LIT REF
962	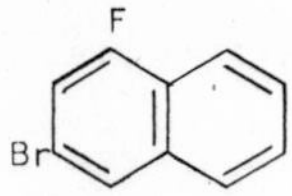	122.01		INT.-25	19		479
963	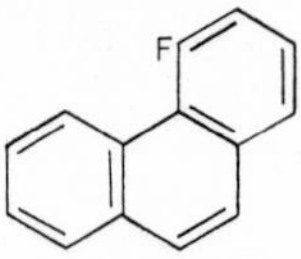	109.90		INT.- 3	10		137
964	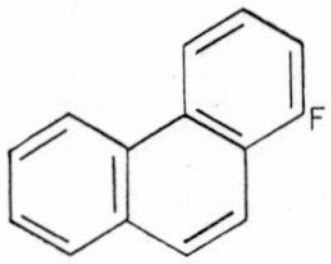	122.40		INT.- 3	10		137
965	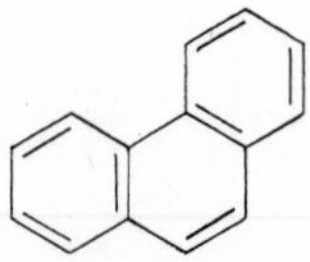	125.30		INT.- 3	10		137
966	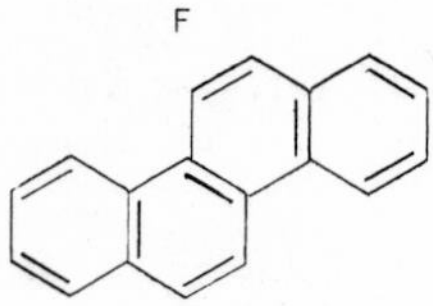	123.33		INT.- 3	10		137
967	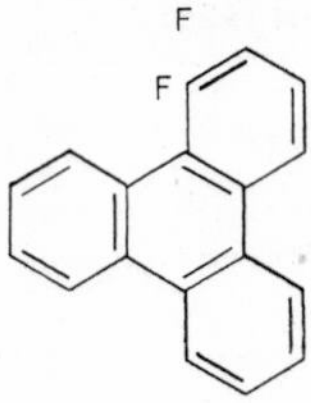	108.40		INT.- 3	10		137
968	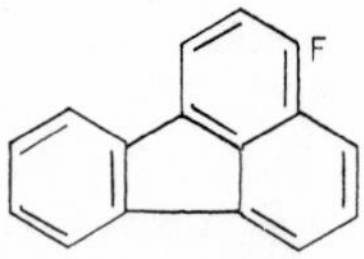	122.83		INT.- 3	10		137
969	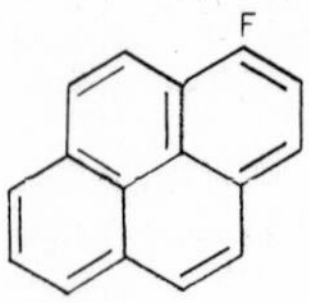	122.85		INT.- 3			45
969		123.30		INT.- 3	10		137

4. NEAREST NEIGHBORS TO CARBON- CARBON(3 COORD.), CARBON(3 COORD.)

(C). NEXT NEAREST NEIGHBORS- H, X X, X

NO.	COMPOUND	SHIFT (PPM)	ERROR (PPM)	REF	SOLV	TEMP (K)	LIT REF
970	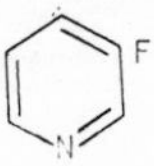	125.6		INT.- 3			45
971	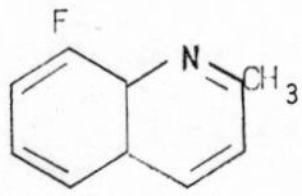	110.65		INT.- 1	51		302
972	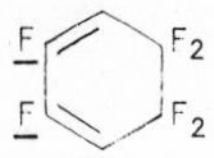	121.8		INT.- 1			483
973	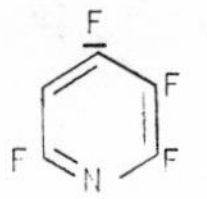	99.2		INT.- 1			264
974	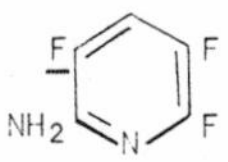	142.1		INT.- 1			263
**** 975	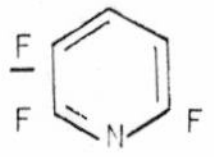	147.4		INT.- 1			264
976	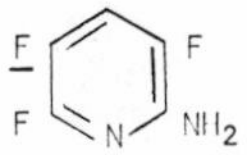	155.6		INT.- 1			263
977	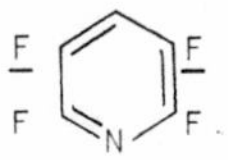	141.0		INT.- 1			264
977		140.6		EXT.- 2			314
978	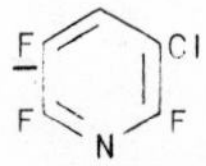	141.2		EXT.- 2			248
**** 979	CH_2=CFC(O)CH_3	116.2		INT.- 1	2		355
980	CH_2=CFCF=CHF	126.07		INT.- 1	1		504
981	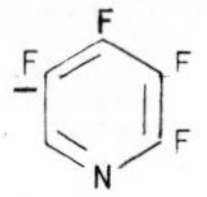	148.8		INT.- 1			264
982	CH_2=CFCF=CHF	154.82		INT.- 1	1		504

NOTE- X IS ANY ELEMENT NOT PREVIOUSLY PRINTED UNDER THE TITLE ELEMENT.

NO.	COMPOUND	SHIFT (PPM)	ERROR (PPM)	REF	SOLV	TEMP (K)	LIT REF
	4. NEAREST NEIGHBORS TO CARBON- CARBON(3 COORD.), CARBON(3 COORD.)						
	(D). NEXT NEAREST NEIGHBORS- C, C X, X						
983	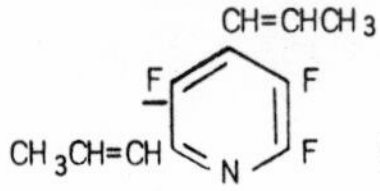 (isomer A)	125.1		EXT.- 2			314
984	(isomer B)	129.6		EXT.- 2			314
985	(isomer C)	128.7		EXT.- 2			314
986	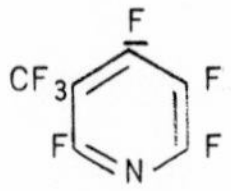	113.1		EXT.- 2			314
987	trans-$C_6H_5CF=C(F)SI(C_6H_5)_3$	159.2		INT.- 1	12		111
	AB-TYPE MULTIPLET WITH DELTA = 3.50 PPM						
988	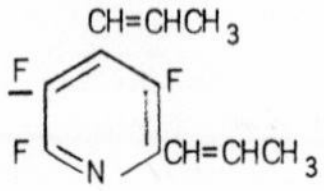 (isomer A)	138.0		EXT.- 2			314
989	(isomer B)	138.7		EXT.- 2			314
990	(isomer C)	143.2		EXT.- 2			314
991	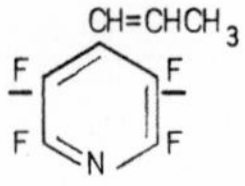 (isomer A)	141.6		EXT.- 2			314
992	(isomer B)	146.2		EXT.- 2			314
993	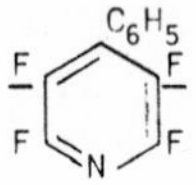	145.86		INT.- 1			195
994	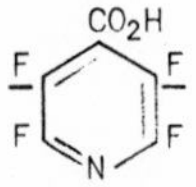	139.58		INT.- 2	50		314
995	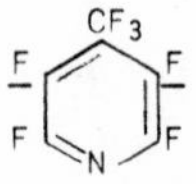	142.1		EXT.- 2			314
****							
996	$CF_2=CFC_6H_5$	193.0		INT.- 1	1		60

NOTE- X IS ANY ELEMENT NOT PREVIOUSLY PRINTED UNDER THE TITLE ELEMENT.

NO.	COMPOUND	SHIFT (PPM)	ERROR (PPM)	REF	SOLV	TEMP (K)	LIT REF
997	$CF_2=C\underline{F}C_6F_5$	171.0		INT.- 1	2		391
998	$CF\ =C\underline{F}(o\text{-}C_6H_4CH_3)$	152.		7			89
999	cis-$CFCl=C\underline{F}C_6H_5$	126.9		INT.- 1	2		391
1000	trans	142.5		INT.- 1	2		391
1001	cis-$CFCl=C\underline{F}[p\text{-}C_6F_4N(CH_3)_2]$	124.8		INT.- 1	2		391
1002	trans	140.4		INT.- 1	2		391
****							
1003	$CCl_2=C\underline{F}C_6H_5$	95.6		INT.- 1	2		391
	4. NEAREST NEIGHBORS TO CARBON- CARBON(3 COORD.), CARBON(3 COORD.)						
	(E). NEXT NEAREST NEIGHBORS- C, N			X, X			
1004	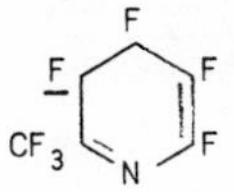	143.3		EXT.- 2			314
****							
1005	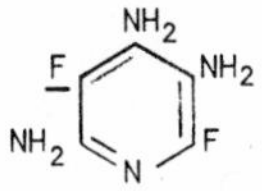	171.2		6			394
1006	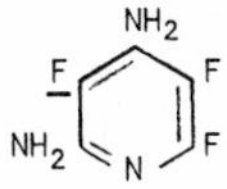	166.8		6	9		394
1007	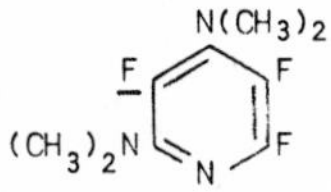	144.0		EXT.- 2	2		314
1008	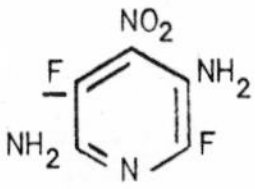	152.2		6			394
1009	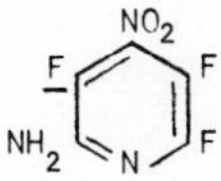	152.2		6	9		394
****							
1010	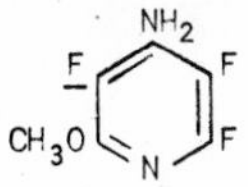	167.3		6	9		394

NOTE- X IS ANY ELEMENT NOT PREVIOUSLY PRINTED UNDER THE TITLE ELEMENT.

NO.	COMPOUND	SHIFT (PPM)	ERROR (PPM)	REF	SOLV	TEMP (K)	LIT REF
1011	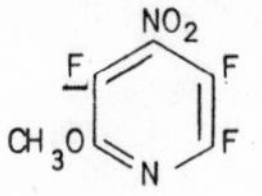	149.9		6	9		394
****							
1012	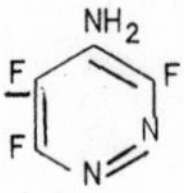	156.9		6	9		393
1013	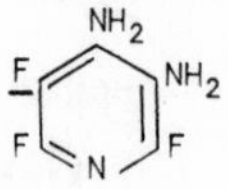	171.2		6	9		394
1014	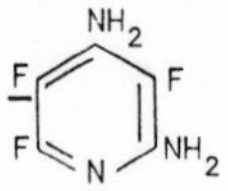	178.		6	9		394
1015	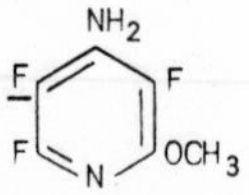	173.2		6	9		394
1016	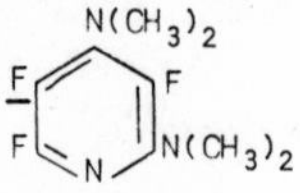	163.3		EXT.- 2	2		314
1017	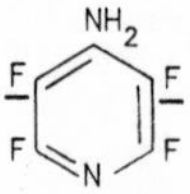	165.94		INT.- 1			195
1017		166.5		INT.- 2	50		314
1017		166.6		6	9		394
1018	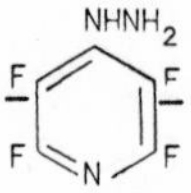	162.6		EXT.- 2	19		314
1019	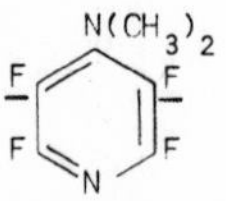	157.2		EXT.- 2			314
1020	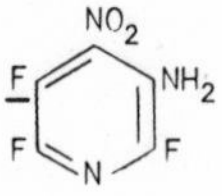	154.7		6	9		394
1021	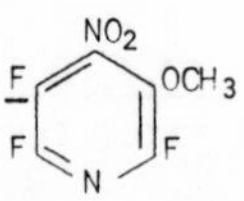	152.4		6			394
1021		152.5		6	9		394

NO.	COMPOUND	SHIFT (PPM)	ERROR (PPM)	REF	SOLV	TEMP (K)	LIT REF
1022	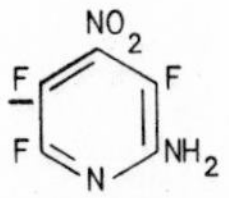	167.6		6	9		394
1023	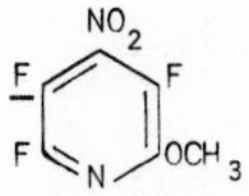	160.7		6	9		394
1024	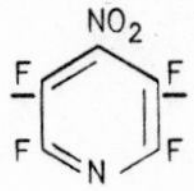	149.65	0.08	INT.- 6	2		411
1024		148.3		6	9		394

4. NEAREST NEIGHBORS TO CARBON- CARBON(3 COORD.), CARBON(3 COORD.)

(F). NEXT NEAREST NEIGHBORS- C, O X, X

NO.	COMPOUND	SHIFT (PPM)	ERROR (PPM)	REF	SOLV	TEMP (K)	LIT REF
1025	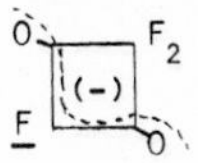	128.2		1	4		360
1026	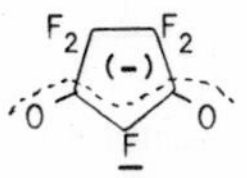	171.0		INT.- 1	22		360
1027	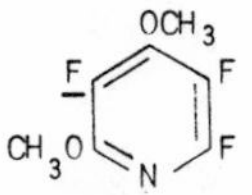	168.1		EXT.- 2		•	314
**** 1028	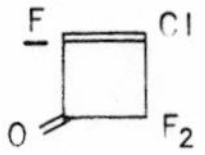	100.6		INT.- 2			469
**** 1029	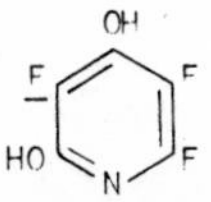	171.9		EXT.- 2	4		314
1030	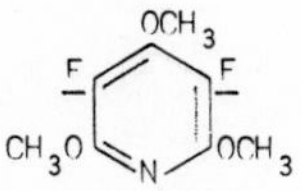	167.0		EXT.- 2			314
1031	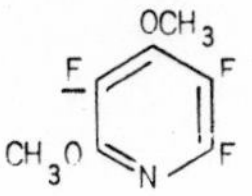	168.73		INT.- 1			195

****

NOTE- X IS ANY ELEMENT NOT PREVIOUSLY PRINTED UNDER THE TITLE ELEMENT.

NO.	COMPOUND	SHIFT (PPM)	ERROR (PPM)	REF	SOLV	TEMP (K)	LIT REF
1032	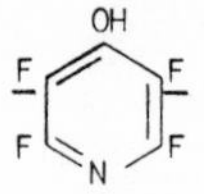	164.66		INT.- 1			197
1032		162.6		EXT.- 2	4		314
1033	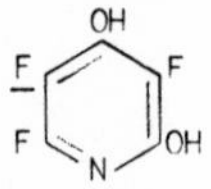	163.9		EXT.- 2	4		314
1034	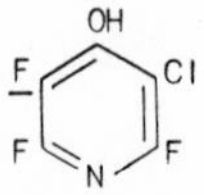	165.83		INT.- 1			197
1035	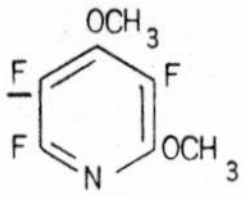	161.73		INT.- 1			195
1035		161.1		EXT.- 2			314
1036	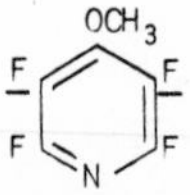	161.05		INT.- 1			195
1036		160.7		EXT.- 2			314
1036		163.7		6	9		394

4. NEAREST NEIGHBORS TO CARBON- CARBON(3 COORD.), CARBON(3 COORD.)

(G). NEXT NEAREST NEIGHBORS- C, F X, X

NO.	COMPOUND	SHIFT (PPM)	ERROR (PPM)	REF	SOLV	TEMP (K)	LIT REF
1037	$CF_3CF{=}\underline{C}F{=}CF\ CF_2$	154.8		EXT.- 2			286
1038	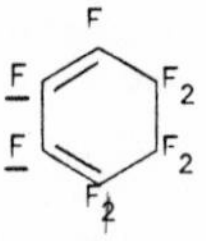	155.		9	12		69
1039	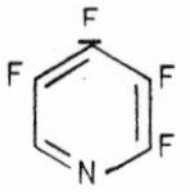	140.5		INT.- 1			264
1040	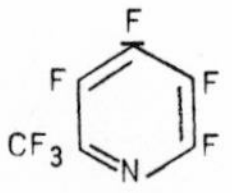	136.8		EXT.- 2			314
1041	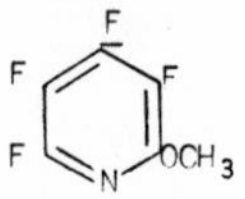	142.9		6	9		394

NOTE- X IS ANY ELEMENT NOT PREVIOUSLY PRINTED UNDER THE TITLE ELEMENT.

NO.	COMPOUND	SHIFT (PPM)	ERROR (PPM)	REF	SOLV	TEMP (K)	LIT REF
1042		144.19		INT.- 1			197
1042		141.31		INT.- 1			197
1042		134.0		EXT.- 2			314
1042		136.44	0.08	INT.- 6	2		411
1042		135.4		6	9		394
1043	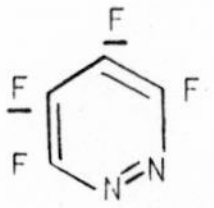	146.9		6			393
****							
1044	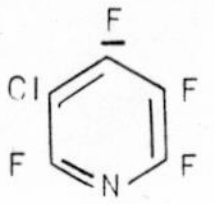	114.31		INT.- 1			197
1044		111.6		EXT.- 2			248
1045	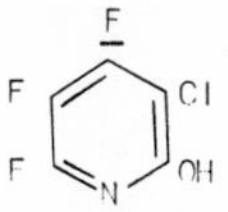	117.93		INT.- 1			197
1046	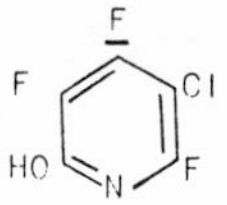	120.44		INT.- 1			197
****							
1047	$CF_2{=}CFC\underline{F}{=}C(F)Ni(\pi\text{-}C_5H_5)\text{-}[P(C_6H_5)_3]$	57.		INT.- 1	38		222
****							
1048	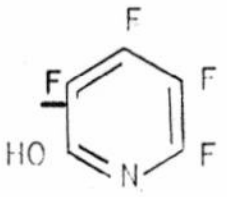	164.66		INT.- 1			197
1049	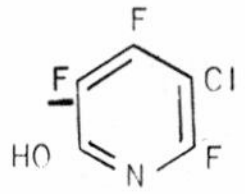	165.83		INT.- 1			197
1050	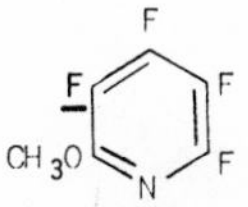	166.5		6	9		394
****							
1051	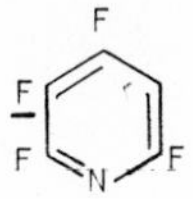	113.1		INT.- 1			264
1052	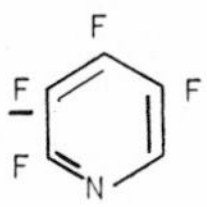	157.9		INT.- 1			264

NO.	COMPOUND	SHIFT (PPM)	ERROR (PPM)	REF	SOLV	TEMP (K)	LIT REF
1053	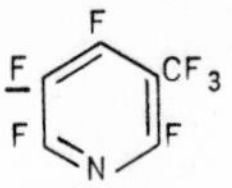	165.7		EXT.- 2			314
1054	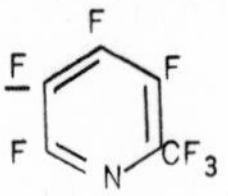	151.4		EXT.- 2			314
1055	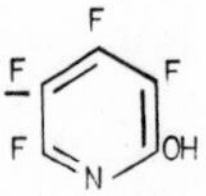	173.61		INT.- 1			197
1056	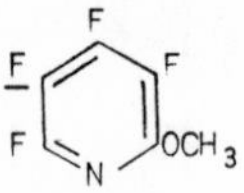	173.9		6	9		394
1057	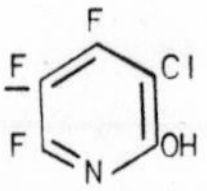	173.57		INT.- 1			197
1058	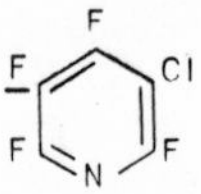	163.90		INT.- 1			197
1058		161.4		EXT.- 2			248
1059	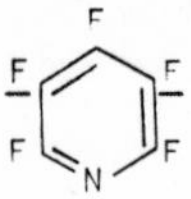	162.03		INT.- 1			197
1059		162.5		EXT.- 2			314
1059		163.77	0.08	INT.- 6	2		411
1059		163.2		6	9		394
**** 1060	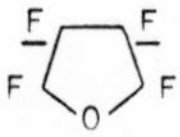	132.8		EXT.- 2			417
**** 1061	$CF_2=C\underline{F}C\underline{F}=CF_2$	175.	4.	7			89
1062	$CF_2=C\underline{F}=CF=CFCF_3$	190.		EXT.- 2			286
1063	$CF_2=C\underline{F}CF=C(F)Ni(\pi-C_5H_5)-[P(C_6H_5)_3]$	153.		INT.- 1	38		222

4. NEAREST NEIGHBORS TO CARBON- CARBON(3 COORD.), CARBON(3 COORD.)

(H). NEXT NEAREST NEIGHBORS- C, X OR X, X
O, X

NO.	COMPOUND	SHIFT (PPM)	ERROR (PPM)	REF	SOLV	TEMP (K)	LIT REF
1064	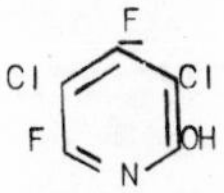	99.55		INT.- 1			197
1065	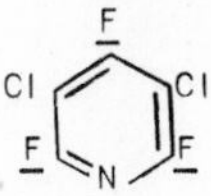	94.02		INT.- 1			197
1065		93.4		EXT.- 2			248
1066	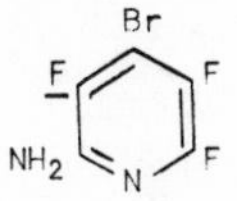	137.8		INT.- 1			263
**** 1067	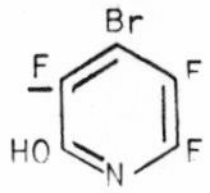	135.7		INT.- 1			263
1068	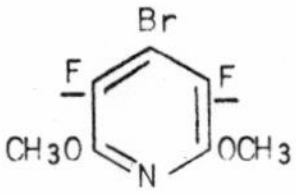	144.2		INT.- 1			263
1069	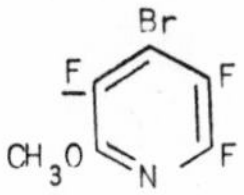	135.2		INT.- 1			263
**** 1070	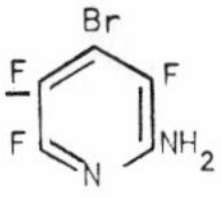	152.4		INT.- 1			263
1071	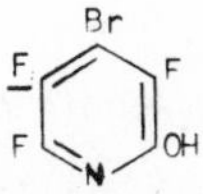	146.3		INT.- 1			263
1072	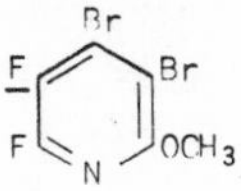	145.1		INT.- 1			263
**** 1073	CF_2=CFC(O)F	187.		EXT.- 2			335
1073		187.		EXT.- 2			231

NOTE- X IS ANY ELEMENT NOT PREVIOUSLY PRINTED UNDER THE TITLE ELEMENT.

NO.	COMPOUND	SHIFT (PPM)	ERROR (PPM)	REF	SOLV	TEMP (K)	LIT REF

5. NEAREST NEIGHBORS TO CARBON- CARBON(3 COORD.), CARBON(4 COORD.)

(A). NEXT NEAREST NEIGHBORS- H, X X, X, X

NO.	COMPOUND	SHIFT (PPM)	ERROR (PPM)	REF	SOLV	TEMP (K)	LIT REF
1074	$CH_2{=}C\underline{F}CH_3$	89.48		INT.- 1	1		202
1075	$CH_2{=}C\underline{F}CHFCH_2CHFCH_2CF_3$	116.		INT.- 1			203
**** 1076	$(CF_3)_2CHC\underline{F}{=}CHCF_3$	97.5		EXT.- 1			412
1077	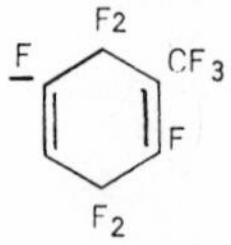	123.2		INT.- 1			483
1078	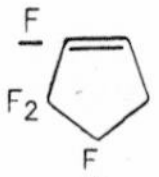	143.13		EXT.- 2			414
1079	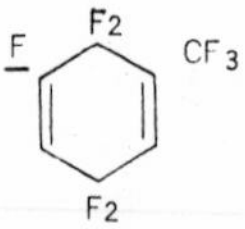	124.7		INT.- 1			483
1080	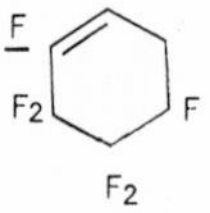	135.8		EXT.- 2			290
1081	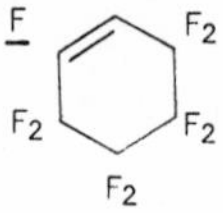	121.7		INT.- 1			483
**** 1082	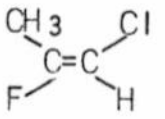	89.21		EXT.- 2			108
1083	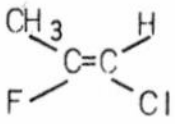	86.73		EXT.- 2			108

5. NEAREST NEIGHBORS TO CARBON- CARBON(3 COORD.), CARBON(4 COORD.)

(B). NEXT NEAREST NEIGHBORS- C, C OR C, O X, X, X

NO.	COMPOUND	SHIFT (PPM)	ERROR (PPM)	REF	SOLV	TEMP (K)	LIT REF
1084	$[C_6H_5C\underline{F}CH_3]^+ + [SbF_6]^-$	-51.3		EXT.- 1	52	213	513
1085	$CF_3CF_2C\underline{F}{=}C(CF_3)_2$	98.9		EXT.- 2			286
1086	$(CF_3)_2CHC\underline{F}{=}C(CF_3)C(O)OH$	80.9		EXT.- 1			412
1087	$CF(O)C(CF_3)_2C\underline{F}{=}C(CF_3)C(O)OCH_3$	90.		EXT.- 1			412

NOTE- X IS ANY ELEMENT NOT PREVIOUSLY PRINTED UNDER THE TITLE ELEMENT.

NO.	COMPOUND	SHIFT (PPM)	ERROR (PPM)	REF	SOLV	TEMP (K)	LIT REF
1088	$CH_3OC(O)C(CF_3)_2C\underline{F}{=}C(CF_3)$- $C(O)OCH_3$	92.		INT.- 1			412
1089	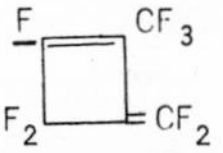	104.0		EXT.- 2			375
1090	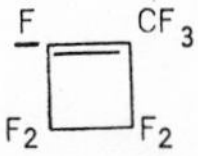	120.0		EXT.- 2			286
1091	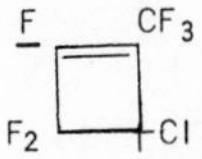	95.1		EXT.- 2			375
1092	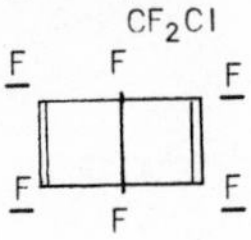	122.8		INT.- 1	1		485
1093	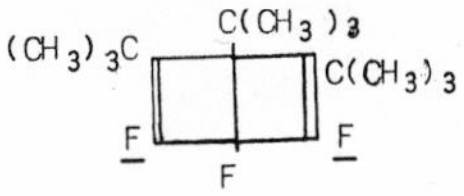	103.		INT.- 1			246
1094	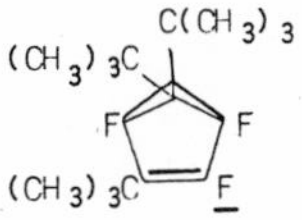	102.		INT.- 1			246
1095	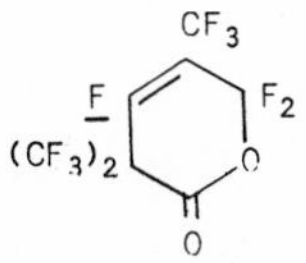	93.1		INT.- 1			412
1096	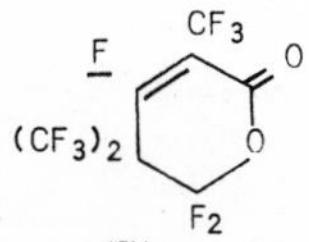	83.0		INT.- 1			412
1097		130.3		2			233
1097	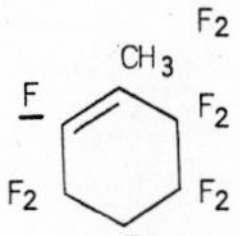	130.4		INT.- 1			483
1098	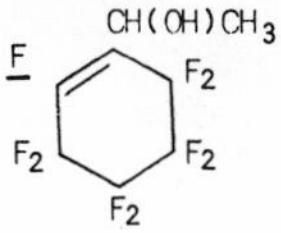	128.4		INT.- 1			483

NO.	COMPOUND	SHIFT (PPM)	ERROR (PPM)	REF	SOLV	TEMP (K)	LIT REF
1099	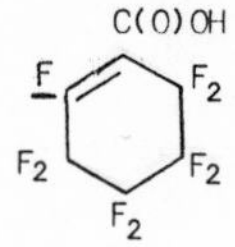	108.3		INT.- 1			483
1100	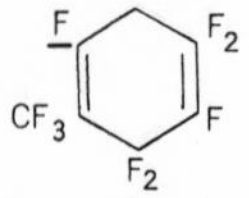	113.3		INT.- 1			483
1101	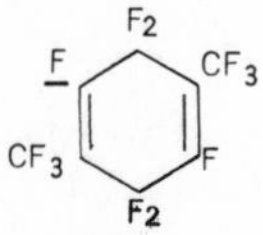	112.6		INT.- 1			483
1102	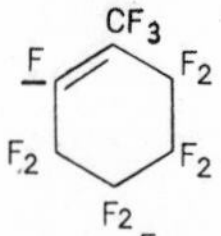	115.4		INT.- 1			483
1103	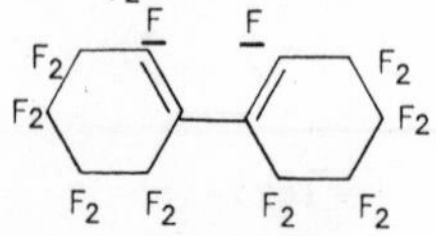	111.5		INT.- 1			483
1104	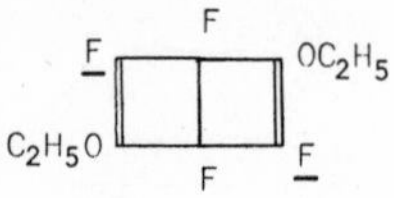	136.1		INT.- 1	1		485
1105	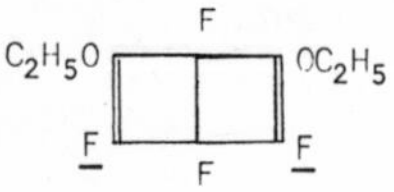	133.9		INT.- 1	1		485
1106	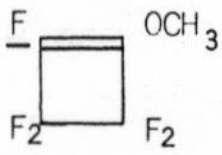	142.		EXT.- 2			271
1107	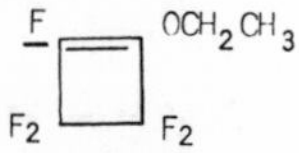	143.0	.2	INT.- 1	1		421
1108	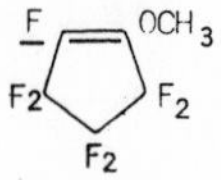	169.1		EXT.- 2			271
1109	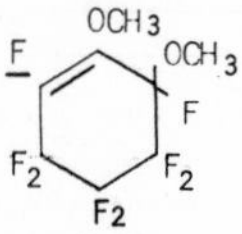	165.		EXT.- 2			271
1110	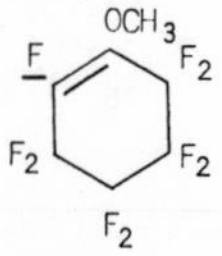	161.		EXT.- 2			271

NO.	COMPOUND	SHIFT (PPM)	ERROR (PPM)	REF	SOLV	TEMP (K)	LIT REF
1111	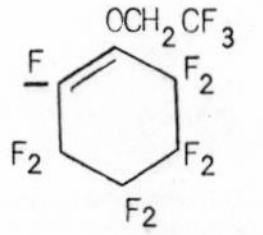	156.		EXT.- 2			271
1112	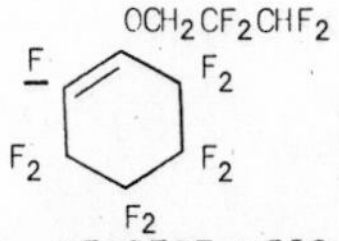	154.		EXT.- 2			271

5. NEAREST NEIGHBORS TO CARBON- CARBON(3 COORD.), CARBON(4 COORD.)

(C). NEXT NEAREST NEIGHBORS- C, F X, X, X

NO.	COMPOUND	SHIFT (PPM)	ERROR (PPM)	REF	SOLV	TEMP (K)	LIT REF
1113	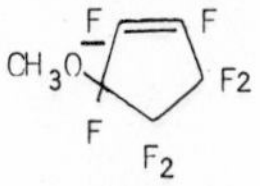	151.		EXT.- 2			271
1114	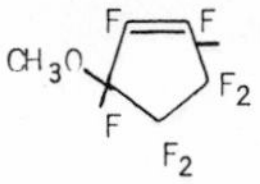	161.		EXT.- 2			271
1115	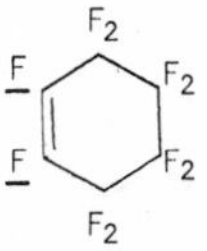	152.1		INT.- 1			417
1115		151.9	.1	INT.- 1	1		421
1115		126.6		INT.- 1	51		310
1115		151.1		EXT.- 2			135
1116	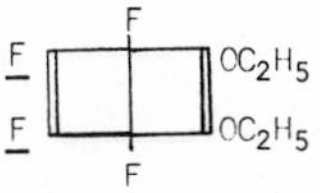	124.3		INT.- 1	1		485
1116		121.2		INT.- 1			428
1117	trans $(CF_3)_2CFC\underline{F}=C(CF_3)F$	157.		EXT.- 2			286
1118	trans-$CF_3C\underline{F}=CFCF(CF_3)_2$	159.		EXT.- 2			286
1119	$CF_3C\underline{F}=CF=CF=CF_2$	160.2		EXT.- 2			286
1120	$CF_2ClC\underline{F}=C\underline{F}CF_2Cl$	130.2		INT.-20	2		83
1121	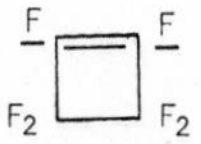	130.4	.1	INT.- 1	1		421
1121		122.5		INT.- 1	51		310
1122	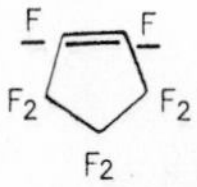	150.2	.1	INT.- 1	1		421
1122		149.8		INT.- 1	2		416
1122		151.13	0.01	EXT.-20	12		56
1123	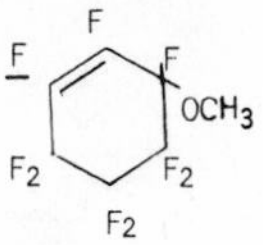	146.		EXT.- 2			271

NOTE- X IS ANY ELEMENT NOT PREVIOUSLY PRINTED UNDER THE TITLE ELEMENT.

NO.	COMPOUND	SHIFT (PPM)	ERROR (PPM)	REF	SOLV	TEMP (K)	LIT REF
1124	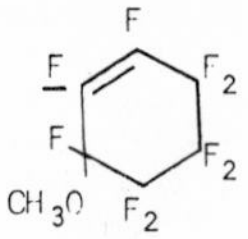	159.		EXT.- 2			271
1125	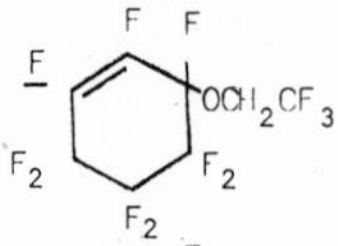	156.9		EXT.- 2			271
1126	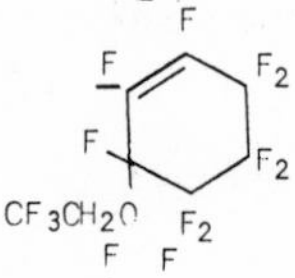	149.9		EXT.- 2			271
1127	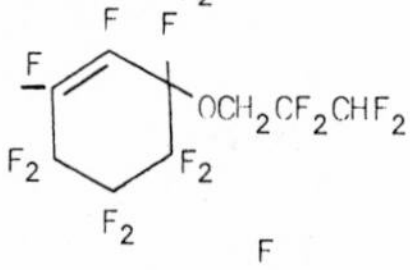	155.		EXT.- 2			271
1128	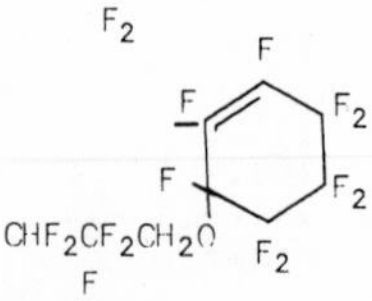	148.		EXT.- 2			271
1129	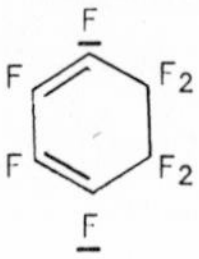	164.6		9	12		69
1130	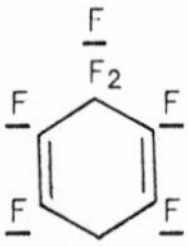	157.4		EXT.- 2			135
1130		160.02		INT.- 9	12		69
1131	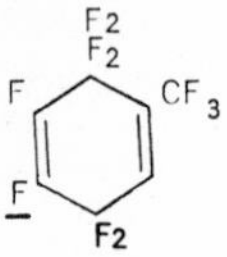	132.7		INT.- 1			483
1131		132.7		INT.- 1			483
1132	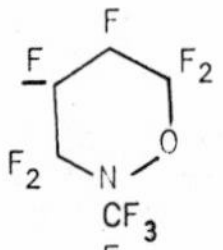	158.60		EXT.- 2			252
1133	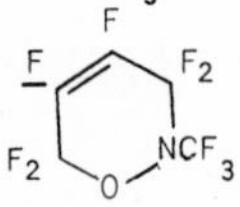	156.68		EXT.- 2			252
1134	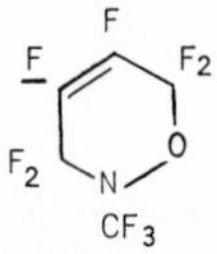 (isomeric mixture)	158.6	0.1	INT.- 1	1		315

NO.	COMPOUND	SHIFT (PPM)	ERROR (PPM)	REF	SOLV	TEMP (K)	LIT REF
1135	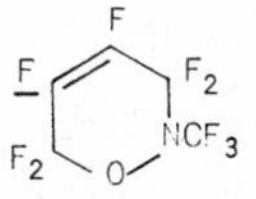 (isomeric mixture)	156.6	0.1	INT.- 1	1		315
1136	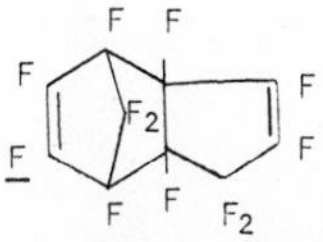	145.8		EXT.- 2	38		492

5. NEAREST NEIGHBORS TO CARBON- CARBON(3 COORD.), CARBON(4 COORD.)

(D). NEXT NEAREST NEIGHBORS- C, X OR X, X, X
F, X

NO.	COMPOUND	SHIFT (PPM)	ERROR (PPM)	REF	SOLV	TEMP (K)	LIT REF
1137	cis-$CF_3\underline{C}F=C(Cl)CF_3$	106.8		INT.- 1			119
1137		106.8		INT.- 1	1		161
1137		106.76	0.01	INT.- 1	1		118
1138	trans	113.9		INT.- 1			119
1138		113.9		INT.- 1	1		161
1138		113.67	0.01	INT.- 1	1		118
1139	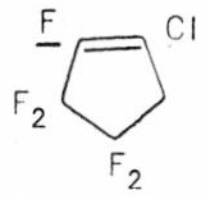	141.56		EXT.- 2			414
1140	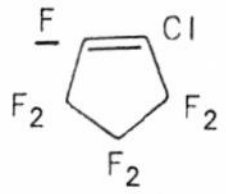	132.55		EXT.- 2			414
1141	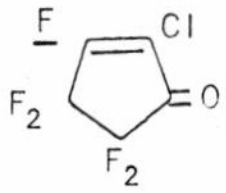	107.8		INT.- 2			469
1142	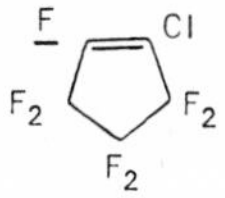	170.23		INT.-32	2		416
1143	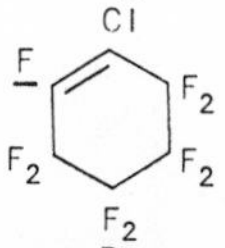	121.9		INT.- 1			483
1144	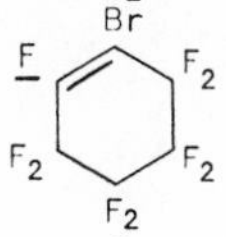	112.7		INT.- 1			483
**** 1145	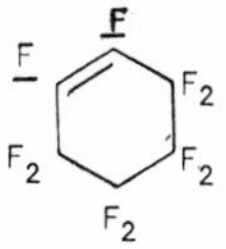	98.2		INT.- 1			483

NOTE- X IS ANY ELEMENT NOT PREVIOUSLY PRINTED UNDER THE TITLE ELEMENT.

NO.	COMPOUND	SHIFT (PPM)	ERROR (PPM)	REF	SOLV	TEMP (K)	LIT REF
1146	trans-$CF_3CF=C(F)Mn(CO)_5$	165.0	1.0	INT.- 1	39		76
1147	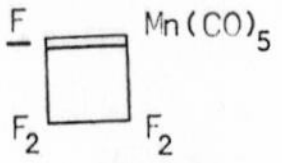	118.6		INT.- 1	51		310
1148	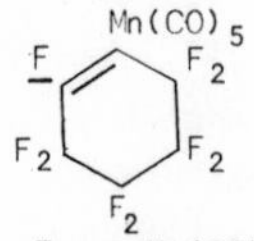	97.7		INT.- 1	51		310
1149	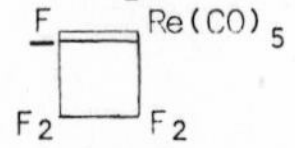	118.1		INT.- 1	51		310
1150	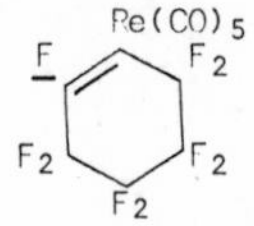	97.0		INT.- 1	51		310
1151	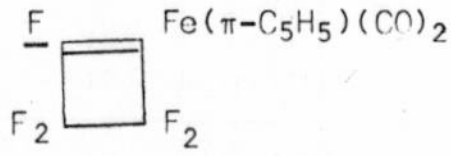	124.1		INT.- 1	51		310
1152	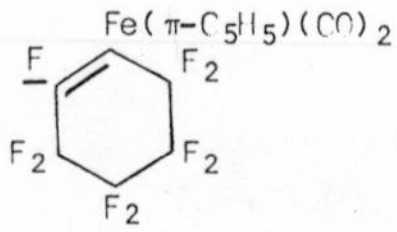	104.5		INT.- 1	51		310
****							
1153	$CH_2=CHCH_2CF=C(F)Si(C_2H_5)_3$ (trans)	156.2		INT.- 1	23		111
AB-TYPE MULTIPLET WITH DELTA = 3.90 PPM							
1154	trans-$C_4H_9CF=C(F)Si(C_2H_5)_3$	160.4		INT.- 1	23		111
AB-TYPE MULTIPLET WITH DELTA = 27.10 PPM							
1155	trans-$CF_3CF=CFNNN$	181.2		EXT.- 2			379
****							
1156	$(CF_2=CFCH_2CH_2)_2$	173.3		EXT.- 2			335
1157	$CF_2=CFCF_3$	192.5		INT.- 1	1		161
1157		192.0	1.0	INT.- 1	1		76
1157		192.		INT.- 1	51		310
1157		196.		EXT.- 2			335
1157		196.		EXT.- 2			231
1157		194.1		EXT.-28			79
1158	$CF_2=CFCF_2Cl$	185.		INT.- 1	1		161
1158		185.0	1.0	INT.- 1	1		76
1158		185.		EXT.- 2			335
1158		185.		EXT.- 2			231
1159	$CF_2=CFCF_2Br$	182.		EXT.- 2			335
1159		182.		EXT.- 2			231
1160	$CF_2=CFCH_2CH_2Br$	177.		EXT.- 2			335
1161	$CF_2=CFCF_2I$	175.		EXT.- 2			335
1161		175.		EXT.- 2			231

NO.	COMPOUND	SHIFT (PPM)	ERROR (PPM)	REF	SOLV	TEMP (K)	LIT REF
1162	$CF_2{=}C\underline{F}CH_2CH_2Si(CH_3)_2$	174.0		EXT.- 2			335
1163	$CF_2{=}C\underline{F}CH_2CH_2CH_2Si(CH_3)_3$	173.9		EXT.- 2			335
****							
1164	$CFCl{=}C\underline{F}CFBrCFClBr$ (threo rotomer)	143.13	0.01	INT.- 1			374
1165	(erthro rotomer	142.41	0.01	INT.- 1			374
****							
1166	$CF_3C\underline{F}{=}C(F)Mn(CO)_5$	165.9		EXT.- 2	39		73
1167	trans-$CF_3C\underline{F}{=}C(F)Mn(CO)_5$	165.		INT.- 1	39		161
****							
1168	trans-$CF_3C\underline{F}{=}C(F)Re(CO)_5$	160.5		INT.- 1	51		310
****							
1169	$CF_3C\underline{F}{=}C(F)Fe(\pi\text{-}C_5H_5)(CO)_2$ (trans)	166.		INT.- 1	39		161
1170	$CF_3C\underline{F}{=}C(F)Fe(C_6H_5)(CO)_2$ (trans)	166.0	1.0	INT.- 1	39		76
	6. NEAREST NEIGHBORS TO CARBON- CARBON(3 COORD.), NITROGEN						
1171	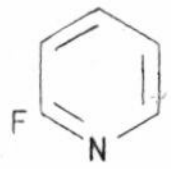	70.4		INT.- 3			45
1172	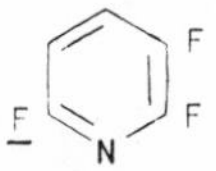	74.4		INT.- 1			264
1173	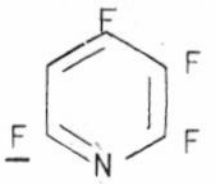	67.6		INT.- 1			264
1174	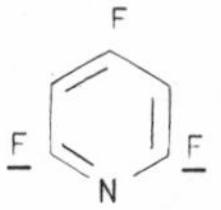	65.5		INT.- 1			264
****							
1175	$C_6H_5C\underline{F}{=}NF$	77.9		INT.- 1	13		510
1176	anti-$C_6H_5CF{=}NC(CH_3)_3$	39.0		INT.- 1	13		510
1177	syn	67.1		INT.- 1	13		510
1178	$C_6H_5CF{=}NNH(CH_2)_4C(CH_3)_3$	85.2		INT.- 1			423
1179	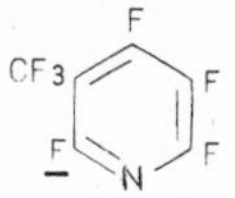	65.69		EXT.- 2			314
****							

NO.	COMPOUND	SHIFT (PPM)	ERROR (PPM)	REF	SOLV	TEMP (K)	LIT REF
1180	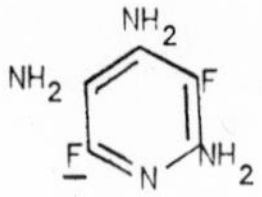	100.1		6			394
1181	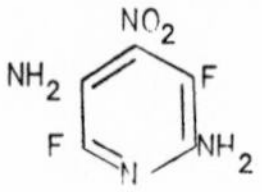	90.2		6			394
1182	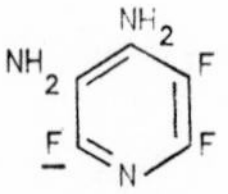	96.1		6	9		394
1183	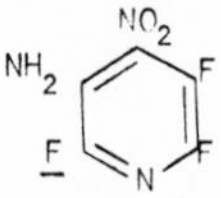	82.1		6	9		394
1184	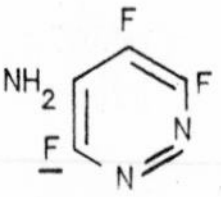	104.8		6	9		393
**** 1185	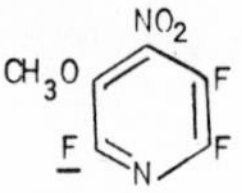	80.1		6	9		394
**** 1186	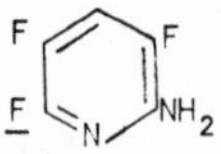	94.4		INT.- 1			263
1187	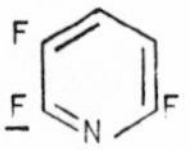	88.7		INT.- 1			264
1188	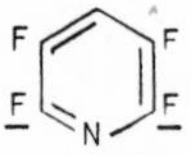	92.3		INT.- 1			264
1189	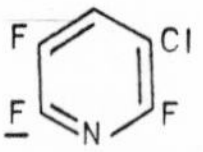	85.3		EXT.- 2			248
1190	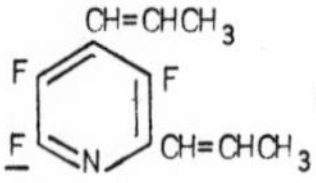 (isomer A)	88.10		EXT.- 2			314
1191	(isomer B)	88.30		EXT.- 2			314

NO.	COMPOUND	SHIFT (PPM)	ERROR (PPM)	REF	SOLV	TEMP (K)	LIT REF
1192	(isomer C)	88.9		EXT.- 2			314
1193	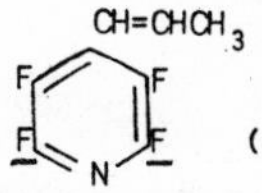 (isomer A)	92.31		EXT.- 2			314
1194	(isomer B)	83.58		EXT.- 2			314
1195	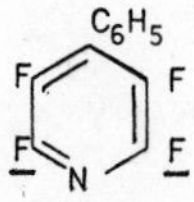	92.83		INT.- 1			195
1196	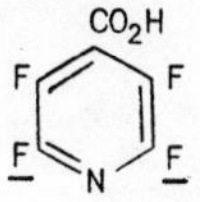	89.61		INT.- 2	50		314
1197	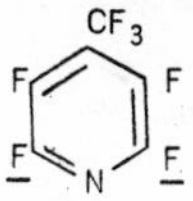	88.43		EXT.- 2			314
1198	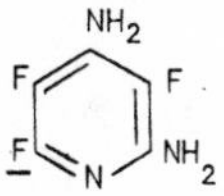	99.1		6	9		394
1199	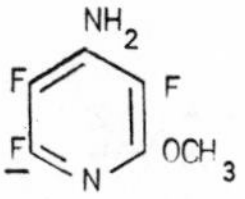	99.1		6	9		394
1200	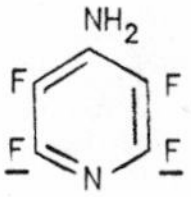	99.3		INT.- 2	50		314
1201	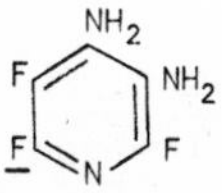	106.1		6	9		394
1202	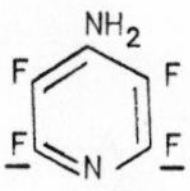	95.72		INT.- 1			195
1202		96.7		6	9		394
1203	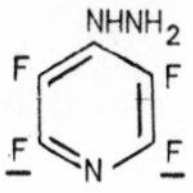	95.5		EXT.- 2	19		314

NO.	COMPOUND	SHIFT (PPM)	ERROR (PPM)	REF	SOLV	TEMP (K)	LIT REF
1204	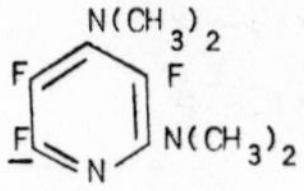	91.7		EXT.- 2	2		314
1205	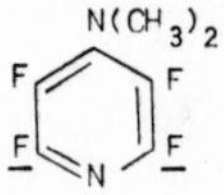	94.97		EXT.- 2			314
1206	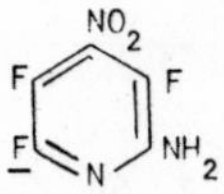	89.6		6	9		394
1207	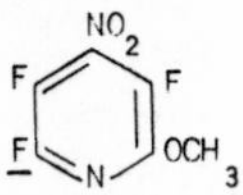	89.4		6	9		394
1208	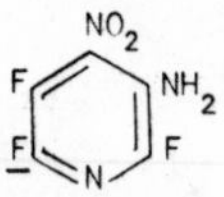	110.4		6	9		394
1209	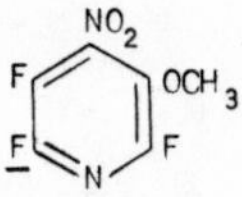	90.8		6	9		394
1210	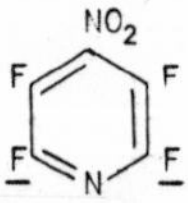	85.69	0.08	INT.- 6	2		411
1210		87.4		6	9		394
1211	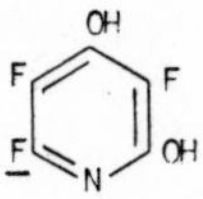	94.9		EXT.- 2	4		314
1212	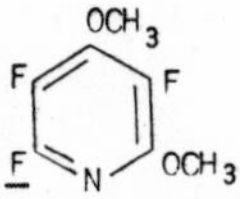	94.4		EXT.- 2			314
1212		94.9		INT.- 1			195
1213	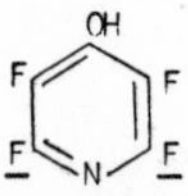	94.31		INT.- 1			197
1213		93.6		EXT.- 2	4		314
1214	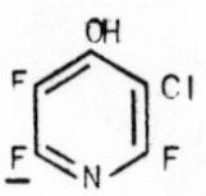	92.49		INT.- 1			197

NO.	COMPOUND	SHIFT (PPM)	ERROR (PPM)	REF	SOLV	TEMP (K)	LIT REF
1215	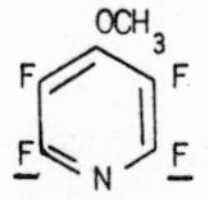	94.9		6	9		394
1215		92.29		INT.- 1			195
1215		92.5		EXT.- 2			314
1216	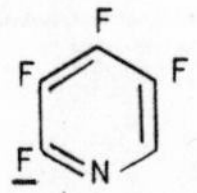	83.9		INT.- 1			264
1217	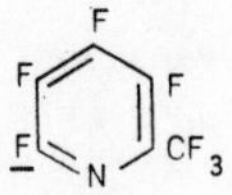	82.2		EXT.- 2			314
1218	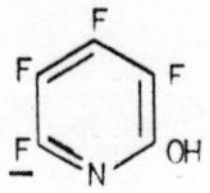	91.55		INT.- 1			197
1219	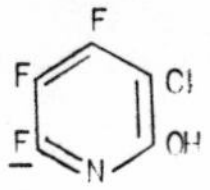	90.20		INT.- 1			197
1220	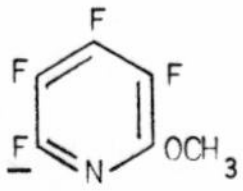	93.4		6	9		394
1221	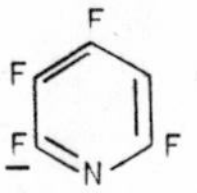	83.3		INT.- 1			264
1222	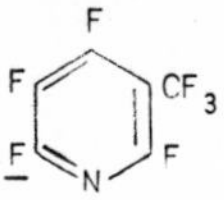	77.93		EXT.- 2			314
1223	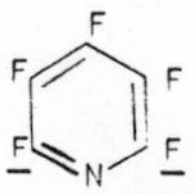	88.86	0.08	INT.- 6	2		411
1223		89.8		6	9		394
1223		87.63		INT.- 1			197
1223		92.16		EXT.- 2			314
1223		88.32		EXT.- 2			314
1224	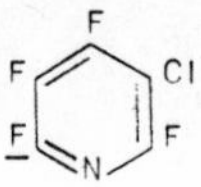	85.71		INT.- 1			197
1224		82.8		EXT.- 2			248
1225	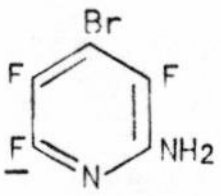	92.2		INT.- 1			263

NO.	COMPOUND	SHIFT (PPM)	ERROR (PPM)	REF	SOLV	TEMP (K)	LIT REF
1226	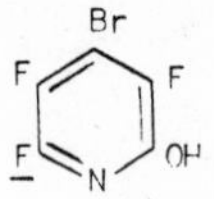	92.2		INT.- 1			263
1227	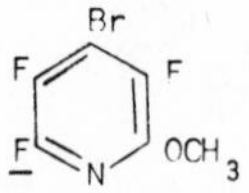	92.2		INT.- 1			263
1228	trans-$CF_3CF=C\underline{F}NNN$	126.9		EXT.- 2			379
1229	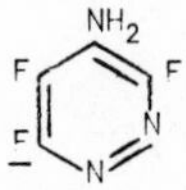	94.1		6	9		393
1230		85.3		6			393
1231	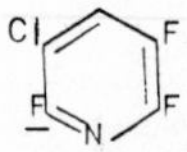	72.3		EXT.- 2			248
1232	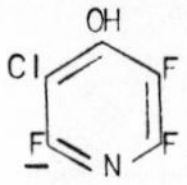	75.95		INT.- 1			197
1233	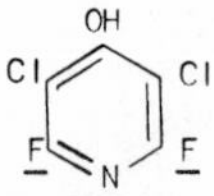	74.12		INT.- 1			197
1234	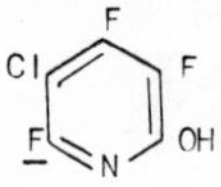	75.95		INT.- 1			197
1235	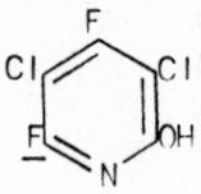	73.32		INT.- 1			197
1236	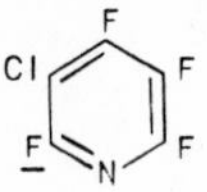	72.12		INT.- 1			197
1236		67.1		EXT.- 2			248
1237	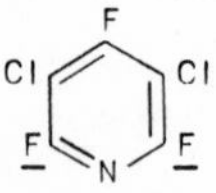	69.86		INT.- 1			197
1237		68.7		EXT.- 2			248

NO.	COMPOUND	SHIFT (PPM)	ERROR (PPM)	REF	SOLV	TEMP (K)	LIT REF
	7. NEAREST NEIGHBORS TO CARBON- CARBON(3 COORD.), FLUORINE						
	(A). NEXT NEAREST NEIGHBORS- H, X OR B, X						
****							
1238	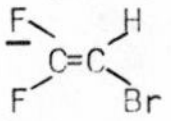	81.9		INT.- 1	2		282
1239	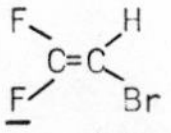	82.8		INT.- 1	2		282
1240	CF(F)=CHF (cis fluorine)	103.		INT.- 1	1		60
1241	CF(F)=CHF (trans fluorine)	127.		INT.- 1	1		60
1242	CF$_2$=CH(p-C$_6$H$_4$F)	85.		INT.- 1			210
1243	CF$_2$=CD$_2$	88.1		EXT.- 1	12		134
1243		88.		EXT.- 1	12	1	156
****							
1244	B[CF=CF(F)]$_3$ (cis fluorine)	72.7		INT.- 1	1		60
1244		72.7	0.2	INT.- 1	1		64
1245	B[CF=CF(F)]$_3$ (trans fluorine)	91.1		INT.- 1	1		60
1245		91.1	0.2	INT.- 1	1		64
1246	CF(F)=CFBF$_2$ (cis fluorine)	72.8		INT.- 1	1		60
1246		72.8	0.2	INT.- 1	1		64
1247	CF(F)=CFBF$_2$ (trans fluorine)	99.8		INT.- 1	1		60
1247		99.8	0.2	INT.- 1	1		64
1248	CF(F)=CFBCl$_2$ (cis fluorine)	71.6		INT.- 1	1		60
1248		71.6	0.2	INT.- 1	1		64
1249	CF(F)=CFBCl$_2$ (trans fluorine)	87.9		INT.- 1	1		60
1249		87.9	0.2	INT.- 1	1		64
	7. NEAREST NEIGHBORS TO CARBON- CARBON(3 COORD.), FLUORINE						
	(B). NEXT NEAREST NEIGHBORS- C, X						
1250	CF$_2$=C(CF$_3$)C(O)F	60.0		INT.- 1			412
1251	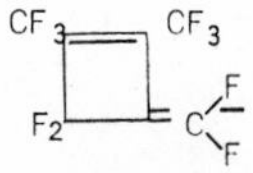	86.7		EXT.- 2			378
1252	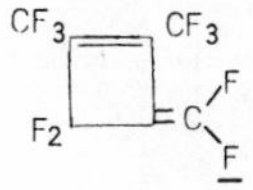	82.0		EXT.- 2			378
1253	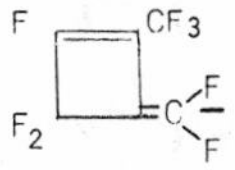	94.7		EXT.- 2			375

NOTE- X IS ANY ELEMENT NOT PREVIOUSLY PRINTED UNDER THE TITLE ELEMENT.

NO.	COMPOUND	SHIFT (PPM)	ERROR (PPM)	REF	SOLV	TEMP (K)	LIT REF
1254	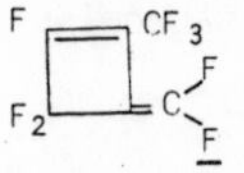	89.2		EXT.- 2			375
****							
1255	$[CF(F)=CF]_2Ge(CH_3)_2$ (cis fluorine)	86.6		1	23		518
1256	$[CF(F)=CF]_2Ge(CH_3)_2$ (trans fluorine)	118.6		1	23		518
****							
1257	$[CF(F)=CF]_2Sn(CH_3)_2$ (cis fluorine)	85.9		1	23		518
1258	$[CF(F)=CF]_2Sn(CH_3)_2$ (trans fluorine)	121.2		1	23		518
****							
1259	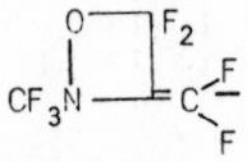	92.		2			250
1260	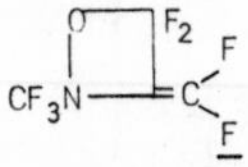	88.		2			250
1261	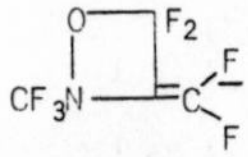 (inversion isomer A)	91.6	0.1	INT.- 1	1		315
1262	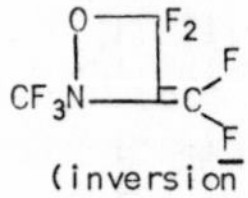 (inversion isomer A)	88.3	0.1	INT.- 1	1		315
1263	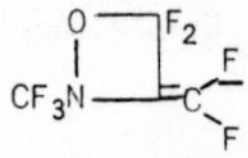 (inversion isomer B)	91.6	0.1	INT.- 1	1		315
1264	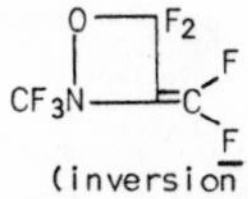 (inversion isomer B)	88.3	0.1	INT.- 1	1		315
1265	$CF(F)=CFC_6H_5$ (cis fluorine)	102.		INT.- 1	1		60
1265		96.4		INT.- 1	2		391
1266	$CF(F)=CFC_6H_5$ (trans fluorine)	133.		INT.- 1	1		60
1267	$CF(F)=CFC_6F_5$ (trans fluorine)	112.7		INT.- 1	2		391
1268	$CF(F)=CF(o\text{-}C_6H_4CH_3)$ (cis fluorine)	93.		7			89

NO.	COMPOUND	SHIFT (PPM)	ERROR (PPM)	REF	SOLV	TEMP (K)	LIT REF
1269	$CF(F)=CF(σ-C_6H_4CH_3)$ (trans fluorine)	110.		7			89
1270	$[C(F)F=CFCH_2CH_2]_2$ (cis fluorine)	126.0		EXT.- 2			335
1271	$[C(\underline{F})F=CFCH_2CH_2]_2$ (trans fluorine	106.9		EXT.- 2			335
1272	$C\underline{F}(F)=C(F)CN$ (cis fluorine)	103.1		EXT.- 2			335
1273	$CF(\underline{F})=C(F)CN$ (trans fluorine)	79.7		EXT.- 2			335
1274	$C\underline{F}(F)=CFCH_2F$ (cis fluorine)	106.7		EXT.- 2			231
1275	$CF(\underline{F})=CFCH_2F$ (trans fluorine)	96.0		EXT.- 2			231
1276	$C\underline{F}(F)=CFCF_3$ (cis fluorine)	107.0		INT.- 1	1		161
1276		107.0	1.0	INT.- 1	1		76
1276		107.		INT.- 1	51		310
1276		108.8		EXT.- 2			335
1276		108.8		EXT.- 2			231
1276		108.6		EXT.-28			79
1277	$CF(\underline{F})=CFCF_3$ (trans fluorine)	93.3		INT.- 1	1		161
1277		93.0	1.0	INT.- 1	1		76
1277		93.		INT.- 1	51		310
1277		95.5		EXT.- 2			335
1277		95.5		EXT.- 2			231
1277		95.1		EXT.-28			79
1278	$C\underline{F_2}=CF=CF=CFCF_3$	99.5		EXT.- 2			286
AB-TYPE MULTIPLET WITH DELTA = 12.40 PPM							
1279	$C\underline{F}(F)=CFCF=CF(F)$ (cis fluorines)	105.	4.	7			89
1280	$CF(F)=CFCF=CF(F)$ (trans fluorines)	105.	4.	7			89
1281	$C\underline{F}(F)=CFCF_2Cl$ (cis fluorine)	106.		INT.- 1	1		161
1281		106.0	1.0	INT.- 1	1		76
1281		106.7		EXT.- 2			335
1282	$CF(\underline{F})=CFCF_2Cl$ (trans fluorine)	95.		INT.- 1	1		161
1282		95.0	1.0	INT.- 1	1		76
1282		96.0		EXT.- 2			335
1283	$C\underline{F}(F)=CFCF_2Br$ (cis fluorine)	105.4		EXT.- 2			242
1283		105.4		EXT.- 2			231
1284	$CF(\underline{F})=CFCF_2Br$ (trans fluorine)	95.3		EXT.- 2			335
1284		95.3		EXT.- 2			231
1285	$C\underline{F}(F)=CFCH_2CH_2Br$ (cis fluorine)	122.2		EXT.- 2			335
1286	$CF(\underline{F})=CFCH_2CH_2Br$ (trans fluorine)	103.4		EXT.- 2			335

NO.	COMPOUND	SHIFT (PPM)	ERROR (PPM)	REF	SOLV	TEMP (K)	LIT REF
1287	$CF(F)=CFCF_2I$ (cis fluorine)	104.1		EXT.- 2			335
1287		104.0		EXT.- 2			231
1288	$CF(F)=CFCF_2I$ (trans fluorine)	95.0		EXT.- 2			335
1288		95.0		EXT.- 2			231
1289	CF(F)=C(F)C(O)F (cis fluorine)	88.8		EXT.- 2			335
1289		88.8		EXT.- 2			231
1290	CF(F)=C(F)C(O)F (trans fluorine)	77.1		EXT.- 2			335
1290		77.1		EXT.- 2			231
1291	$CF(F)=CFCH_2CH_2Si(CH_3)_3$ (cis fluorine)	124.7		EXT.- 2			335
1292	$CF(F)=CFCH_2CH_2Si(CH_3)_3$ (trans fluorine)	106.6		EXT.- 2			335
1293	$CF(F)=CFCH_2CH_2CH_2Si(CH_3)_3$ (cis fluorine)	116.7		EXT.- 2			335
1294	$CF(F)=CFCH_2CH_2CH_2Si(CH_3)_3$ (trans fluorine)	105.0		EXT.- 2			335
1295	$CF(F)=CFCF=C(F)Ni(\pi-C_5H_5)-[P(C_6H_5)_3]$ (cis fluorine)	107.		INT.- 1	38		222
1296	$CF(F)=CFCF=C(F)Ni(\pi-C_5H_5)-[P(C_6H_5)]_3$ (trans fluorine)	119.		INT.- 1	38		222
****							
1297	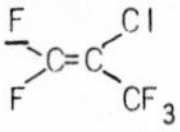	77.3		EXT.-28			79
1298	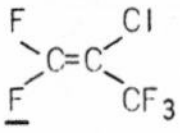	77.6		EXT.-28			79
1299	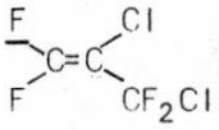	80.0		1			481
1300	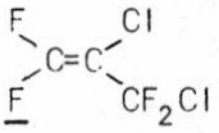	78.2		1			481
1301	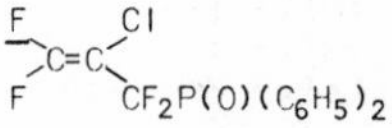	74.8		1			481
1302	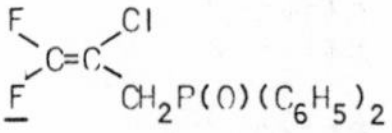	76.4		1			481
1303	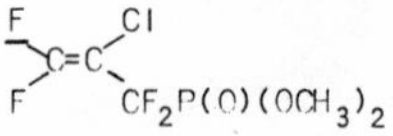	74.8		1			481
1304	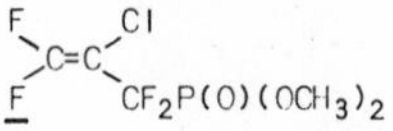	77.0		1			481

NO.	COMPOUND	SHIFT (PPM)	ERROR (PPM)	REF	SOLV	TEMP (K)	LIT REF
1305	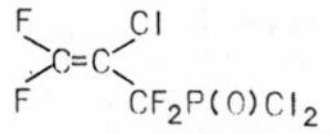	69.3		1			481
1306	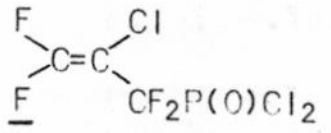	72.1		1			481
**** 1307	$C\underline{F}(F)=C(F)Fe(\pi\text{-}C_5H_5)(CO)_2$ (cis fluorine)	89.5		INT.- 1	51		310
**** 1308	$[CF(\underline{F})=CF]_2Ni[P(C_2H_5)_3]_2$ (trans) (trans fluorine)	134.1		1	23		518
**** 1309	$[C\underline{F}(F)=CF]_2Pd[P(C_2H_5)_3]_2$ (trans) (cis fluorine)	95.8		1	23		518
1310	$[CF(\underline{F})=CF]_2Pd[P(C_2H_5)_3]_2$ (trans) (trans fluorine)	133.6		1	23		518
**** 1311	$[CF(\underline{F})=CF]_2Pt[P(C_2H_5)_3]_2$ (cis) (trans fluorine)	131.8		1	23		518
1312	$C\underline{F}(F)=C(F)Pt[P(C_2H_5)_3]_2Br$ (trans) (cis fluorine)	99.8		1	23		518
1313	$CF(\underline{F})=C(F)Pt[P(C_2H_5)_3]_2Br$ (trans) (trans fluorine)	129.5		1	23		518

7. NEAREST NEIGHBORS TO CARBON- CARBON(3 COORD.), FLUORINE

(C). NEXT NEAREST NEIGHBORS- F, X

NO.	COMPOUND	SHIFT (PPM)	ERROR (PPM)	REF	SOLV	TEMP (K)	LIT REF
1314	$C\underline{F}(F)=C(F)Si(CH_3)_3$ (cis fluorine)	116.7		EXT.- 2			335
1315	$CF(\underline{F})=C(F)Si(CH_3)_3$ (trans fluorine)	87.8		EXT.- 2			335
1316	$C\underline{F}(F)=C(F)Si(H)(CH_3)_2$ (cis fluorine)	116.2		EXT.- 2			335
1317	$CF(\underline{F})=C(F)Si(H)(CH_3)_2$ (trans fluorine)	86.8		EXT.- 2			335
1318	$C\underline{F}(F)=C(F)Si(CH_3)_2C_6H_5$ (cis fluorine)	113.3		EXT.- 2			335
1319	$CF(\underline{F})=C(F)Si(CH_3)_2C_6H_5$ (trans fluorine)	85.1		EXT.- 2			335
1320	$C\underline{F}(F)=C(F)Si(CH_3)_2OC_2H_5$ (cis fluorine)	115.4		EXT.- 2			335
1321	$CF(\underline{F})=C(F)Si(CH_3)_2OC_2H_5$ (trans fluorine)	87.9		EXT.- 2			335
1322	$C\underline{F}(F)=C(F)Si(CH_3)_2Cl$ (cis fluorine)	111.1		EXT.- 2			335

NOTE- X IS ANY ELEMENT NOT PREVIOUSLY PRINTED UNDER THE TITLE ELEMENT.

NO.	COMPOUND	SHIFT (PPM)	ERROR (PPM)	REF	SOLV	TEMP (K)	LIT REF
1323	$CF(F)=C(F)Si(CH_3)_2Cl$ (trans fluorine)	84.3		EXT.- 2			335
1324	$[CF(F)=CF]_2Si(C_2H_5)_2$	83.5		INT.- 1	1		60
1324	(cis fluorine)	83.5	0.2	INT.- 1	1		64
1325	$[CF(F)=CF]_2Si(C_2H_5)_2$	114.3		INT.- 1	1		60
1325	(trans fluorine)	114.3	0.2	INT.- 1	1		64
1326	$CF(F)=C(F)Si(C_2H_5)_3$ (cis fluorine)	88.0	0.2	INT.- 9			112
1327	$CF(F)=C(F)Si(C_2H_5)_3$ (trans fluorine)	117.4	0.5	INT.- 9			112
1328	$CF(F)=C(F)Si(OC_2H_5)_3$ (cis fluorine)	87.2	0.2	INT.- 9			112
1329	$CF(F)=C(F)Si(OC_2H_5)_3$ (trans fluorine)	114.0	0.3	INT.- 9			112
****							
1330	$Ge[CF=CF(F)]_4$	80.1	0.2	INT.- 1	1		64
1330	(cis fluorine)	80.1		INT.- 1	1		60
1330		73.5		7			89
1331	$Ge[CF=CF(F)]_4$	112.7		INT.- 1	1		60
1331	(trans fluorine)	112.7	0.2	INT.- 1	1		64
1331		108.7	4.	7			89
1332	$[CF(F)=CF]_2Ge(CH_3)_2$	86.6		INT.- 1	1		60
1332	(cis fluorine)	86.6	0.2	INT.- 1	1		64
1333	$[CF(F)=CF]_2Ge(CH_3)_2$	118.6		INT.- 1	1		60
1333	(trans fluorine)	118.6	0.2	INT.- 1	1		64
1334	$CF(F)=C(F)Ge(C_2H_5)_3$ (cis fluorine)	90.1	0.2	INT.- 9			112
1335	$CF(F)=C(F)Ge(C_2H_5)_3$ (trans fluorine)	122.0	0.4	INT.- 9			112
****							
1336	$[CF(F)=CF]_2Sn(CH_3)_2$	85.9		INT.- 1	1		60
1336	(cis fluorine)	85.9	0.2	INT.- 1	1		64
1337	$[CF(F)=CF]_2Sn(CH_3)_2$	121.2		INT.- 1	1		60
1337	(trans fluorine)	121.2	0.2	INT.- 1	1		64
1338	$CF(F)=CFSn(C_2H_5)_3$ (cis fluorine)	89.3	0.2	INT.- 9			112
1339	$CF(F)=CFSn(C_2H_5)_3$ (trans fluorine)	124.3	0.3	INT.- 9			112
1340	$CF(F)=CFSn(C_4H_9)_3$	88.1		INT.- 1	1		60
1340	(cis fluorine)	88.1	0.2	INT.- 1	1		64
1341	$CF(F)=C(F)Sn(C_4H_9)_3$	123.3		INT.- 1	1		60
1341	(trans fluorine)	123.3	0.2	INT.- 1	1		64
1342	$[CF(F)=CF]_2Sn(C_6H_5)_2$	84.3		INT.- 1	1		60
1342	(cis fluorine)	84.3	0.2	INT.- 1	1		64
1343	$[CF(F)=CF]_2Sn(C_6H_5)_2$	118.6		INT.- 1	1		60
1343	(trans fluorine)	118.6	0.2	INT.- 1	1		64

NO.	COMPOUND	SHIFT (PPM)	ERROR (PPM)	REF	SOLV	TEMP (K)	LIT REF
1344	P[CF=C(F)F]$_3$ (cis fluorine)	102.	4.	7			89
1345	P[CF=C(F)F]$_3$ (trans fluorine)	102.	4.	7			89
****							
1346	As[CF=CF(F)]$_3$ (cis fluorine)	84.8		INT.- 1	1		60
1346		84.8	0.2	INT.- 1	1		64
1346		83.3	4.	7			89
1347	As[CF=CF(F)]$_3$ (trans fluorine)	112.7		INT.- 1	1		60
1347		112.7	0.2	INT.- 1	1		64
1347		109.	4.	7			89
****							
1348	Sb[CF=CF(F)]$_3$ (cis fluorine)	72.		7			89
1349	Sb[CF=CF(F)]$_3$ (trans fluorine)	107.5		7			89
****							
1350	C(F)F=C(F)OCF$_3$ (cis fluorine)	125.0		EXT.- 2			335
1351	C(F)F=C(F)OCF$_3$ (trans fluorine)	117.3		EXT.- 2			335
1352	C(F)F=C(F)OCH$_2$CF$_3$ (cis fluorine)	129.4		EXT.- 2			335
1353	C(F)F=C(F)OCH$_2$CF$_3$ (trans fluorine)	123.1		EXT.- 2			335
****							
1354	CF(F)=C(F)SCF$_3$ (cis fluorine)	102.1		EXT.- 2			335
1355	CF(F)=C(F)SCF$_3$ (trans fluorine)	83.4		EXT.- 2			335
1356	CF(F)=C(F)SF$_5$ (cis fluorine)	100.4	0.2	INT.- 1	12		257
1357	CF(F)=C(F)SF$_5$ (trans fluorine)	99.9	0.2	INT.- 1	12		257
****							
1358	CF(F)=CFCl (cis fluorine)	105.		INT.- 1	1		5
1358		105.		INT.- 1	51		310
1358		101.	4.	7			89
1359	C(F)F=CFCl (trans fluorine)	121.		INT.- 1	1		5
1359		121.		INT.- 1	51		310
1359		117.	4.	7			89
****							
1360	CF(F)=CFBr (cis fluorine)	92.	4.	7			89
1361	CF(F)=CFBr (trans fluorine)	110.	4.	7			89
****							
1362	CF(F)=CFI (cis fluorine)	112.0		EXT.- 2			335
1362		116.	4.	7			89

NO.	COMPOUND	SHIFT (PPM)	ERROR (PPM)	REF	SOLV	TEMP (K)	LIT REF
1363	CF(F)=CFI (trans fluorine)	86.8		EXT.- 2			335
1363		94.	4.	7			89
****							
1364	CF(F)=C(F)Re(CO)$_5$ (cis fluorine)	96.1		INT.- 1	51		310
1365	CF(F)=C(F)Re(CO)$_5$ (trans fluorine)	131.7		INT.- 1	51		310
1366	CF(F)=C(F)Fe(π-C_5H_5)(CO)$_2$ (trans fluorine)	139.6		INT.- 1	51		310
1367	[CF(F)=CF]$_2$Ni[P(C_2H_5)$_3$]$_2$ (trans) (cis fluorine)	91.4		1	23		518
1368	CF(F)=C(F)Ni[P(C_2H_5)$_3$]$_2$Br (trans) (cis fluorine)	89.9		1	23		518
1369	CF(F)=C(F)Ni[P(C_2H_5)$_3$]$_2$Br (trans) (trans fluorine)	132.2		1	23		518
1370	CF(F)=C(F)Pt[P(C_2H_5)$_3$]$_2$Cl (trans) (cis fluorine)	24.		EXT.- 1	13		488
1371	CF(F)=C(F)Pt[P(C_2H_5)$_3$]$_2$Cl (trans) (trans fluorine)	58.7		EXT.- 1	13		488
1372	CF(F)=C(F)Pt(Br)[P(C_2H_5)$_3$]$_2$ (cis) (cis fluorine)	98.6		1	23		518
1373	[CF(F)=CF] Pt[P(C_2H_5)$_3$]$_2$ (cis) (cis fluorine)	101.1		1	23		518
1374	CF(F)=C(F)Pt(Br)[P(C_2H_5)$_3$]$_2$ (cis) (trans fluorine)	127.0		1	23		518
****							
1375	Hg[CF=CF(F)]$_2$ (cis fluorine)	89.9		INT.- 1	1		60
1375		89.9	0.2	INT.- 1	1		64
1376	Hg[CF=CF(F)]$_2$ (trans fluorine)	124.5		INT.- 1	1		60
1376		124.5	0.2	INT.- 1	1		64
1377	Hg[CF=CF$_2$]$_2$	120.	4.	7			89
1378	CF(F)=C(F)HgC_2H_5 (cis fluorine)	82.	4.	7			89
1379	CF(F)=C(F)HgC_2H_5 (trans fluorine)	118.5	4.	7			89

7. NEAREST NEIGHBORS TO CARBON- CARBON(3 COORD.), FLUORINE

(D). NEXT NEAREST NEIGHBORS- CL, X OR BR, X

NO.	COMPOUND	SHIFT (PPM)	ERROR (PPM)	REF	SOLV	TEMP (K)	LIT REF
1380	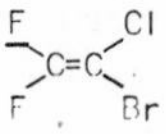	85.8		1	23		518
1381	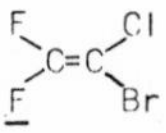	84.8		1	23		518

NOTE- X IS ANY ELEMENT NOT PREVIOUSLY PRINTED UNDER THE TITLE ELEMENT.

NO.	COMPOUND	SHIFT (PPM)	ERROR (PPM)	REF	SOLV	TEMP (K)	LIT REF
1382	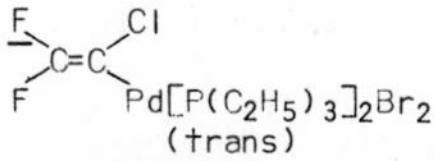	93.9		1	23		518
1383	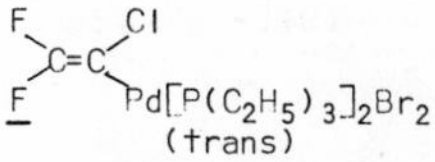	80.4		1	23		518
1384	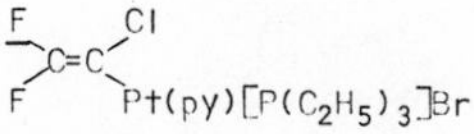	96.3		1	23		518
1385	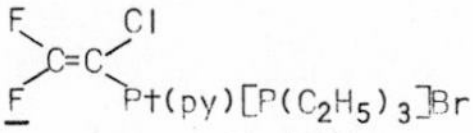	81.3		1	23		518
1386	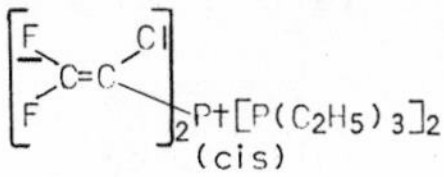	92.2		1	23		518
1387	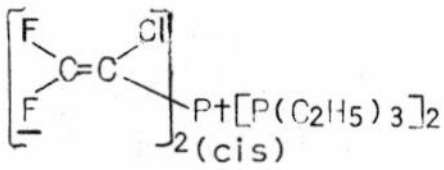	80.0		1	23		518
****							
1388	$CF_2=CBr_2$	79.2	0.1	INT.- 1	2		465
	8. NEAREST NEIGHBORS TO CARBON- CARBON(3 COORD.), X						
1389	$CF_2=C(\underline{F})Si(H)(CH_3)_2$	199.		EXT.- 2			335
1390	$CF_2=C(\underline{F})Si(CH_3)_3$	199.		EXT.- 2			335
1391	$CF_2=C(F)Si(CH_3)_2C_6H_5$	199.		EXT.- 2			335
1392	$CF_2=C(\underline{F})Si(CH_3)_2OC_2H_5$	200.		EXT.- 2			335
1393	$CF_2=C(\underline{F})Si(CH_3)_2Cl$	199.		EXT.- 2			335
1394	$[CF_2=C\underline{F}]_2Si(C_2H_5)_2$	199.7		INT.- 1	1		60
1394		199.7	0.2	INT.- 1	1		64
1395	$CF_2=C(\underline{F})Si(C_2H_5)_3$	198.8	0.4	INT.- 9			112
1396	$CF_2=C(\underline{F})Si(OC_2H_5)_3$	203.5	0.5	INT.- 9			112
1397	trans-$C_3H_7SCF=C(\underline{F})Si(C_2H_5)_3$	139.5		INT.- 1	12		111
AB-TYPE MULTIPLET WITH DELTA = 19.70 PPM							
1398	trans-$C_4H_9CF=C(\underline{F})Si(C_2H_5)_3$	160.4		INT.- 1	23		111
AB-TYPE MULTIPLET WITH DELTA = 27.10 PPM							
1399	$(C_6H_5)_3SiCF=C(\underline{F})Si(C_2H_5)_3$ (trans)	157.1		INT.- 1	12		111
AB-TYPE MULTIPLET WITH DELTA = 6.00 PPM							

NOTE- X IS ANY ELEMENT NOT PREVIOUSLY PRINTED UNDER THE TITLE ELEMENT.

NO.	COMPOUND	SHIFT (PPM)	ERROR (PPM)	REF	SOLV	TEMP (K)	LIT REF
1400	$(C_6H_5)_3GeCF=C(\underline{F})Si(C_2H_5)_3$ (trans)	156.5		INT.- 1	12		111
	AB-TYPE MULTIPLET WITH DELTA = 3.10 PPM						
1401	$C_2H_5OCF=C(\underline{F})Si(C_2H_5)_3$	156.2		INT.- 1	12		111
	AB-TYPE MULTIPLET WITH DELTA = 75.90 PPM						
1402	$(CH_3)_3SiCH_2OCF=C(\underline{F})Si(C_2H_5)_3$	156.3		INT.- 1	12		111
	AB-TYPE MULTIPLET WITH DELTA = 73.80 PPM						
1403	cis-$C_6H_5SCF=C(\underline{F})Si(C_2H_5)_3$	108.3		INT.- 1	12		111
	AB-TYPE MULTIPLET WITH DELTA = 24.00 PPM						
1404	trans	135.8		INT.- 1	12		111
	AB-TYPE MULTIPLET WITH DELTA = 16.80 PPM						
1405	$CH_2=CHCH_2CF=C(\underline{F})Si(C_6H_5)_3$ (trans)	156.2		INT.- 1	23		111
	AB-TYPE MULTIPLET WITH DELTA = 3.90 PPM						
1406	trans-$C_6H_5CF=C(\underline{F})Si(C_6H_5)_3$	159.2		INT.- 1	12		111
	AB-TYPE MULTIPLET WITH DELTA = 3.50 PPM						
1407	$(C_2H_5)_3SiCF=C(\underline{F})Si(C_6H_5)_3$ (trans)	157.1		INT.- 1	12		111
	AB-TYPE MULTIPLET WITH DELTA = 6.00 PPM						
****							
1408	$Ge(C\underline{F}=CF_2)_4$	196.5		INT.- 1	1		60
1408		196.5	0.2	INT.- 1	1		64
1408		192.		7			89
1409	$[CF_2=C(\underline{F})]_2Ge(CH_3)_2$	195.5		INT.- 1	1		60
1409		195.5	0.2	INT.- 1	1		64
1409		195.5		1	23		518
1410	$CF_2=C(\underline{F})Ge(C_2H_5)_3$	194.5	0.6	INT.- 9			112
1411	$CF_2=C(\underline{F})Sn(C_2H_5)_3$	193.8	0.6	INT.- 9			112
1412	$(C_2H_5)_3SiCF=C(\underline{F})Ge(C_6H_5)_3$ (trans)	156.5		INT.- 1	12		111
	AB-TYPE MULTIPLET WITH DELTA = 3.10 PPM						
****							
1413	$(CF_2=C\underline{F})_2Sn(CH_3)_2$	194.6		INT.- 1	1		60
1413		193.2		INT.- 1	1		60
1413		194.6	0.2	INT.- 1	1		64
1413		194.6		1	23		518
1414	$CF_2=C(\underline{F})Sn(C_4H_9)_3$	192.7		INT.- 1	1		60
1414		192.7	0.2	INT.- 1	1		64
1415	$CF_2=C(\underline{F})Sn(C_6H_5)_3$	193.2	0.2	INT.- 1	1		64
****							
1416	$P(C\underline{F}=CF_2)_3$	170.	4.	7			89

NO.	COMPOUND	SHIFT (PPM)	ERROR (PPM)	REF	SOLV	TEMP (K)	LIT REF
1417	$As(C\underline{F}=CF_2)_3$	177.0		INT.- 1	1		60
1417		177.0	0.2	INT.- 1	1		64
1417		172.5	4.	7			89
****							
1418	$Sb(C\underline{F}=CF_2)_3$	187.		7			89
****							
1419	$FC(O)C_6H_5$	-17.1		EXT.- 1	12		134
1419		-17.		EXT.- 1	12		156
1419		-18.7		EXT.- 2	12		105
1420	$\underline{F}C(O)C(CF_3)=C=C(CF_3)_2$	35.2		INT.- 1			412
1421	$FC(O)(p\text{-}C_6H_4CH_3)$	-16.3		EXT.- 62	22		171
1422	$FC(O)(p\text{-}C_6H_4NO_2)$	-18.4		EXT.- 62	22		171
1423	$FC(O)(p\text{-}C_6H_4OCH_3)$	-14.5		EXT.- 62	22		171
1424	$\underline{F}C(O)(p\text{-}C_6H_4F)$	-15.9		EXT.- 62	22		171
****							
1425	$\underline{F}C(O)CF=CF_2$	-21.5		EXT.- 2			231
****							
1426	$(CF_3)_2C=C\underline{F}OCH_3$	67.1	0.1	EXT.- 2	12		16
1427	$(CF_3)_2C=C\underline{F}OCH_2CH_2CH_3$	64.7	0.1	EXT.- 2	12		16
1428	$(CF_3)_2C=C\underline{F}OCH_2CH_2F$	65.4	0.1	EXT.- 2	12		16
1429	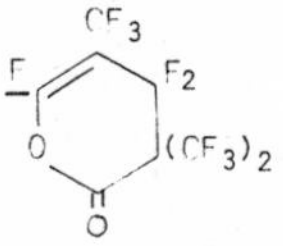	95.5		EXT.- 1			412
****							
1430	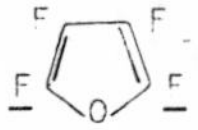	86.5		EXT.- 2			417
****							
1431	$(C_2H_5)_3SiCF=C(\underline{F})OC_2H_5$	156.2		INT.- 1	12		111
AB-TYPE MULTIPLET WITH DELTA = 75.90 PPM							
1432	$(C_2H_5)_3SiCF=C(\underline{F})OCH_2Si(CH_3)_3$	156.3		INT.- 1	12		111
AB-TYPE MULTIPLET WITH DELTA = 73.80 PPM							
****							
1433	$CF_2=C(\underline{F})OCF_3$	139.3		EXT.- 2			335
1434	$CF_2=C(\underline{F})OCH_2CF_3$	139.2		EXT.- 2			335
****							
1435	trans-$(C_2H_5)_3SiCF=C(\underline{F})SC_3H_7$	139.5		INT.- 1	12		111
AB-TYPE MULTIPLET WITH DELTA = 19.70 PPM							

NO.	COMPOUND	SHIFT (PPM)	ERROR (PPM)	REF	SOLV	TEMP (K)	LIT REF
1436	cis-$(C_2H_5)_3SiCF{=}C(\underline{F})SC_6H_5$	108.3		INT.- 1	12		111
AB-TYPE MULTIPLET WITH DELTA = 24.00 PPM							
1437	trans	135.8		INT.- 1	12		111
AB-TYPE MULTIPLET WITH DELTA = 16.80 PPM							
1438	$CF_2{=}C(\underline{F})SCF_3$	153.0		EXT.- 2			335
****							
1439	$CF_2{=}C\underline{F}SO_2F$	78.5		EXT.- 2			376
****							
1440	$CF_2{=}C\underline{F}SF_5$	163.2	0.2	INT.- 1	12		257
****							
1441	$C\underline{F}Cl{=}CHCF_3$	58.45	0.01	EXT.-20	12		56
1442	cis-$C\underline{F}Cl{=}CFC_6H_5$	96.4		INT.- 1	2		391
1443	trans	112.8		INT.- 1	2		391
1444	cis-$C\underline{F}Cl{=}CClCF_3$	65.1		EXT.-28			79
1445	trans	58.5		EXT.-28			79
1446	$C\underline{F}Cl{=}CF_2$	145.		INT.- 1	1		5
1446		145.		INT.- 1	51		310
1446		138.	4.	7			89
1447	cis-$C\underline{F}Cl{=}C\underline{F}Cl$	105.1		INT.- 1	2		52
1448	trans	119.6		INT.- 1	2		52
1449	$C\underline{F}Cl{=}CFCFBrCFCl$ (erthro rotomer)	104.88	0.01	INT.- 1			374
1450	(threo rotomer)	105.05	0.01	INT.- 1			374
1451	cis-$C\underline{F}Cl{=}CF[p\text{-}C_6H_4N(CH_3)_2]$	98.57		INT.- 1	2		391
1452	trans	114.8		INT.- 1	2		391
****							
1453	cis-$C\underline{F}Br{=}CHF$	102.8		INT.- 1	2		282
1454	trans	129.2		INT.- 1	2		282
1455	$C\underline{F}Br{=}CF_2$	141.	4.	7			89
1456	cis-$C\underline{F}Br{=}C\underline{F}Br$	95.3	0.1	INT.- 1	2		465
1456		95.3		INT.- 1	2		282
1457	trans	113.0	0.1	INT.- 1	2		465
1457		113.1		INT.- 1	2		282
1458	$CFBr{=}CBr_2$	58.1	0.1	INT.- 1	2		465
****							
1459	$C\underline{F}I{=}CF_2$	148.3		EXT.- 2			335
1459		156.	4.	7			89
****							
1460	trans-$CF_3CF{=}C(\underline{F})Mn(CO)_5$	95.		INT.- 1	39		161
1460		95.0	1.0	INT.- 1	39		76

NO.	COMPOUND	SHIFT (PPM)	ERROR (PPM)	REF	SOLV	TEMP (K)	LIT REF
1461	$CF_3CF{=}C(\underline{F})Mn(CO)_5$	93.3		EXT.- 2	39		73
****							
1462	$CF_2{=}C(\underline{F})Re(CO)_5$	154.3		INT.- 1	51		310
1463	trans-$CF_3CF{=}C(\underline{F})Re(CO)_5$	93.8		INT.- 1	51		310
****							
1464	$CF_2{=}C(\underline{F})Fe(\pi\text{-}C_5H_5)(CO)_2$	147.3		INT.- 1	51		310
1465	$CF_3CF{=}C(\underline{F})Fe(\pi\text{-}C_5H_5)(CO)_2$ (trans)	86.		INT.- 1	39		161
1466	$CF_3CF{=}C(\underline{F})Fe(C_6H_5)(CO)_2$ (trans)	86.0	1.0	INT.- 1	39		76
****							
1467	$CF_2{=}CFCF{=}C(\underline{F})Ni(\pi\text{-}C_5H_5)\text{-}[P(C_6H_5)_3]$	73.		INT.- 1	38		222
****							
1468	$[CF_2{=}C\underline{F}]_2Ni[P(C_2H_5)_3]_2$ (trans)	170.8		1	23		518
1469	$CF_2{=}C(\underline{F})Ni[P(C_2H_5)_3]_2Br$ (trans)	158.8		1	23		518
****							
1470	$[CF_2{=}C\underline{F}]Pd[P(C_2H_5)_3]_2$ (trans)	166.1		1	23		518
****							
1471	$[CF_2{=}C\underline{F}]_2Pt[P(C_2H_5)_3]_2$ (cis)	161.4		1	23		518
1472	$CF_2{=}C(\underline{F})Pt[P(C_2H_5)_3]_2Cl$ (trans)	77.		EXT.- 1	13		488
1473	$CF_2{=}C(\underline{F})Pt[P(C_2H_5)_3]_2Br$ (cis)	155.1		1	23		518
1474	trans	145.5		1	23		518
****							
1475	$Hg(C\underline{F}{=}CF_2)_2$	185.0		INT.- 1	1		60
1475		185.0	0.2	INT.- 1	1		64
1475		180.	4.	7			89
1476	$CF_2{=}C(\underline{F})HgC_2H_5$	177.	4.	7			89

9. NEAREST NEIGHBORS TO CARBON- CARBON(4 COORD.), X

NO.	COMPOUND	SHIFT (PPM)	ERROR (PPM)	REF	SOLV	TEMP (K)	LIT REF
1477	$[CH_3C\underline{F}CH_3]^+[SbF_6]^-$	-182.0		EXT.- 1	52	213	513
****							
1478	$CF_3C\underline{F}{=}NCF_3$	32.4		EXT.- 2			39
1479	$CF_3C\underline{F}{=}NCF_2CF_3$	29.6		2			152
1479		29.3		INT.- 1	1		332
1480	$CF_3C\underline{F}{=}NF$	84.7		EXT.- 2			181
1480		84.7		EXT.- 2			181

NOTE- X IS ANY ELEMENT NOT PREVIOUSLY PRINTED UNDER THE TITLE ELEMENT.

NO.	COMPOUND	SHIFT (PPM)	ERROR (PPM)	REF	SOLV	TEMP (K)	LIT REF
1481	$CF_2ClC\underline{F}=NF$	80.9		EXT.- 2			181
1481		80.9		EXT.- 2			181
1482	$CFCl_2C\underline{F}=NF$	77.2		INT.- 1	1		332
1483	$CCl_3C\underline{F}=NF$	71.1		EXT.- 2			181
1483		71.1		EXT.- 2			181
1484	$CF_3CF_2C\underline{F}=NCF_3$	25.3		2			152
1485	$CF_3CF_2C\underline{F}=NNCFCF_2CF_3$	61.88		EXT.- 8			88
1486	$CF_3CF_2C\underline{F}=NCF_2CF_2CF_3$	23.4		2			152
1487	$CHF_2CF_2C\underline{F}=NCl$	112.22		EXT.- 8			88
1488	$NF=C\underline{F}CF_2C\underline{F}=NF$	79.6		INT.- 1	1		332
1489	$CF_3CF_2CF_2C\underline{F}=NCF_3$	23.6		EXT.- 2			84
1489		23.8	0.1	EXT.- 2	12		16
1489		24.0		2			127
1490	$[CF_3CF_2CF_2C\underline{F}=N]_2$	59.65		EXT.- 8			88
1491	$[CHF_2CF_2CF_2CF_2C\underline{F}=N]_2$	58.52		EXT.- 8			88
1492	$CF_3CF_2CF_2C\underline{F}=NF$	77.0		INT.- 1	1		332
1493	$CF_3CF_2CF_2C\underline{F}=NCl$	98.17		EXT.- 8			88
1494	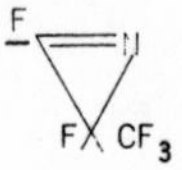	96.9		EXT.- 2			379
1495	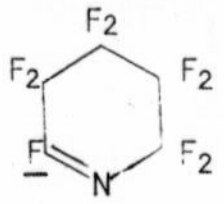	52.4		2			153
1495		51.8		INT.- 1	1		332
1496	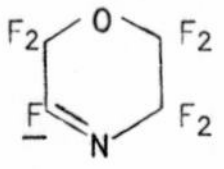	55.3		EXT.- 2			251
****							
1497	$CF(O)CH_3$	-47.4		EXT.- 1	12		134
1497		-47.		EXT.- 1	12		156
1497		-51.6		EXT.- 2	12		105
1498	$CF(O)CH_2CH_3$	-42.0		EXT.- 2	12		105
1499	$C\underline{F}(O)CF_2CF_2Cl$	-25.1		INT.- 1			459
1500	$C\underline{F}(O)CF(CF_3)_2$	-31.		EXT.- 2			92
1501	$C\underline{F}(O)CF_2NF_2$	-23.8		1			317
1502	$C\underline{F}(O)CF(NF_2)CF_3$	-31.1		1			317
1503	$C\underline{F}(O)CF_2CF_2OCH_3$	-22.3		EXT.- 2			92
1504	$C\underline{F}(O)CF_2CF_2OF$	-22.9		INT.- 1			459

NO.	COMPOUND	SHIFT (PPM)	ERROR (PPM)	REF	SOLV	TEMP (K)	LIT REF
1505	$C\underline{F}(O)CH_2CH_2OC(O)F$	-44.		EXT.- 2			92
1506	$C\underline{F}(O)C(CF_3)_2CF=C(CF_3)C(O)OCH_3$	-38.5		EXT.- 1			412
1507	$C\underline{F}(O)CF_2SSCF_2C(O)\underline{F}$	-16.4		EXT.- 8			258
1508	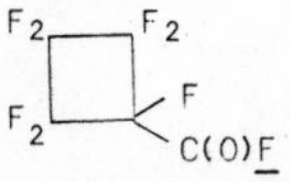	-34.5		EXT.- 2			92
****							
1509	$C\underline{F}(S)CHF_2$	-57.5		EXT.- 8			147
1510	$C\underline{F}(S)CHFCl$	-56.7		EXT.- 8			147
1511	$C\underline{F}(S)CF_3$	-53.1		EXT.- 8			326
	10. NEAREST NEIGHBORS TO CARBON- NITROGEN, X						
1512	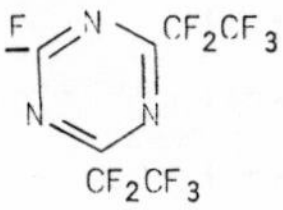	34.5		2			152
1513	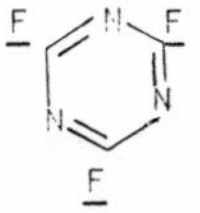	31.1		INT.- 1	1		332
****							
1514	$(CF_3)_2NC\underline{F}=NCF_3$	19.5		EXT.- 2			95
1515	$(CF_3)_2NN(CF_3)C\underline{F}=NN(CF_3)_2$	50.4		-0			403
1516	$C_6H_5N(CF_3)C\underline{F}=NC_6H_5$	50.9		INT.- 1	1		357
****							
1517	$C\underline{F}(O)N=SF_2$	-20.2		2			274
1518	$CF(O)NCS$	-16.05		INT.- 1		203	501
****							
1519	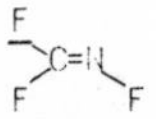	96.4		INT.- 1			405
1520	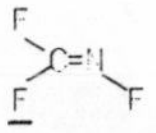	60.2		INT.- 1			405
1521	$CF_2=NC_2H_5$	65.49		EXT.- 2			357
1522	$C\underline{F_2}=NN=C\underline{F_2}$	63.1		INT.- 1			450
	AB-TYPE MULTIPLET WITH DELTA = 21.90 PPM						
1523	$C\underline{F_2}=NN=CFBr$	60.9		INT.- 1			450
	AB-TYPE MULTIPLET WITH DELTA = 23.60 PPM						
1524	anti-$C\underline{F}Br=NF$	62.9		INT.- 1			405

NOTE- X IS ANY ELEMENT NOT PREVIOUSLY PRINTED UNDER THE TITLE ELEMENT.

NO.	COMPOUND	SHIFT (PPM)	ERROR (PPM)	REF	SOLV	TEMP (K)	LIT REF
1525	$C\underline{F}Cl=NF$	36.1		INT.- 1			405
1526	anti-$C\underline{F}Cl=NF$	71.2		INT.- 1			405
****							
1527	syn-$C\underline{F}Br=NF$	27.9		INT.- 1			405
1528	$C\underline{F}Br=NN=CF_2$	25.1		INT.- 1			450
1529	$CFBr=NN=CBr_2$	24.4		INT.- 1			450
****							
1530	$C\underline{F}(O)N(CF_3)_2$	-3.0		EXT.- 2			92
1530		-4.5	0.1	EXT.- 2	12		16
1531	$C\underline{F}(O)NF_2$	11.5		INT.- 1			493
1531		15.1		EXT.- 1			493
1531		15.1		1			296
1532	$C\underline{F}(O)N(F)CH_2CH_3$	18.9		INT.- 1			511
1533	$CF(O)N(H)CH_2CH_2CH_3$	15.9		INT.- 1			511
1534	$C\underline{F}(O)N(F)CH_2CH_2CH_3$	20.0		INT.- 1			511
1535	$C\underline{F}(O)N(F)C_4H_9$	20.7		INT.- 1			511
1536	$C\underline{F}(O)N(CF_3)(m\text{-}C_6H_4F)$	4.04		INT.- 1	1		357

11. NEAREST NEIGHBORS TO CARBON- OXYGEN, X

NO.	COMPOUND	SHIFT (PPM)	ERROR (PPM)	REF	SOLV	TEMP (K)	LIT REF
1537	$C\underline{F}(O)ON(CF_3)_2$	29.8		EXT.- 2			430
1538	$CH_2ClCH[OC(O)\underline{F}]CH[OC(O)\underline{F}]CH_2Cl$	17.7		INT.- 1	2		266
1539	$C\underline{F}(O)OCH_2CH_2OC(O)\underline{F}$	18.5		1			267
1540	$C\underline{F}(O)OCH_2CHClCH(CH_2Cl)OC(O)F$	18.8		INT.- 1	2		266
1541	$C\underline{F}(O)OCH(CH_2Cl)CHClCH_2OC(O)F$	17.8		INT.- 1	2		266
1542	$C\underline{F}(O)OCH_2CHClCHClCH_2OC(O)F$	18.8		INT.- 1	2		266
1543	$C\underline{F}(O)OCH_2CH_2C(O)F$	17.6		EXT.- 2			92
1544	$CF(O)OCH(CH_3)(CH_2Cl)$	16.9		INT.- 1	2		266
1545	$CF(O)CH(CH_2Cl)CH=CH_2$	16.9		INT.- 1	2		266
1546	$CF(O)OCH_2CHClCH=CH_2$	17.7		INT.- 1	2		266
1547	$CF(O)OCH_2CH(CH_3)Cl$	18.4		INT.- 1	2		266
1548	$CF(O)OCH_2CH_2Cl$	18.6		INT.- 1	2		266
1549	$CF(O)OCH_2CH_2CH_2Cl$	18.3		INT.- 1	2		266
1550	$CF(O)OCH_2CH_2CH_2CH_2Cl$	18.5		INT.- 1	2		266
1550		18.3		INT.- 1	2		266
1551	$C\underline{F}(O)OC_4F_7$	16.3		EXT.- 2			92
1552	$CF(O)OC_6H_{11}$	7.8		EXT.- 2			92

NOTE- X IS ANY ELEMENT NOT PREVIOUSLY PRINTED UNDER THE TITLE ELEMENT.

NO.	COMPOUND	SHIFT (PPM)	ERROR (PPM)	REF	SOLV	TEMP (K)	LIT REF
1553	$CF(O)OC_6H_5$	16.5		1			268
1554	$C\underline{F}(O)O[o-C_6H_4OC(O)\underline{F}]$	17.6		1			267
1555	$CF(O)O(p-C_6H_4CH_3)$	16.6		INT.- 1	2		269
1556	$C\underline{F}(O)O(p-C_6H_4CF_3)$	16.8		INT.- 1	2		269
1557	$C\underline{F}(O)O(o-C_6H_4F)$	19.5		INT.- 1	2		269
1558	$C\underline{F}(O)O(p-C_6H_4F)$	16.8		INT.- 1	2		269
1559	$CF(O)O(o-C_6H_4Br)$	18.9		INT.- 1	2		269
1560	$CF(O)O(p-C_6H_4Br)$	16.6		INT.- 1	2		269
1561	$CF(O)O(p-C_6H_4OCH_3)$	17.4		INT.- 1	2		269
1562	CF(O)O 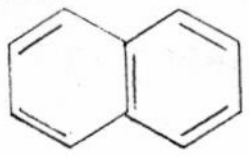	16.6		INT.- 1	2		269
****							
1563	$CF(O)SC_6H_5$	-43.6		1			268
1564	CF(O)SNCO	-23.46		INT.- 1			501
1565	CF(O)SSCN	-43.45		INT.- 1			501
1566	CF(O)SCl	-33.24		INT.- 1			501

12. NEAREST NEIGHBORS TO CARBON- SULFUR, X OR FLUORINE, X

NO.	COMPOUND	SHIFT (PPM)	ERROR (PPM)	REF	SOLV	TEMP (K)	LIT REF
1567	$C(S)F_2$	-40.5	3.	INT.- 1	1		38
1567		-40.0		EXT.- 8			326
****							
1568	C(S)FCl	-94.0		EXT.- 8			326
****							
1569	$[Co(CF_2)(CO)_4]_2^-$	33.0		INT.- 9	2		69

NO.	COMPOUND	SHIFT (PPM)	ERROR (PPM)	REF	SOLV	TEMP (K)	LIT REF
	C. FLUORINE BONDED TO FOUR-COORDINATED CARBON						
	1. NEAREST NEIGHBORS TO CARBON- HYDROGEN, HYDROGEN, X						
1570	CH_3F	271.9	0.1	INT.- 1	1		148
1570		276.3		EXT.- 1	12		134
1570		276.		EXT.- 1	12		156
1570		272.5		31	12		3
****							
1571	CH_2FCN	251.	4.	1			89
****							
1572	$CH_2FC_6H_5$	211.74		INT.- 1	13		512
1572		206.9		EXT.- 1	12		134
1572		207.		EXT.- 1	12		156
1573	$CH_2FC(O)C_6H_5$	226.45		2	2		323
****							
1574	CH_2FCH_3	212.10	0.03	EXT.-20	12		65
****							
1575	$CH_2FCH_2CH_2CH_2CH_2CH_3$	219.02	0.01	INT.- 1	1		26
1576	$CH_2\underline{F}CH_2OCF_2CH(CF_3)_2$	226.0	0.1	EXT.- 2	12		16
1577	$(CH_2FCH_2CH_2)_2NH$	222.0	0.1	EXT.- 2	12		16
****							
1578	CH_2FCH_2OH	226.2		INT.- 1	1		216
1579	$CH_2\underline{F}CH_2OCF{=}C(CF_3)_2$	226.0	0.1	EXT.- 2	12		16
****							
1580	CH_2FCH_2SH	212.7		EXT.- 8			147
****							
1581	$CH_2FCH(OH)CH_3$	226.0		INT.- 1	1		216
1582	$CH_2FCH(OH)C(O)OC_2H_5$	235.9	0.2	INT.- 1	1		420
****							
1583	$CH_2\underline{F}CHFOC_6F_{11}$	239.2		EXT.- 2			272
****							
1584	$CH_2\underline{F}CHFBr$	220.5		13			182
****							
1585	$CH_2FC(CH_3)(OH)C(O)OCH_3$	224.7	0.2	INT.- 1	1		420
****							
1586	$CH_2\underline{F}C(C_6H_5)_2F$	226.3		INT.- 1			449
****							
1587	$CH_2\underline{F}CF_2CF_3$	243.32	0.02	EXT.-20	12		66
1588	$CH_2\underline{F}CF_2CHF_2$	244.16	0.03	EXT.-20	12		66
1589	$CH_2\underline{F}CF_2CF_2CF_3$	242.28	0.10	EXT.-20	12		66
1590	$CH_2\underline{F}CF_2CF_2Cl$	238.72	0.01	EXT.-20	12		66
1591	$CH_2\underline{F}CF_2CF_2Br$	240.30	0.02	EXT.-20	12		66

NOTE- X IS ANY ELEMENT NOT PREVIOUSLY PRINTED UNDER THE TITLE ELEMENT.

NO.	COMPOUND	SHIFT (PPM)	ERROR (PPM)	REF	SOLV	TEMP (K)	LIT REF
1592	$CH_2\underline{F}CF_2CF_2CF_2CHF_2$	241.77	0.20	EXT.-20	12		66
****							
1593	$CH_2\underline{F}CF_3$	240.56	0.02	EXT.-20	12		65
****							
1594	$CH_2\underline{F}CFCl_2$	216.8		13			182
****							
1595	$CH_2\underline{F}OC_4F_7$	155.4		EXT.- 2			272
1596	$CH_2\underline{F}OC_5F_9$	153.5		EXT.- 2			272
1597	$CH_2\underline{F}OC_6F_{11}$	152.0		EXT.- 2			272
****							
1598	$CH_2\underline{F}SF_5$	192.		INT.- 1			410
****							
1599	CH_2F_2	143.4	0.1	INT.- 1	1		148
1599		147.5		EXT.- 1	12		134
1599		148.		EXT.- 1	12		156
1599		143.4		31	12		3
****							
1600	$CHFCl_2$	80.88	.00	INT.- 1	1		115

2. NEAREST NEIGHBORS TO CARBON- HYDROGEN, CARBON(3 COORD.), X

NO.	COMPOUND	SHIFT (PPM)	ERROR (PPM)	REF	SOLV	TEMP (K)	LIT REF
1601	$C_6H_5CHFC(O)C_6H_5$	177.78		2	2		323
****							
1602	cis-$CHF{=}CHCH\underline{F}CH_2CHFCH_2CF_3$	179.		INT.- 1			203
1603	trans	174.3		INT.- 1			203
1604	$CH_3CH_2CHFC(O)CH_3$	194.		INT.- 1	1		484
1605	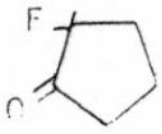	194.		INT.- 1	1		484
1606	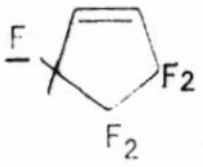	189.41		EXT.- 2			414
1607	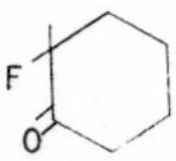	186.		INT.- 1	1		484
1608	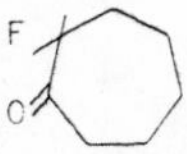	191.		INT.- 1	1		484
1609	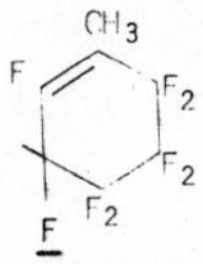	197.		2			233

NOTE- X IS ANY ELEMENT NOT PREVIOUSLY PRINTED UNDER THE TITLE ELEMENT.

NO.	COMPOUND	SHIFT (PPM)	ERROR (PPM)	REF	SOLV	TEMP (K)	LIT REF
1610	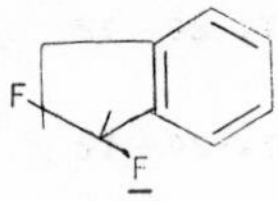	196.3		INT.- 1			448
1611	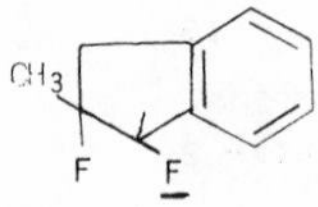	190.4		INT.- 1			448
1612	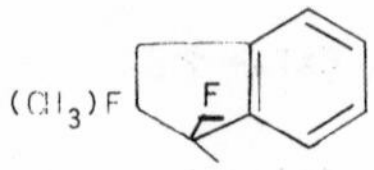	177.5		INT.- 1			448
****							
1613	$CH\underline{F}_2C(O)CH\underline{F}_2$	133.1		EXT.- 1	48		456
1614	$[CH\underline{F}_2C(=OH)CH\underline{F}_2]^+$	133.2		EXT.- 1	47		456
1615	$CH\underline{F}_2C(S)F$	119.4		EXT.- 8			147
1616	$CH\underline{F}_2CH{=}CHCH_2CHFCH_2CF_3$	113.		INT.- 1	12		203
1617	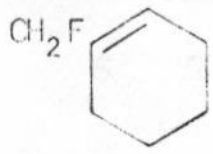	115.		1	2		297
1618	$CHF_2[p\text{-}C_6H_4C(O)N(CH_3)_2]$	112.0		INT.- 1			210
1619	$CH\underline{F}_2(p\text{-}C_6H_4CHF_2)$	112.5		INT.- 1			210
1620	$CH\underline{F}_2(p\text{-}C_6H_4CF_3)$	113.1		INT.- 1			210
1621	$CH\underline{F}_2(C_6H_4CF_2Br)$	112.9		INT.- 1			210
****							
1622	$CH\underline{F}ClC(S)F$	135.2		EXT.- 8			147

3. NEAREST NEIGHBORS TO CARBON- HYDROGEN, CARBON(4 COORD.), CARBON(4 COORD.)

NO.	COMPOUND	SHIFT (PPM)	ERROR (PPM)	REF	SOLV	TEMP (K)	LIT REF
1623	$CH_3CHFCH_2CH_2CH_3$	173.6		INT.-25			350
1624	CH_3CHFCH_3	164.		INT.- 1			237
1625	$CH_3CH\underline{F}CH_2OH$	182.5		INT.- 1	1		216
1626	$CH_3CHFCH(OH)CH_3$ (threo)	183.5		INT.- 1	1		216
1627	$CH_3CHFCH(OH)CO_2C_2H_5$	184.5	0.2	INT.- 1	1		420
****							
1628	$-CH_2CHFCH_2-$ (polymer segment)	179.8	0.9	EXT.- 2			48
1629	$CHF_2CH{=}CHCH_2CH\underline{F}CH_2CF_3$	185.3		INT.- 1	12		203
1630	cis-$CHF{=}CHCHFCH_2CH\underline{F}CH_2CF_3$	185.		INT.- 1			203
1631	trans	185.5		INT.- 1			203

NO.	COMPOUND	SHIFT (PPM)	ERROR (PPM)	REF	SOLV	TEMP (K)	LIT REF
1632	F △	218.0		INT.- 1			229
1633	F ⬡	169.4		INT.- 3			45
1634		184.47		INT.- 1	1	233	187
1634		186.0		INT.- 1	2		447
1635		165.81		INT.- 1	1	233	187
1635		165.5		INT.- 1	2		447
**** 1636	$(CH_3)_3C(CH_2)_4N=N$ ⬡ F	138.8		INT.- 1			423
**** 1637	F ⬠ OH (cis)	180.1		INT.- 1	1		506
1638	(trans)	196.1		INT.- 1	1		506
1639	HO F	182.5		INT.- 1	2		447
1640	HO CH₃ F	184.8		INT.- 1	1		506
1640		184.8		INT.- 1	2		447
1641	CH₃ HO F	204.5		INT.- 1	1		506
1641		204.5		INT.- 1	2		447
1642	OH CH₃ F	183.5		INT.- 1	1		447
1643	F CH₃ HO	178.5		INT.- 1	1		506
1643		178.5		INT.- 1	2		447
1644	F CH₃ HO	197.5		INT.- 1	1		506
1644		197.5		INT.- 1	2		447

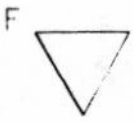

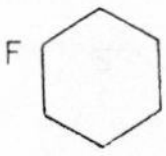

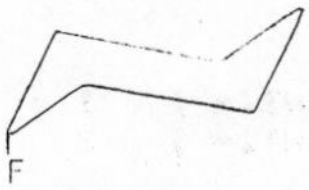

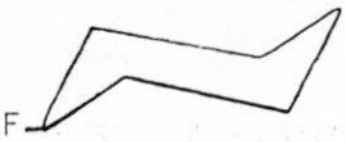

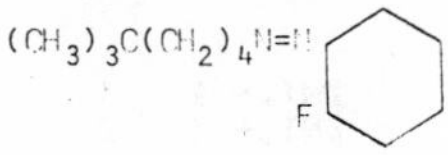

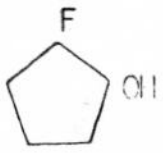

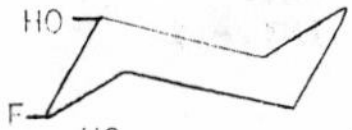

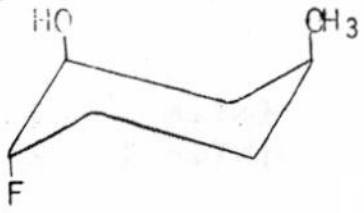

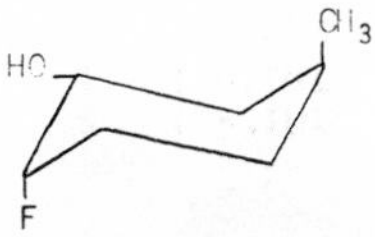

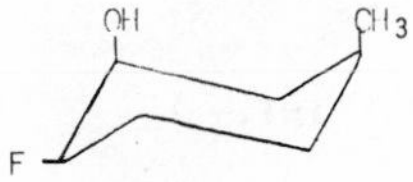

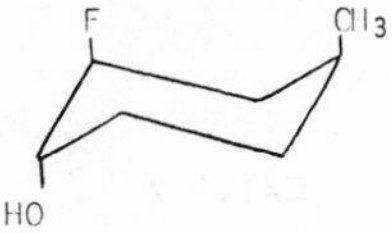

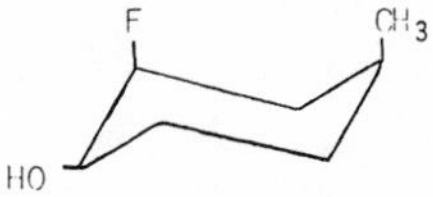

NO.	COMPOUND	SHIFT (PPM)	ERROR (PPM)	REF	SOLV	TEMP (K)	LIT REF
1645	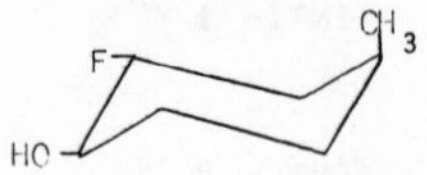	186.2		INT.- 1	1		506
1645		186.2		INT.- 1	2		447
1646	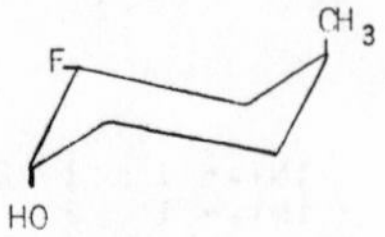	187.6		INT.- 1	2		447
1646		187.6		INT.- 1	1		506
1647	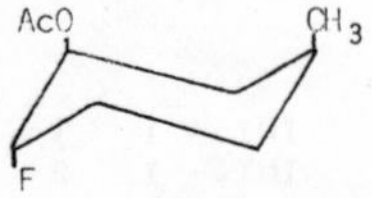	186.7		INT.- 1	1		506
1647		186.7		INT.- 1	2		447
1648	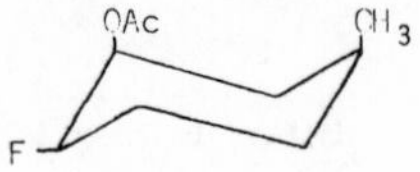	183.4		INT.- 1	2		447
1649	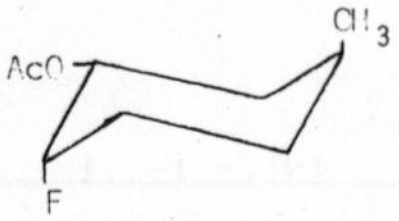	201.3		INT.- 1	1		506
1649		201.3		INT.- 1	2		447
1650	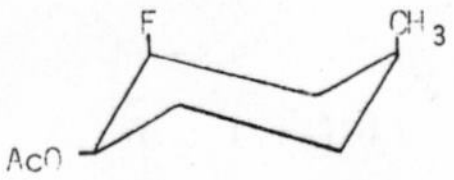	194.3		INT.- 1	1		506
1650		194.3		INT.- 1	2		447
1651	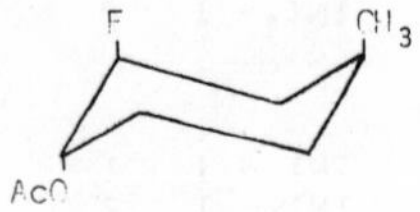	180.0		INT.- 1	1		506
1651		180.0		INT.- 1	2		447
1652	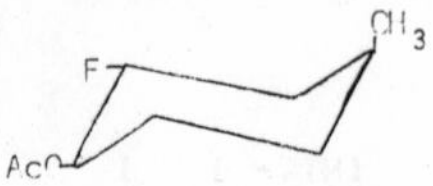	185.4		INT.- 1	1		506
1652		185.4		INT.- 1	2		447
1653	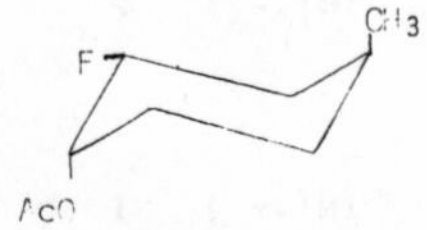	187.8		INT.- 1	1		506
1653		187.8		INT.- 1	2		447
****							
1654	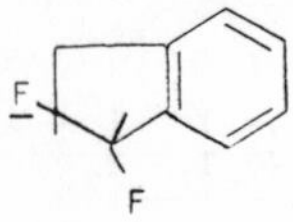	200.5		INT.- 1			448
****							
1655	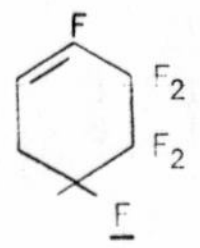	205.0		EXT.- 2			290

NO.	COMPOUND	SHIFT (PPM)	ERROR (PPM)	REF	SOLV	TEMP (K)	LIT REF
1656	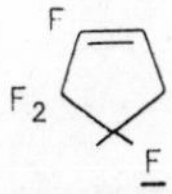	195.78		EXT.- 2			414
**** 1657	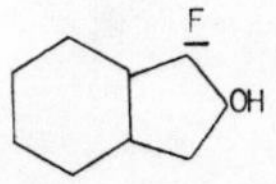 (cis)	177.6		INT.- 1	1		506
1658	(trans)	188.7		INT.- 1	1		506
**** 1659	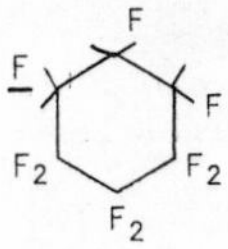	219.3		EXT.- 2			291
1660	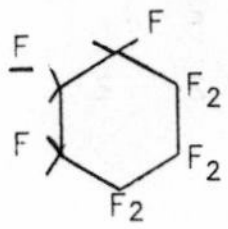	219.3		EXT.- 2			291
1661	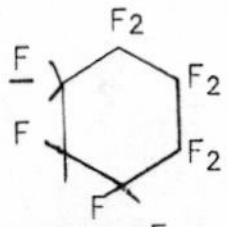	219.3		EXT.- 2			291
1662	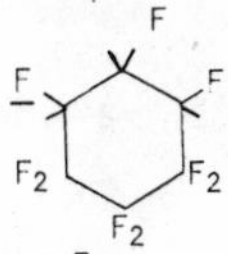	115.		EXT.- 2			291
1663	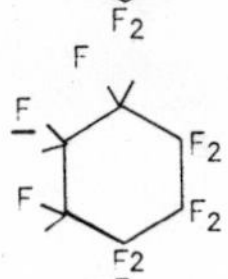	115.		EXT.- 2			291
1664	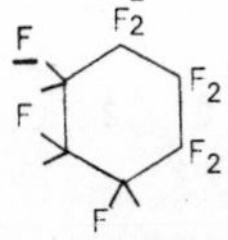	122.		EXT.- 2			291
1665	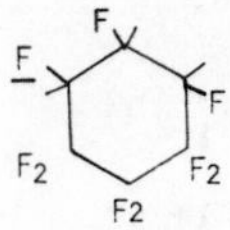	221.		EXT.- 2			291
1666	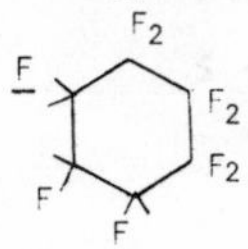	221.		EXT.- 2			291

NO.	COMPOUND	SHIFT (PPM)	ERROR (PPM)	REF	SOLV	TEMP (K)	LIT REF
1667	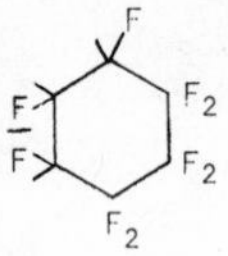	206.4		EXT.- 2			291
1668	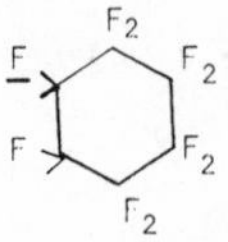	221.5		EXT.- 2	2		42
1669	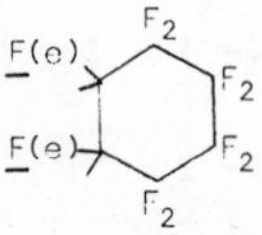	223.4		EXT.- 2	2		42
****							
1670	$-CF_2CH\underline{F}CF_2-$ (polymer segment)	208.2	0.9	EXT.- 2			48
1671	$(CH_3)_3SnCF_2CH\underline{F}CF_2CHFSn(CH_3)_3$	215.		EXT.- 2			396
1672	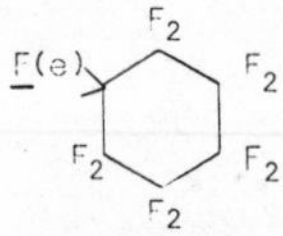	225.0		EXT.- 2	2		42
1673	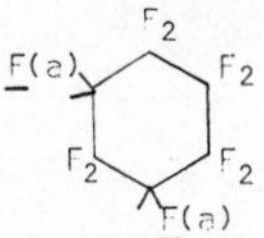	220.3		EXT.- 2	2		42
1674	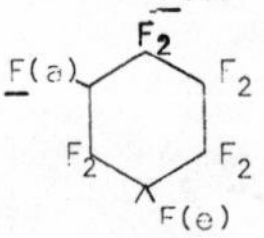	230.1		EXT.- 2	2		42
1675	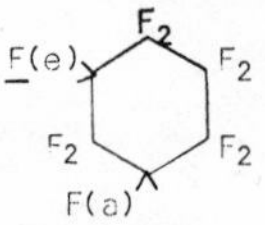	223.6		EXT.- 2	2		42
1676	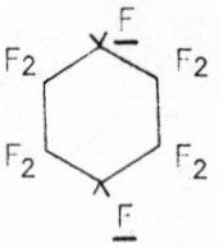 (cis)	225.5		EXT.- 2	2		42
****							
1677	$CF_3CH\underline{F}CF_3$	214.70		INT.- 1			178
1678	$CF_3CD\underline{F}CF_3$	215.14		INT.- 1			178
1679	$CF_3CHFCH_2Sn(CH_3)_3$	203.6		EXT.- 2			487

NO.	COMPOUND	SHIFT (PPM)	ERROR (PPM)	REF	SOLV	TEMP (K)	LIT REF
	4. NEAREST NEIGHBORS TO CARBON- HYDROGEN, CARBON(4 COORD.), FLUORINE						
1680	CHF_2CH_3	109.24	0.02	EXT.-20	12		65
1681	CHF_2CH_2SH	116.8		EXT.- 8			147
1682	$CHF_2CH_2Si(OCH_3)_3$	103.7		2			254
1683	$CH\underline{F_2}CH_2CF_2CH_2Sn(CH_3)_3$	111.1		EXT.- 2			396
1684	$CH\underline{F_2}CH_2P[N(CH_3)_2]F$	110.2		1			301
****							
1685	$CHF_2CHCl(CH_2)_5CH_3$	122.		1	2		297
AB-TYPE MULTIPLET WITH DELTA = 6.00 PPM							
****							
1686	$CH\underline{F_2}CHFOC_6F_{11}$	135.8		EXT.- 2			272
1687	$CH\underline{F_2}CHFSH$	129.7		EXT.- 8			147
1688	$CH\underline{F_2}CH\underline{F_2}$	137.36	0.02	EXT.-20	12		65
****							
1689	$CH\underline{F_2}C(C_6H_5)_2F$	129.9		INT.- 1			449
****							
1690	$CH\underline{F_2}CF_2CH\underline{F_2}$	138.42	0.01	EXT.-20	12		66
1690		138.39	0.10	EXT.-20	12		66
1691	$CH\underline{F_2}CF_2CHFCl$	136.97	0.02	EXT.-20	12		66
AB-TYPE MULTIPLET WITH DELTA = 3.63 PPM							
1692	$CH\underline{F_2}CF_2CHFBr$	136.07	0.01	EXT.-20	12		66
AB-TYPE MULTIPLET WITH DELTA = 1.83 PPM							
1693	$CH\underline{F_2}CF_2CF_3$	138.01	0.02	EXT.-20	12		66
1693		142.8	0.05	INT.-22			17
1694	$CD\underline{F_2}CF_2CF_3$	143.4	0.05	INT.-22			17
1695	$CH\underline{F_2}CF_2CF_2CH\underline{F_2}$	137.25	0.01	EXT.-20	12		66
1696	$CH\underline{F_2}CF_2CF_2CH\underline{F_2}$	136.6	1.	20			10
AB-TYPE MULTIPLET WITH DELTA = 1.00 PPM							
1697	$CH\underline{F_2}CF_2CF_2CF_2CH_2F$	136.87	0.01	EXT.-20	12		66
1698	$CH\underline{F_2}CF_2CF_2CF_2CF_3$	136.	1.	20			10
AB-TYPE MULTIPLET WITH DELTA = 2.00 PPM							
1699	$CH\underline{F_2}(CF_2)_5CF_3$	140.2		EXT.- 8			178
1700	$CD\underline{F_2}(CF_2)_5CF_3$	140.9		EXT.- 8			178
1701	$CH\underline{F_2}(CF_2)_6CH\underline{F_2}$	136.69	0.02	EXT.-20	12		66
1702	$CH\underline{F_2}(CF_2)_5CFICF_3$	137.87		8			100

NO.	COMPOUND	SHIFT (PPM)	ERROR (PPM)	REF	SOLV	TEMP (K)	LIT REF
1703	$[CH\underline{F}_2CF_2CF_2CF_2CF_2N=]_2$	140.01		EXT.- 8			88
1703		140.05		EXT.- 8			88
1704	$CH\underline{F}_2CF_2CF=NCl$	139.91		EXT.- 8			88
1705	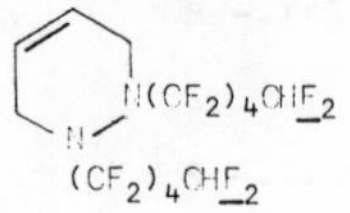	139.62		EXT.- 8			88
1706	$CH\underline{F}_2CF_2CF_2CF_2C(O)CF(CF_3)_2$	137.2		EXT.- 2			114
1707	$CH\underline{F}_2CF_2CF_2CFC(O)OH$	137.30		2			50
1708	$CH\underline{F}_2CF_2CF_2CF_2C(O)SH$	136.80		2			50
1709	$CH\underline{F}_2CF_2C(O)Mn(CO)_5$	139.8		INT.- 1			119
1709		139.8		INT.- 1	1		161
1710	$CH\underline{F}_2CF_2CF_2CF_2C(O)Mn(CO)_5$	137.3		EXT.- 2			73
1711	$CH\underline{F}_2CF_2CH_2OC_6F_{11}$	132.3		EXT.- 2			272
1712	$CH\underline{F}_2CF_2CHFOC_6F_{11}$	133.1		EXT.- 2			272
1713	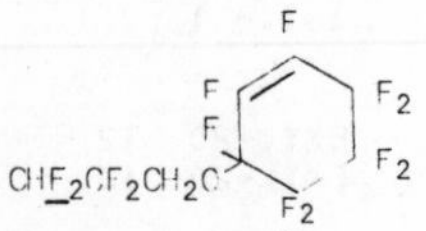	138.0		EXT.- 2			271
1714	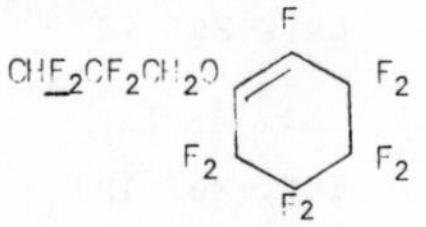	139.0		EXT.- 2			271
1715		136.9		2			71
****							
1716	$CH\underline{F}_2CF_2SiH_3$	132.2	0.2	EXT.- 2	12		398
1717	$CH\underline{F}_2CF_2SiH_3 \cdot N(CH_3)_3$	132.5	0.2	EXT.- 2	12		398
1718	$CH\underline{F}_2CF_2SnH(CH_3)_2$	127.7		EXT.- 2	12		136
1719	$CH\underline{F}_2CF_2Si(CH_3)_3$	127.6		EXT.- 2			487
1720	$(CH\underline{F}_2CF_2)_2Sn(CH_3)_2$	127.7		EXT.- 2	12		136
1721	$CH\underline{F}_2CF_2OF$	136.4		INT.- 1			468
1721		136.4		INT.- 1	1		509
1722	$CH\underline{F}_2CF_2OC_6F_{11}$	138.8		EXT.- 2			272
1723	$CH\underline{F}_2CF_2SH$	127.9		EXT.- 8			147
1724	$CH\underline{F}_2CF_2SC_6H_{11}$	133.3		EXT.- 8			258
1725	$CH\underline{F}_2CF_2SCF_2CF_2SC_6H_{11}$	134.		EXT.- 8			258
1726	$CH\underline{F}_2CF_2SCl$	133.7		EXT.- 8			147

NO.	COMPOUND	SHIFT (PPM)	ERROR (PPM)	REF	SOLV	TEMP (K)	LIT REF
1727	$CH\underline{F}_2CF_3$	138.5		INT.- 1			119
1727		138.5		INT.- 1	1		161
1727		139.03	0.01	EXT.-20	12		65
1728	$CH\underline{F}_2CF_2Mo(\pi\text{-}C_5H_5)(CO)_3$	128.0		INT.- 1	1		161
1728		128.0		1			174
1729	$CH\underline{F}_2CF_2W(\pi\text{-}C_5H_5)(CO)_3$	123.4		INT.- 1	1		161
1729		123.4		1			174
1730	$CH\underline{F}_2CF_2Mn(CO)_5$	121.5		INT.- 1			119
1730		121.5		INT.- 1			190
1730		121.5		INT.- 1	1		161
1730		121.5		INT.- 1	1		70
1730		138.7		EXT.- 9			322
1731	$CH\underline{F}_2CF_2Re(CO)_5$	122.4		6	30		370
1732	$(CH\underline{F}_2CF_2)_2Fe(CO)_4$	124.7		INT.- 1	1		161
1733	$[CH\underline{F}_2CF_2Co(CN)_5]^{3-}$	131.0		EXT.- 9			322
1734	$CH\underline{F}_2CF_2Co(CO)_4$	119.3		INT.- 1			371
1735	$CH\underline{F}_2CF_2Co[P(C_6H_5)_3](CO)_3$	121.1		INT.- 1			371
1736	$[CH\underline{F}_2CF_2Rh(CN)_5]^{3-}+3K^+$	130.6		EXT.- 9			322
1736		130.5		EXT.- 9			442
****							
1737	$CH\underline{F}_2CCl_2Mn(CO)_5$	105.2		INT.- 1			371

5. NEAREST NEIGHBORS TO CARBON- HYDROGEN, CARBON(4 COORD.), (CHLORINE OR BROMINE)

NO.	COMPOUND	SHIFT (PPM)	ERROR (PPM)	REF	SOLV	TEMP (K)	LIT REF
1738	$CH\underline{F}ClCF_2Mn(CO)_5$	138.4		INT.- 1			119
****							
1739	$CH\underline{F}ClCF_2Si(CH_3)_3$	147.7		EXT.- 2			407
1740	$CH\underline{F}ClCF_2SiCl_2$	148.6		EXT.- 2			407
1741	$CH\underline{F}ClCF_2PH_2$	145.6		EXT.- 2			407
1742	$CH\underline{F}ClCF_2P(CH_3)_2$	148.2		EXT.- 2			407
1743	$CH\underline{F}ClCF_2OCH_3$	153.0		EXT.- 2			407
1744	$CH\underline{F}ClCF_2SH$	147.3		EXT.- 8			147
1745	$CH\underline{F}ClCF_2SCH_3$	146.2		EXT.- 2			407
1746	$CH\underline{F}ClCF_2SCl$	148.9		EXT.- 8			147
1747	$CH\underline{F}ClCF_2CHF_2$	155.92	0.10	EXT.-20	12		66
1748	$CH\underline{F}ClCHFCl$	147.6		INT.- 1			198
1749	$CH\underline{F}ClCH\underline{F}Cl$ (d, l pair)	153.0		13			182
1750	(meso)	174.5		13			182
1751	$CH\underline{F}ClCF_2Cl$	148.0		EXT.- 2			407
1752	$CH\underline{F}ClCF_2Br$	148.0		1			20

NO.	COMPOUND	SHIFT (PPM)	ERROR (PPM)	REF	SOLV	TEMP (K)	LIT REF
1753	$CH\underline{F}ClCF_2Mn(CO)_5$	138.4		INT.- 1			190
1753	$CH\underline{F}ClCF_2Mn(CO)_5$	138.4		INT.- 1	1		161
1754	$CH\underline{F}ClCF_2Re(CO)_5$	138.4		6	30		370
****							
1755	$CH\underline{F}BrCH_2F$	154.8		13			182
1756	$CH\underline{F}BrCHFN(CF_3)_2$	142.6		EXT.- 2			305
1757	$CH\underline{F}BrCF_2CHF_2$	159.37	0.02	EXT.-20	12		66
1758	$CH\underline{F}BrCF_2N(CF_3)_2$	155.3		EXT.- 2			305
1759	$CH\underline{F}BrCF_2SH$	150.4		EXT.- 8			147
1760	$CH\underline{F}BrCF_2Cl$	152.0		1			27
1761	$CH\underline{F}BrCF_2Br$	148.0		1			27
	6. NEAREST NEIGHBORS TO CARBON- HYDROGEN, CARBON(4 COORD.), X						
1762	$(CH_3)_3SnCF_2CHFCF_2CH\underline{F}Sn(CH_3)_3$	240.		EXT.- 2			396
****							
1763	$CH_3CHFN{=}N(CH_2)_4C(CH_3)_3$	155.7		INT.- 1			423
****							
1764	$CH_3CH_2CH\underline{F}NF_2$	172.8		INT.- 1			511
1765	$CHFBrCH\underline{F}N(CF_3)_2$	145.1		EXT.- 2			305
1766	$CF_2BrCH\underline{F}N(CF_3)_2$	163.5		EXT.- 2			305
****							
1767	$CH_2FCH\underline{F}OC_6F_{11}$	143.2		EXT.- 2			272
****							
1768	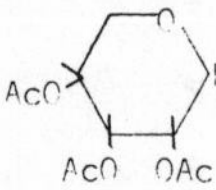 (axial)	145.1		EXT.- 2	10		303
1769	(equat.)	139.0		EXT.- 2	10		303
1770	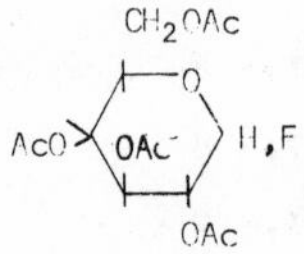 (axial)	147.5		EXT.- 2	10		303
1771	(equat.)	135.5		EXT.- 2	10		303
1772	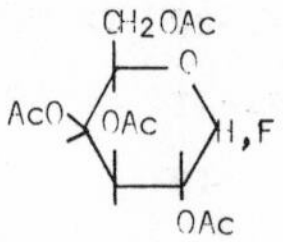 (axial)	148.4		EXT.- 2	10		303
1773	(equat.)	139.8		EXT.- 2	10		303

NOTE- X IS ANY ELEMENT NOT PREVIOUSLY PRINTED UNDER THE TITLE ELEMENT.

NO.	COMPOUND	SHIFT (PPM)	ERROR (PPM)	REF	SOLV	TEMP (K)	LIT REF
1774	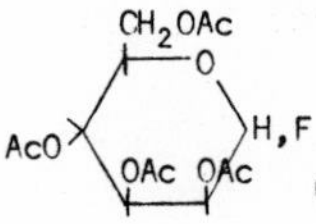 (axial)	136.2		EXT.- 2	10		303
1775	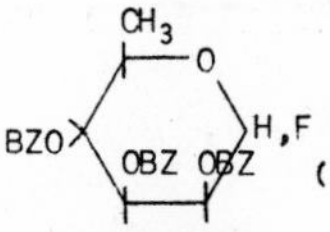 (axial)	134.9		EXT.- 2	10		303
1776	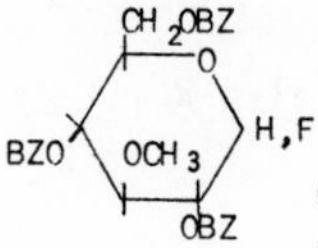 (axial)	147.0		EXT.- 2	10		303
1777	(equat.)	128.9		EXT.- 2	10		303
1778	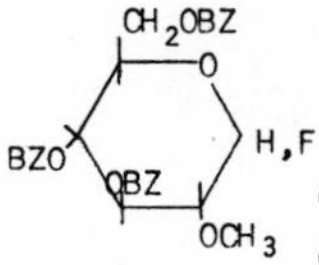 (axial)	147.3		EXT.- 2	10		303
1779	(equat.)	132.7		EXT.- 2	10		303
1780	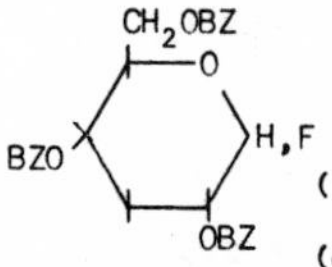 (axial)	146.8		EXT.- 2	10		303
1781	(equat.)	132.2		EXT.- 2	10		303
1782	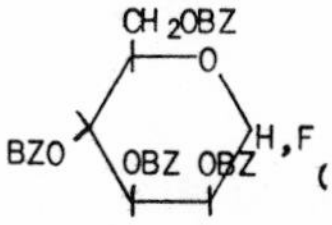 (axial)	135.8		EXT.- 2	10		303
1783	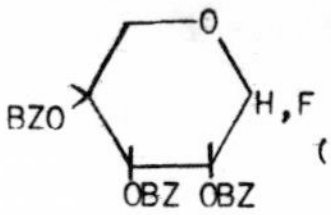 (axial)	145.4		EXT.- 2	10		303
1784	(equat.)	138.1		EXT.- 2	10		303
1785	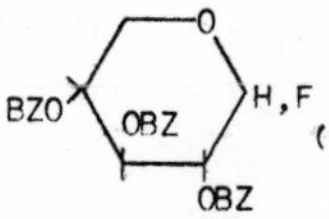 (axial)	148.9		EXT.- 2	10		303
1786	(equat.)	134.7		EXT.- 2	10		303
1787	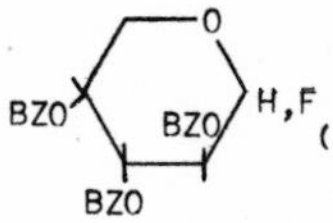 (axial)	135.3		EXT.- 2	10		303

NO.	COMPOUND	SHIFT (PPM)	ERROR (PPM)	REF	SOLV	TEMP (K)	LIT REF
1788	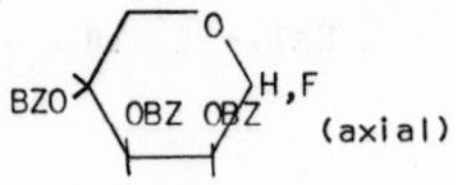	138.0		EXT.- 2	10		303
1789	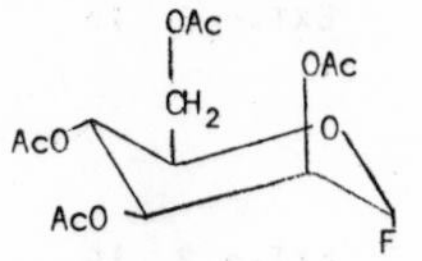	136.2		EXT.- 2	1		506
1790	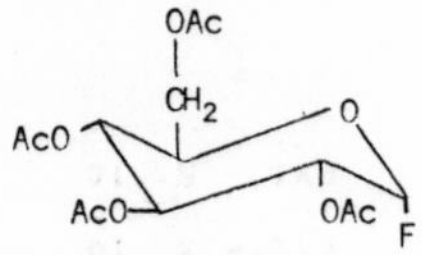	147.5		EXT.- 2	1		506
1791	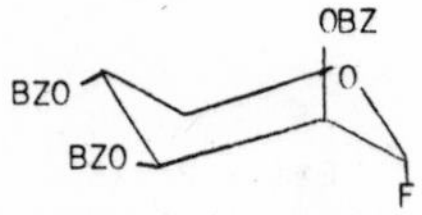	138.0		EXT.- 2	1		506
1792	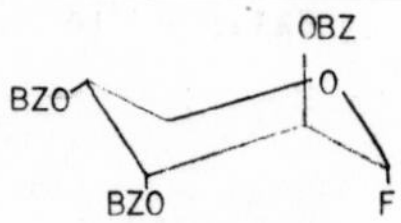	135.3		EXT.- 2	1		506
1793	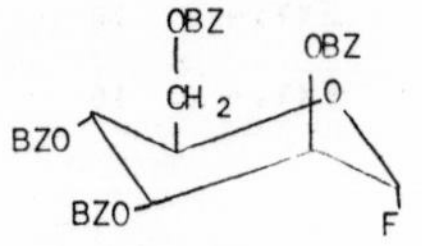	135.8		EXT.- 2	1		506
1794	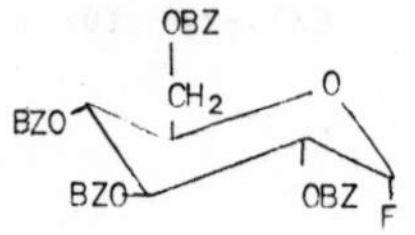	146.8		EXT.- 2	1		506
1795	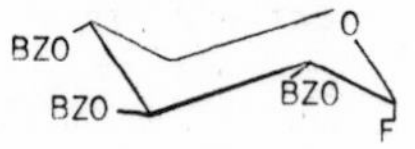	148.9		EXT.- 2	1		506
1796	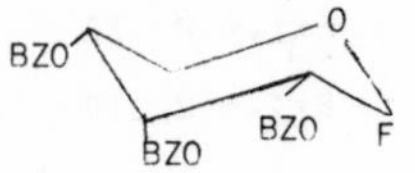	145.4		EXT.- 2	1		506
****							
1797	$CF_3CF_2CH\underline{F}OC_6F_{11}$	131.4		EXT.- 2			272
****							

NO.	COMPOUND	SHIFT (PPM)	ERROR (PPM)	REF	SOLV	TEMP (K)	LIT REF
1798	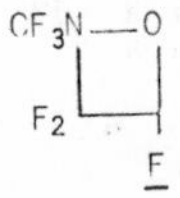 (isomeric mixture)	129.6	0.1	INT.- 1	1		315
1799	(inversion isomer A)	128.7	0.1	INT.- 1	1		315
1800	(inversion isomer B)	129.2	0.1	INT.- 1	1		315
**** 1801	$CF_3CHFOC_6F_{11}$	143.2		EXT.- 2			272
**** 1802	CHF_2CHFSH	165.1		EXT.- 8			147
1803	$CH_3CHFS(O)_2OF$	63.4		EXT.- 1	47	213	513
1804	$CH_3OCF_2CHFSO_2F$	189.5		EXT.- 2			376
1805	CF_3CHFSO_2F	188.9		EXT.- 2			376
1806	$CF_2BrCHFSO_2F$	177.8		EXT.- 2			376

7. NEAREST NEIGHBORS TO CARBON- HYDROGEN, FLUORINE, X OR HYDROGEN, CHLORINE, X

NO.	COMPOUND	SHIFT (PPM)	ERROR (PPM)	REF	SOLV	TEMP (K)	LIT REF
1807	CHF_2OCH_3	88.2		INT.- 1	1		334
1808	$CHF_2OCH_2CF_3$	87.1		INT.- 1	1		334
1809	$CHF_2OCH(CH_3)_2$	82.2		INT.- 1	1		334
1810	$CHF_2OC_4F_7$	84.0		EXT.- 2			272
1811	$CHF_2OC_5F_9$	82.5		EXT.- 2			272
1812	$CHF_2OC_6F_{11}$	83.7		EXT.- 2			272
1813	$CHF_2OC(O)CH_2CH_2CH_2CH_3$	92.7		INT.- 1	1		334
1814	$CHF_2OC(O)C_6H_5$	91.9		INT.- 1	1		334
1815	$CHF_2OC(O)CF_2CF_2CF_3$	91.8		INT.- 1	1		334
1816	$CHF_2OC(O)CF_3$	91.9		INT.- 1	1		334
1817	$CHF_2OS(O)_2CCF_3$	82.9		INT.- 1	1		334
**** 1818	CHF_3	78.6	0.1	INT.- 1	1		148
1818		84.		EXT.- 1	12		156
1818		83.5		EXT.- 1	21		134
1818		76.45		EXT.-29	21		160
1818		80.7		31	12		3
**** 1819	$CHFCl_2$	80.88	0.04	INT.- 1	1		148

NOTE- X IS ANY ELEMENT NOT PREVIOUSLY PRINTED UNDER THE TITLE ELEMENT.

NO.	COMPOUND	SHIFT (PPM)	ERROR (PPM)	REF	SOLV	TEMP (K)	LIT REF
	8. NEAREST NEIGHBORS TO CARBON- BORON, X, X OR CARBON(2 COORD.), X, X						
1820	$[C\underline{F}_3BF_3]^- + H_3O^+$	74.49		EXT.- 2	4		59
****							
1821	$CF_2(CN)_2$	82.02		2			127
1822	$C\underline{F}_2(CN)NF_2$	91.4		EXT.- 2			285
****							
1823	$CF_3C{\equiv}CH$	45.17	0.02	EXT.-20	12		56
1824	$CF_3C{\equiv}CC_6H_5$	56.4	0.3	EXT.- 5	12		57
1825	$C\underline{F}_3C{\equiv}CC\underline{F}_3$	57.0		EXT.- 1	12		134
1825		57.		EXT.- 1	12		156
1826	$C\underline{F}_3C{\equiv}CC{\equiv}CC\underline{F}_3$	52.0		1			453
1827	$C\underline{F}_3C{\equiv}CC(Cl)=C(Cl)CF_3$ (trans)	52.7		1			453
1828	(cis or trans)	52.6		1			453
1829	(cis or trans)	52.7		1			453
1830	$(C\underline{F}_3C{\equiv}C)_2C=C(Cl)CF_3$	52.4		1			453
	9. NEAREST NEIGHBORS TO CARBON- CARBON(3 COORD.), CARBON(3 COORD.) X						
1831	$CF(C_6H_5)_3$	126.0		EXT.- 1	12		134
****							
1832	$C(C_6H_5)_2\underline{F}CH_2F$	156.6		INT.- 1			449
1833	$C(C_6H_5)_2\underline{F}CHF_2$	158.4		INT.- 1			449
1834	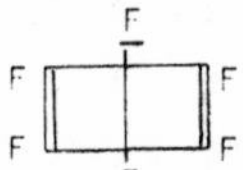	190.1		INT.- 1			428
1834		191.0		INT.- 1	1		485
1835	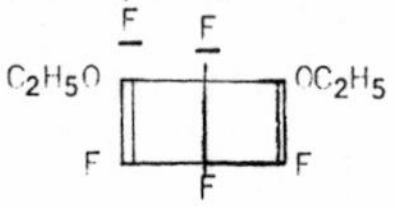	180.0		INT.- 1	1		485
1836	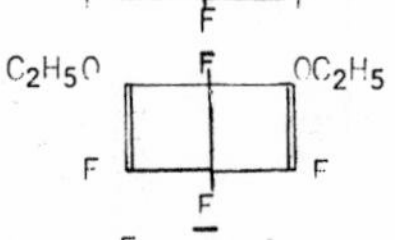	192.0		INT.- 1	1		485
1837	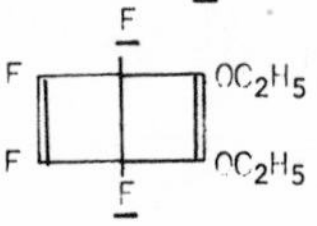	185.1		INT.- 1	1		485
1838	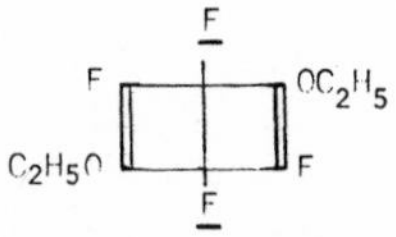	185.7		INT.- 1	1		485

NOTE- X IS ANY ELEMENT NOT PREVIOUSLY PRINTED UNDER THE TITLE ELEMENT.

NO.	COMPOUND	SHIFT (PPM)	ERROR (PPM)	REF	SOLV	TEMP (K)	LIT REF
1839	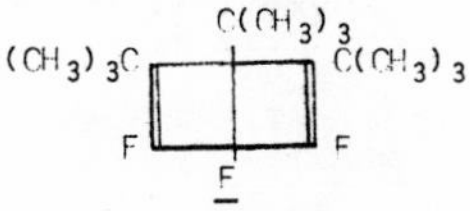	181.		INT.- 1			246
****							
1840	$C(C_6H_5)_2FN=N(CH_2)_4C(CH_3)_3$	132.1		INT.- 1			423
1841	$NF=CFC\underline{F_2}CF=NF$	110.7		INT.- 1	1		332
1842	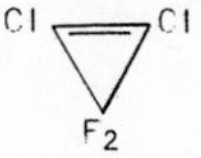	126.2		INT.-25	2		475
1843	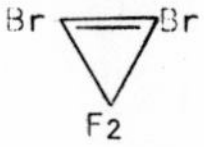	127.88		INT.-25	2		475
1844	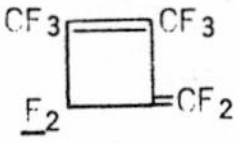	113.6		EXT.- 2			378
1845	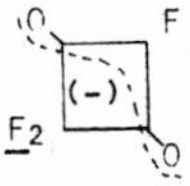	118.5		1	4		360
1846	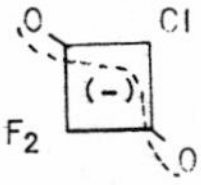	119.3		INT.- 1	22		360
1847	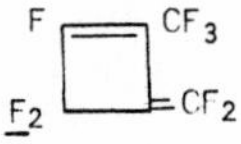	117.1		EXT.- 2			375
1848	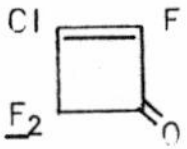	115.0		INT.- 2			469
1849	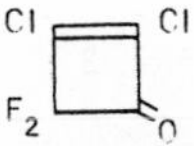	110.1		INT.- 2			469
1850	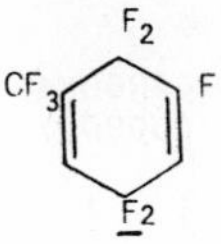	92.1		INT.- 1			483
1851	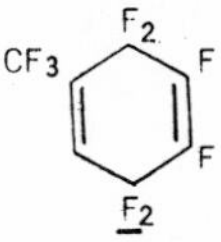	113.3		INT.- 1			483

NO.	COMPOUND	SHIFT (PPM)	ERROR (PPM)	REF	SOLV	TEMP (K)	LIT REF
1852	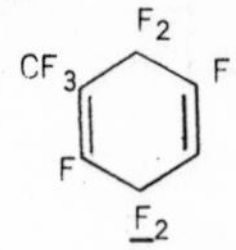	101.7		INT.- 1			483
1853	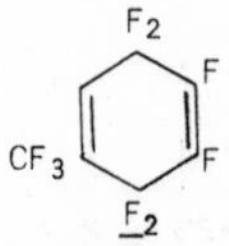	112.1		INT.- 1			483
1854	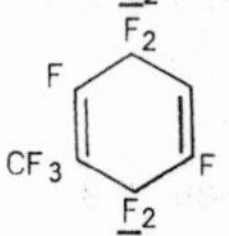	106.1		INT.- 1			483
1855	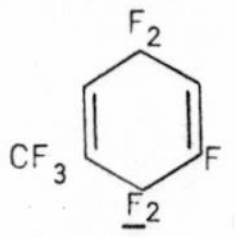	110.7		INT.- 1			483
1856	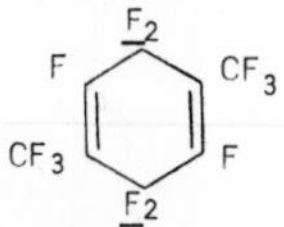	105.0		INT.- 1			483
1857	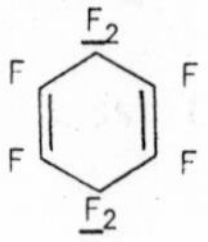	113.10		EXT.- 2			135
1858	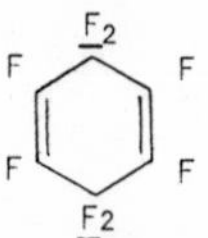	115.		9	12		69
1859	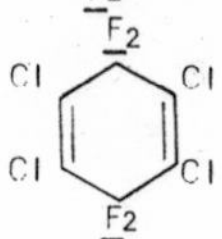	93.87		INT.- 1	1		135
**** 1860	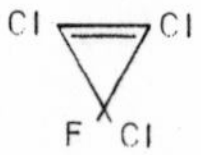	126.2		INT.-25	2		475

10. NEAREST NEIGHBORS TO CARBON- CARBON(3 COORD.), CARBON(4 COORD.) CARBON(4 COORD.)

NO.	COMPOUND	SHIFT (PPM)	ERROR (PPM)	REF	SOLV	TEMP (K)	LIT REF
1861	cis-$(CF_3)_2C\underline{F}CH=CHF$	184.64	0.05	INT.- 1	1		186
1862	trans	186.73	0.05	INT.- 1	1		186
**** 1863	$(CH_3)_2C\underline{F}C(O)H$	159.		INT.- 1	1		484
**** 1864	$(CF_3)_2C\underline{F}(p\text{-}C_6H_4CH_3)$	183.15		INT.-52	1		356

NO.	COMPOUND	SHIFT (PPM)	ERROR (PPM)	REF	SOLV	TEMP (K)	LIT REF
1865	$(CF_3)_2C\underline{F}[p\text{-}C_6H_4CH(CH_3)_2]$	183.02		INT.-52	1		356
1866	$(CF_3)_2C\underline{F}(m\text{-}C_6H_4NH_2)$	182.84		INT.-52	1		356
1867	$(CF_3)_2C\underline{F}(p\text{-}C_6H_4NH_2)$	182.31		INT.-52	1		356
1868	$(CF_3)_2C\underline{F}[m\text{-}C_6H_4N(CH_3)_2]$	182.90		INT.-52	1		356
1869	$(CF_3)_2C\underline{F}[p\text{-}C_6H_4N(CH_3)_2]$	182.24		INT.-52	1		356
1870	$(CF_3)_2C\underline{F}[m\text{-}C_6H_4NO_2)$	182.31		INT.-52	1		356
1871	$(CF_3)_2C\underline{F}(p\text{-}C_6H_4NO_2)$	182.21		INT.-52	1		356
1872	$(CF_3)_2C\underline{F}[m\text{-}C_6H_4C(O)OH]$	182.88		INT.-52	1		356
1873	$(CF_3)_2C\underline{F}[p\text{-}C_6H_4C(O)OH]$	183.02		INT.-52	1		356
1874	$(CF_3)_2C\underline{F}(m\text{-}C_6H_4F)$	182.38		INT.-52	1		356
1875	$(CF_3)_2CF(p\text{-}C_6H_4F)$	182.03		INT.-52	1		356
1876	$(CF_3)_2C\underline{F}(m\text{-}C_6H_4Br)$	182.83		INT.-52	1		356
1877	$(CF_3)_2C\underline{F}(p\text{-}C_6H_4Br)$	183.02		INT.-52	1		356
1878	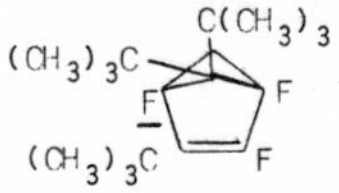	182.		INT.- 1			246
1879	$(CH_3)_2CFC(O)CH_3$	157.		INT.- 1	1		484
1880	$(CF_3)_2C\underline{F}C(O)CF_3$	192.		EXT.- 2			114
1881	$(CH_3)_2CFC(O)C(CH_3)=CH_2$	144.6		INT.- 1			325
1882	$(CH_3)_2C\underline{F}C(O)CF(CH_3)_2$	148.3		INT.- 1			325
1883	$(CF_3)_2C\underline{F}C(O)C(O)C\underline{F}(CF_3)_2$	190.		EXT.- 2			114
1884	$(CF_3)_2C\underline{F}C(O)CF_2CF_2CF_3$	191.		EXT.- 2			114
1885	$(CF_3)_2C\underline{F}C(O)CF_2CF_2CF_2CHF_2$	190.5		EXT.- 2			114
1886	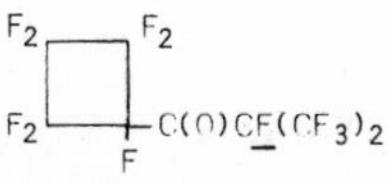	188.		EXT.- 2			114
1887	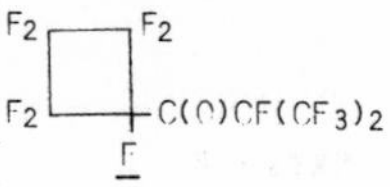	188.		EXT.- 2			114
1888	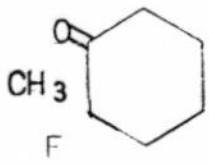	154.		INT.- 1	1		484

NO.	COMPOUND	SHIFT (PPM)	ERROR (PPM)	REF	SOLV	TEMP (K)	LIT REF
1889	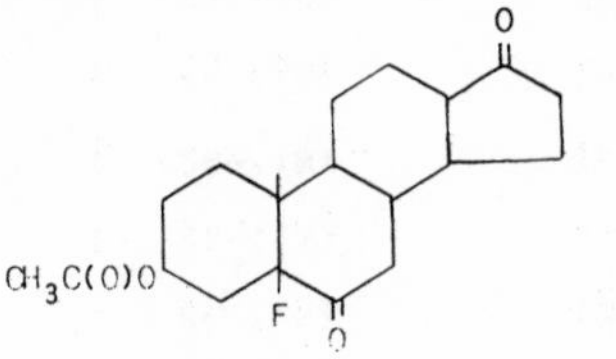	159.2		INT.- 1	13		384
1890	$(CF_3)_2C\underline{F}C(O)C\underline{F}(CF_3)_2$	185.		EXT.- 2			114
1891	trans-$(CF_3)_2C\underline{F}CF{=}CF(CF_3)$	188.		EXT.- 2			286
1892	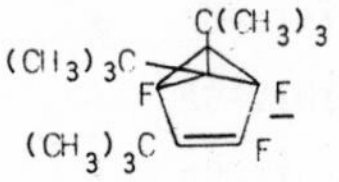	184.		INT.- 1			246
**** 1893	$(CF_3)_2C\underline{F}C(O)OH$	184.3		EXT.- 2			424
**** 1894	$(CF_3)_2C\underline{F}C(O)F$	182.		EXT.- 2			92
1895	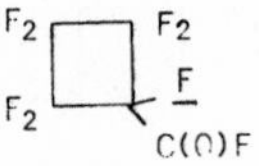	184.5		EXT.- 2			92

11. NEAREST NEIGHBORS TO CARBON- CARBON(3 COORD.), CARBON(4 COORD.) (NITROGEN OR OXYGEN)

NO.	COMPOUND	SHIFT (PPM)	ERROR (PPM)	REF	SOLV	TEMP (K)	LIT REF
1896	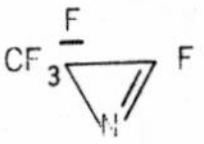	148.9		EXT.- 2			379
**** 1897	$CF_3C\underline{F}(NF_2)C(O)F$	165.7		1			317
**** 1898	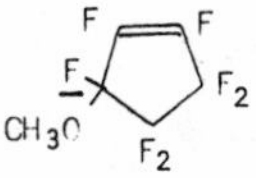	128.		EXT.- 2			271
1899	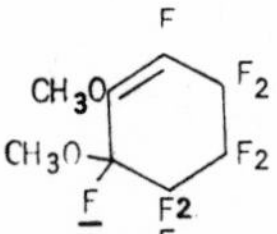	132.		EXT.- 2			271
1900	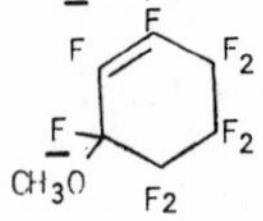	118.8		EXT.- 2			271

NO.	COMPOUND	SHIFT (PPM)	ERROR (PPM)	REF	SOLV	TEMP (K)	LIT REF
1901	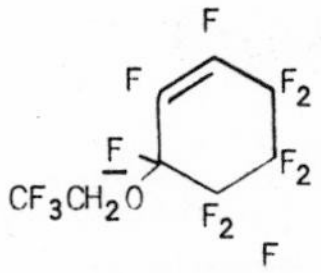	129.0		EXT.- 2			271
1902	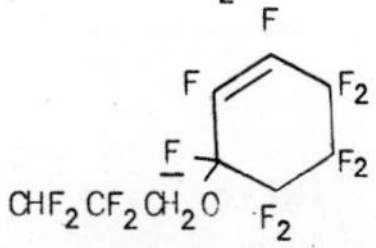	129.		EXT.- 2			271

12. NEAREST NEIGHBORS TO CARBON- CARBON(3 COORD.), CARBON(4 COORD.) FLUORINE

(A). NEXT NEAREST NEIGHBORS- H, C, C, C OR X, X, X

NO.	COMPOUND	SHIFT (PPM)	ERROR (PPM)	REF	SOLV	TEMP (K)	LIT REF
1903	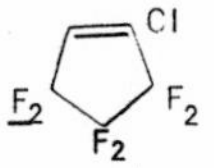	119.90		INT.-33	2		416
1904	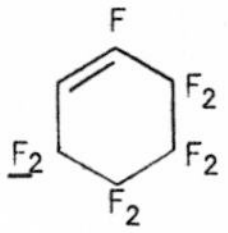	107.1		INT.- 1			483
1905	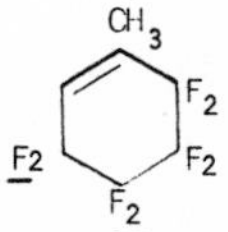	108.4		INT.- 1			483
1906	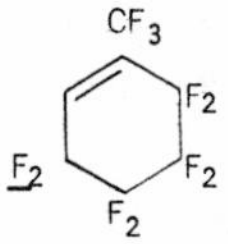	114.1		INT.- 1			483
1907	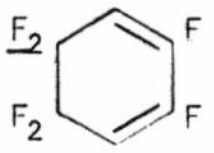	116.0		INT.- 1			483
**** 1908	$C_6H_5CF_2CH_3$	89.2		EXT.- 1			513
**** 1909	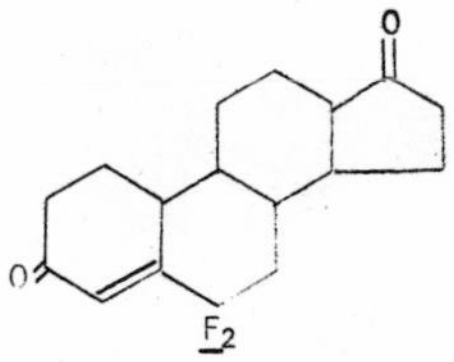	94.1		INT.- 1	13		384

AB-TYPE MULTIPLET WITH DELTA = 15.10 PPM

NOTE- X IS ANY ELEMENT NOT PREVIOUSLY PRINTED UNDER THE TITLE ELEMENT.

NO.	COMPOUND	SHIFT (PPM)	ERROR (PPM)	REF	SOLV	TEMP (K)	LIT REF
1910	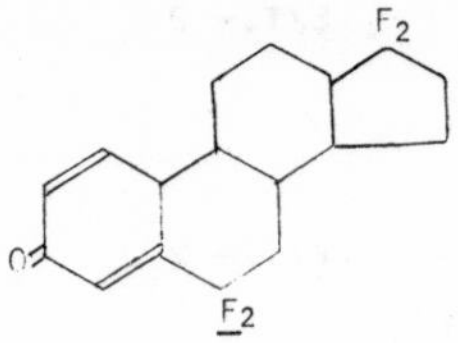	97.6		INT.- 1	13		384
1911	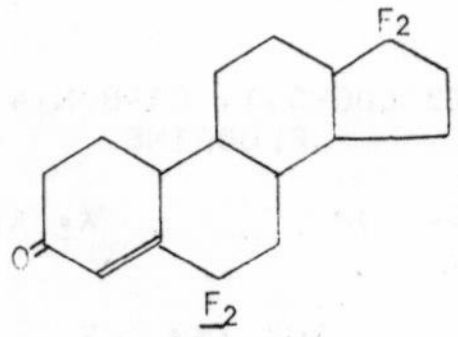	94.4		INT.- 1	13		384

AB-TYPE MULTIPLET WITH DELTA = 15.00 PPM

****

NO.	COMPOUND	SHIFT (PPM)	ERROR (PPM)	REF	SOLV	TEMP (K)	LIT REF
1912	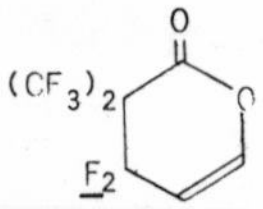	75.6		EXT.- 1			412

****

NO.	COMPOUND	SHIFT (PPM)	ERROR (PPM)	REF	SOLV	TEMP (K)	LIT REF
1913	$CF_3CF_2CF_2\underline{CF_2}[m\text{-}C_6H_4N(CH_3)_2]$	123.25		INT.-54	1		356
1914	$CF_3CF_2CF_2\underline{CF_2}(m\text{-}C_6H_4NH_2)$	123.25		INT.-54	1		356
1915	$CF_3CF_2CF_2\underline{CF_2}[p\text{-}C_6H_4N(CH_3)_2]$	123.36		INT.-54	1		356
1916	$CF_3CF_2CF_2\underline{CF_2}(m\text{-}C_6H_4NO_2)$	122.88		INT.-54	1		356
1917	$CF_3CF_2CF_2\underline{CF_2}(m\text{-}C_6H_4F)$	123.16		INT.-54	1		356
1918	$CF_3CF_2CF_2\underline{CF_2}(p\text{-}C_6H_4F)$	123.25		INT.-54	1		356
1919	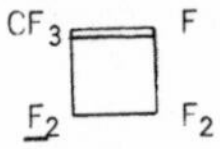	99.6		EXT.- 2			286
1920	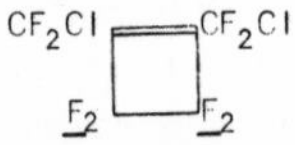	114.3		2			249
1921	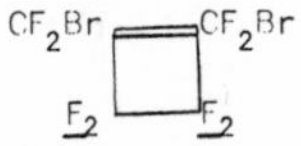	113.		2			249
1922	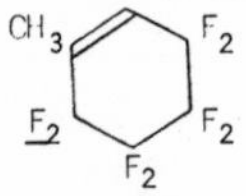	115.2		INT.- 1			483
1923	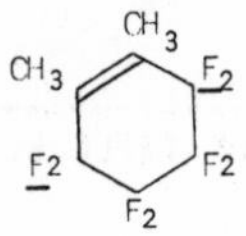	113.2		INT.- 1			483
1923		112.0		2			233

NO.	COMPOUND	SHIFT (PPM)	ERROR (PPM)	REF	SOLV	TEMP (K)	LIT REF
1924	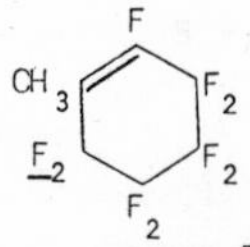	113.2		INT.- 1			483
1924		116.1		2			233
1925	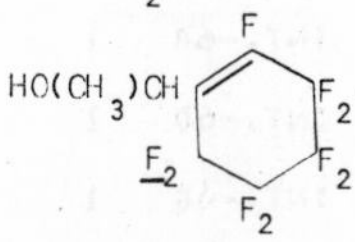	110.5		INT.- 1			483
1926	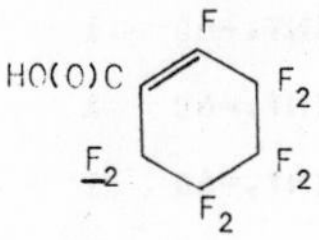	109.9		INT.- 1			483
1927	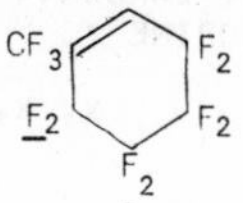	110.9		INT.- 1			483
1928	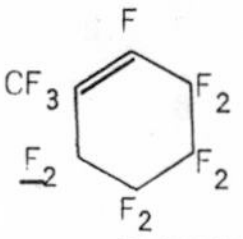	110.2		INT.- 1			483
1929	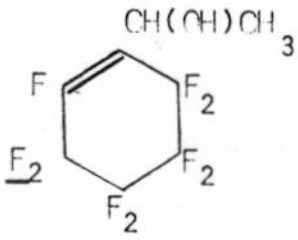	120.2		INT.- 1			483
1930	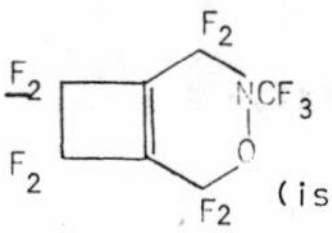 (isomeric mixture)	109.0	0.1	INT.- 1	1		315
1931	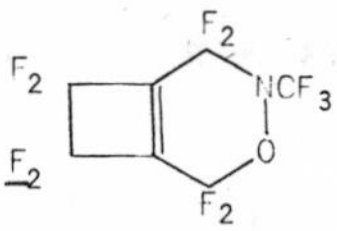	109.0	0.1	INT.- 1	1		315
1932	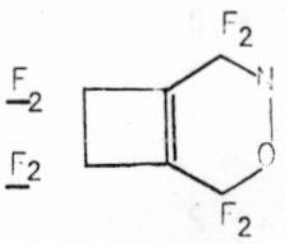	109.		2			249
1933	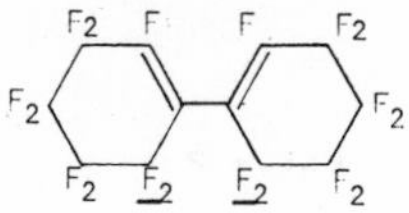	109.1		INT.- 1			483
****							
1934	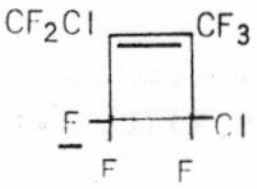	107.0		EXT.- 2			375

NO.	COMPOUND	SHIFT (PPM)	ERROR (PPM)	REF	SOLV	TEMP (K)	LIT REF
1935	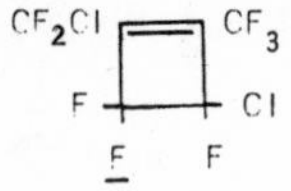	115.7		EXT.- 2			375

****

NO.	COMPOUND	SHIFT (PPM)	ERROR (PPM)	REF	SOLV	TEMP (K)	LIT REF
1936	$CF_3\underline{CF_2}(m\text{-}C_6H_4NH_2)$	115.87		INT.-60	1		356
1937	$CF_3\underline{CF_2}[m\text{-}C_6H_4N(CH_3)_2]$	115.64		INT.-60	1		356
1938	$CF_3\underline{CF_2}[p\text{-}C_6H_4N(CH_3)_2]$	114.18		INT.-60	1		356
1939	$CF_3\underline{CF_2}(m\text{-}C_6H_4NO_2)$	115.49		INT.-60	1		356
1940	$CF_3\underline{CF_2}(m\text{-}C_6H_4F)$	115.52		INT.-60	1		356
1941	$CF_3\underline{CF_2}(p\text{-}C_6H_4F)$	115.02		INT.-60	1		356

12. NEAREST NEIGHBORS TO CARBON- CARBON(3 COORD.), CARBON(4 COORD.) FLUORINE

(B). NEXT NEAREST NEIGHBORS- C, N OR C, O X, X, X

NO.	COMPOUND	SHIFT (PPM)	ERROR (PPM)	REF	SOLV	TEMP (K)	LIT REF
1942	$CH_3\underline{CF_2}C(CH_3)=NF$	93.81		EXT.- 2	12		189
1943	$(CF_3\underline{CF_2})_2C=N^+=N^-$	109.91		8			419
1944	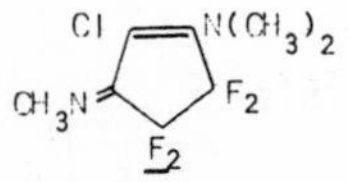	110.1		EXT.- 2			30
1945	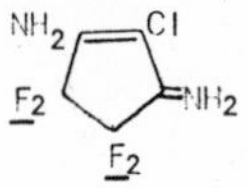	113.2		EXT.- 2			30
1946	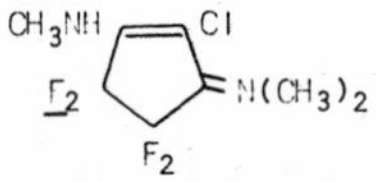	114.7		EXT.- 2			30
1947	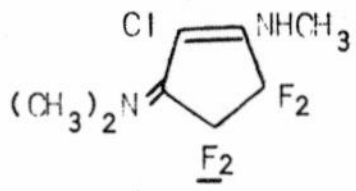	119.0		EXT.- 2			30
1948	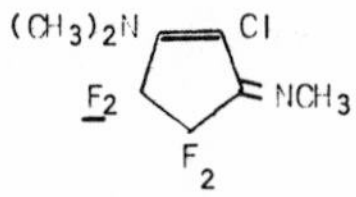	115.9		EXT.- 2			30
1949	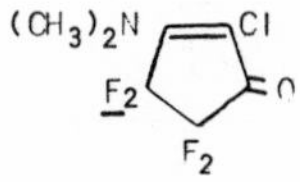	125.4		EXT.- 2			30
1950	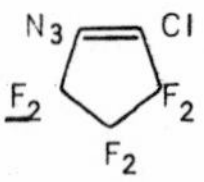	112.0		EXT.- 2			30

NOTE- X IS ANY ELEMENT NOT PREVIOUSLY PRINTED UNDER THE TITLE ELEMENT.

NO.	COMPOUND	SHIFT (PPM)	ERROR (PPM)	REF	SOLV	TEMP (K)	LIT REF
1951	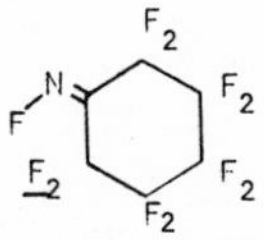	114.5		INT.- 1	1		332
1952	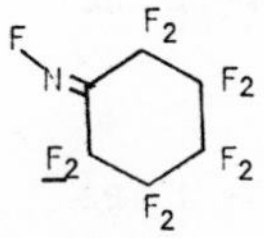	118.8		INT.- 1	1		332
****							
1953	$[C(C_2H_5)(OH)(C\underline{F_2}CF_3)]^+$	121.0		EXT.- 1	47		456
1954	$CF_3C(O)C\underline{F_2}CF_2C(O)OH$	118.0		EXT.- 2			286
1955	$(CF_3)_2CFC(O)C\underline{F_2}CF_2CF_2CF_2H$	116.7		EXT.- 2			114
1956	$CH_3C(O)CF_2CH_2CH_3$	107.50		2	2		323
1957	$CH_3CH_2C(O)CF_2CH_3$	99.00		2	2		323
1958	$C_6H_5C(O)CF_2CH_3$	90.25		2	2		323
1959	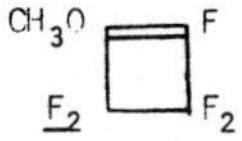	118.		EXT.- 2			271
1960	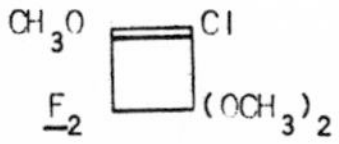	116.8	.1	INT.- 1	1		421
1961	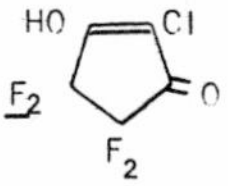	125.1		INT.- 2	19		469
1962	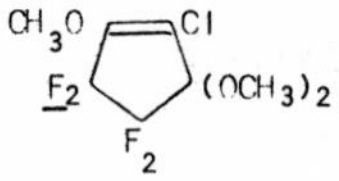	114.5		EXT.- 2			30
1963	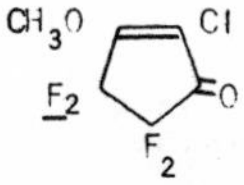	117.3		EXT.- 2			30
1964	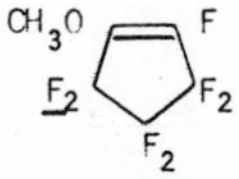	121.		EXT.- 2			271
1965	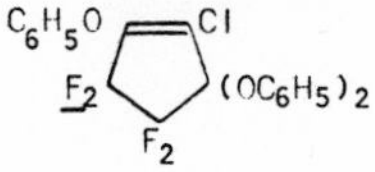	116.5	.1	INT.- 1	1		421
1966	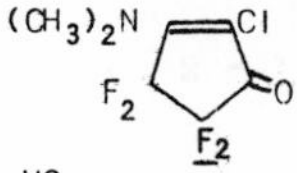	114.7		EXT.- 2			30
1967	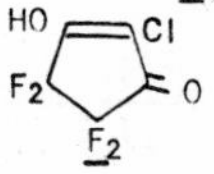	125.1		INT.- 2	19		469

NO.	COMPOUND	SHIFT (PPM)	ERROR (PPM)	REF	SOLV	TEMP (K)	LIT REF
1968		125.1		EXT.- 2			30
1969		125.6		INT.- 1	22		360
1970		126.2		INT.- 1	22		360
1971		120.7		INT.- 1	22		360
1972		132.7		EXT.- 2			271
1973		117.		EXT.- 2			271
1974		117.		EXT.- 2			271
1975		117.		EXT.- 2			271

12. NEAREST NEIGHBORS TO CARBON- CARBON(3 COORD.), CARBON(4 COORD.)
FLUORINE

	(C). NEXT NEAREST NEIGHBORS-		C, F			X, X, X	
1976		110.5		EXT.- 2	38		492

AB-TYPE MULTIPLET WITH DELTA = 12.60 PPM

****

| 1977 | | 110.3 | | EXT.- 2 | | | 375 |

NOTE- X IS ANY ELEMENT NOT PREVIOUSLY PRINTED UNDER THE TITLE ELEMENT.

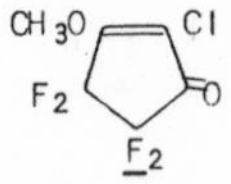

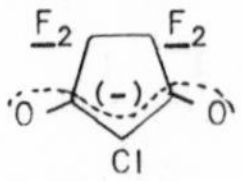

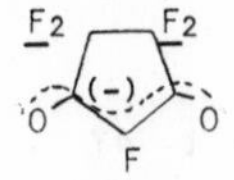

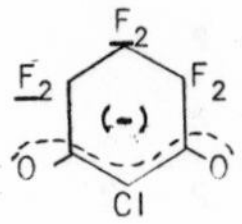

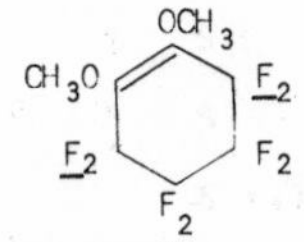

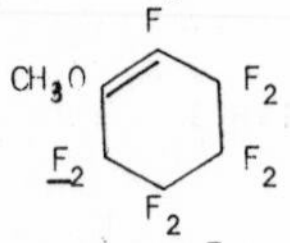

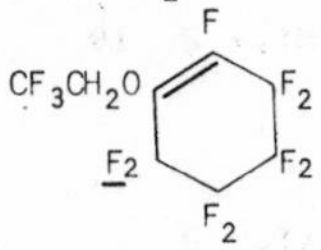

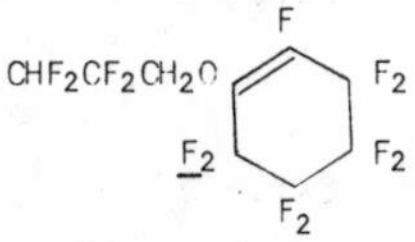

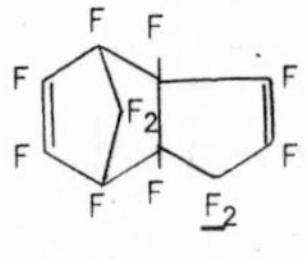

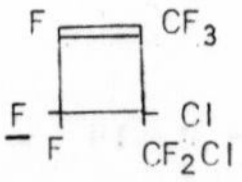

NO.	COMPOUND	SHIFT (PPM)	ERROR (PPM)	REF	SOLV	TEMP (K)	LIT REF
1978	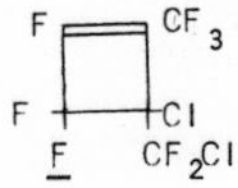	114.4		EXT.- 2			375
****							
1979	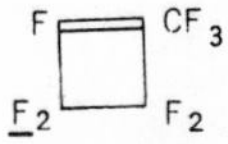	116.3		EXT.- 2			286
1980	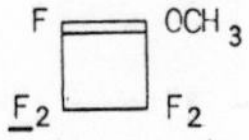	115.		EXT.- 2			271
1981	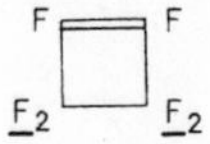	120.3	.1	INT.- 1	1		421
1981		117.6		INT.- 1	51		310
1982	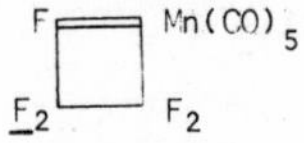	123.7		INT.- 1	51		310
1983	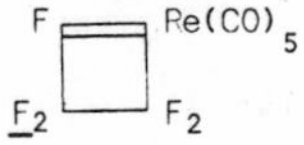	122.0		INT.- 1	51		310
1984	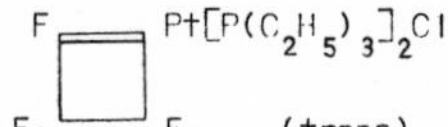 (trans)	114.3		EXT.- 2	13		488
1985	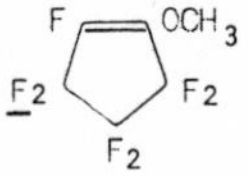	120.		EXT.- 2			271
1986	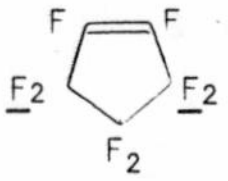	117.8	.1	INT.- 1	1		421
1986		117.9		INT.- 1	2		416
1986		117.83	0.01	EXT.-20	12		56
1987	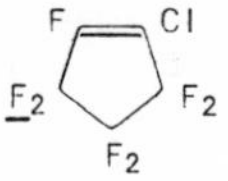	113.5		INT.-33	2		416
1988	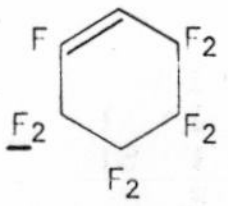	121.7		INT.- 1			483
1989	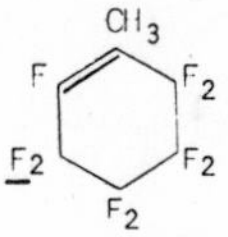	120.1		INT.- 1			483
1989		119.4		2			233
1990	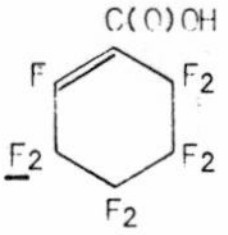	120.7		INT.- 1			483

NO.	COMPOUND	SHIFT (PPM)	ERROR (PPM)	REF	SOLV	TEMP (K)	LIT REF
1991	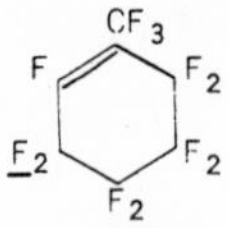	121.3		INT.- 1			483
1992	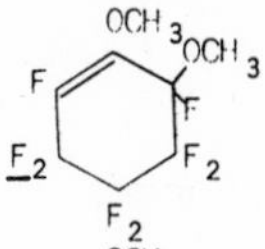	132.		EXT.- 2			271
1993	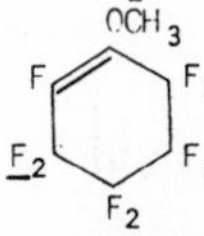	117.		EXT.- 2			271
1994	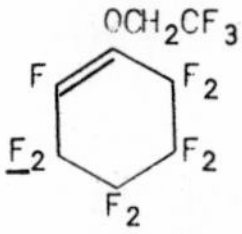	117.		EXT.- 2			271
1995	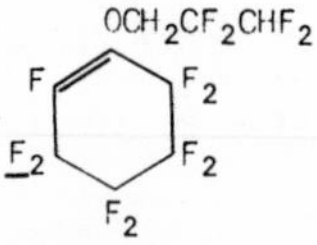	117.		EXT.- 2			271
1996	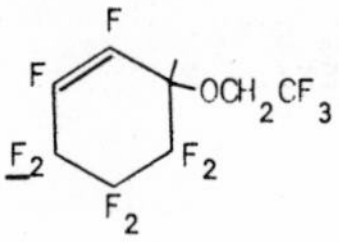	117.7		EXT.- 2			271
1997	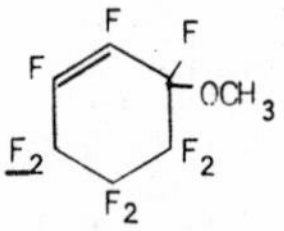	118.8		EXT.- 2			271
1998	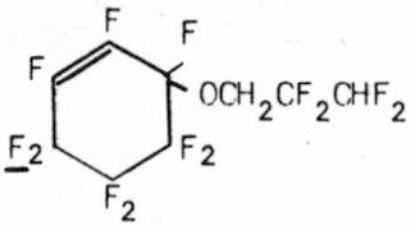	118.		EXT.- 2			271
1999	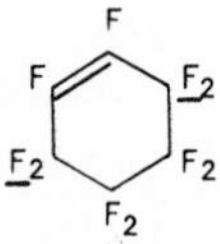	118.4		INT.- 1			417
1999		119.0	.1	INT.- 1	1		421
1999		126.6		INT.- 1	51		310
1999		117.4		EXT.- 2			135
2000	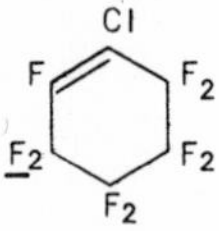	119.2		INT.- 1			483
2001	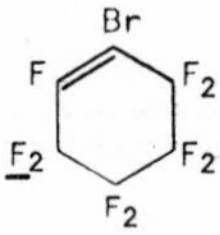	119.4		INT.- 1			483

NO.	COMPOUND	SHIFT (PPM)	ERROR (PPM)	REF	SOLV	TEMP (K)	LIT REF
2002	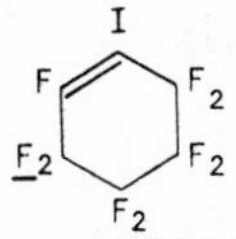	119.7		INT.- 1			483
2003	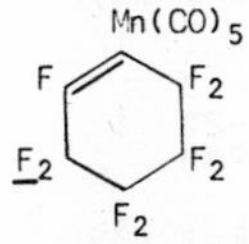	124.9		INT.- 1	51		310
2004	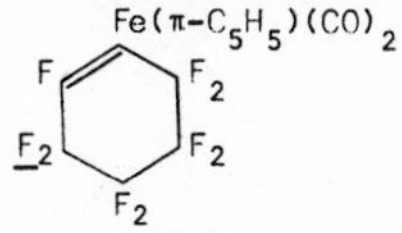	124.1		INT.- 1	51		310
2005	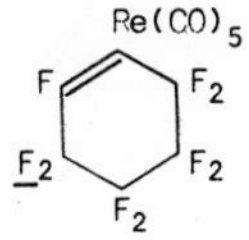	124.8		INT.- 1	51		310
2006	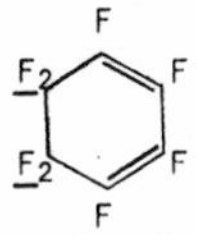	127.		9	12		69
2007	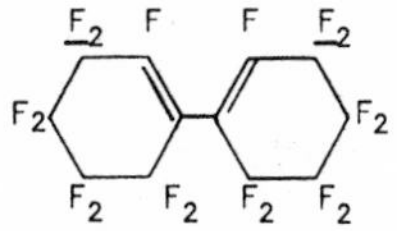	120.6		INT.- 1			483
**** 2008	$CF_3CF_2CF=C(CF_3)_2$	121.2		EXT.- 2			286

12. NEAREST NEIGHBORS TO CARBON- CARBON(3 COORD.), CARBON(4 COORD.) FLUORINE

(D). NEXT NEAREST NEIGHBORS- C, X X, X, X

NO.	COMPOUND	SHIFT (PPM)	ERROR (PPM)	REF	SOLV	TEMP (K)	LIT REF
2009	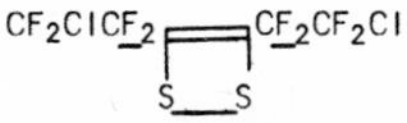	104.6		2			71
2010	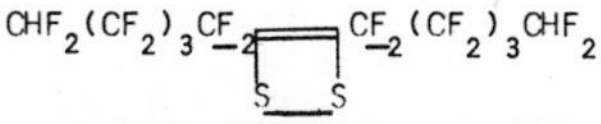	106.2		2			71
2011	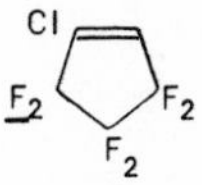	108.70		INT.-33	2		416
2012	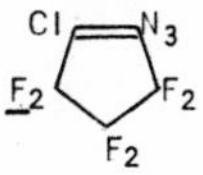	109.8		EXT.- 2			30

NOTE- X IS ANY ELEMENT NOT PREVIOUSLY PRINTED UNDER THE TITLE ELEMENT.

NO.	COMPOUND	SHIFT (PPM)	ERROR (PPM)	REF	SOLV	TEMP (K)	LIT REF
2013	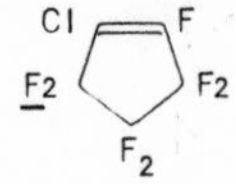	118.50		INT.-33	2		416
2014	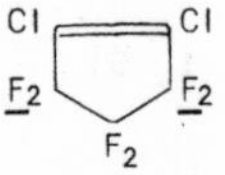	114.4	.1	INT.- 1	1		421
2014		114.4		INT.- 1	12		387
2014		113.2		EXT.- 2			30
2014		112.05	0.01	EXT.-20	12		56
2014		113.80		INT.-33	2		416
2015	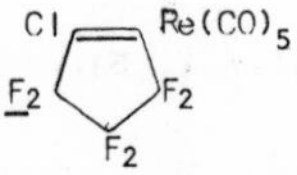	111.7		INT.- 1	39		387
2016	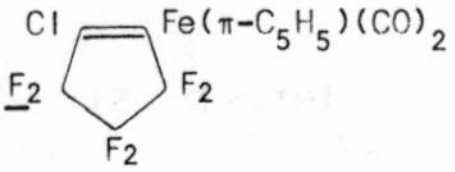	112.6		INT.- 1	39		387
2017	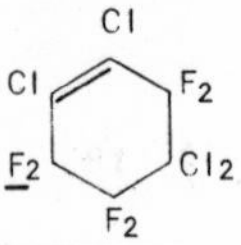	103.8		INT.- 1			417
2018	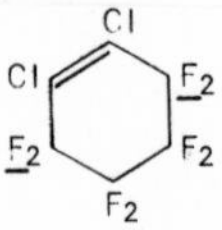	110.6		INT.- 1			417
2018		110.3		INT.- 1			483
2018		108.71		EXT.- 2			135
2019	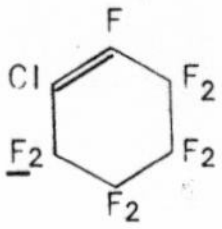	112.1		INT.- 1			483
2020	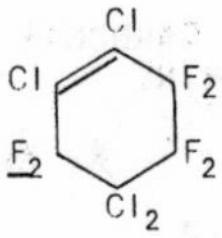	94.4		INT.- 1			417
**** 2021	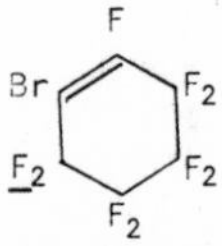	108.2		INT.- 1			483
2022	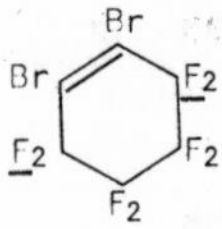	105.4		INT.- 1			483
**** 2023	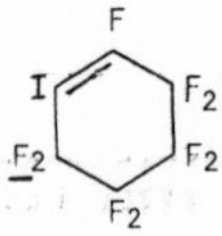	102.4		INT.- 1			483

NO.	COMPOUND	SHIFT (PPM)	ERROR (PPM)	REF	SOLV	TEMP (K)	LIT REF
2024	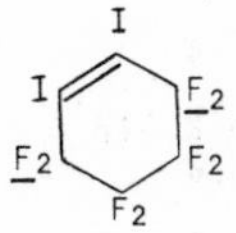	97.0		INT.- 1			483
****							
2025	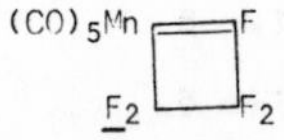	117.7		INT.- 1	51		310
2026	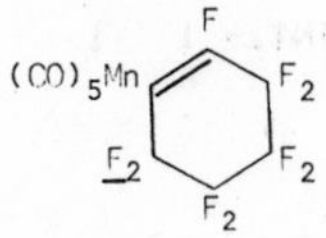	96.4		INT.- 1	51		310
****							
2027	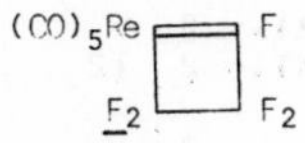	118.6		INT.- 1	51		310
2028	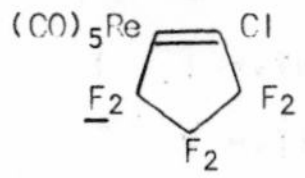	97.0		INT.- 1	39		387
2029	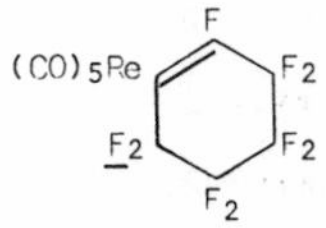	97.0		INT.- 1	51		310
****							
2030	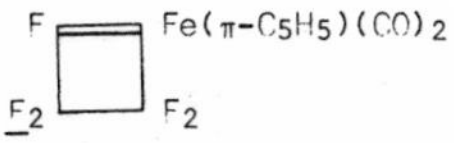	123.4		INT.- 1	51		310
2031	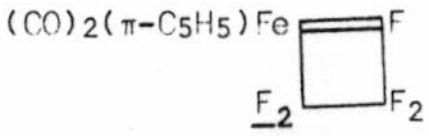	119.1		INT.- 1	51		310
2032	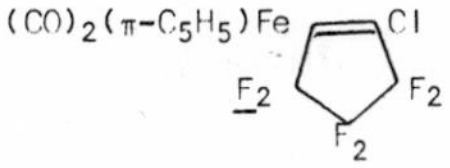	99.6		INT.- 1	39		387
2033	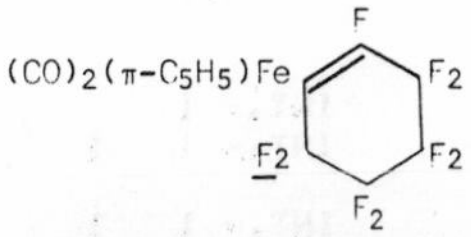	99.0		INT.- 1	51		310

12. NEAREST NEIGHBORS TO CARBON- CARBON(3 COORD.), CARBON(4 COORD.) FLUORINE

(E). NEXT NEAREST NEIGHBORS- N, F OR O, X X, X, X

NO.	COMPOUND	SHIFT (PPM)	ERROR (PPM)	REF	SOLV	TEMP (K)	LIT REF
2034	$[CF_3C\underline{F_2}CF{=}N]$	123.43		EXT.- 8			88
2035	$[CF_3CF_2C\underline{F_2}CF{=}N]_2$	120.63		EXT.- 8			88
2036	$[CHF_2CF_2CF_2C\underline{F_2}CF{=}N]_2$	119.75		EXT.- 8			88

NOTE- X IS ANY ELEMENT NOT PREVIOUSLY PRINTED UNDER THE TITLE ELEMENT.

NO.	COMPOUND	SHIFT (PPM)	ERROR (PPM)	REF	SOLV	TEMP (K)	LIT REF
2037	$CF_3CF_2CF{=}NCF_3$	121.1		2			152
2038	$CF_3CF_2CF_2CF{=}NC\underline{F}_3$	127.9	0.1	EXT.- 2	12		16
2038		118.8		2			127
2039	$CF_3CF_2C\underline{F}_2CF{=}NF$	118.8		INT.- 1	1		332
2040	$CHF_2C\underline{F}_2CF{=}NCl$	116.01		EXT.- 8			88
2041	$CF_3CF_2C\underline{F}_2CF{=}NCl$	118.82		EXT.- 8			88
2042	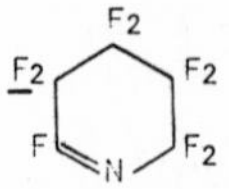	122.1		INT.- 1	1		332
2042		122.7		2			153
****							
2043	$CF_3C\underline{F}_2C(O)OH$	122.69		EXT.- 2			424
2043		122.5	0.1	EXT.- 2	12		16
2044	$CF_3CF_2C\underline{F}_2C(O)OH$	119.30		2			50
2045	$CF_3CF_2C\underline{F}_2C(O)OCHF_2$	120.2		INT.- 1	1		334
2046	$CF_3C(O)CF_2C\underline{F}_2C(O)OH$	122.9		EXT.- 2			286
2047	$CHF_2CF_2CF_2C\underline{F}_2C(O)OH$	118.30		2			50
2048	$CF_3C\underline{F}_2C(O)OSO_2F$	120.8		EXT.- 2			400
2049	$CF_3CF_2C\underline{F}_2C(O)OSO_2F$	118.3		EXT.- 2			400
2050	$FS(O)_2OCF_2C\underline{F}_2C(O)OSO_2F$	118.9		EXT.- 2			400
****							
2051	$CF_3CF_2C\underline{F}_2C(O)SH$	115.25		2			50
2052	$CHF_2CF_2CF_2C\underline{F}_2C(O)SH$	114.15		2			50
****							
2053	$CF_2ClC\underline{F}_2C(O)F$	117.3		INT.- 1			459
2054	$FOCF_2C\underline{F}_2C(O)F$	118.3		INT.- 1			459
****							
2055	$CF_3CF_2C\underline{F}_2C(O)Cl$	113.	1.	20			10
****							
2056	$CHF_2C\underline{F}_2C(O)Mn(CO)_5$	117.5		INT.- 1			119
2056		117.5		INT.- 1	1		161
2057	$CF_3C\underline{F}_2C(O)Mn(CO)_5$	114.5		INT.- 1	1		161
2057		114.5	0.4	INT.- 1	1		75
2057		114.5		INT.- 1	39		70
****							
2058	$CF_3C\underline{F}_2C(O)Re(CO)_5$	116.7		INT.- 1	1		161
2058		116.7	0.4	EXT.- 1	39		75
2059	$CF_3CF_2C\underline{F}_2C(O)Re(CO)_5$	113.7		INT.- 1	39		70
2059		113.7		EXT.- 1	39		161
2059		113.7	0.4	EXT.- 1	39		75

13. NEAREST NEIGHBORS TO CARBON- CARBON(3 COORD.), CARBON(4 COORD.) (CHLORINE OR BROMINE

NO.	COMPOUND	SHIFT (PPM)	ERROR (PPM)	REF	SOLV	TEMP (K)	LIT REF
2060	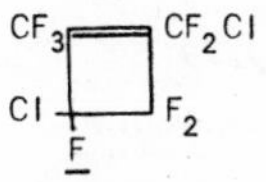	114.9		EXT.- 2			375
****							
2061	$CFClBrC\underline{F}BrCF=CFCl$ (threo rotomer)	123.12	0.01	INT.- 1			374
2062	(erthro rotomer)	121.78	0.01	INT.- 1			374

14. NEAREST NEIGHBORS TO CARBON- CARBON(3 COORD.), FLUORINE, FLUORINE

(A). NEXT NEAREST NEIGHBORS- C, C

NO.	COMPOUND	SHIFT (PPM)	ERROR (PPM)	REF	SOLV	TEMP (K)	LIT REF
2063	$[CF_3C(CH_3)(C_6H_5)]^+$	56.3		EXT.- 1	47		456
2064	$[CF_3C(C_6H_5)_2]^+$	66.5		EXT.- 1	47		456
2065	$[CF_3C(C_6H_5)(c\text{-}C_3H_5)]^+$	69.3		EXT.- 1	47		456
2066	$CF_3C(CN)=C(CN)C\underline{F}_3$	63.99		EXT.- 8			331
2067	cis-$C\underline{F}_3C(CN)=C(CN)C\underline{F}_3$	60.55		8			460
2068	trans	63.55		8			460
2069	$C(O)FC(C\underline{F}_3)=CF_2$	50.5		INT.- 1			412
2070	$C(O)FC(C\underline{F}3)=C=C(CF3)2$	63.2		INT.- 1			412
2071	$CH_3OC(O)C(C\underline{F}_3)=C(OCH_3)-CH(CF_3)_2$	59.		INT.- 1			412
2072	$CH_3OC(O)C(C\underline{F}_3)=CFC(CF_3)_2-C(O)OCH_3$	60.8		INT.- 1			412
2073	$CH_3OC(O)C(C\underline{F}_3)=CFC(CF_3)_2C(O)F$	61.		EXT.- 1			412
2074	$HOC(O)C(C\underline{F}_3)=CFCH(CF_3)_2$	60.9		EXT.- 1			412
2075	$(C\underline{F}_3)_2C=C=C(CF_3)C(O)F$	61.0		INT.- 1			412
2076	$(C\underline{F}_3)_2C=C(C\underline{F}_3)_2$	62.30		8			419
2077	$(C\underline{F}_3)_2C=C=C(C\underline{F}_3)_2$	64.7		EXT.- 1			412
2078	$(CF_3)_2C=C=P(C_6H_5)_3$	61.4	0.4	1	23		480
2079	$(CF_3)_2C=C=O$	58.3		EXT.- 1			412
2080	$(C\underline{F}_3)_2C=C(OCH_3)CH(CF_3)C(O)OCH_3$	57.5		INT.- 1			412
2081	$(CF_3)_2C=C(OCH_2CH=CH_2)_2$	65.4	0.1	EXT.- 2	12		16
2082	$[(C\underline{F}_3)_2C=C(CF_3)S]_2$	56.6		2			71
2083	$(C\underline{F}_3)_2C=CFOCH_3$	57.6	0.1	EXT.- 2	12		16
2084	$(C\underline{F}_3)_2C=CFOCH_2CH_2F$	57.2	0.1	EXT.- 2	12		16

NO.	COMPOUND	SHIFT (PPM)	ERROR (PPM)	REF	SOLV	TEMP (K)	LIT REF
2085	$(CF_3)_2C{=}CFOCH_2CH_2CH_3$	56.8	0.1	EXT.- 2	12		16
2086	$(CF_3)_2C{=}C{=}S$	58.7		EXT.- 8	12		461
2087	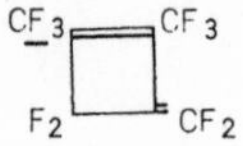	62.5		EXT.- 2			378
2088	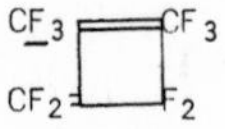	66.3		EXT.- 2			378
2089	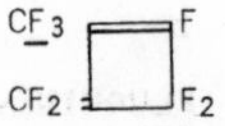	65.1		EXT.- 2			375
2090	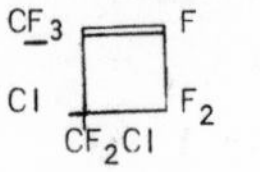	61.4		EXT.- 2			375
2091	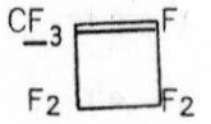	60.5		EXT.- 2			286
2092	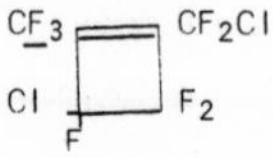	62.0		EXT.- 2			375
2093	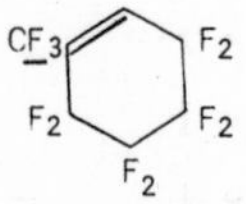	65.3		INT.- 1			483
2094	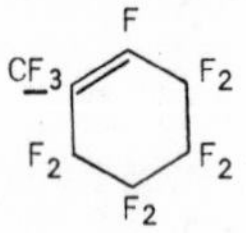	61.3		INT.- 1			483
2095	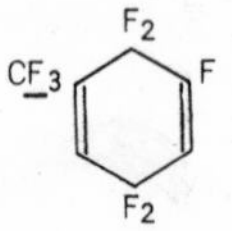	64.7		INT.- 1			483
2096	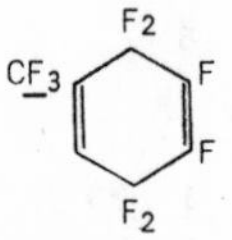	65.5		INT.- 1			483
2097	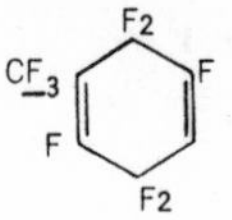	59.2		INT.- 1			483
2098	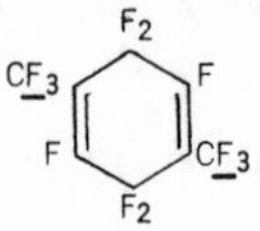	59.3		INT.- 1			483

NO.	COMPOUND	SHIFT (PPM)	ERROR (PPM)	REF	SOLV	TEMP (K)	LIT REF
2099	$CF_3C_6H_5$	63.75	0.00	INT.- 1	1		26
2099		64.1		INT.- 1	32		133
2099		63.6		1			380
2100	$C\underline{F}_3(p\text{-}C_6H_4CHF_2)$	63.94		INT.- 1			210
2101	$C\underline{F}_3(m\text{-}C_6H_4C\underline{F}_3)$	65.		EXT.- 1	12		156
2101		64.14	0.01	INT.- 9			146
2102	$C\underline{F}_3(p\text{-}C_6H_4C\underline{F}_3)$	65.0		EXT.- 1	12		134
2102		65.		EXT.- 1	12		156
2103	$CF_3[o\text{-}C_6H_4NHC(O)CH_3]$	61.5	0.3	EXT.- 9	64		57
2104	$CF_3[m\text{-}C_6H_4NHC(O)CH_3]$	63.2	0.3	EXT.- 9	27		57
2105	$CF_3(m\text{-}C_6H_4NH_2)$	63.9		INT.- 1	32		133
2105		63.86		INT.- 9	1		356
2106	$CF_3(p\text{-}C_6H_4NH_2)$	62.2		INT.- 1	32		133
2106		62.26		INT.- 9	1		356
2107	$CF_3[m\text{-}C_6H_4N(CH_3)_2]$	63.7		INT.- 1	32		133
2107		63.66		INT.- 9	1		356
2108	$CF_3[p\text{-}C_6H_4N(CH_3)_2]$	62.0		INT.- 1	32		133
2108		61.95		INT.- 9	1		356
2109	$CF_3(m\text{-}C_6H_4NO_2)$	64.2		INT.- 1	32		133
2109		63.88		INT.- 9	1		356
2110	$CF_3(p\text{-}C_6H_4NO_2)$	64.5		INT.- 1	32		133
2110		64.06		INT.- 9	1		356
2111	$[(m\text{-}C\underline{F}_3C_6H_4)P(F_2)NCH_3]_2$	63.2		INT.- 1	31		523
2112	$C\underline{F}_3(m\text{-}C_6H_4PF_4)$	63.9		INT.- 1			524
2113	$C\underline{F}_3[p\text{-}C_6H_4OC(O)F]$	63.7		INT.- 1	2		269
2114	$C\underline{F}_3(o\text{-}C_6H_4F)$	62.7		INT.- 9	67	223	311
2114		62.0		INT.- 9	67	377	311
2114		62.49	0.01	EXT.- 9			146
2115	$CF_3(m\text{-}C_6H_4F)$	63.84		INT.- 9	1		356
2116	$C\underline{F}_3(p\text{-}C_6H_4F)$	62.99		INT.- 9	1		356
2117	$CF_3(o\text{-}C_6H_4Cl)$	63.1		INT.- 9	67	377	311
2117		63.9		INT.- 9	67	223	311
2118	$CF_3(p\text{-}C_6H_4Cl)$	63.7	0.3	EXT.- 9	12		57
2119	$CF_3(o\text{-}C_6H_4Br)$	64.0		INT.- 9	67	223	311
2119		63.1		INT.- 9	67	377	311
2120	$CF_3(m\text{-}C_6H_4Br)$	63.79		INT.- 9	1		356
2121	$CF_3(p\text{-}C_6H_4Br)$	63.68		INT.- 9	1		356
2122	$CF_3(o\text{-}C_6H_4I)$	64.1		INT.- 9	67	223	311
2122		63.2		INT.- 9	67	377	311
2123	$(p\text{-}C\underline{F}_3C_6H_4)Fe(\pi\text{-}C_5H_5)(CO)_2$	56.9		INT.- 1	10		217

NO.	COMPOUND	SHIFT (PPM)	ERROR (PPM)	REF	SOLV	TEMP (K)	LIT REF
2124	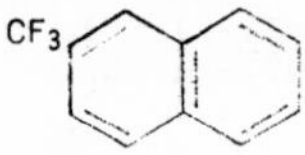	70.9	0.3	EXT.- 5	27		57
2125	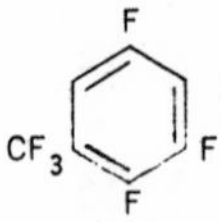	62.43	0.01	EXT.- 9			146
2126	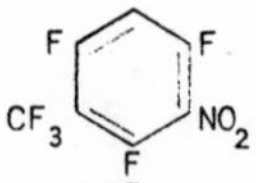	58.24	0.01	INT.- 9			146
2127	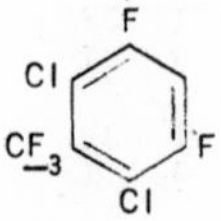	56.58	0.01	INT.- 9			146
2128	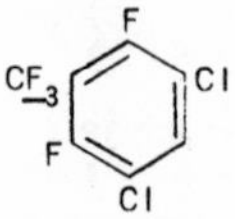	57.35		INT.- 1	1		190
2129	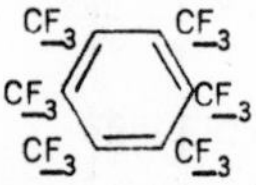	52.92		2	9		40
2129		52.89		EXT.- 9	39		34
2130	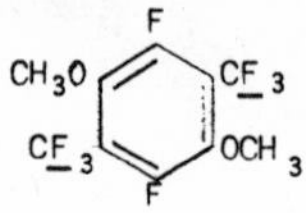	96.6		EXT.- 2			179
2131	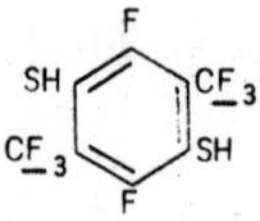	97.2		EXT.- 2			179
2132	$\underline{C}F_3(o\text{-}C_6F_4Cl)$	56.78	0.01	INT.- 9			146
2132		56.8		INT.- 9	67	377	311
2132		57.6		INT.- 9	67	223	311
2133	$\underline{C}F_3(m\text{-}C_6F_4Cl)$	56.81		INT.- 1	1		190
2133		56.38		INT.- 6			298
2134	$CF_{\underline{3}}[m,m'\text{-}C_6F_3(Cl)_2]$	56.94		INT.- 1	1		190
2134		58.42		INT.- 6			298
2135	$\underline{C}F_3(o\text{-}C_6F_4I)$	56.61	0.01	INT.- 9			146
2136	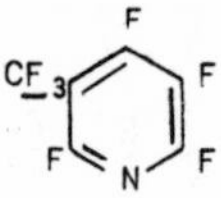	57.99		EXT.- 2			314

NO.	COMPOUND	SHIFT (PPM)	ERROR (PPM)	REF	SOLV	TEMP (K)	LIT REF
2137	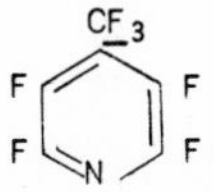	58.56		EXT.- 2			314
2138	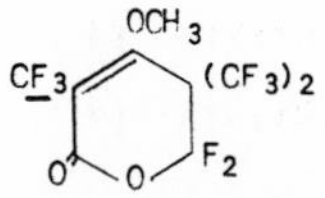	57.3		EXT.- 1			412
2139	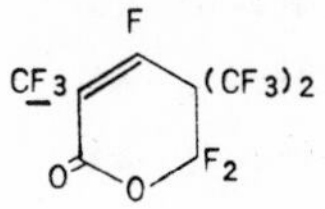	60.5		INT.- 1			412
2140	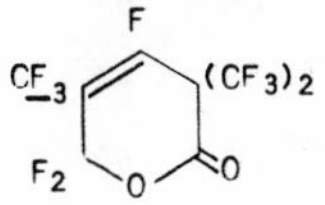	59.3		INT.- 1			412
2141	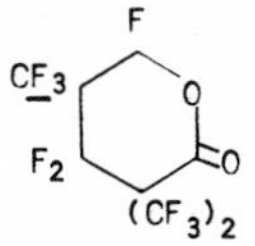	57.0		EXT.- 1			412
2142		54.8		2			71
2143	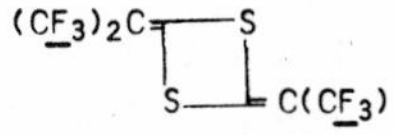	59.4		EXT.- 8	2		461

14. NEAREST NEIGHBORS TO CARBON- CARBON(3 COORD.), FLUORINE, FLUORINE

(B). NEXT NEAREST NEIGHBORS- C, O, OR C, F

NO.	COMPOUND	SHIFT (PPM)	ERROR (PPM)	REF	SOLV	TEMP (K)	LIT REF
2144	$[CF_3C(OH)C_6H_5]^+$	63.4		EXT.- 1	47		456
2145	$\underline{CF_3}C(O)CI{=}CCI_2$	79.0		INT.- 2			469
2146	$CF_3C(O)CH_3$	82.6		EXT.- 1	12		134
2146		83.		EXT.- 1	12		156
2147	$CF_3C(O)CH_2C(O)CH_2$	85.6		EXT.- 1	48		456
2148	$CF_3C(O)CH_2C(O)C_6H_5$	76.5		EXT.- 1	48		456
2149	$\underline{CF_3}C(O)CH_2C(O)\underline{CF_3}$	77.3		EXT.- 1	48		456
2150	$\underline{CF_3}C(O)CF(CF_3)_2$	77.05		EXT.- 2			114
2151	$\underline{CF_3}C(O)CF_2CF_2C(O)OH$	80.9		EXT.- 2			286
2152	$\underline{CF_3}C(O)CF_2NF_2$	75.0		1			317

NO.	COMPOUND	SHIFT (PPM)	ERROR (PPM)	REF	SOLV	TEMP (K)	LIT REF
2153	$(CF_3)_2CO$	76.1		EXT.- 1	25		517
2153		84.0		EXT.- 1	48		456
2153		84.6		1			227
2154	$(C\underline{F}_3)_2CO{\cdot}Si(CH_3)_3OCH(CF_3)_2$	89.69		INT.-13	13		279
2155	$(C\underline{F}_3)_2CO{\cdot}Ge(CH_3)_3OCH(CF_3)_2$	88.0		INT.-13	13		279
2156	$[(C\underline{F}3)2CO]_2{\cdot}Sn(CH_3)_2$- $[OC(CF_3)_2]_2$	88.96		INT.-13	13		279
2157	$(C\underline{F}_3)_2CO{\cdot}Sn(CH_3)OCH(CF_3)_2$	89.0		INT.-13	13		279
2158	$[CF_3C(OH)CH_3]^+$	76.6		EXT.- 1	47		456
2159	$[CF_3C(=OH)CH_2C(=OH)CH_3]^{2+}$	84.2		EXT.- 1	47		456
2160	$[CF_3C(=OH)CH_2C(=OH)C_6H_5]^{2+}$	73.1		EXT.- 1	47		456
2161	$[C\underline{F}_3C(=OH)CH_2C(=OH)C\underline{F}_3]^{2+}$	73.9		EXT.- 1	47		456
2162	$[C\underline{F}_3C(=OH)C\underline{F}_3]^+$	84.1		EXT.- 1	47		456
****							
2163	$C\underline{F}_3CF=CF=CF=CF_2$	70.4		EXT.- 2			286
2164	trans-$C\underline{F}_3CF=CFCF(CF_3)_2$	77.		EXT.- 2			286
2165	cis-$C\underline{F}_3CF=CClCF_3$	66.4		INT.- 1			119
2165		66.27	0.00	INT.- 1	1		118
2165		66.4		INT.- 1	1		161
2165		63.95	0.01	EXT.-20	12		56
2165	trans	68.4		INT.- 1			119
2165		68.4		INT.- 1	1		161
2165		68.35	0.00	INT.- 1	1		118
2166	trans-$CF_3CF=C(F)NN$	67.9		EXT.- 2			379
2167	$C\underline{F}_3CF=CF_2$	71.6		INT.- 1	1		161
2167		72.0	1.0	INT.- 1	1		76
2167		72.		INT.- 1	51		310
2167		70.8		EXT.- 2			231
2167		70.5		EXT.-28			79
2168	$C\underline{F}_3CF=C(F)Mn(CO)_5$	65.2		EXT.- 2	39		73
2169	trans-$C\underline{F}_3CF=CFMn(CO)_5$	67.		INT.- 1	39		161
2169		67.0	1.0	INT.- 1	39		76
2170	trans-$C\underline{F}_3CF=C(F)Re(CO)_5$	58.		INT.- 1	51		310
2171	$C\underline{F}_3CF=C(F)Fe(\pi\text{-}C_5H_5)(CO)_2$ (trans)	66.		INT.- 1	39		161
2172	$C\underline{F}_3CF=C(F)Fe(C_6H_5)(CO)_2$ (trans)	66.0	1.0	INT.- 1	39		76

14. NEAREST NEIGHBORS TO CARBON- CARBON(3 COORD.), FLUORINE, FLUORINE

(C). NEXT NEAREST NEIGHBORS- C, X

NO.	COMPOUND	SHIFT (PPM)	ERROR (PPM)	REF	SOLV	TEMP (K)	LIT REF
2173	$CF_3CH=CHC_6H_5$	70.6	0.3	EXT.- 5	12		57
2174	$C\underline{F}_3CH=CFCH(CF_3)_2$	62.		EXT.- 1			412

NOTE- X IS ANY ELEMENT NOT PREVIOUSLY PRINTED UNDER THE TITLE ELEMENT.

NO.	COMPOUND	SHIFT (PPM)	ERROR (PPM)	REF	SOLV	TEMP (K)	LIT REF
2175	cis-$C\underline{F}_3CH{=}CClCF_3$	57.7		INT.- 1			390
2176	trans	61.2		INT.- 1			390
2177	trans-$C\underline{F}_3CH{=}C(CF_3)As(CH_3)_2$	87.6		EXT.- 2			278
2178	$C\underline{F}_3CH{=}CFCl$	58.45	0.01	EXT.-20	12		56
2179	$CF_3CH{=}CCl_2$	58.85	0.02	EXT.-20	12		56
2180	trans-$C\underline{F}_3CH{=}C(CF_3)Mn(CO)_5$	58.8		INT.- 1			119
2180		58.8		INT.- 1	1		161
2181	$C\underline{F}_3CH{=}C(CF_3)Pt[P(C_2H_5)_3]_2Cl$ (trans)	55.8		EXT.- 2	13		488
****							
2182	$C\underline{F}_3C[Sn(CH_3)_3]{=}C[Sn(CH_3)_3]C\underline{F}_3$	54.8		EXT.- 2	12		280
****							
2183	$(CF_3)_2C{=}NC(O)CH_3$	70.81		EXT.- 8			330
2184	$(C\underline{F}_3)_2C{=}NCF(CF_3)_2$	85.00		EXT.- 2			82
2185	$(CF_3)_2C{=}NN$	60.3		INT.- 1			299
2185		60.71		8			419
2186	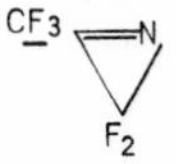	70.4		EXT.- 2			379
2186		72.3		INT.-24			273
2187	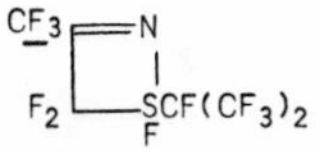	84.2		EXT.- 2			284
2188	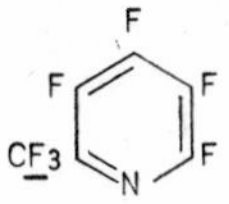	86.6		EXT.- 2			314
2189	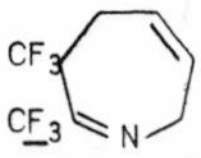	73.1		INT.- 1	12		529
****							
2190	$(CF_3)_2C{=}P(OCH_3)_2$	44.5		EXT.- 8			327
2191	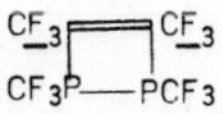	64.		EXT.- 2			221
2192	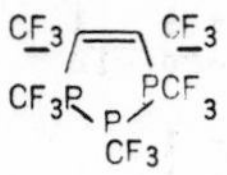	53.		EXT.- 2			221
****							
2193	$(CH_3)_2AsC(C\underline{F}_3){=}CH(CF_3)$ (trans)	90.1		EXT.- 2			278
2194	cis-$[(CH_3)_2AsC(CF_3){=}]_2$	100.8		2			281
2195	trans	102.8		2			281

NO.	COMPOUND	SHIFT (PPM)	ERROR (PPM)	REF	SOLV	TEMP (K)	LIT REF
****							
2196	$(CF_3)_2CS$	68.0		INT.- 1			326
2197	$[C(CF_3)_2{=}C(CF_3)S]_2$	59.3		2			71
2198	$[C(CF_3)_2{=}C(CF_3)S]_2S$	58.6		2			71
2199	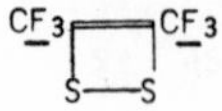	62.1		2			71
2200	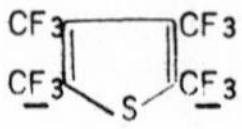	56.6		2			71
2201	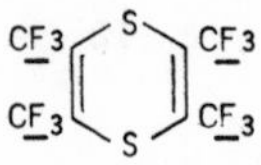	57.1		2			71
2202	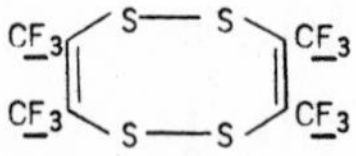	56.1		2			71
2203	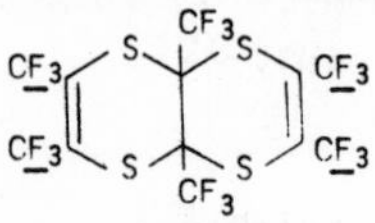	55.5		2			71
****							
2204	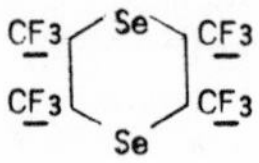	54.3		2			71
****							
2205	$CF_3CCl{=}CClC{\equiv}CCF_3$ (cis or trans)	62.8		1			453
2206	(cis or trans)	63.7		1			453
2207	trans-$CF_3CCl{=}CClC{\equiv}CCF_3$	62.5		1			453
2208	cis-$CF_3CCl{=}CHCF_3$	65.0		INT.- 1			390
2209	trans	70.8		INT.- 1			390
2210	$CF_3CCl{=}C(C{\equiv}CCF_3)_2$	64.4		1			453
2211	cis-$CF_3CCl{=}CFCF_3$	62.3		INT.- 1			119
2211		62.3		INT.- 1	1		161
2211		62.18	0.00	INT.- 1	1		118
2211		67.49	0.01	EXT.-20	12		56
2212	trans	64.9		INT.- 1			119
2212		64.80	0.00	INT.- 1	1		118
2213	cis-$CF_3CCl{=}CClCF_3$	60.45	0.01	INT.- 1	1		80
2213		62.09	0.02	EXT.-20	12		56
2214	trans	63.73	0.01	INT.- 1	1		80

NO.	COMPOUND	SHIFT (PPM)	ERROR (PPM)	REF	SOLV	TEMP (K)	LIT REF
2215	cis-$CF_3CCl=CFCl$	60.0		EXT.-28			79
2216	trans	59.8		EXT.-28			79
2217	$CF_3CCl=CCl_2$	61.7		EXT.- 1	12		134
2217		62.		EXT.- 1	12		156
****							
2218	$(CF_3C{\equiv}CCF_3)W(NCCH_3)$ (cis or trans)	57.6		INT.- 1			312
2219	(cis or trans)	60.5		INT.- 1			312
****							
2220	$(CF_3C{\equiv}CCF_3)Mn(\pi\text{-}C_5H_5)(CO)_2$	54.4		INT.- 9			129
2221	trans-$CF_3CH=C(CF_3)Mn(CO)_5$	57.0		INT.- 1			119
2221		57.0		INT.- 1	1		161
****							
2222	$(CF_3C{\equiv}CCF_3)Pt(C_6H_5)_2$	54.7		INT.- 9			129
2223	$(CF_3C=CHCF_3)Pt[P(C_2H_5)_3]_2Cl$ (trans)	51.1		EXT.- 2	13		488
2224	$(CF_3C{\equiv}CCF_3)Pt[As(C_6H_5)_3]_2$	54.7		INT.- 9			129

14. NEAREST NEIGHBORS TO CARBON- CARBON(3 COORD.), FLUORINE, FLUORINE

(D). NEXT NEAREST NEIGHBORS- N, X OR F, X

NO.	COMPOUND	SHIFT (PPM)	ERROR (PPM)	REF	SOLV	TEMP (K)	LIT REF
2225	$CF_3C(N_3)=NSF_5$	63.64		8			218
2226	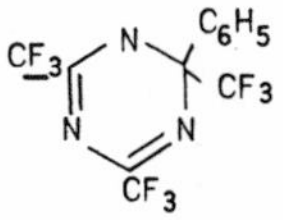	73.4		INT.- 1			452
2227	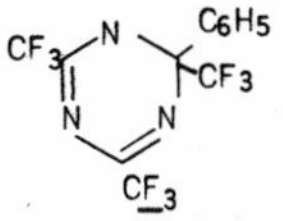	73.4		INT.- 1			452
****							
2228	$CF_3CF=NCF_2CF_3$	74.5		INT.- 1	1		332
2228		75.1		2			152
2229	$CF_3CF=NCF_3$	72.0		EXT.- 2			39
2230	$CF_3CF=NF$	73.7		EXT.- 2			181
****							
2231	$CF_3C(O)F$	75.6		EXT.- 1	25		517
****							
2232	$CF_3C(S)F$	75.46		EXT.- 8			326
****							
2233	$CF_3CCl=CF_2$	64.9		EXT.-28			79

NOTE- X IS ANY ELEMENT NOT PREVIOUSLY PRINTED UNDER THE TITLE ELEMENT.

NO.	COMPOUND	SHIFT (PPM)	ERROR (PPM)	REF	SOLV	TEMP (K)	LIT REF

14. NEAREST NEIGHBORS TO CARBON- CARBON(3 COORD.), FLUORINE, FLUORINE

(E). NEXT NEAREST NEIGHBORS- O, X

NO.	COMPOUND	SHIFT (PPM)	ERROR (PPM)	REF	SOLV	TEMP (K)	LIT REF
2234	$CF_3C(O)OC_6H_5$	73.85	0.01	1			446
2235	$C\underline{F}_3C(O)OC(O)C\underline{F}_3$	75.08	0.01	1	3		446
2236	$CF_3C(O)OH$	77.87		INT.- 1			381
2236		76.54	0.01	INT.- 1	1		26
2236		78.5		EXT.- 1	12		134
2236		79.		EXT.- 1	12		156
2236		76.3	1.3	EXT.-21	2		21
2237	$CF_3C(O)OCH_3$	74.21		1			446
2238	$CF_3C(O)OCH_2\equiv CH$	74.95	0.01	1			446
2239	$CF_3C(O)OCH_2CH{=}CH_2$	75.08	0.01	1			446
2240	$CF_3C(O)OCH_2C_6H_5$	75.02	0.01	1			446
2241	$CF_3C(O)OC_2H_5$	74.43	0.01	1			446
2242	$CF_3C(O)OC_2H_5$	78.		EXT.- 1	12		156
2242		78.7		EXT.- 1	12		134
2242		74.34	0.01	1			446
2243	$CF_3C(O)OC_3H_7$	75.20	0.01	1			446
2243		74.40	0.01	1			446
2244	$CF_3C(O)OC_4H_9$	74.39	0.01	1			446
2245	$CF_3C(O)OCH_2CH(CH_3)_2$	74.38	0.01	1			446
2246	$CF_3C(O)OCH_2C(CH_3)_3$	75.17	0.01	1			446
2246		74.37	0.01	1			446
2247	$CF_3C(O)OC_6H_{13}$	75.45	0.01	1			446
2248	$CF_3C(O)OCH_2CH(OH)CH_3$	74.33	0.01	1			446
2249	$C\underline{F}_3C(O)OCH_2CH_2CH_2OC(O)C\underline{F}_3$	74.27	0.01	1			446
2250	$C\underline{F}_3C(O)OCH_2CH_2OC(O)C\underline{F}_3$	74.30	0.01	1			446
2251	$C\underline{F}_3C(O)OCH_2CHF_2$	74.34	0.01	1			446
2252	$C\underline{F}_3C(O)OCH_2CF_3$	74.37	0.01	1			446
2253	$CF_3C(O)OCH(CH_3)_2$	74.68	0.01	1			446
2253		74.68	0.01	1	3		446
2253		75.52	0.01	1	38		446
2254	$CF_3C(O)OCH(CH_3)C_2H_5$	74.62	0.01	1			446
2254		74.62	0.01	1			446
2255	$CF_3C(O)OCH(C_2H_5)_2$	74.52	0.01	1			446
2256	$CF_3C(O)OC_5H_9$	75.43	0.01	1			446
2257	$C\underline{F}_3C(O)OCH(CH_3)CH_2OH$	74.55	0.01	1			446

NOTE- X IS ANY ELEMENT NOT PREVIOUSLY PRINTED UNDER THE TITLE ELEMENT.

NO.	COMPOUND	SHIFT (PPM)	ERROR (PPM)	REF	SOLV	TEMP (K)	LIT REF
2258	$CF_3C(O)OC_6H_{11}$	75.44	0.01	1			446
2259	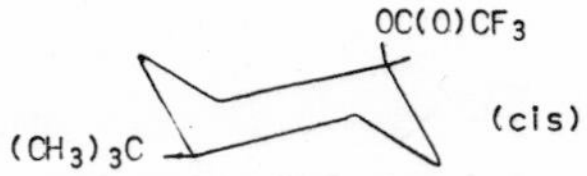	76.28	0.01	1			446
2259		75.	0.01	1			446
2260	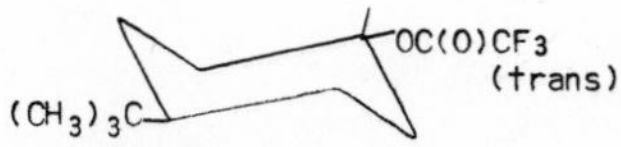	76.32	0.01	1			446
2260		75.	0.01	1			446
2261	$C\underline{F}_3C(O)OCHF_2$	76.2		INT.- 1	1		334
2262	$CF_3C(O)OC(CH_3)_3$	75.05	0.01	1			446
2263	$CF_3C(O)OC(CH_3)_2C_2H_5$	74.99	0.01	1			446
2264	$C\underline{F}_3C(O)OSO_2F$	78.5		EXT.- 2			400
****							
2265	$C\underline{F}_3C(O)S(O)_2OF$	73.1		1			399

15. NEAREST NEIGHBORS TO CARBON- CARBON(3 COORD.), FLUORINE, X OR CARBON(3 COORD.) CHLORINE, X

NO.	COMPOUND	SHIFT (PPM)	ERROR (PPM)	REF	SOLV	TEMP (K)	LIT REF
2266		107.7		EXT.- 2			379
2266		108.0		INT.-24			273
****							
2267	$C(O)FC\underline{F}_2NF_2$	109.8		1			317
2268	$CF_3C(O)C\underline{F}_2NF_2$	108.9		1			317
2269	$C_6H_5C\underline{F}_2NFC(CH_3)_2$	87.3		INT.- 1	13		510
2270	$C_6H_5C\underline{F}_2NFCH(CH_3)_2$	90.0		INT.- 1	13		510
2271	$C_6H_5C\underline{F}_2NFCH(CH_3)CH_2CH_3$	89.6		INT.- 1	13		510

AB-TYPE MULTIPLET WITH DELTA = 13.00 PPM

NO.	COMPOUND	SHIFT (PPM)	ERROR (PPM)	REF	SOLV	TEMP (K)	LIT REF
2272	$C_6H_5C\underline{F}_2NFCH(CH_3)CH_2CH_2CH_3$	90.	6.	INT.- 1	13		510
2273	$C_6H_5C\underline{F}_2NFCH_2CH(CH_3)_2$	97.0		INT.- 1	13		510
2274	$C_6H_5C\underline{F}_2NFCH(CH_3)C_6H_5$	88.6	6.6	INT.- 1	13		510
2275	$C_6H_5C\underline{F}_2NF_2$	103.13		1	13		510
2276	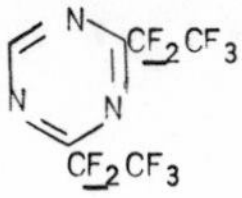	122.9		2			152
2277	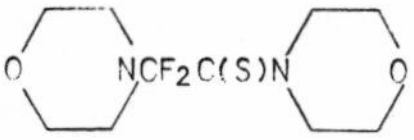	77.72		EXT.- 8	10		258

NOTE- X IS ANY ELEMENT NOT PREVIOUSLY PRINTED UNDER THE TITLE ELEMENT.

NO.	COMPOUND	SHIFT (PPM)	ERROR (PPM)	REF	SOLV	TEMP (K)	LIT REF
2278	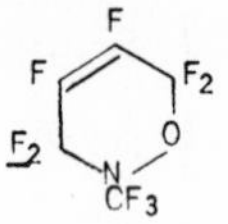	100.15		EXT.- 2			252
2279	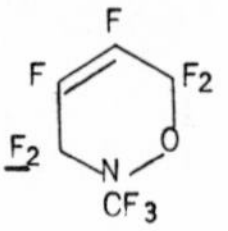 (isomeric mixture)	100.1	0.1	INT.- 1	1		315
2280	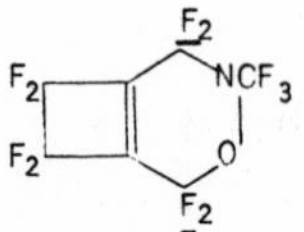	84.		2			249
2281	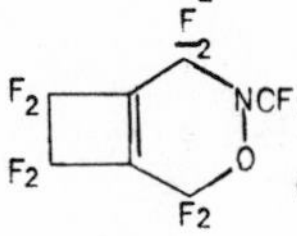 (isomeric mixture)	99.7	0.1	INT.- 1	1		315
****							
2282	$CF_2=CCl\underline{CF_2}P(O)(C_6H_5)_2$	105.9		1			481
2283	$CF_2=CCl\underline{CF_2}P(O)(OCH_3)_2$	108.0		1			481
2284	$CF_2=CCl\underline{CF_2}P(O)Cl_2$	104.7		1			481
****							
2285	$C_6H_5CH(OH)F$	77.56		INT.- 1	44		458
2286	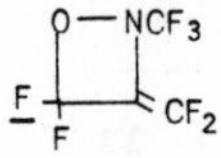	62.		2			250
2287	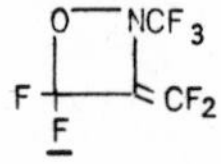	65.		2			250
2288	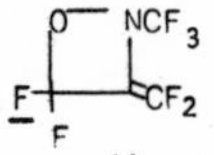 (inversion isomer A)	64.6	0.1	INT.- 1	1		315
2289	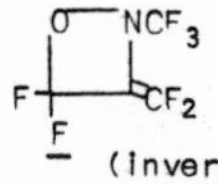 (inversion isomer A)	61.7	0.1	INT.- 1	1		315
2290	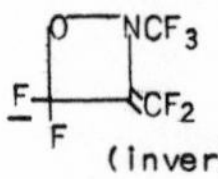 (inversion isomer B)	61.7	0.1	INT.- 1	1		315
2291	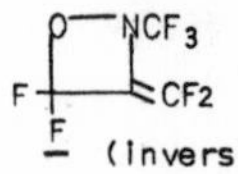 (inversion isomer B)	64.6	0.1	INT.- 1	1		315

NO.	COMPOUND	SHIFT (PPM)	ERROR (PPM)	REF	SOLV	TEMP (K)	LIT REF
2292	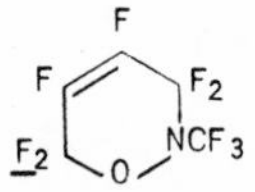	87.68		EXT.- 2			252
2293	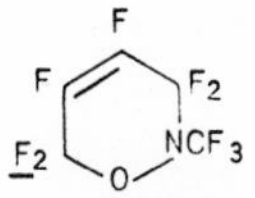 (isomeric mixture)	87.6	0.1	INT.- 1	1		315
2294	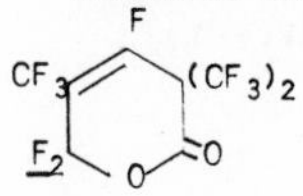	60.8		INT.- 1			412
2295	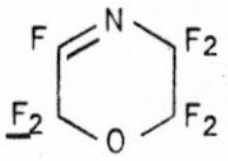	76.71		EXT.- 2			251
2296	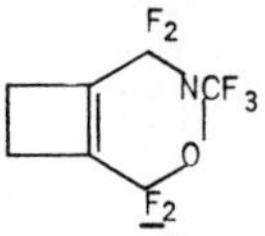	100.		2			249
2297	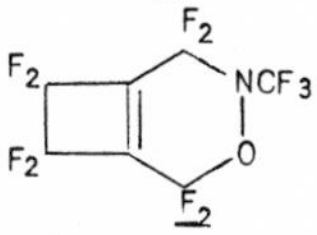	84.3	0.1	INT.- 1	1		315
2298	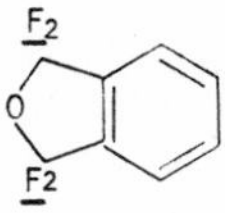	76.9	0.3	EXT.- 5	12		57
**** 2299	FC(O)CF$_2$SSCF$_2$C(O)F	87.1		EXT.- 8			258
**** 2300	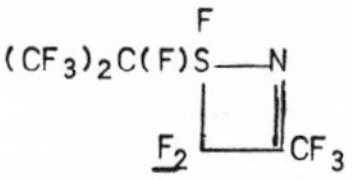	119.2		EXT.- 2			284
**** 2301	CF$_3$SF$_4$CF$_2$C(O)OCH$_3$	88.6		EXT.- 2			95
2301		88.6		EXT.- 2			109
**** 2302	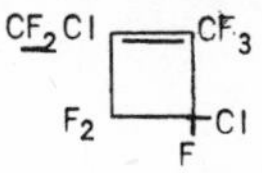	53.9		EXT.- 2			375
2303	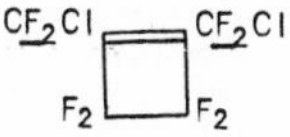	52.0		2			249
2304	CF$_2$ClCF=CFCF$_2$Cl	58.8		INT.- 9	2		83
2305	CF$_2$ClCF=NF	62.3		EXT.- 2			181

NO.	COMPOUND	SHIFT (PPM)	ERROR (PPM)	REF	SOLV	TEMP (K)	LIT REF
2306	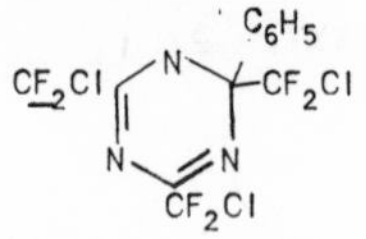	63.4		INT.- 1			452
2307	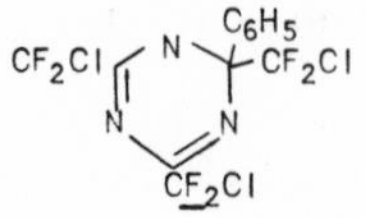	63.4		INT.- 1			452
2308	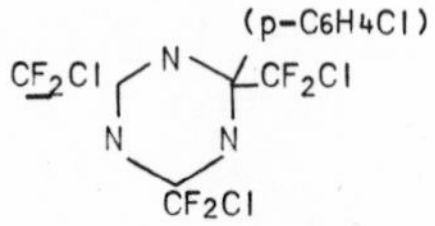	62.2		INT.- 1			452
2309	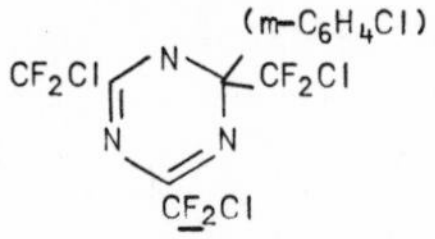	62.2		INT.- 1			452
2310	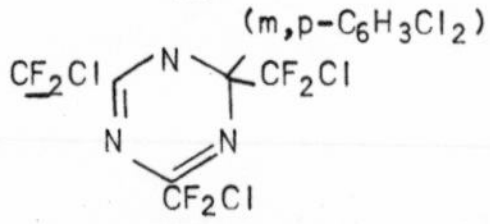	63.4		INT.- 1			452
2311	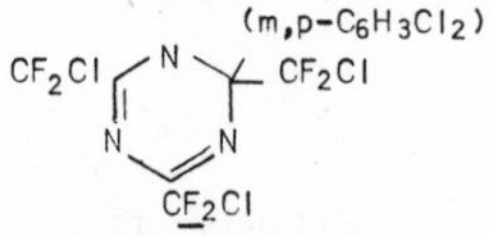	63.4		INT.- 1			452
2312	$CF_2ClC(O)OSO_2F$	89.4		EXT.- 2			400
2313	$CF_2ClCF=CF_2$	58.		INT.- 1	1		161
2313		58.0	1.0	INT.- 1	1		76
2313		53.2		1			481
2313		58.0		EXT.- 2			231
****							
2314	$CF_2BrCF=CF_2$	53.1		EXT.- 2			231
2315	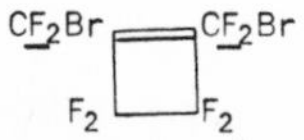	49.		2			249
2316	$CF_2Br(p\text{-}C_6H_4CHF_2)$	45.53		INT.- 1			210
2317	$CF_2Br(p\text{-}C_6H_4CF_2Br)$	46.06		INT.- 1			210
****							
2318	$CF_2ICF=CF_2$	61.6		EXT.- 2			231
****							
2319	$CFCl_2CF=NF$	68.3		INT.- 1	1		332

16. NEAREST NEIGHBORS TO CARBON- CARBON(4 COORD.), CARBON(4 COORD.) CARBON(4 COORD.)

NO.	COMPOUND	SHIFT (PPM)	ERROR (PPM)	REF	SOLV	TEMP (K)	LIT REF
2320	$(CH_3)_2CFCF_2CH_3$	141.3		INT.-25	2		350
2321	$(CH_3)_3CF$	132.4		EXT.- 1	12		134
2321		132.		EXT.- 1	12		156
2322	$(CH_3)_2C\underline{F}CH_2OH$	148.8		INT.- 1	1		216
2323	$(CH_3)_2C\underline{F}CH(OH)CH_3$	147.3		INT.- 1	1		216
2324	$(CH_3)_2C\underline{F}CH(OH)CO_2CH_3$	151.3	0.2	INT.- 1	1		420
2325	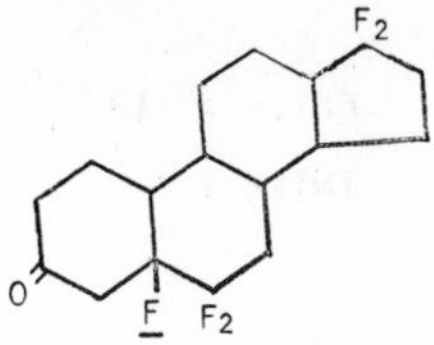	164.0		INT.- 1	13		384
2326	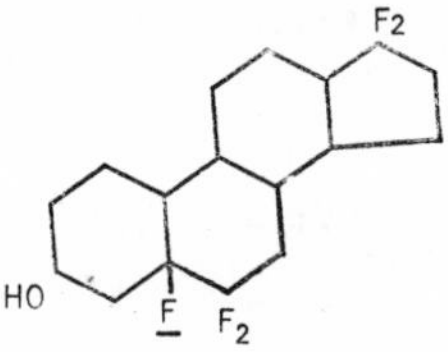	167.7		INT.- 1	13		384
2327	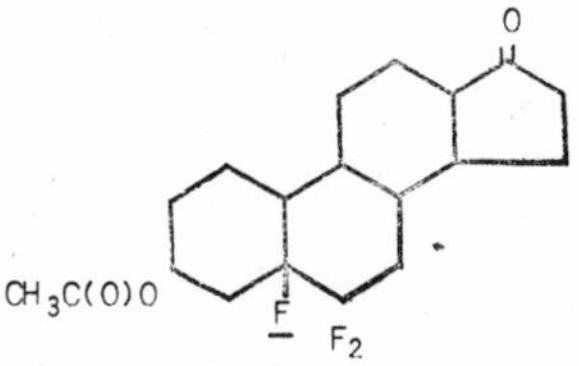	168.2		INT.- 1	13		384
2328	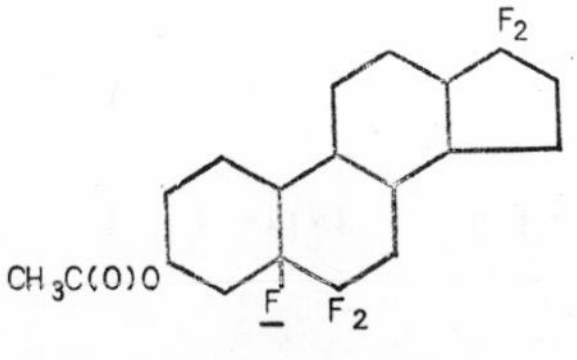	168.2		INT.- 1	13		384
2329	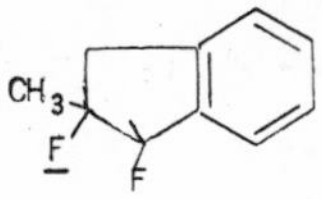	163.3		INT.- 1			448
2330	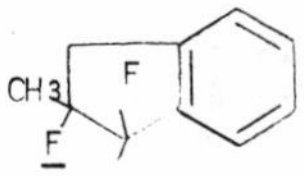	146.3		INT.- 1			448

NO.	COMPOUND	SHIFT (PPM)	ERROR (PPM)	REF	SOLV	TEMP (K)	LIT REF
2331	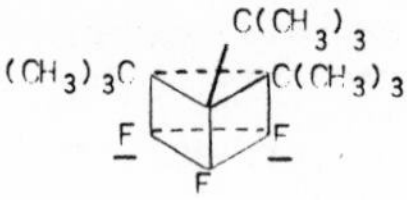	176.		INT.- 1			246
2332	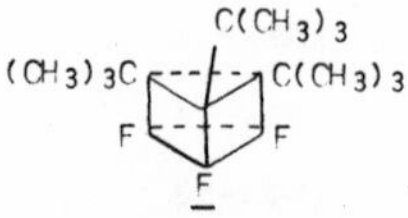	176.		INT.- 1			246
2333	$CF_3CF_2CF_2C\underline{F}(CF_2CF_3)_2$	183.5	0.1	EXT.- 2	12		16
2334	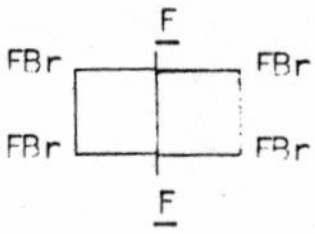	141.3		INT.- 1			392
2335	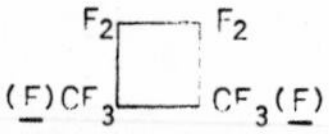 (cis)	193.0		EXT.- 2	12		373
2336	(trans)	191.5		EXT.- 2	12		373
2337	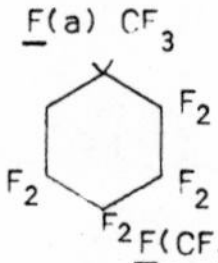	189.0		EXT.- 2	2		42
2338	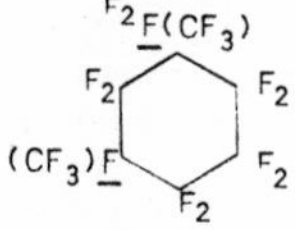	186.1		2			32
2339	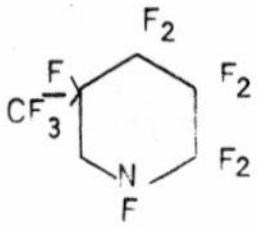	184.0	1.0	INT.- 1	1		507
2340	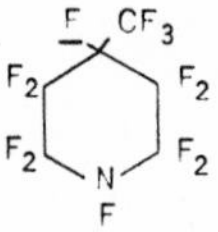	188.6	1.0	INT.- 1	1		507
2341	$(CF_3)_2C\underline{F}$	189.0	0.1	EXT.- 2	12		16
2342	$(CF_3)_2C\underline{F}C(CF_3)_2\underline{F}$	185.		EXT.- 2			39
2343	$(CF_3)_2C\underline{F}CF_2CF_3$	186.		EXT.- 2			39
2344	$(CF_3)_2C\underline{F}CF_2CF_2CF_3$	184.4		INT.- 1			124
2344		185.		EXT.- 2			39

NO.	COMPOUND	SHIFT (PPM)	ERROR (PPM)	REF	SOLV	TEMP (K)	LIT REF
	17. NEAREST NEIGHBORS TO CARBON- CARBON(4 COORD.), CARBON(4 COORD.) FLUORINE						
	(A). NEXT NEAREST NEIGHBORS-		H, H, X		X, X, X		
2345	$CH_3CF_2CH_3$	85.04		INT.- 1			368
2345		81.5		EXT.- 1			513
2346	$CH_3CF_2CH_2Cl$	94.90		INT.- 1			368
2347	$CH_3CF_2CHCl_2$	97.97		INT.- 1			368
2348	$CH_3CF_2CCl_3$	99.95		INT.- 1			368
2349	$CH_3\underline{CF_2}CF_2Re(CO)_5$	91.9		6	30		370
****							
2350	$CH_3CH_2\underline{CF_2}\underline{CF_2}CH_2CH_3$	116.21	0.01	EXT.-20	12		66
2351	$CHF_2CH_2\underline{CF_2}CH_2Sn(CH_3)_3$	88.0		EXT.- 2			396
2352	$CF_3CF_2\underline{CF_2}CH_2CH(CN)CH_3$	114.9		INT.- 1			308
2353	$CF_3CF_2\underline{CF_2}CH_2CH_2CH_3$	114.37	0.03	EXT.-20	12		66
2354	$CF_2I\underline{CF_2}CH_2CHICH_3$	107.7		INT.- 8			101
2355	$-CH_2CF_2CH_2-$ (polymer segment)	89.8	0.9	EXT.- 2			48
2356	$-CH_2CH_2\underline{CF_2}CH_2CF_2-$ (polymer segment)	94.8		INT.- 1	59		177
2356		94.8		INT.- 1	59		372
2356		93.0		1			372
2357	$-CF_2CH_2\underline{CF_2}CH_2CF_2-$ (polymer segment)	91.6		INT.- 1	59		177
2357		91.6		INT.- 1	59		372
2357		91.0		1			372
2358	$-CH_2CH_2\underline{CF_2}CF_2CH_2-$ (polymer segment)	115.9		INT.- 1	59		177
2358		115.9		INT.- 1	59		372
2358		115.0		1			372
2359	$-CF_2CH_2\underline{CF_2}CF_2CH_2-$ (polymer segment)	113.6		INT.- 1	59		177
2359		113.6		INT.- 1	59		372
2359		112.5		1			372
2360	$-CF_2CH_2\underline{CF_2}CF_2CF_2-$ (polymer segment)	110.0		1			372
2361	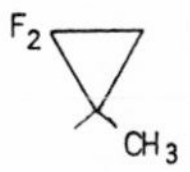	116.7		25			7
AB-TYPE MULTIPLET WITH DELTA = 8.40 PPM							
2362	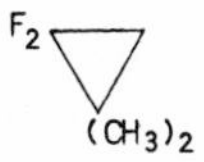	140.2		INT.- 1			333
2363	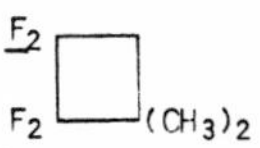	112.		25			7

NOTE- X IS ANY ELEMENT NOT PREVIOUSLY PRINTED UNDER THE TITLE ELEMENT.

NO.	COMPOUND	SHIFT (PPM)	ERROR (PPM)	REF	SOLV	TEMP (K)	LIT REF
2364	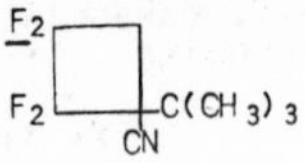	112.		25			7
AB-TYPE MULTIPLET WITH DELTA = .80 PPM							
2365	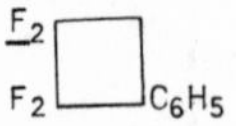	114.		25			7
AB-TYPE MULTIPLET WITH DELTA = 6.08 PPM							
2366	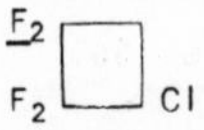	113.		25			7
AB-TYPE MULTIPLET WITH DELTA = 3.47 PPM							
2367	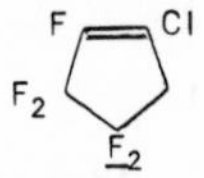	113.36		EXT.- 2			414
2368	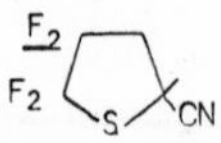	117.9		INT.- 8			101
2369	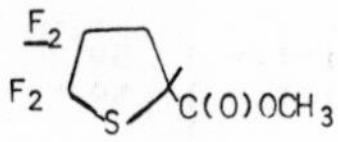	118.0		INT.- 8			101
2370	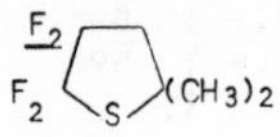	112.2		INT.- 8			101
2371	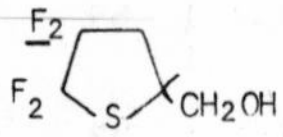	116.5		INT.- 8			101
2372	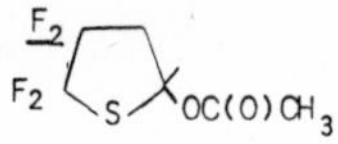	116.3		INT.- 8			101
2373	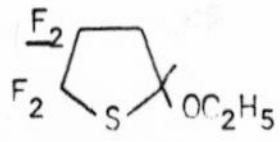	114.7		INT.- 8			101
2374	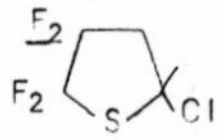	116.0		INT.- 8			101
2375	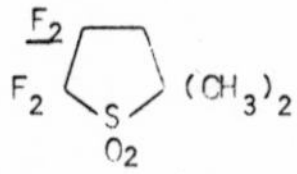	109.1		INT.- 8			101

NO.	COMPOUND	SHIFT (PPM)	ERROR (PPM)	REF	SOLV	TEMP (K)	LIT REF
2376	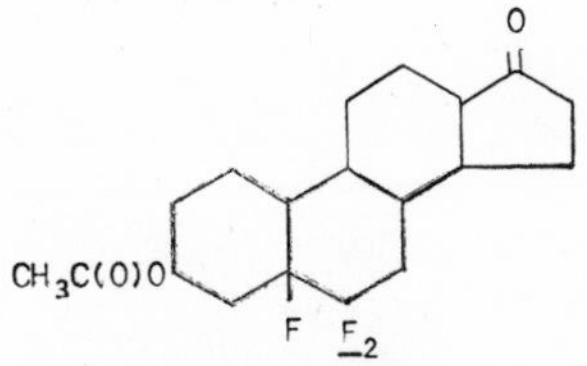	107.0		INT.- 1	13		384
2377	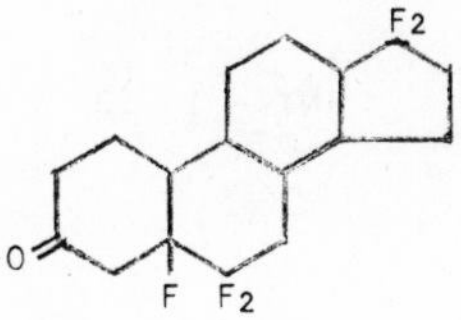	108.8		INT.- 1	13		384
AB-TYPE MULTIPLET WITH DELTA = 12.60 PPM							
2378	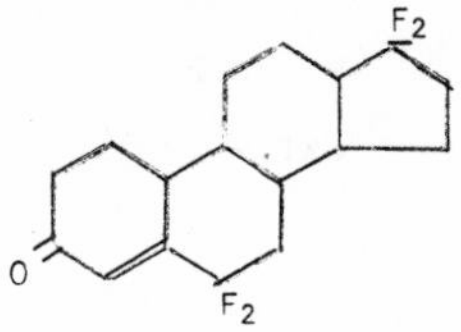	108.9		INT.- 1	13		384
AB-TYPE MULTIPLET WITH DELTA = 12.50 PPM							
2379	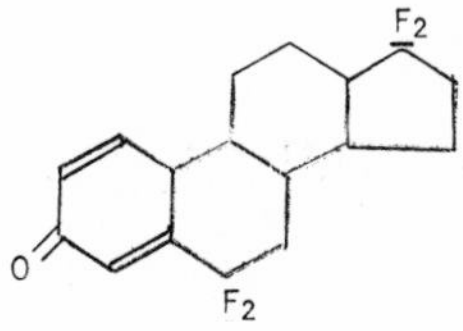	108.9		INT.- 1	13		384
2380	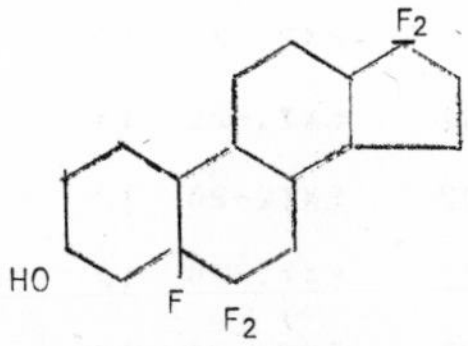	108.8		INT.- 1	13		384
AB-TYPE MULTIPLET WITH DELTA = 13.80 PPM							
2381	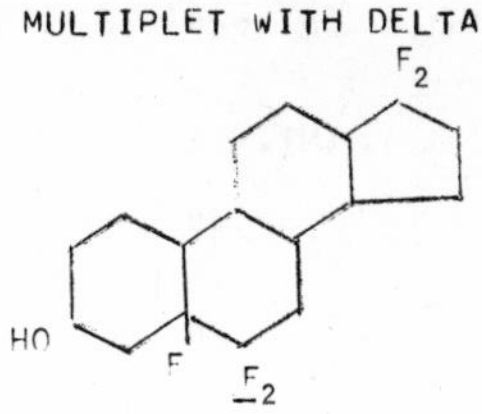	107.0		INT.- 1	13		384

NO.	COMPOUND	SHIFT (PPM)	ERROR (PPM)	REF	SOLV	TEMP (K)	LIT REF
2382	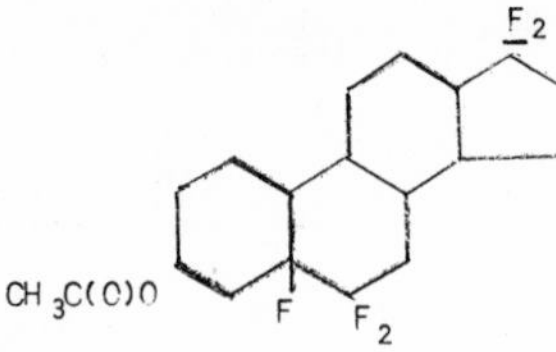	108.8		INT.- 1	13		384

AB-TYPE MULTIPLET WITH DELTA = 13.80 PPM

NO.	COMPOUND	SHIFT (PPM)	ERROR (PPM)	REF	SOLV	TEMP (K)	LIT REF
2383	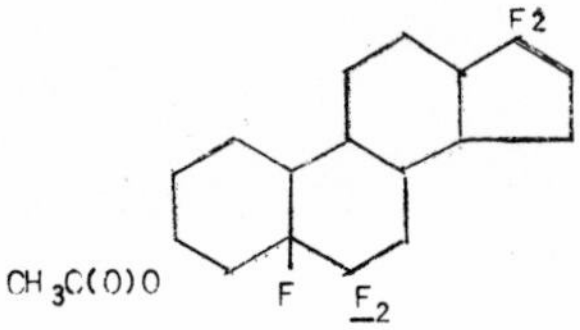	107.0		INT.- 1	13		384
****							
2384	$CF_3\underline{CF_2}CH_2OCH_3$	123.7		2			176
2385	$CHF_2\underline{CF_2}CH_2OC_6F_{11}$	119.5		EXT.- 2			272
2386	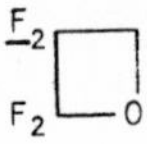	119.8		2			176
2387	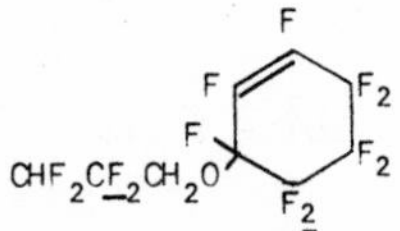	125.		EXT.- 2			271
2388	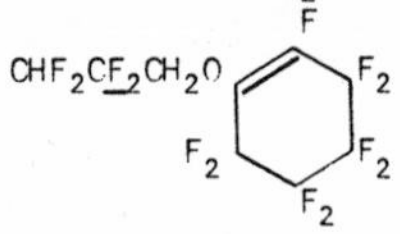	126.		EXT.- 2			271
****							
2389	$CH_2F\underline{CF_2}CHF_2$	127.61	0.10	EXT.-20	12		66
2390	$CH_2F\underline{CF_2}CF_3$	127.18	0.01	EXT.-20	12		66
2391	$CH_2F\underline{CF_2}CF_2CF_3$	123.72	0.02	EXT.-20	12		66
2392	$CH_2F\underline{CF_2}CF_2CF_2CHF_2$	122.46	0.01	EXT.-20	12		66
2393	$CH_2F\underline{CF_2}CF_2Cl$	121.39	0.01	EXT.-20	12		66
2394	$CH_2F\underline{CF_2}CF_2Br$	118.55	0.02	EXT.-20	12		66
****							
2395	$CH_2ClCF_2CCl_3$	110.60		INT.- 1			368
2396	$CH_2Cl\underline{CF_2}CF_2CF_3$	116.	1.	20			10
****							
2397	$CH_2Br\underline{CF_2}CF_2CF_3$	113.	1.	20			10
****							
2398	$CH_2I\underline{CF_2}CF_2CF_3$	107.	1.	20			10

17. NEAREST NEIGHBORS TO CARBON- CARBON(4 COORD.), CARBON(4 COORD.) FLUORINE

(B). NEXT NEAREST NEIGHBORS- H, C, X X, X, X

NO.	COMPOUND	SHIFT (PPM)	ERROR (PPM)	REF	SOLV	TEMP (K)	LIT REF
2399	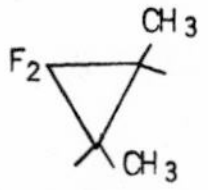	142.3		INT.- 1			333
2400	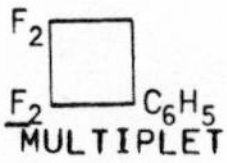	118.		25			7
AB-TYPE MULTIPLET WITH DELTA = 3.43 PPM							
2401	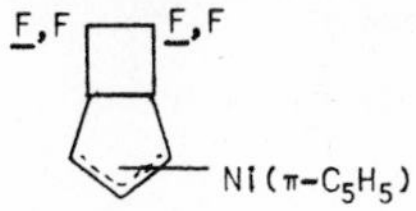	119.02		INT.- 1			161
2402	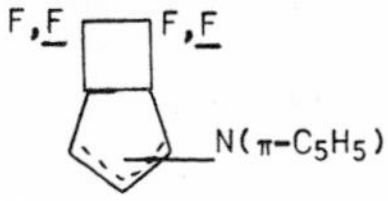	113.58		INT.- 1	1		161
**** 2403	$CF_3CF_2CH(OH)CH_2CH_3$	124.5		EXT.- 1	48		456
**** 2404	$-CHFCF_2CHF-$ (polymer segment)	114.8	0.9	EXT.- 2			48
2405	$(CH_3)_3SnCF_2CHFCF_2CHFSn(CH_3)_3$	129.		EXT.- 2			396
2406	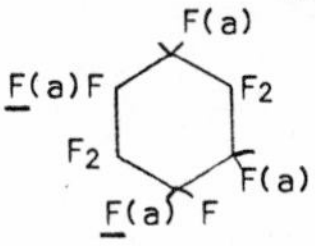	121.3		EXT.- 2	2		42
2407	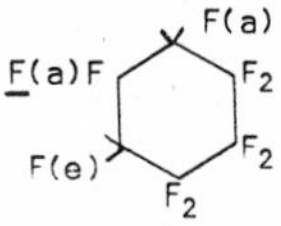	129.0		EXT.- 2	2		42
2408	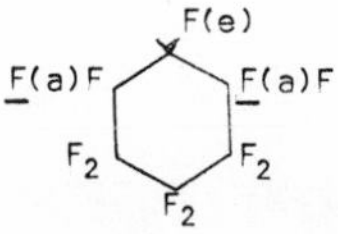	125.7		EXT.- 2	2		42
2409	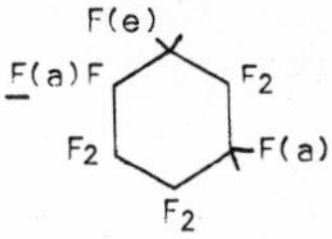	126.8		EXT.- 2	2		42

NOTE- X IS ANY ELEMENT NOT PREVIOUSLY PRINTED UNDER THE TITLE ELEMENT.

NO.	COMPOUND	SHIFT (PPM)	ERROR (PPM)	REF	SOLV	TEMP (K)	LIT REF
2410	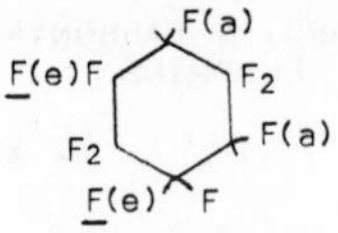	131.3		EXT.- 2	2		42
2411	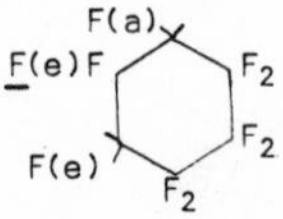	132.9		EXT.- 2	2		42
2412	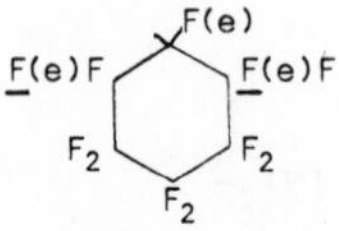	134.6		EXT.- 2	2		42
2413	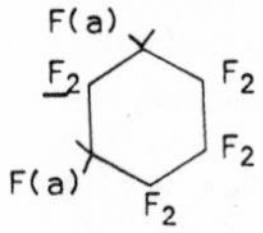	132.8		EXT.- 2	2		42
2414	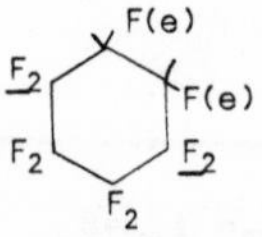	130.0		EXT.- 2	2		42
2415	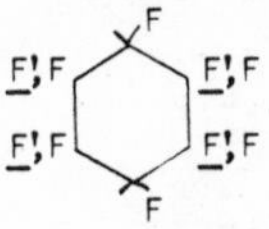 (cis)	121.8		EXT.- 2	2		42
2416	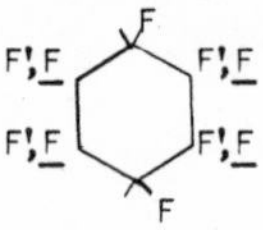 (cis)	132.1		EXT.- 2	2		42
2417	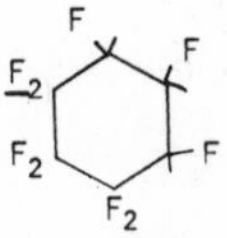	125.7		EXT.- 2			291

AB-TYPE MULTIPLET WITH DELTA = 7.00 PPM

NO.	COMPOUND	SHIFT (PPM)	ERROR (PPM)	REF	SOLV	TEMP (K)	LIT REF
2418	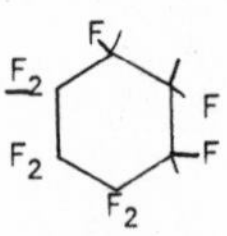	129.4		EXT.- 2			291
2419	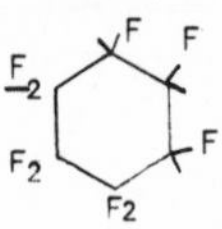	128.4		EXT.- 2			291

NO.	COMPOUND	SHIFT (PPM)	ERROR (PPM)	REF	SOLV	TEMP (K)	LIT REF
2420	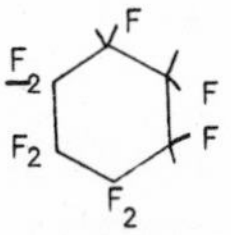	126.3		EXT.- 2			291

AB-TYPE MULTIPLET WITH DELTA = 9.60 PPM

NO.	COMPOUND	SHIFT (PPM)	ERROR (PPM)	REF	SOLV	TEMP (K)	LIT REF
2421	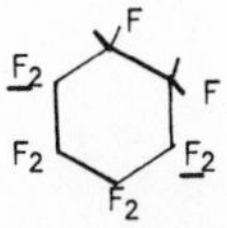 (cis)	132.8		EXT.- 2	2		42

17. NEAREST NEIGHBORS TO CARBON- CARBON(4 COORD.), CARBON(4 COORD.) FLUORINE

(C). NEXT NEAREST NEIGHBORS- H, X, X X, X, X

NO.	COMPOUND	SHIFT (PPM)	ERROR (PPM)	REF	SOLV	TEMP (K)	LIT REF
2422	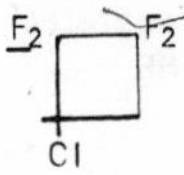	121.		25			7

AB-TYPE MULTIPLET WITH DELTA = 3.47 PPM

****

NO.	COMPOUND	SHIFT (PPM)	ERROR (PPM)	REF	SOLV	TEMP (K)	LIT REF
2423	$CHF_2\underline{CF_2}CHFOC_6F_{11}$	128.3		EXT.- 2			272
2424	$CF_3\underline{CF_2}CHFOC_6F_{11}$	126.7		EXT.- 2			272

****

NO.	COMPOUND	SHIFT (PPM)	ERROR (PPM)	REF	SOLV	TEMP (K)	LIT REF
2425	$CHF_2\underline{CF_2}CHF_2$	134.95	0.01	EXT.-20	12		66
2426	$CHF_2\underline{CF_2}CHFCl$	129.26	0.10	EXT.-20	12		66
2427	$CHF_2\underline{CF_2}CHFBr$	125.92	0.02	EXT.-20	12		66
2428	$CHF_2CF_2CF_2CF_2CH_2F$	124.77	0.01	EXT.-20	12		66
2429	$CHF_2\underline{CF_2}\underline{CF_2}CHF_2$	130.46	0.02	EXT.-20	12		66
2429		128.	1.	20			10
2430	$CHF_2\underline{CF_2}(CF_2)_4\underline{CF_2}CHF_2$	128.67	0.02	EXT.-20	12		66
2431	$CHF_2\underline{CF_2}CF_3$	133.17	0.02	EXT.-20	12		66
2431		138.0	0.05	INT.-22			17
2432	$CDF_2\underline{CF_2}CF_3$	138.0	0.05	INT.-22			17
2433	$CHF_2\underline{CF_2}CF_2CF_2CF_3$	128.	1.	20			10
2434	$CHF_2\underline{CF_2}(CF_2)_4CF_3$	132.2		EXT.- 8			178
2435	$CHF_2\underline{CF_2}(CF_2)_4CFICF_3$	130.07		8			100
2436	$[CHF_2\underline{CF_2}CF_2CF_2CF_2N=]_2$	132.09		EXT.- 8			88
2437	$[CHF_2\underline{CF_2}CF_2CF_2CF=N]_2$	131.76		EXT.- 8			88

NOTE- X IS ANY ELEMENT NOT PREVIOUSLY PRINTED UNDER THE TITLE ELEMENT.

NO.	COMPOUND	SHIFT (PPM)	ERROR (PPM)	REF	SOLV	TEMP (K)	LIT REF
2438	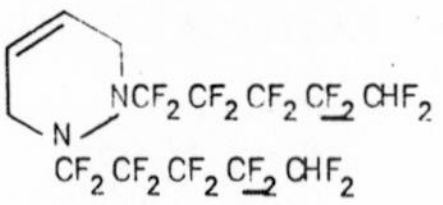	131.88		EXT.- 8			88
2439	$CHF_2\underline{CF_2}CF_2CF_2C(O)OH$	128.30		2			50
2440	$CHF_2\underline{CF_2}CF_2CF_2C(O)CF(CF_3)_2$	128.5		EXT.- 2			114
2441	$CHF_2\underline{CF_2}CF_2CF_2C(O)SH$	127.30		2			50
2442	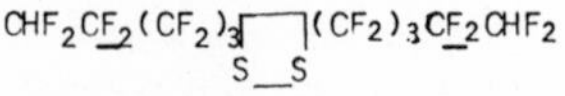	129.2		2			71
****							
2443	$CHCl_2\underline{CF_2}CHCl_2$	117.44		INT.- 1			368
2444	$CHCl_3\underline{CF_2}CCl_3$	106.49		INT.- 1			368

17. NEAREST NEIGHBORS TO CARBON- CARBON(4 COORD.), CARBON(4 COORD.) FLUORINE

(D). NEXT NEAREST NEIGHBORS- C, C, X X, X, X

NO.	COMPOUND	SHIFT (PPM)	ERROR (PPM)	REF	SOLV	TEMP (K)	LIT REF
2445	$CF_3\underline{CF_2}CF_3$	131.21	0.01	INT.- 1	1		117
****							
2446	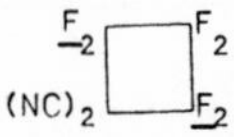	119.5		EXT.- 8			331
2447	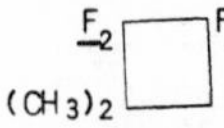	124.		25			7
2448	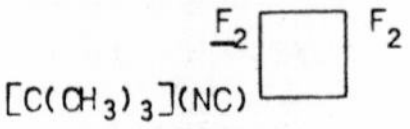	113.		25			7

AB-TYPE MULTIPLET WITH DELTA = 9.83 PPM

NO.	COMPOUND	SHIFT (PPM)	ERROR (PPM)	REF	SOLV	TEMP (K)	LIT REF
****							
2449	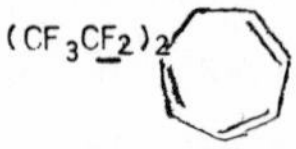	119.0		8			419
****							
2450	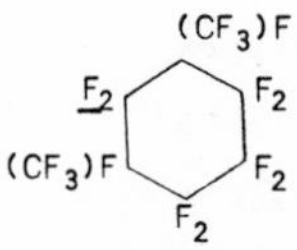	124.4		2			32
2451	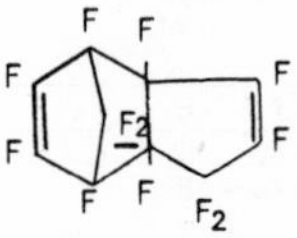	131.0		EXT.- 2	38		492

AB-TYPE MULTIPLET WITH DELTA = 13.90 PPM

****

NOTE- X IS ANY ELEMENT NOT PREVIOUSLY PRINTED UNDER THE TITLE ELEMENT.

NO.	COMPOUND	SHIFT (PPM)	ERROR (PPM)	REF	SOLV	TEMP (K)	LIT REF
2452	$(CF_3)_2CF\underline{CF_2}CF_2CF_3$	114.2		INT.- 1			124
2452		115.		EXT.- 2			39
2453	$(CF_3CF_2)_2CF\underline{CF_2}CF_2CF_3$	110.9	0.1	EXT.- 2	12		16
2454	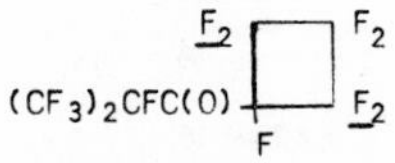	130.		EXT.- 2			114
2455	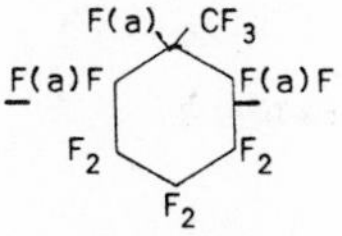	119.6		EXT.- 2	2		42
2456	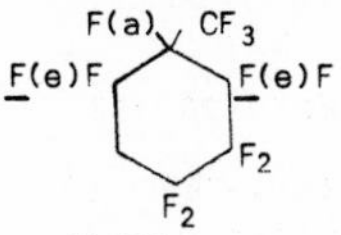	134.2		EXT.- 2	2		42
2457	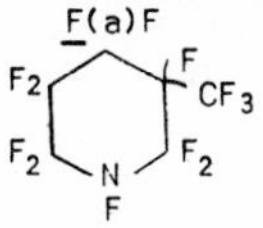	121.1	1.0	INT.- 1	1		507
2458	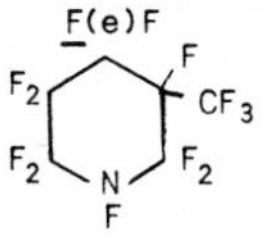	132.2	1.0	INT.- 1	1		507
**** 2459	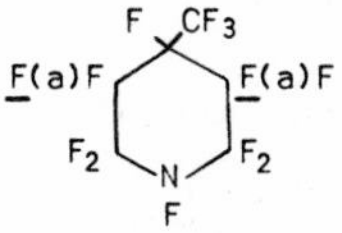	117.5	1.0	INT.- 1	1		507
2460	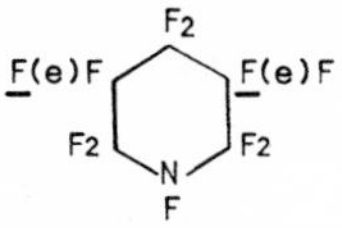	130.8	1.0	INT.- 1	1		507
**** 2461	$CF_3\underline{CF_2}CF(CF_3)_2$	119.		EXT.- 2			39
2462	$(CF_3\underline{CF_2})_2CFCF_2CF_2CF_3$	113.9	0.1	EXT.- 2	12		16

17. NEAREST NEIGHBORS TO CARBON- CARBON(4 COORD.), CARBON(4 COORD.) FLUORINE

(E). NEXT NEAREST NEIGHBORS- C, F, F C, F, F

NO.	COMPOUND	SHIFT (PPM)	ERROR (PPM)	REF	SOLV	TEMP (K)	LIT REF
2463	$[CHF_2CF_2\underline{CF_2}CF_2CF{=}N]_2$	126.55		EXT.- 8			88
2464	$CHF_2CF_2\underline{CF_2}CF_2C(O)CF(CF_3)_2$	122.5		EXT.- 2			114
2465	$CHF_2CF_2\underline{CF_2}CF_2C(O)OH$	123.55		2			50
2466	$CHF_2CF_2\underline{CF_2}CF_2C(O)SH$	122.30		2			50
2467	$-CH_2CF_2\underline{CF_2}CF_2CH_2-$ (polymer segment)	124.5		1			372

NO.	COMPOUND	SHIFT (PPM)	ERROR (PPM)	REF	SOLV	TEMP (K)	LIT REF
2468	$-CF_2CF_2\underline{CF_2}CF_2CH_2-$ (polymer segment)	122.0		1			372
2469	$CHF_2CF_2\underline{CF_2}CF_2CH_2F$	129.50	0.01	EXT.-20	12		66
2470	$CF_3CF_2CF_2CF_2\underline{CF_2}CF_2CHF_2$	128.6		EXT.- 8			178
2471	$CF_3CFICF_2CF_2CF_2\underline{CF_2}CF_2CHF_2$	123.59		8			100
2472	$[CHF_2CF_2\underline{CF_2}CF_2CF_2N=]_2$	126.19		EXT.- 8			88
2473	$CF_3CF_2\underline{CF_2}CF_2CHF_2$	122.	1.	20			10
2474	$-CF_2\underline{CF_2}CF_2-$ (polymer segment)	118.2	0.9	EXT.- 2			48
2475	$-CF_2CF_2\underline{CF_2}CF_2CF_2-$ (polymer segment)	119.5		1			372
2476	$CHF_2CF_2\underline{CF_2}CF_2CF_2\underline{CF_2}CF_2CHF_2$	121.98	0.02	EXT.-20	12		66
2477	$CF_3CF_2CF_2\underline{CF_2}CF_2CF_2CHF_2$	132.0		INT.- 1			124
2477		125.3		EXT.- 8			178
2478	$CF_3CF_2CF_2\underline{CF_2}CF_2CF_2CF_3$	121.	1.	20			10
2479	$CF_3CFICF_2CF_2\underline{CF_2}CF_2CF_2CHF_2$	121.85		8			100
2480	$(CF_3CF_2CF_2CF_2\underline{CF_2}CF_2CF_2S)_2$	122.5	0.2	INT.- 1	1		116
2481	$(CF_3CF_2CF_2\underline{CF_2}CF_2CF_2CF_2S)_2$	122.5	0.2	INT.- 1	1		116
2482	$CF_3CF_2\underline{CF_2}CF_2CF_2CF_2CHF_2$	125.8		INT.- 1			124
2482		125.3		EXT.- 8			178
2483	$(CF_3CF_2\underline{CF_2}CF_2CF_2CF_2CF_2S)_2$	122.5	0.2	INT.- 1	1		116
2484	$CF_3CF_2\underline{CF_2}\underline{CF_2}CF_2CF_3$	125.7		INT.- 1			124
2484		121.5	0.02	EXT.-20	12		66
2485	$CF_3CF_2\underline{CF_2}CF_2\underline{CF_2}CF_2CF_3$	125.3		INT.- 1			124
2485		121.	1.	20			10
2486	$CF_3CF_2\underline{CF_2}CF_2CF_2CCl_3$	121.	1.	20			10
2487	$CF_3CF_2\underline{CF_2}CF_2CF_2NF_2$	123.3		2			127
2488	$CF_3CFICF_2\underline{CF_2}CF_2CF_2CF_2CHF_2$	119.30		8			100
2489	$CF_3CF_2CF_2CF_2\underline{CF_2}CF_2CCl_3$	115.	1.	20			10
2490	$FOCF_2CF_2\underline{CF_2}CF_2CF_2OF$	124.0		INT.- 1	1		509
2491	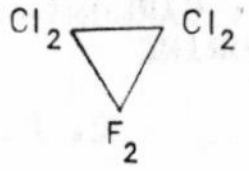	134.0		INT.-25	2		475
2492	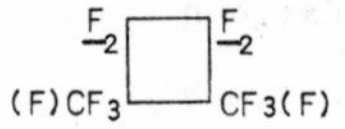 (cis)	128.2		EXT.- 2	12		373

AB-TYPE MULTIPLET WITH DELTA = 2.00 PPM

2493	(trans)	128.2		EXT.- 2	12		373

NO.	COMPOUND	SHIFT (PPM)	ERROR (PPM)	REF	SOLV	TEMP (K)	LIT REF
2494	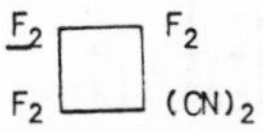	131.0		EXT.- 8			331
2495	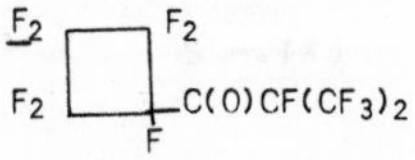	133.		EXT.- 2			114
2496	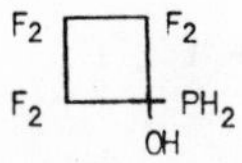	131.9		EXT.- 8			343
AB-TYPE MULTIPLET WITH DELTA = 7.30 PPM							
2497	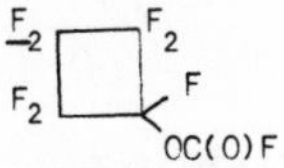	131.2		EXT.- 2			92
2498	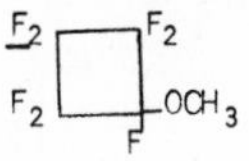	133.4		EXT.- 2			272
2499	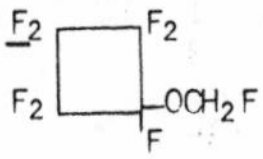	134.3		EXT.- 2			272
2500	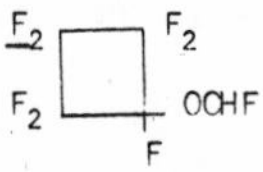	134.7		EXT.- 2			272
2501	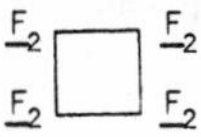	134.6	.1	INT.- 1	1		421
2501		135.5	0.1	INT.- 1	1		148
2501		137.9		EXT.- 1	12		134
2501		138.		EXT.- 1	12		156
2501		138.03	0.01	1	12		26
2502	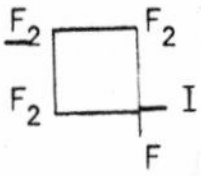	128.		8			100
2503	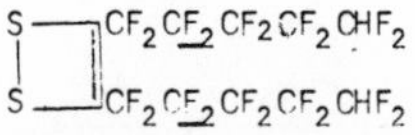	120.0		2			71
2504	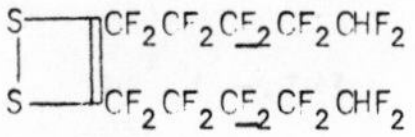	122.2		2			71
2505	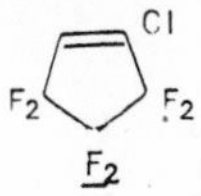	129.20		INT.-34	2		416
2506	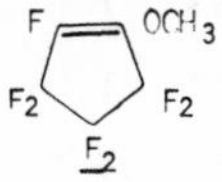	135.		EXT.- 2			271

NO.	COMPOUND	SHIFT (PPM)	ERROR (PPM)	REF	SOLV	TEMP (K)	LIT REF
2507	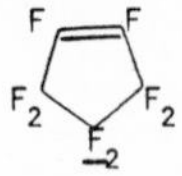	130.2	.1	INT.- 1	1		421
2507		130.1		INT.- 1	2		416
2507		129.70	0.02	EXT.-20	12		56
2508	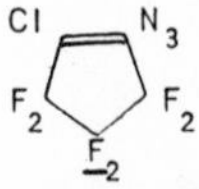	129.5		EXT.- 2			30
2509	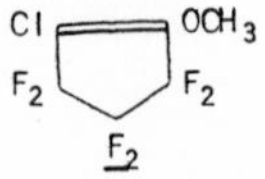	130.3	.1	INT.- 1	1		421
2510	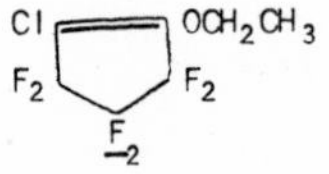	130.4	.1	INT.- 1	1		421
2511	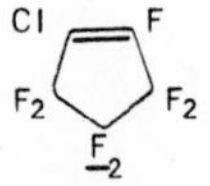	130.40		INT.-34	2		416
2512	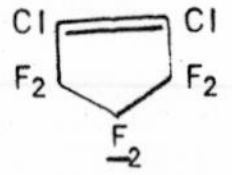	130.4	.1	INT.- 1	1		421
2512		130.4		INT.- 1	12		387
2512		129.2		EXT.- 2			30
2512		128.02	0.02	EXT.-20	12		56
2512		130.20		INT.-34	2		416
2513	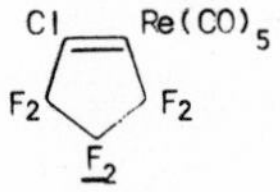	129.1		INT.- 1	39		387
2514	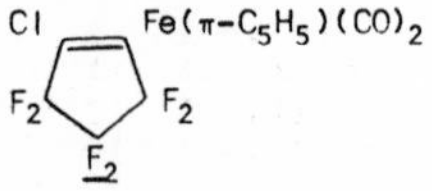	130.0		INT.- 1	39		387
2515	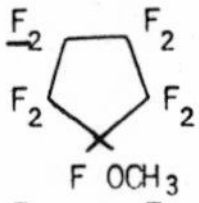	137.		EXT.- 2			272
2516	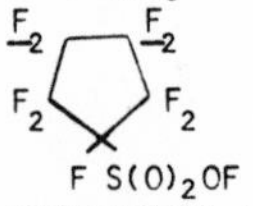	131.		1			144

AB-TYPE MULTIPLET WITH DELTA = 7.80 PPM

NO.	COMPOUND	SHIFT (PPM)	ERROR (PPM)	REF	SOLV	TEMP (K)	LIT REF
2517	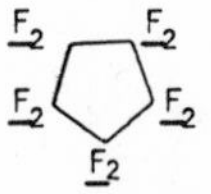	132.9	.1	INT.- 1	1		421
2518	$CF_3CF_2\underline{CF_2}CF_2(m\text{-}C_6H_4NH_2)$	111.56		INT.-53	1		356
2519	$CF_3CF_2\underline{CF_2}CF_2[m\text{-}C_6H_4N(CH_3)_2]$	111.60		INT.-53	1		356
2520	$CF_3CF_2\underline{CF_2}CF_2[p\text{-}C_6H_4N(CH_3)_2]$	110.24		INT.-53	1		356
2521	$CF_3CF_2\underline{CF_2}CF_2(m\text{-}C_6H_4NO_2)$	111.57		INT.-53	1		356

NO.	COMPOUND	SHIFT (PPM)	ERROR (PPM)	REF	SOLV	TEMP (K)	LIT REF
2522	$CF_3CF_2C\underline{F_2}CF_2(m\text{-}C_6H_4F)$	111.47		INT.-53	1		356
2523	$CF_3CF_2C\underline{F_2}CF_2(p\text{-}C_6H_4F)$	110.86		INT.-53	1		356
2524	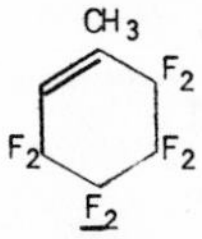	135.3		INT.- 1			483
2525	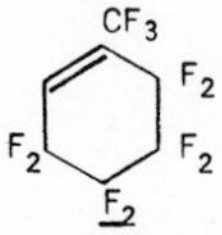	136.4		INT.- 1			483
2526	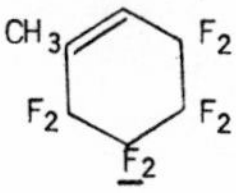	135.3		INT.- 1			483
2527	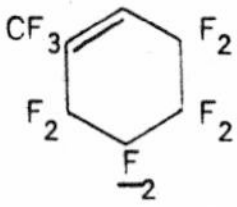	135.9		INT.- 1			483
2528	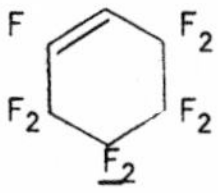	135.4		INT.- 1			483
2529	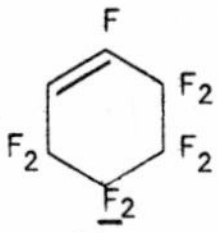	135.4		INT.- 1			483
2530	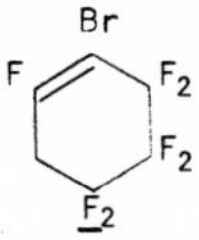	134.8		INT.- 1			483
2531	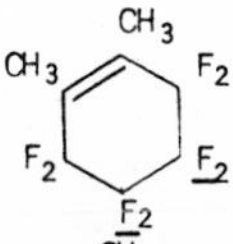	135.6		INT.- 1			483
2531		134.4		2			233
2532	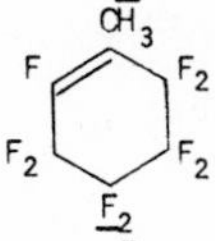	135.2		INT.- 1			483
2532		134.3		2			233
2533	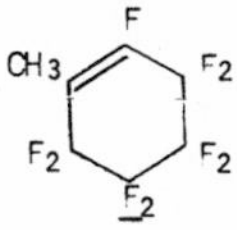	135.2		INT.- 1			483
2533		134.3		2			233

NO.	COMPOUND	SHIFT (PPM)	ERROR (PPM)	REF	SOLV	TEMP (K)	LIT REF
2534	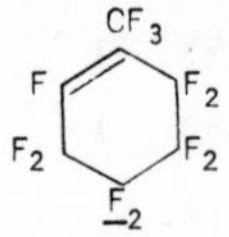	131.6		INT.- 1			483
2535	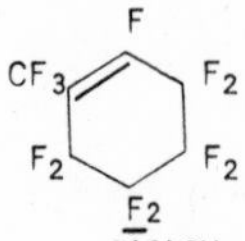	131.6		INT.- 1			483
2536	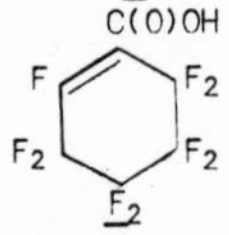	135.1		INT.- 1			483
2537	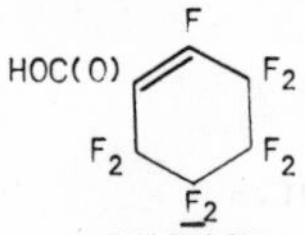	135.1		INT.- 1			483
2538	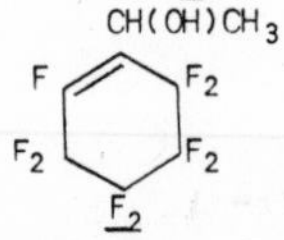	135.2		INT.- 1			483
2539	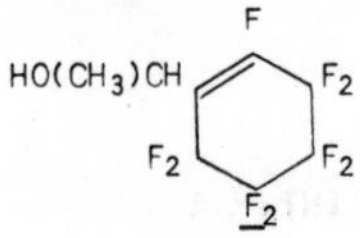	135.2		INT.- 1			483
2540	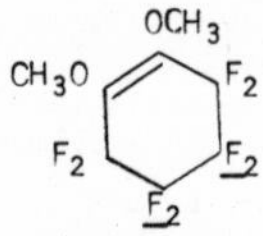	113.4		EXT.- 2			271
2541	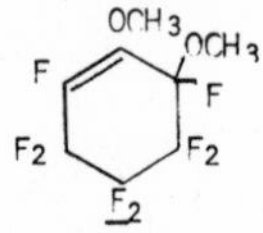	116.		EXT.- 2			271
2542	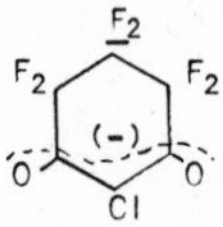	134.5		INT.- 1	22		360
2543	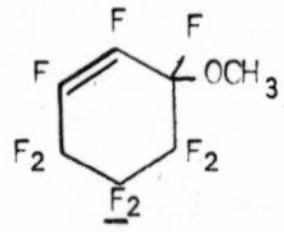	132.2		EXT.- 2			271
2544	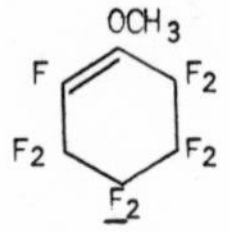	133.7		EXT.- 2			271

NO.	COMPOUND	SHIFT (PPM)	ERROR (PPM)	REF	SOLV	TEMP (K)	LIT REF
2545	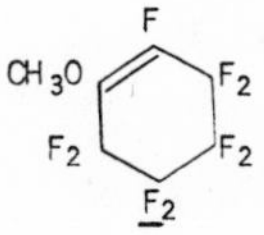	133.9		EXT.- 2			271
2546	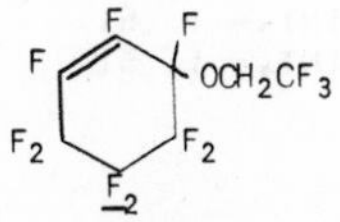	131.6		EXT.- 2			271
2547	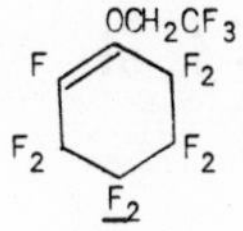	132.		EXT.- 2			271
2547		132.		EXT.- 2			271
2548	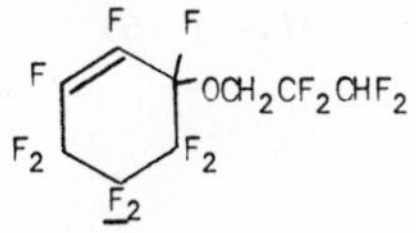	133.		EXT.- 2			271
2549	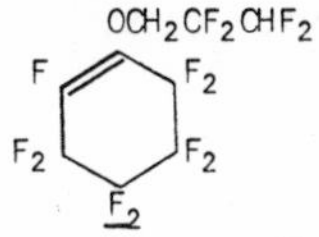	134.		EXT.- 2			271
2550	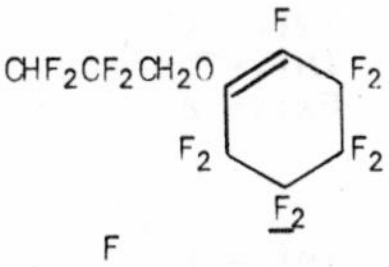	134.		EXT.- 2			271
2551	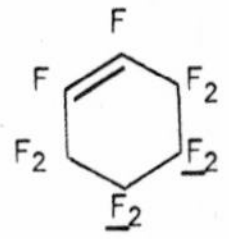	133.1		INT.- 1			417
2551		142.6		INT.- 1	51		310
2551		132.1		EXT.- 2			135
2551		133.8	.1	INT.- 1	1		421
2552	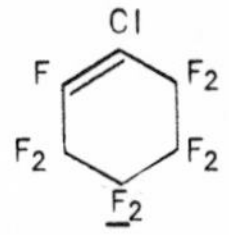	134.5		INT.- 1			483
2553	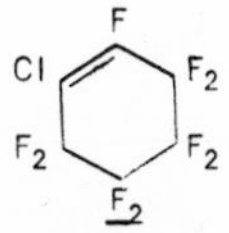	133.5		INT.- 1			483
2554	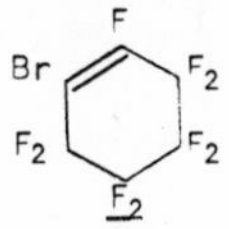	133.2		INT.- 1			483
2555	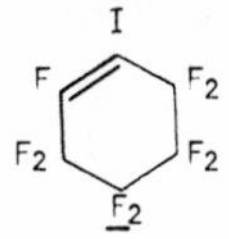	134.7		INT.- 1			483

NO.	COMPOUND	SHIFT (PPM)	ERROR (PPM)	REF	SOLV	TEMP (K)	LIT REF
2556	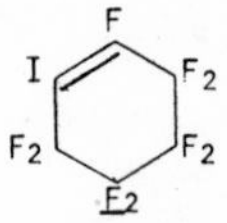	132.9		INT.- 1			483
2557	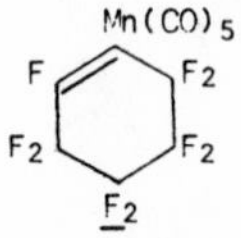	143.5		INT.- 1	51		310
2557		141.6		INT.- 1	51		310
2558	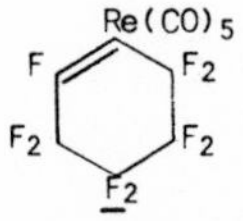	143.5		INT.- 1	51		310
2558		141.3		INT.- 1	51		310
2559	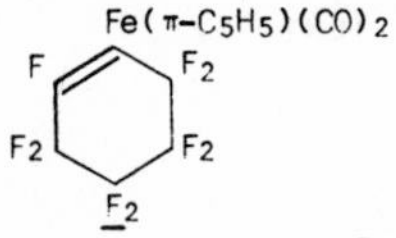	143.5		INT.- 1	51		310
2560	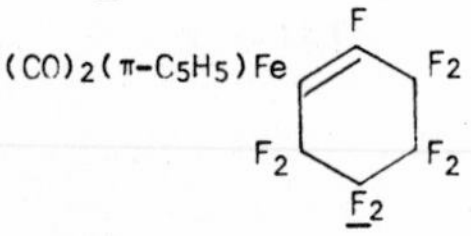	141.0		INT.- 1	51		310
2561	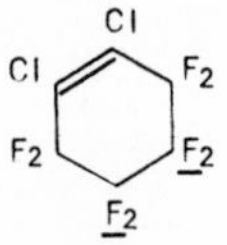	134.1		INT.- 1			417
2561		133.8		INT.- 1			483
2561		132.32		EXT.- 2			135
2562	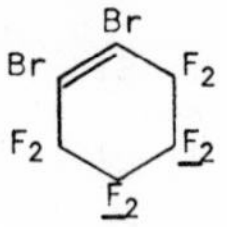	133.7		INT.- 1			483
2563	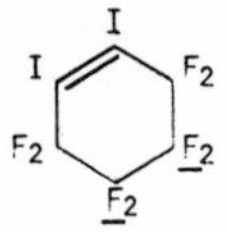	133.3		INT.- 1			483
2564	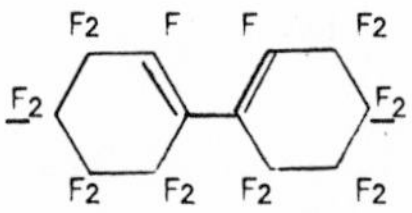	135.0		INT.- 1			483
2565	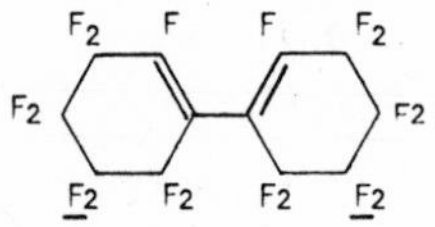	135.0		INT.- 1			483
2566	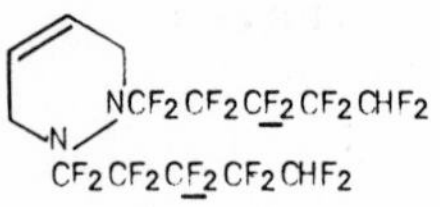	125.45		EXT.- 8			88

NO.	COMPOUND	SHIFT (PPM)	ERROR (PPM)	REF	SOLV	TEMP (K)	LIT REF
2567	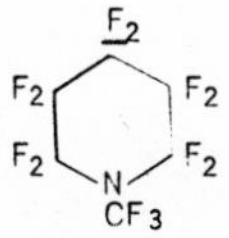	134.3	0.1	EXT.- 2	12		16
2568	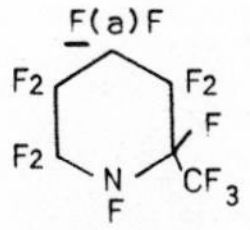	122.9	1.0	INT.- 1	1		507
2569	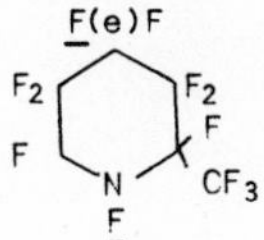	141.3	1.0	INT.- 1	1		507
2570	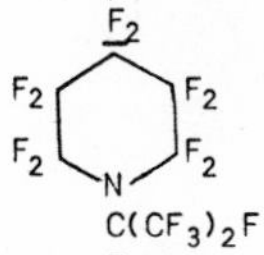	117.7		EXT.- 2			286
2571	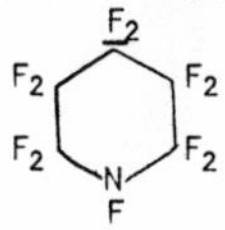	133.4		INT.- 1	1		332
2571		133.2	0.1	EXT.- 2	12		16
2572	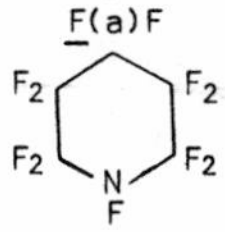	125.1	1.0	INT.- 1	1	99	507
2573	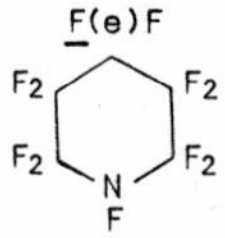	142.7	1.0	INT.- 1	1	199	507
2574	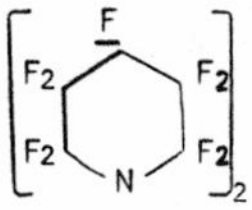	132.7	0.1	EXT.- 2	12		16
2575	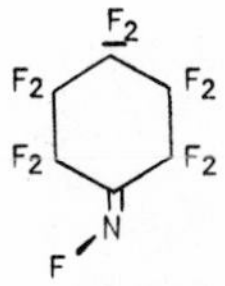	133.7		INT.- 1	1		332
2576	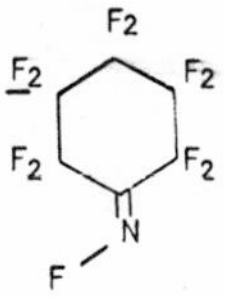	133.7		INT.- 1	1		332

NO.	COMPOUND	SHIFT (PPM)	ERROR (PPM)	REF	SOLV	TEMP (K)	LIT REF
2577	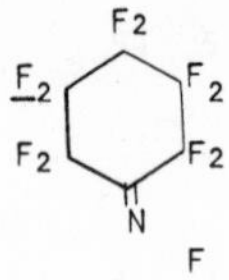	133.7		INT.- 1	1		332
2578	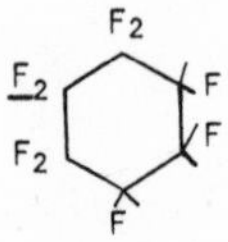	134.3		EXT.- 2			291

AB-TYPE MULTIPLET WITH DELTA = 20.00 PPM

NO.	COMPOUND	SHIFT (PPM)	ERROR (PPM)	REF	SOLV	TEMP (K)	LIT REF
2579	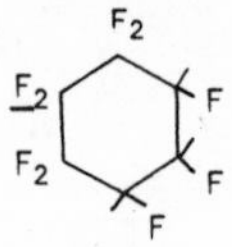	132.7		EXT.- 2			291

AB-TYPE MULTIPLET WITH DELTA = 16.20 PPM

NO.	COMPOUND	SHIFT (PPM)	ERROR (PPM)	REF	SOLV	TEMP (K)	LIT REF
2580	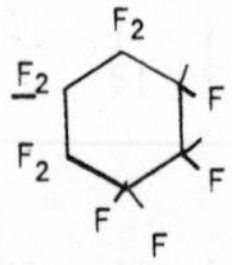	130.5		EXT.- 2			291
2581	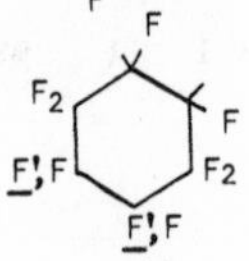 (cis)	121.9		EXT.- 2	2		42
2582	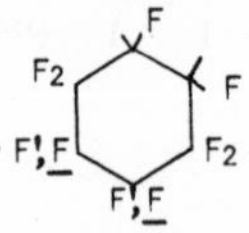 (cis)	127.4		EXT.- 2	2		42
2583	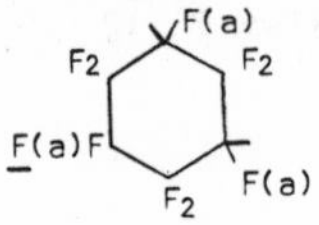	115.8		EXT.- 2	2		42
2584	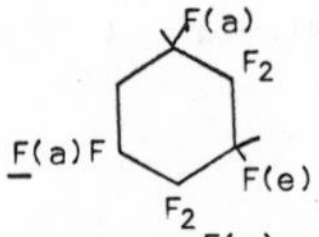	121.9		EXT.- 2	2		42
2585	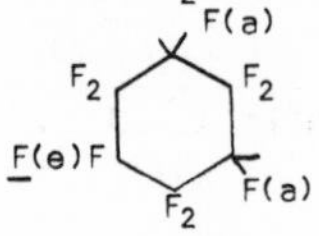	121.3		EXT.- 2	2		42
2586	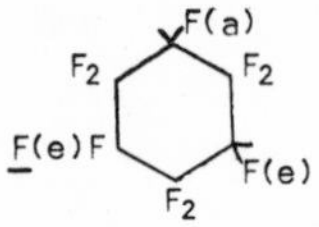	128.6		EXT.- 2	2		42

NO.	COMPOUND	SHIFT (PPM)	ERROR (PPM)	REF	SOLV	TEMP (K)	LIT REF
2587	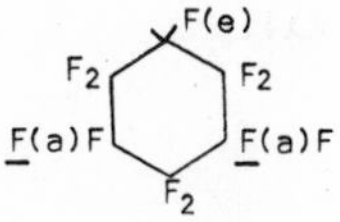	120.6		EXT.- 2	2		42
2588	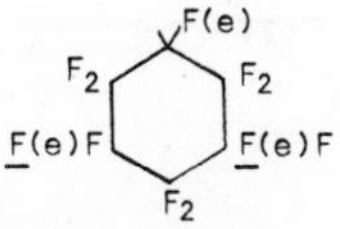	134.6		EXT.- 2	2		42
2589	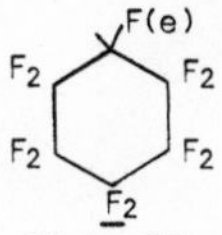	125.8		EXT.- 2	2		42
2590	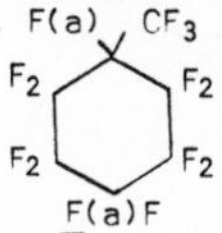	125.5		EXT.- 2	2		42
2591	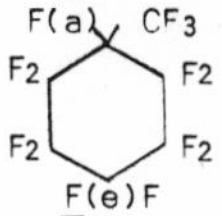	144.0		EXT.- 2	2		42
2592	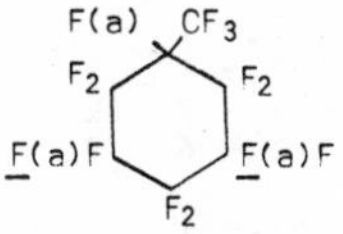	122.9		EXT.- 2	2		42
2593	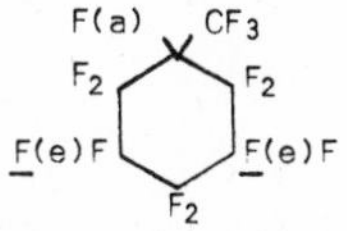	143.1		EXT.- 2	2		42
2594	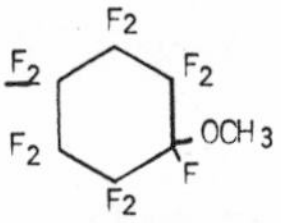	131.6		EXT.- 2			272
2594		131.6		EXT.- 2			272
2595	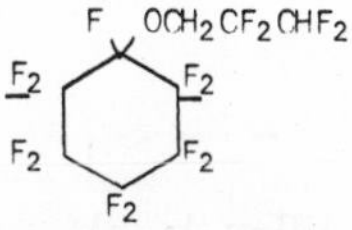	124.3		EXT.- 2			272
2596	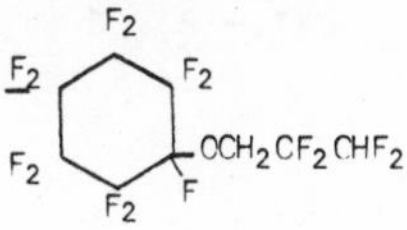	124.3		EXT.- 2			272
2597	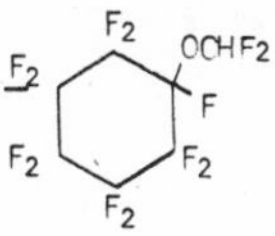	132.2		EXT.- 2			272

NO.	COMPOUND	SHIFT (PPM)	ERROR (PPM)	REF	SOLV	TEMP (K)	LIT REF
2598	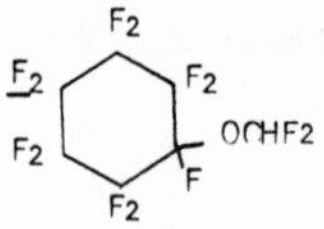	132.2		EXT.- 2			272
2599	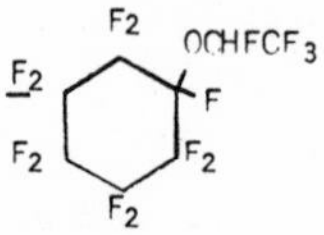	133.8		EXT.- 2			272
2600	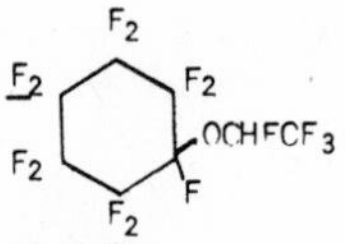	133.8		EXT.- 2			272
2601	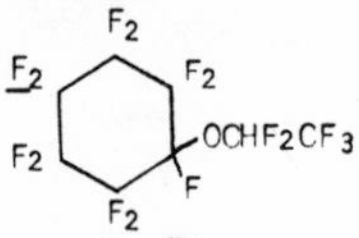	132.2		EXT.- 2			272
2602	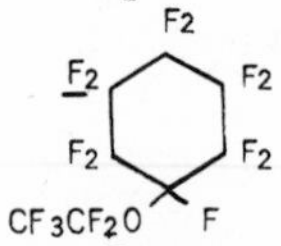	132.2		EXT.- 2			272
2603		133.23	0.01	INT.- 1			53
2603		133.0	.2	INT.- 1	1		421
2603		131.5	0.1	EXT.- 2	12		16
2603		135.23	0.08	INT.- 6	2		411
2604	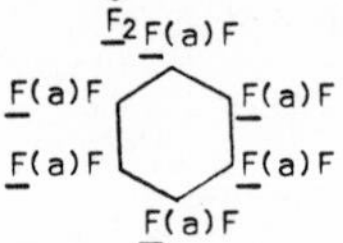	124.24	0.05	INT.- 1		207	53
2605	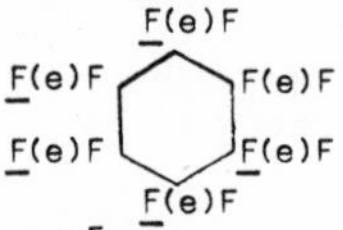	142.44	0.05	INT.- 1		207	53
2606	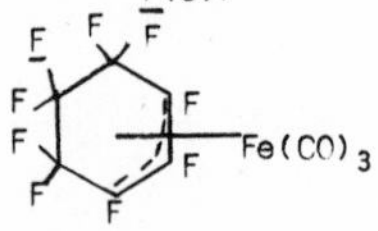	118.69		INT.- 9	19		106
2607	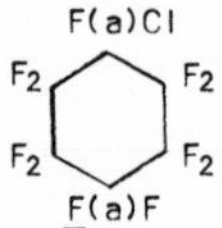	123.53		INT.- 1	1		287
2607		122.2		EXT.- 2	2		42
2608	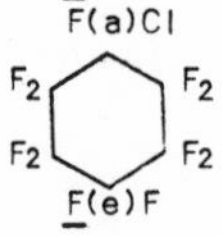	141.78		INT.- 1	1		287
2608		141.8		EXT.- 2	2		42

NO.	COMPOUND	SHIFT (PPM)	ERROR (PPM)	REF	SOLV	TEMP (K)	LIT REF
2609	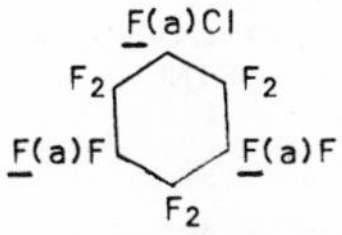	123.61		INT.- 1	1		287
2609		122.2		EXT.- 2	2		42
2610	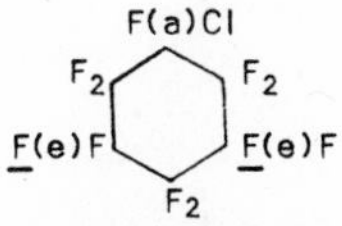	138.3		EXT.- 2	2		42
2611	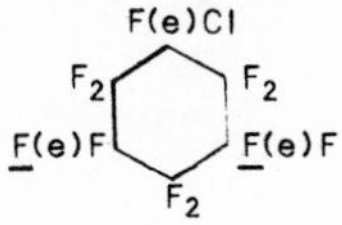	138.18		INT.- 1	1		287
2612	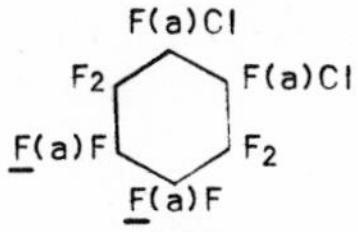	122.95		INT.- 1	1		287
2613	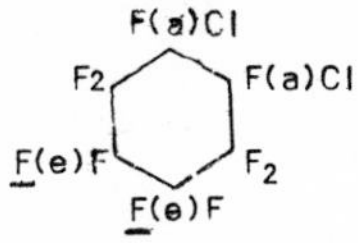	138.86		INT.- 1	1		287
2614	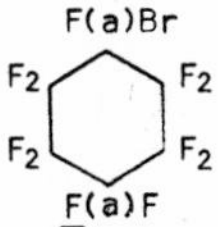	124.53		INT.- 1	1		287
2615	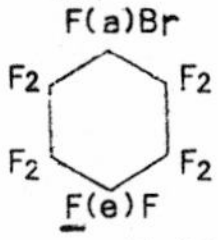	142.23		INT.- 1	1		287
2616	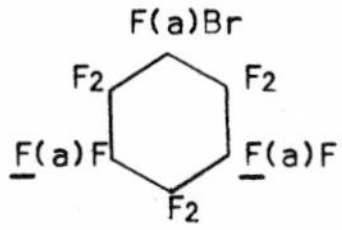	122.90		INT.- 1	1		287
2617	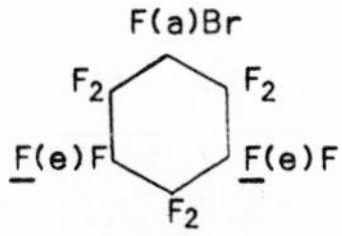	137.51		INT.- 1	1		287
2618	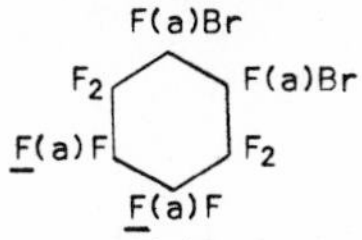	122.73		INT.- 1	1		287
2619	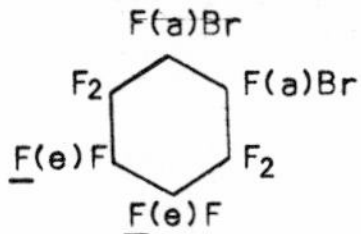	137.68		INT.- 1	1		287

17. NEAREST NEIGHBORS TO CARBON- CARBON(4 COORD.), CARBON(4 COORD.) FLUORINE

(F). NEXT NEAREST NEIGHBORS-   C, F, F   C, X, X

NO.	COMPOUND	SHIFT (PPM)	ERROR (PPM)	REF	SOLV	TEMP (K)	LIT REF
2620		132.1	1.0	INT.- 1	1		507
2621		120.9	1.0	INT.- 1	1		507
**** 2622		114.3		EXT.- 2			30
2623		126.0		EXT.- 2			30
2624		124.3	.1	INT.- 1	1		421
**** 2625		128.7		EXT.- 8			343

AB-TYPE MULTIPLET WITH DELTA = 10.20 PPM

**** 2626		126.			1		144

AB-TYPE MULTIPLET WITH DELTA = 8.03 PPM

2627	(cis)	125.00		INT.-20			83

AB-TYPE MULTIPLET WITH DELTA = 12.20 PPM

2628	(trans)	126.00		INT.-20			83

AB-TYPE MULTIPLET WITH DELTA = 4.10 PPM

2629		115.53		INT.- 1	1		287
2629		114.3		EXT.- 2	2		42

NOTE- X IS ANY ELEMENT NOT PREVIOUSLY PRINTED UNDER THE TITLE ELEMENT.

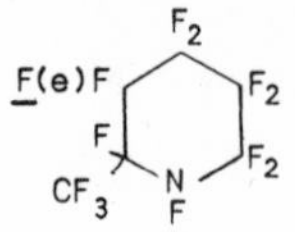

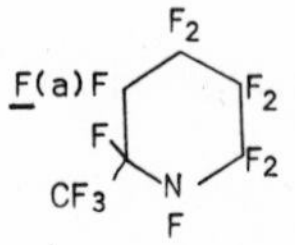

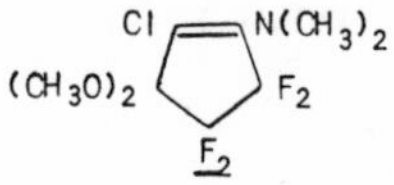

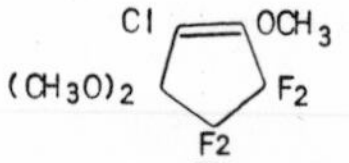

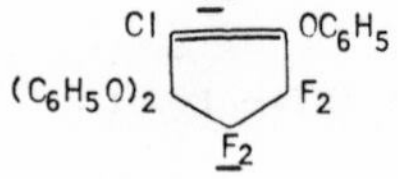

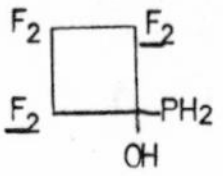

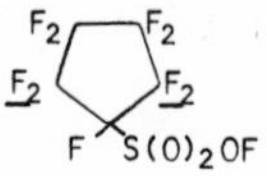

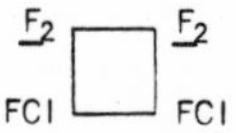

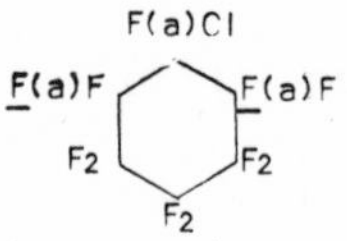

NO.	COMPOUND	SHIFT (PPM)	ERROR (PPM)	REF	SOLV	TEMP (K)	LIT REF
2630	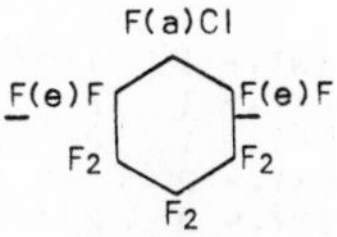	135.42		INT.- 1	1		287
2630		135.0		EXT.- 2	2		42
2631	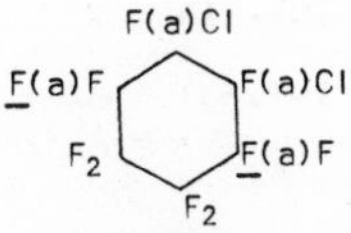	113.46		INT.- 1	1		287
2632	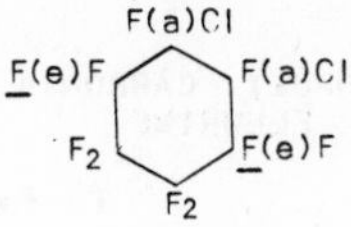	130.96		INT.- 1	1		287
****							
2633	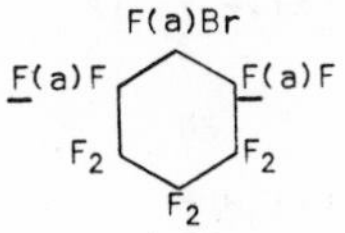	111.01		INT.- 1	1		287
2634	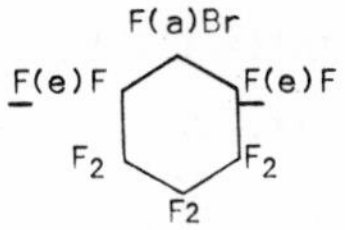	131.78		INT.- 1	1		287
2635	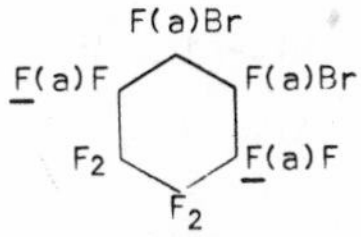	109.28		INT.- 1	1		287
2636	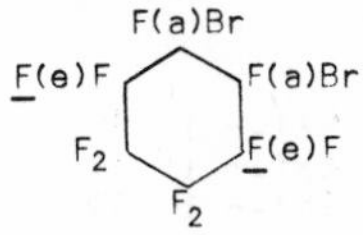	124.93		INT.- 1	1		287
****							
2637	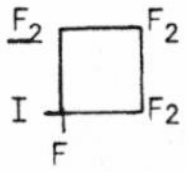	121.		8			100
2638	$CF_3CFICF_2(CF_2)_4CHF_2$	107.45		8			100
2639	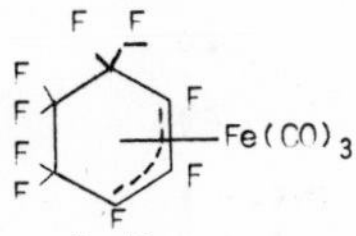	118.69		INT.- 9	19		106
2640	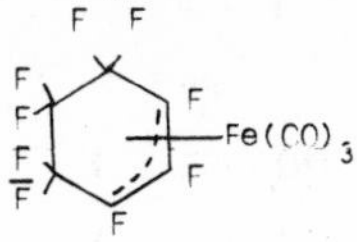	118.69		INT.- 9	19		106

****

NO.	COMPOUND	SHIFT (PPM)	ERROR (PPM)	REF	SOLV	TEMP (K)	LIT REF
2641	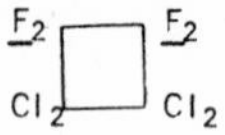	114.09	0.01	INT.- 1	1		26
2641		114.2		EXT.- 1	12		134
2641		114.		EXT.- 1	12		156
2641		108.97		EXT.- 2			475
2641		112.63	0.02	INT.- 3	2		362
2641		111.9	.08	INT.-14	2		169
2642	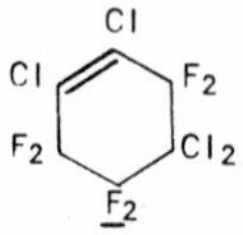	117.1		INT.- 1			417

17. NEAREST NEIGHBORS TO CARBON- CARBON(4 COORD.), CARBON(4 COORD.) FLUORINE

(G). NEXT NEAREST NEIGHBORS- C, F, F F, F, F

NO.	COMPOUND	SHIFT (PPM)	ERROR (PPM)	REF	SOLV	TEMP (K)	LIT REF
2643	$CF_3\underline{CF_2}CF_2CF{=}NCF_3$	118.9	0.1	EXT.- 2	12		16
2643		127.4		2			127
2644	$CF_3\underline{CF_2}CF_2CF_2CF_2CCl_3$	125.	1.	20			10
2645	$[CF_3\underline{CF_2}CF_2CF{=}N]_2$	129.58		EXT.- 8			88
2646	$CF_3\underline{CF_2}CF_2CF{=}NF$	126.9		INT.- 1	1		332
2647	$CF_3\underline{CF_2}CF_2CF{=}NCl$	129.06		EXT.- 8			88
2648	$CF_3\underline{CF_2}CF_2C(O)OH$	126.43		2			50
2649	$CF_3\underline{CF_2}CF_2C(O)OCHF_2$	127.3		INT.- 1	1		334
2650	$CF_3\underline{CF_2}CF_2C(O)OSO_2F$	126.5		EXT.- 2			400
2651	$CF_3\underline{CF_2}CF_2C(O)SH$	125.30		2			50
2652	$CF_3\underline{CF_2}CF_2C(O)Cl$	125.	1.	20			10
2653	$CF_3\underline{CF_2}CF_2C(O)Re(CO)_5$	126.7		EXT.- 1	39		161
2653		126.7	0.4	EXT.- 1	39		75
2653		126.7		INT.- 1	39		70
2654	$CF_3\underline{CF_2}CF_2CH_2CH_2CH_3$	126.89	0.01	EXT.-20	12		66
2655	$CF_3\underline{CF_2}CF_2CH_2F$	127.68	0.01	EXT.-20	12		66
2656	$CF_3\underline{CF_2}CF_2CH_2Cl$	125.	1.	20			10
2657	$CF_3\underline{CF_2}CF_2CH_2Br$	125.	1.	20			10
2658	$CF_3\underline{CF_2}CF_2CH_2I$	125.	1.	20			10
2659	$CF_3\underline{CF_2}CF_2CCl_3$	116.	1.	20			10
2660	$CF_3\underline{CF_2}CF_2CF(CF_3)_2$	123.9		INT.- 1			124
2660		124.		EXT.- 2			39
2661	$CF_3\underline{CF_2}CF_2CF_2CHF_2$	125.	1.	20			10
2662	$CF_3\underline{CF_2}CF_2CF_2(m\text{-}C_6H_4NH_2)$	126.09		INT.-55	1		356
2663	$CF_3\underline{CF_2}CF_2CF_2[m\text{-}C_6H_4N(CH_3)_2]$	126.19		INT.-55	1		356
2664	$CF_3\underline{CF_2}CF_2CF_2[p\text{-}C_6H_4N(CH_3)_2]$	126.12		INT.-55	1		356

NO.	COMPOUND	SHIFT (PPM)	ERROR (PPM)	REF	SOLV	TEMP (K)	LIT REF
2665	$CF_3\underline{CF_2}CF_2CF_2(m\text{-}C_6H_4NO_2)$	125.95		INT.-55	1		356
2666	$CF_3\underline{CF_2}CF_2CF_2(m\text{-}C_6H_4F)$	126.05		INT.-55	1		356
2667	$CF_3\underline{CF_2}CF_2CF_2(p\text{-}C_6H_4F)$	126.05		INT.-55	1		356
2668	$CF_3\underline{CF_2}\underline{CF_2}CF_3$	127.9	0.1	EXT.- 2	12		16
2668		125.	1.	20			10
2669	$CF_3\underline{CF_2}CF_2CF(CF_2CF_3)_2$	123.1	0.1	EXT.- 2	12		16
2670	$CF_3\underline{CF_2}CF_2CF_2\underline{CF_2}CF_3$	129.3		INT.- 1			124
2671	$CF_3\underline{CF_2}CF_2CF_2CF_2CF_2CHF_2$	128.8		INT.- 1			124
2671		124.5		EXT.- 8			178
2672	$CF_3\underline{CF_2}CF_2CF_2CF_2\underline{CF_2}CF_3$	128.9		INT.- 1			124
2672		125.51	0.02	EXT.-20	12		66
2672		125.	1.	20			10
2673	$[CF_3\underline{CF_2}CF_2CF_2N]_2$	125.6		EXT.- 2			95
2673		128.76		EXT.- 8			88
2674	$CF_3\underline{CF_2}CF_2CF_2NF_2$	126.8		INT.- 1	1		332
2674		127.0		2			127
2675	$CF_3\underline{CF_2}CF_2CF_2CF_2NF_2$	126.5		2			127
2676	$CF_3\underline{CF_2}CF_2CH_2CH(CN)CH_3$	128.2		INT.- 1			308
2677	$(CF_3\underline{CF_2}CF_2CF_2)_2NCF_3$	101.5	0.1	EXT.- 2	12		16
2678	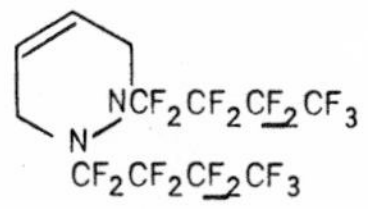	128.25		EXT.- 8			88
2679	$CF_3\underline{CF_2}CF_2CF_2SF_5$	125.2		EXT.- 2			95
2679		125.2		EXT.- 2			109
2679		123.0		EXT.- 2			15
2680	$[CF_3\underline{CF_2}(CF_2)_5S]_2$	126.5	0.2	INT.- 1	1		116

17. NEAREST NEIGHBORS TO CARBON- CARBON(4 COORD.), CARBON(4 COORD.) FLUORINE

(H). NEXT NEAREST NEIGHBORS- C, F, F C, F, F F, F, X OR X, X, X

NO.	COMPOUND	SHIFT (PPM)	ERROR (PPM)	REF	SOLV	TEMP (K)	LIT REF
2681	$[CF_3CF_2\underline{CF_2}CF_2N]_2$	124.3		EXT.- 2			95
2681		127.52		EXT.- 8			88
2682	$[CHF_2CF_2CF_2\underline{CF_2}CF_2N=]_2$	125.43		EXT.- 8			88
2683	$(CF_3CF_2\underline{CF_2}CF_2)_2NCF_3$	98.4	0.1	EXT.- 2	12		16
2684	$CF_3CF_2\underline{CF_2}CF_2NF_2$	124.0		INT.- 1	1		332
2684		123.9		2			127
2685	$CF_3CF_2CF_2\underline{CF_2}CF_2NF_2$	123.3		2			127

NOTE- X IS ANY ELEMENT NOT PREVIOUSLY PRINTED UNDER THE TITLE ELEMENT.

NO.	COMPOUND	SHIFT (PPM)	ERROR (PPM)	REF	SOLV	TEMP (K)	LIT REF
2686	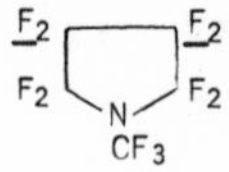	133.8		EXT.- 2			84
2687	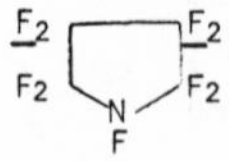	128.7		2			127
2688	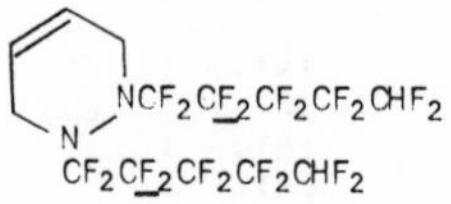	122.67		EXT.- 8			88
2689	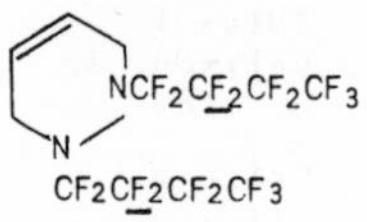	123.73		EXT.- 8			88
2690	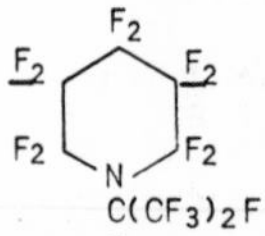	136.3		EXT.- 2			286
2691	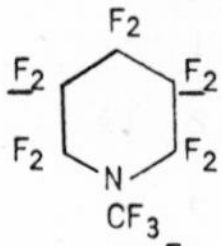	131.7	0.1	EXT.- 2	12		16
2692	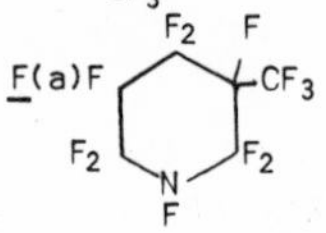	121.1		INT.- 1	1		507
2693	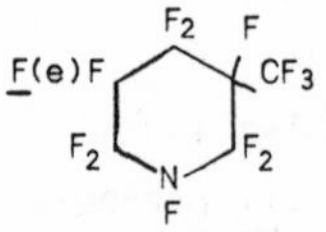	138.6	1.0	INT.- 1	1		507
2694	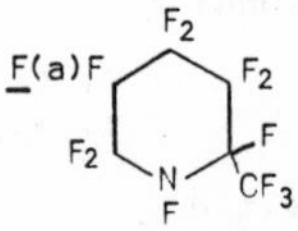	122.9		INT.- 1	1		507
2695	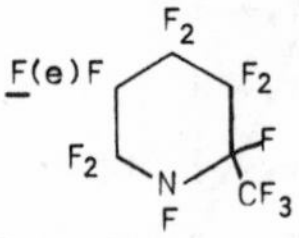	141.3		INT.- 1	1		507
2696	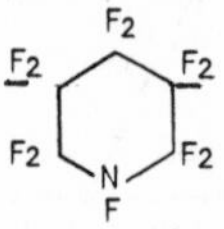	131.2		INT.- 1	1		332

NO.	COMPOUND	SHIFT (PPM)	ERROR (PPM)	REF	SOLV	TEMP (K)	LIT REF
2697	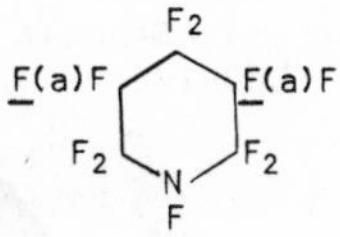	122.1	1.0	INT.- 1	1	199	507
2698	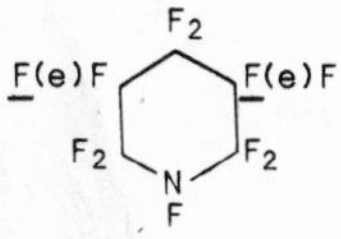	141.4	1.0	INT.- 1	1	199	507
2699	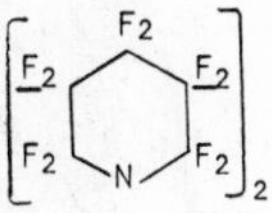	131.8	0.1	EXT.- 2	12		16
2699		131.0	0.1	EXT.- 2	12		16
****							
2700	$FOCF_2\underline{CF_2}\underline{CF_2}CF_2OF$	122.7		INT.- 1	1		509
2701	$FOCF_2\underline{CF_2}CF_2\underline{CF_2}CF_2OF$	124.0		INT.- 1	1		509
****							
2702	$CF_3CF_2\underline{CF_2}CF_2SF_5$	122.7		EXT.- 2			95
2702		122.7		EXT.- 2			109
2702		126.0		EXT.- 2			15
2703	$(CF_3CF_2CF_2CF_2CF_2\underline{CF_2}CF_2S)_2$	119.7	0.2	INT.- 1	1		116
2704	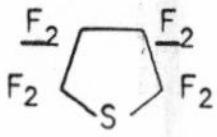	131.91	0.01	INT.- 1	1		116
2704		132.18		INT.- 8			102
****							
2705	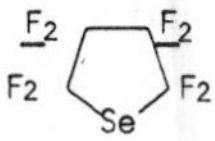	132.68		INT.- 8			102
****							
2706	$CH_3CF_2CF_2\underline{CF_2}CF_2Re(CO)_5$	82.1		6	30		370
****							
2707	$(CF_3\underline{CF_2}CF_2)_2Fe(CO)_4$	115.3		EXT.- 1	39		161
2708	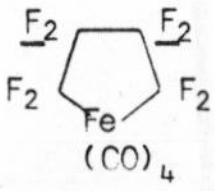	136.9		INT.- 1			72
2708		136.9		INT.- 1	1		161
2708		136.9		INT.- 1	1		70
2708		136.9		1			63
2708		137.67		INT.- 9	2		69
****							
2709	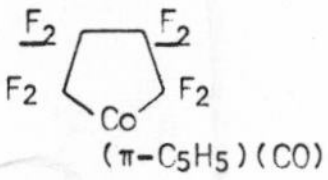	138.14		INT.- 1	39		161
2709		135.0		INT.- 1	39		70
2709		135.		1			63
****							
2710	$CCl_3\underline{CF_2}CF_2CF_3$	106.	1.	20			10
2711	$CCl_3\underline{CF_2}CF_2CF_2C(O)Cl$	105.	1.	20			10
2712	$CCl_3\underline{CF_2}CF_2CF_2CF_2CF_2CF_3$	108.	1.	20			10

17. NEAREST NEIGHBORS TO CARBON- CARBON(4 COORD.), CARBON(4 COORD.) FLUORINE

(J). NEXT NEAREST NEIGHBORS- C, X, X / F, F, F ; F, F, F OR F, F, X

NO.	COMPOUND	SHIFT (PPM)	ERROR (PPM)	REF	SOLV	TEMP (K)	LIT REF
2713	$CF_3\underline{CF_2}CF[OS(O)_2F]CF_3$	124.5		1			399
2714	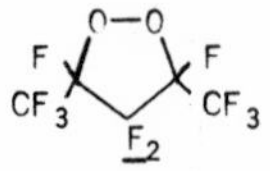 (cis)	118.0		INT.- 1	1		363
AB-TYPE MULTIPLET WITH DELTA = 13.00 PPM							
2715	(trans)	114.		INT.- 1	1		363
2716	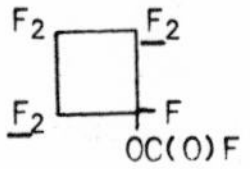	129.9		EXT.- 2			92
2717	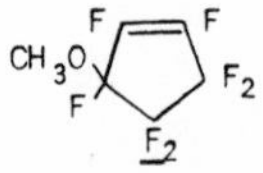	130.		EXT.- 2			271
2718	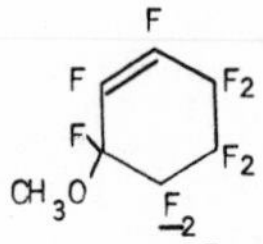	128.9		EXT.- 2			271
2719	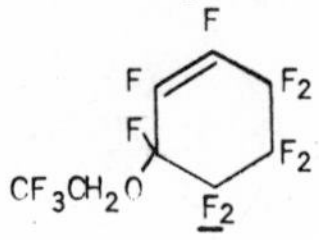	129.0		EXT.- 2			271
2720	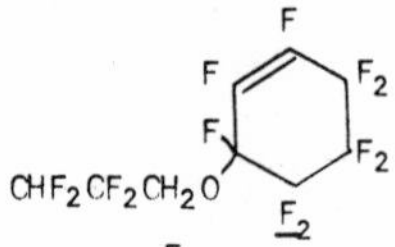	129.		EXT.- 2			271
2721	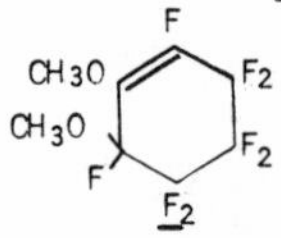	132.		EXT.- 2			271
2722	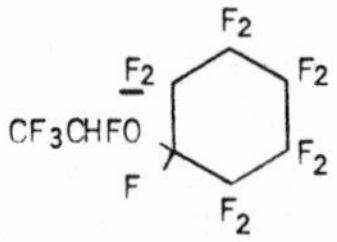	133.8		EXT.- 2			272
**** 2723	$CF_3CFI\underline{CF_2}CF_3$	111.70		8			100
**** 2724	$CF_3CCl_2\underline{CFCl}CF_3$	118.7		EXT.- 2			95

NOTE- X IS ANY ELEMENT NOT PREVIOUSLY PRINTED UNDER THE TITLE ELEMENT.

NO.	COMPOUND	SHIFT (PPM)	ERROR (PPM)	REF	SOLV	TEMP (K)	LIT REF
****							
2725	$CF_3\underline{CF_2}CF_2Sn(C_4H_9)_3$	122.7		INT.- 1	1		161
2725		122.7	0.4	INT.- 1	1		75
2725		122.7		INT.- 1	1		70
2726	$[CF_3\underline{CF_2}CF_2N]_2$	131.26		EXT.- 8			88
2727	$(CF_3\underline{CF_2}CF_2)_2NOCF_2CF_2CF_3$	125.0		INT.- 1	1		253
2728	$CF_3\underline{CF_2}CF_2N{=}S(F)CF(CF_3)_2$	129.2		EXT.- 2			284
2729	$CF_3\underline{CF_2}CF_2NF_2$	103.6	0.1	EXT.- 2	12		16
2730	$CF_3\underline{CF_2}CF_2NFCF_3$	127.5		2			152
2731	$(CF_3\underline{CF_2}CF_2)_2NF$	126.5		2			152
2732	$(CF_3\underline{CF_2}CF_2)_2PF$	124.2	0.4	INT.- 1	1		339
2733	$CF_3\underline{CF_2}CF_2PF_2$	125.9	0.4	INT.- 1	1		339
2734	$(CF_3\underline{CF_2}CF_2)_2PCl$	122.7		INT.- 1	1		161
2734		122.7	0.4	INT.- 1	1		75
2734		122.4	0.4	INT.- 1	1		339
2734		122.7		INT.- 1	1		70
2735	$CF_3\underline{CF_2}CF_2PCl_2$	122.6	0.4	INT.- 1	1		339
2736	$(CF_3\underline{CF_2}CF_2)_2PI$	119.7		INT.- 1	1		161
2736		119.7	0.4	INT.- 1	1		75
2736		120.5	0.4	INT.- 1	1		339
2737	$CF_3\underline{CF_2}CF_2PI_2$	119.7	0.4	INT.- 1	1		339
2738	$CF_3\underline{CF_2}CF_2ON(CF_2CF_2CF_3)_2$	129.1		INT.- 1	1		253
2739	$CF_3\underline{CF_2}CF_2OF$	127.0		INT.- 1			344
2740	$(CF_3\underline{CF_2}CF_2S)_2S$	124.22	0.01	INT.- 1	1		116
2740		124.21	0.01	INT.- 1	1		116
2740		124.22	0.01	INT.- 1	1		116
2741	$(CF_3\underline{CF_2}CF_2)_2SF_4$	126.5		EXT.- 2			15
2742	$CF_3\underline{CF_2}CF_2SF_5$	127.2		EXT.- 2			15
2743	$CF_3\underline{CF_2}CF_3$	131.47		INT.- 1			476
2743		131.18	0.01	INT.- 1	1		473
2743		134.1		EXT.- 1	12		134
2743		134.		EXT.- 1	12		156
2744	$CF_3\underline{CF_2}CF_2Cl$	125.61		INT.- 1			476
2744		125.2		INT.- 1	1		161
2744		125.2	0.4	INT.- 1	1		75
2745	$CF_3\underline{CF_2}CF_2I$	118.2		INT.- 1	1		161
2745		118.2	0.4	INT.- 1	1		75
2746	$CF_3\underline{CF_2}CF_2Mn(CO)_5$	115.3		INT.- 1	1		161
2746		115.3	0.4	INT.- 1	1		75
2746		114.1		EXT.- 2			73
2747	$CF_3\underline{CF_2}CF_2Re(CO)_5$	115.1		INT.- 1	1		161
2747		115.1	0.4	INT.- 1	1		75
2747		115.1		INT.- 1	1		70

NO.	COMPOUND	SHIFT (PPM)	ERROR (PPM)	REF	SOLV	TEMP (K)	LIT REF
2748	$(CF_3\underline{CF_2}CF_2)_2Fe(CO)_4$	115.3	0.4	EXT.- 1	39		75
2749	$CF_3\underline{CF_2}CF_2Fe(CO)_4I$	114.4		INT.- 1			72
2749		114.4		EXT.- 1	38		161
2749		114.4	0.4	EXT.- 1	38		75
2750	$[CF_3CF_2CF_2Co(py)_2(\pi-C_5H_5)]^+ + ClO_4^=$	116.4		INT.- 1			366
2751	$[CF_3CF_2CF_2Co(bipy)(\pi-C_5H_5)]^+ + ClO_4^=$	119.		INT.- 1			366
2752	$[CF_3CF_2CF_2Co(CH_3CN)-(\pi-C_5H_5)]^+ + ClO_4^-$	116.4		INT.- 1	25		366
2753	$[CF_3CF_2CF_2Co(\pi-C_5H_5)(CO)-(CO)[P(C_6H_5)_3]^+ + ClO_4^-$	115.		INT.- 1			366
2754	$CF_3\underline{CF_2}CF_2Co(\pi-C_5H_5)(CO)I$	114.1		EXT.- 1	39		161
2754		114.1	0.4	EXT.- 1	39		75
2755	$CF_3\underline{CF_2}CF_2Co(C_6H_5)(CO)I$	114.16		EXT.- 9	38	251	223
2756	$CF_3\underline{CF_2}CF_2Co(CO)_4$	94.9		EXT.- 2			73
2757	$CF_3\underline{CF_2}CF_2Rh(C_6H_5)(CO)I$	116.12		EXT.- 9	38	251	223

17. NEAREST NEIGHBORS TO CARBON- CARBON(4 COORD.), CARBON(4 COORD.) FLUORINE

(K). NEXT NEAREST NEIGHBORS- F, X, X CL, X, X   F, X, X OR CL, X, X

NO.	COMPOUND	SHIFT (PPM)	ERROR (PPM)	REF	SOLV	TEMP (K)	LIT REF
2758	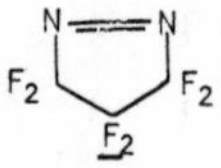	140.2		2			153
2759	$NF_2CF_2\underline{CF_2}CF_2NF_2$	123.7		INT.- 1	1		332
2759		124.1		2			127
****							
2760	$FOCF_2\underline{CF_2}CF_2OF$	122.8		INT.- 1			459
2761	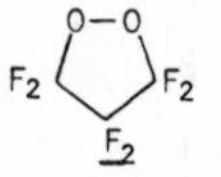	125.0		INT.- 1			459
****							
2762	$CF_2Cl\underline{CF_2}CFCl_2$	114.02		INT.- 1			476
****							
2763	$CF_2Cl\underline{CF_2}CF_2Cl$	119.44		INT.- 1			476
****							
2764	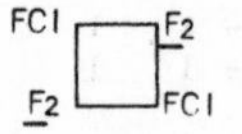 (trans)	122.0		INT.-20			83
****							
2765	$CFCl_2\underline{CF_2}CFCl_2$	108.85		INT.- 1			476
****							

NOTE- X IS ANY ELEMENT NOT PREVIOUSLY PRINTED UNDER THE TITLE ELEMENT.

NO.	COMPOUND	SHIFT (PPM)	ERROR (PPM)	REF	SOLV	TEMP (K)	LIT REF
2766	$CFCl_2CF_2CCl_3$	103.22		INT.- 1			476
****							
2767	$CCl_3CF_2CCl_3$	98.07		INT.- 1			476

18. NEAREST NEIGHBORS TO CARBON- CARBON(4 COORD.), CARBON(4 COORD.) (OXYGEN OR SULFUR)

NO.	COMPOUND	SHIFT (PPM)	ERROR (PPM)	REF	SOLV	TEMP (K)	LIT REF
2768	$(CF_3)_2CFOSCF(CF_3)_2$	142.6		EXT.- 8	12		110
2769	$CF_3CF[OS(O)_2F)CF_2CF_3$	139.1		1			399
2770	$CF_3CF(OSO_2F)CF_2NF_2$	142.2		1			317
2771	$(CF_3)_2CFOF$	137.4		INT.- 1			344
2772	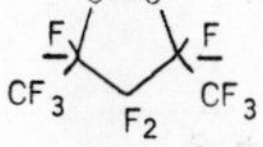	128.5		INT.- 1	1		363
2773	(trans)	132.5		INT.- 1	1		363
2774	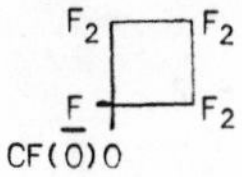	140.6		EXT.- 2			92
2775	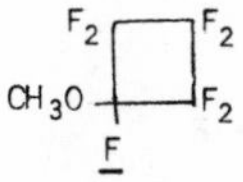	142.5		EXT.- 2			272
2776	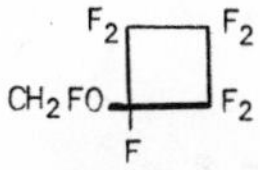	144.3		EXT.- 2			272
2777	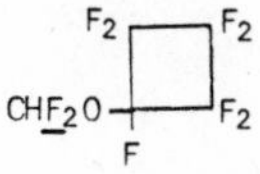	140.3		EXT.- 2			272
2778	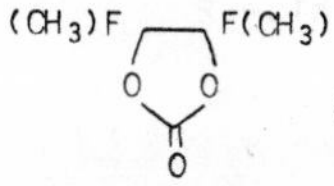 (trans)	102.9		EXT.- 2			92
2779	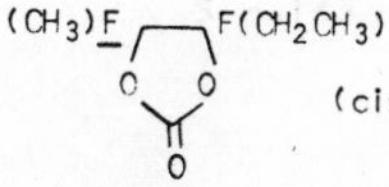 (cis)	111.5		EXT.- 2			92
2780	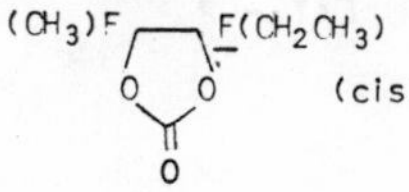 (cis)	124.1		EXT.- 2			92
2781	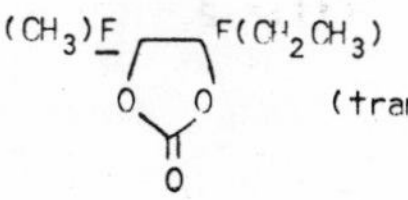 (trans)	105.9		EXT.- 2			92

NO.	COMPOUND	SHIFT (PPM)	ERROR (PPM)	REF	SOLV	TEMP (K)	LIT REF
2782	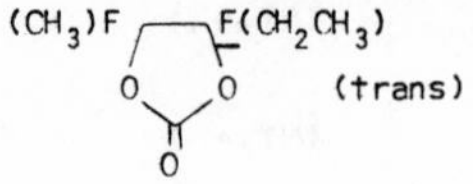	114.5		EXT.- 2			92
2783	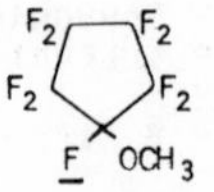	144.5		EXT.- 2			272
2784	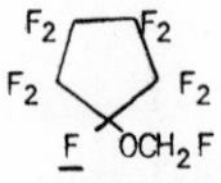	140.5		EXT.- 2			272
2785	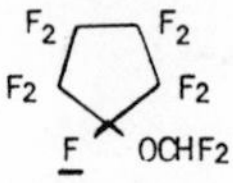	132.5		EXT.- 2			272
2786	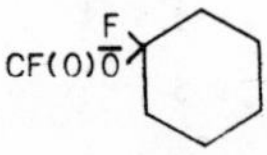	109.0		EXT.- 2			92
2787	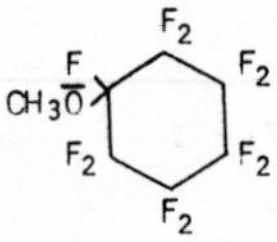	144.3		EXT.- 2			272
2788	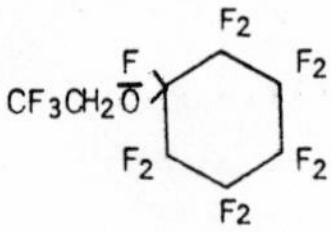	144.3		EXT.- 2			272
2789	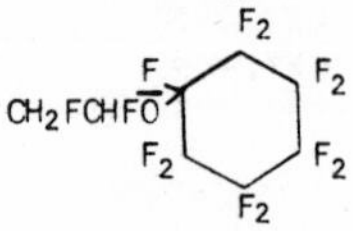	143.2		EXT.- 2			272
2790	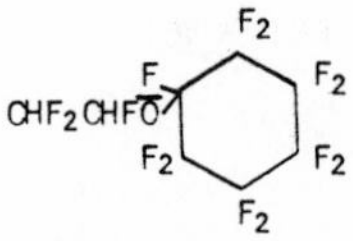	143.8		EXT.- 2			272
2791	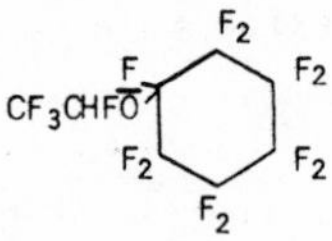	143.2		EXT.- 2			272
2792	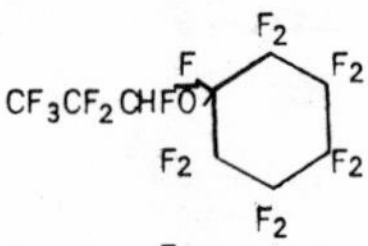	135.4		EXT.- 2			272
2793	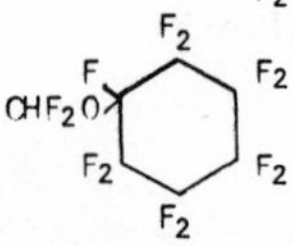	141.0		EXT.- 2			272

NO.	COMPOUND	SHIFT (PPM)	ERROR (PPM)	REF	SOLV	TEMP (K)	LIT REF
2794	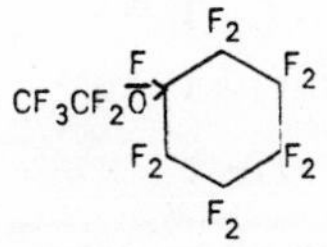	142.1		EXT.- 2			272
****							
2795	$(CF_3)_2C\underline{F}SC\underline{F}(CF_3)_2$	166.8		EXT.- 8	12		110
2796	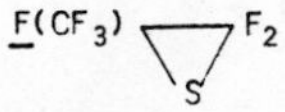	78.48		EXT.- 8			258
2797	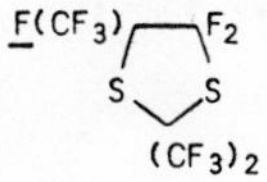	132.30		INT.- 8			102
2798	$(CF_3)_2C\underline{F}SOCF(CF_3)_2$	162.6		EXT.- 8	12		110
2799	$(CF_3)_2C\underline{F}SF$	158.9		EXT.- 1			525
2799		158.9		EXT.- 8	12		110
****							
2800	$(CF_3)_2C\underline{F}S(O)OH$	183.		EXT.- 8	12		110
2801	$(CF_3)_2C\underline{F}S(O)OC_2H_5$	181.		EXT.- 8	12		110
2802	$(CF_3)_2C\underline{F}S(F)=NCF_3$	168.5		EXT.- 2			284
2803	$(CF_3)_2C\underline{F}S(F)=NCF_2CF_3$	166.5		EXT.- 2			284
2804	$(CF_3)_2C\underline{F}S(F)=NCF_2CF_2CF_3$	167.7		EXT.- 2			284
****							
2805	$(CF_3)_2C\underline{F}SF_3$	165.2		EXT.- 8	12		110
2806	$(CF_3)_2C\underline{F}SF_2CF_3$	168.		EXT.- 8	12		110
2807	$(CF_3)_2C\underline{F}SF_2C\underline{F}(CF_3)_2$	144.2		EXT.- 8	12		110
2808	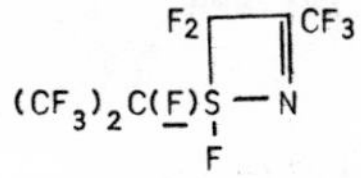	163.5		EXT.- 2			284
2809	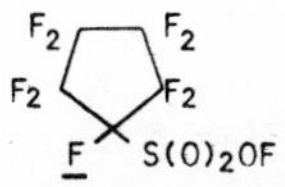	132.		1			144

19. NEAREST NEIGHBORS TO CARBON- CARBON(4 COORD.), CARBON(4 COORD.) X

NO.	COMPOUND	SHIFT (PPM)	ERROR (PPM)	REF	SOLV	TEMP (K)	LIT REF
2810	$(CH_3)_3SnCF_2C\underline{F}(CF_3)Sn(CH_3)_3$	111.4		EXT.- 1			487
****							
2811	$(CF_3)_2C\underline{F}N=C(CF_3)_2$	148.66		EXT.- 2			82
2812	$(CF_3)_2C\underline{F}(NO)$	169.63		EXT.- 2			82
****							
2813	$(CF_3)_2C\underline{F}NF_2$	172.		EXT.- 2			39

NOTE- X IS ANY ELEMENT NOT PREVIOUSLY PRINTED UNDER THE TITLE ELEMENT.

NO.	COMPOUND	SHIFT (PPM)	ERROR (PPM)	REF	SOLV	TEMP (K)	LIT REF
2814	$CF_3\underline{CF}(NF_2)CF_2OSO_2F$	168.8		1			317
2815	$CF_3\underline{CF}(NF_2)CF_2OF$	167.2		INT.- 1	1		509
2816	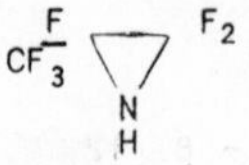	175.0		EXT.- 2			379
2817	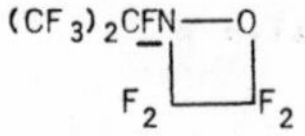	135.55		EXT.- 2			82
2818	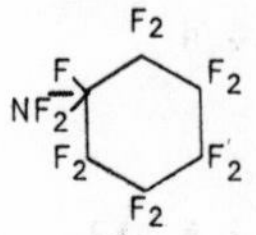	173.3		INT.- 1	1		332
2819	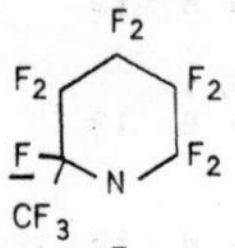	158.2	1.0	INT.- 1	1		507
2820	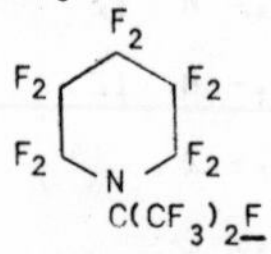	190.		EXT.- 2			286
****							
2821	$CF_3CCl_2\underline{CF}ClCF_3$	118.9		2			32
2822	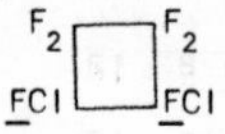 (cis)	137.6		INT.- 1	1		239
2822		137.9		INT.-20			83
2823	(trans)	128.9		INT.- 1	1		239
2823		128.3		INT.-20			83
2824	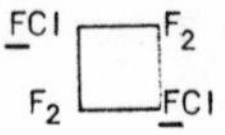 (trans)	136.7		INT.-20			83
2825	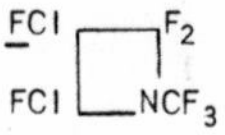 (cis)	128.8		EXT.- 2			252
2826	(trans)	120.1		EXT.- 2			252
2827	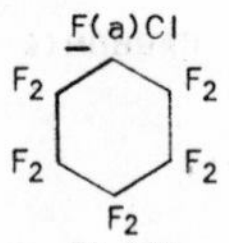	136.25		INT.- 1	1		287
2827		134.6		EXT.- 2	2		42
2828	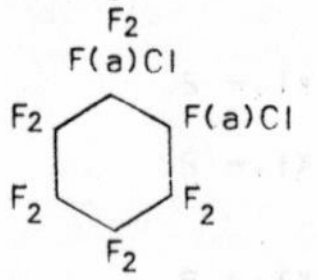	133.93		INT.- 1	1		287
****							
2829	$(CF_3)_2NCF_2\underline{CF}BrCF_3$	60.6		EXT.- 2			305

NO.	COMPOUND	SHIFT (PPM)	ERROR (PPM)	REF	SOLV	TEMP (K)	LIT REF
2830	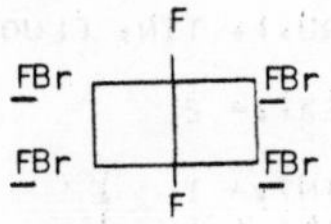	118.4		INT.- 1			392
2831	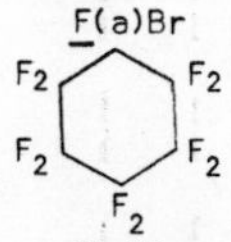	138.45		INT.- 1	1		287
2832	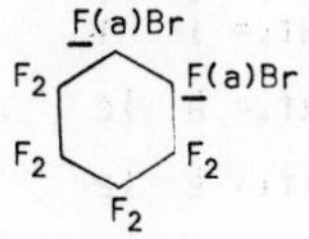	126.51		INT.- 1	1		287
****							
2833	$CF_3\underline{CF}ICF_3$	149.31		8			100
2834	$CF_3\underline{CF}ICF_2CF_3$	145.97		8			100
2835	$CF_3\underline{CF}I(CF_2)_5CHF_2$	144.65		8			100
2836	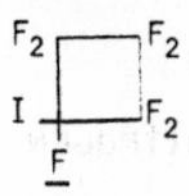	150.		8			100
****							
2837	$(CF_3)_2C(\underline{F})Mn(CO)_5$	163.6		EXT.- 2			73
****							
2838	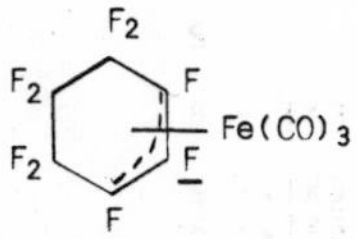	206.01		INT.- 9	19		106
2839	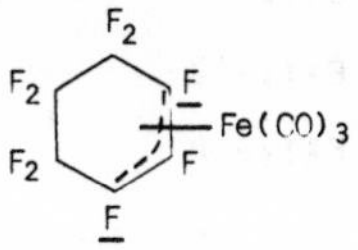	200.46		INT.- 9	19		106
****							
2840	$(CF_3)_2\underline{CF}Hg\underline{CF}(CF_3)_2$	195.6		8	25		121

20. NEAREST NEIGHBORS TO CARBON- CARBON(4 COORD.), SILICON, FLUORINE

NO.	COMPOUND	SHIFT (PPM)	ERROR (PPM)	REF	SOLV	TEMP (K)	LIT REF
2841	$CHF_2\underline{CF_2}SiH_3$	120.5	0.2	EXT.- 2	12		398
2842	$CHFCl\underline{CF_2}Si(CH_3)_3$	122.2		EXT.- 2			407
AB-TYPE MULTIPLET WITH DELTA = 6.20 PPM							
2843	$CHFCl\underline{CF_2}SiCl_3$	120.0		EXT.- 2			407
AB-TYPE MULTIPLET WITH DELTA = 6.40 PPM							
****							
2844	$CHF_2\underline{CF_2}SiH_3\cdot N(CH_3)_3$	127.1	0.2	EXT.- 2	12		398

21. NEAREST NEIGHBORS TO CARBON- CARBON(4 COORD.), TIN, FLUORINE

NO.	COMPOUND	SHIFT (PPM)	ERROR (PPM)	REF	SOLV	TEMP (K)	LIT REF
2845	$CHF_2\underline{CF_2}Sn(CH_3)_3$	117.3		EXT.- 2			487
2846	$(CF_3\underline{CF_2})_2Sn(CH_3)_2$	118.9		INT.- 1	1		161
2846		118.9	0.4	INT.- 1	1		75
2846		118.9		INT.- 1	1		70
2847	$CF_3\underline{CF_2}Sn(C_2H_5)_3$	120.3		INT.- 1	1		161
2847		120.3	0.4	INT.- 1	1		75
2848	$CF_3\underline{CF_2}Sn(C_4H_9)_3$	120.4		INT.- 1	1		161
2848		120.4	0.4	INT.- 1	1		75
2849	$CHF_2\underline{CF_2}SnH(CH_3)_2$	114.7		EXT.- 2	12		136
2850	$(CHF_2\underline{CF_2})_2Sn(CH_3)_2$	114.4		EXT.- 2	12		136
2851	$CF_3CHF\underline{CF_2}Sn(CH_3)_3$	107.3		EXT.- 2			487
2852	$CF_3CF_2\underline{CF_2}Sn(C_4H_9)_3$	118.2		INT.- 1	1		161
2852		118.2	0.4	INT.- 1	1		75
2852		118.2		INT.- 1	1		70
2853	$(CH_3)_3Sn\underline{CF_2}CHFCF_2CHFSn(CH_3)_3$	102.		EXT.- 2			396
2854	$(CH_3)_3Sn\underline{CF_2}CF(CF_3)Sn(CH_3)_3$	107.3		EXT.- 2			487

22. NEAREST NEIGHBORS TO CARBON- CARBON(4 COORD.), NITROGEN FLUORINE

(A). NEXT NEAREST NEIGHBORS- H, X, X OR C, X, X

NO.	COMPOUND	SHIFT (PPM)	ERROR (PPM)	REF	SOLV	TEMP (K)	LIT REF
2855	$CF_3CF_2\underline{CF_2}N{=}CFCF_2CF_3$	94.8		2			152
2856	$CF_3CF_2\underline{CF_2}N{=}N\underline{CF_2}CF_2CF_3$	112.22		EXT.- 8			88
2857	$CF_3CF_2CF_2\underline{CF_2}N{=}N\underline{CF_2}CF_2CF_2CF_3$	108.1		EXT.- 2			95
2857		111.38		EXT.- 8			88
2858	$(CHF_2CF_2CF_2CF_2\underline{CF_2}N{=})_2$	110.78		EXT.- 8			88
2859	$CF_3CF_2\underline{CF_2}N{=}S(F)CF(CF_3)_2$	85.1		EXT.- 2			284
2860	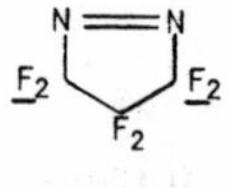	102.6		2			153
2861	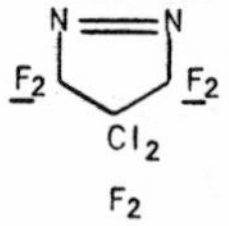	90.4		2			153
2862	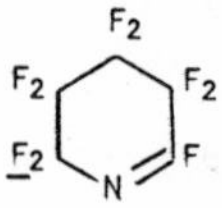	93.0		INT.- 1	1		332
2862		93.6		2			153

****

NOTE- X IS ANY ELEMENT NOT PREVIOUSLY PRINTED UNDER THE TITLE ELEMENT.

NO.	COMPOUND	SHIFT (PPM)	ERROR (PPM)	REF	SOLV	TEMP (K)	LIT REF
2863	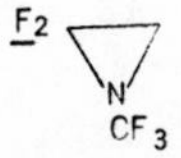	123.		8			218
****							
2864	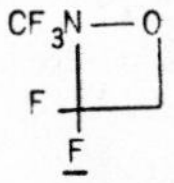 (inversion isomer B)	90.8	0.1	INT.- 1	1		315
2865	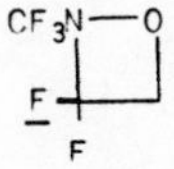 (inversion isomer B)	106.7	0.1	INT.- 1	1		315
****							
2866	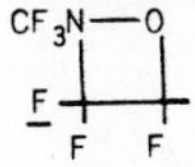 (inversion isomer B)	101.3	0.1	INT.- 1	1		315
2867	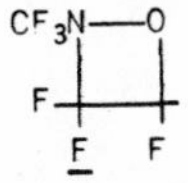 (inversion isomer A)	87.4	0.1	INT.- 1	1		315
2868	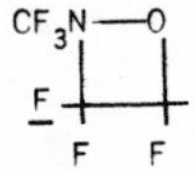 (inversion isomer B)	87.0	0.1	INT.- 1	1		315
2869	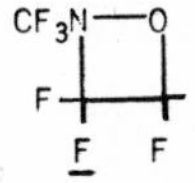 (inversion isomer B)	104.7	0.1	INT.- 1	1		315
2870	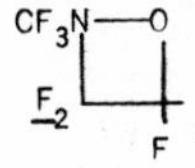 (isomeric mixture)	95.4	0.1	INT.- 1	1		315
****							
2871	$(CF_3)_2NC\underline{F_2}CHFBr$	92.0		EXT.- 2			305
****							
2872	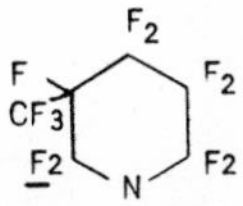	102.0	1.0	INT.- 1	1		507
****							
2873	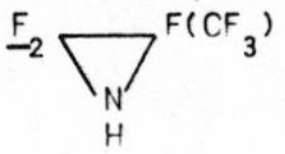	122.1		EXT.- 2			379
****							
2874	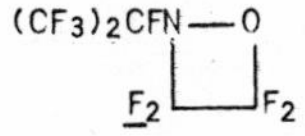	89.41		EXT.- 2			82
****							
2875	$F_2NC\underline{F_2}CF(OSO_2F)CF_3$	116.9		1			317
****							

NO.	COMPOUND	SHIFT (PPM)	ERROR (PPM)	REF	SOLV	TEMP (K)	LIT REF
2876	$CF_3N(\underline{CF_2}CF_2CF_2CF_3)_2$	86.5	0.1	EXT.- 2	12		16
2877	$CF_3NF\underline{CF_2}CF_2CF_3$	109.7		2			152
2878	$FN(CF_2CF_2CF_3)_2$	105.7		2			152
2879	$F_2N\underline{CF_2}CF_2CF_3$	127.6	0.1	EXT.- 2	12		16
2880	$F_2N\underline{CF_2}CF_2CF_2CF_3$	116.0		INT.- 1	1		332
2880		117.1		2			127
2881	$F_2N\underline{CF_2}CF_2CF_2CF_2CF_3$	116.2		2			127
2882	$F_2N\underline{CF_2}CF_2\underline{CF_2}NF_2$	116.1		INT.- 1	1		332
2882		116.1		2			127
2883	$(CF_3CF_2\underline{CF_2})_2NOCF_2CF_2CF_3$	96.0		INT.- 1	1		253
AB-TYPE MULTIPLET WITH DELTA = 4.31 PPM							
2884	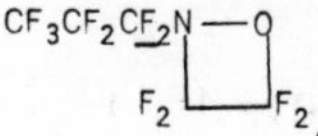 (isomeric mixture)	107.6	0.1	INT.- 1	1		315
2885	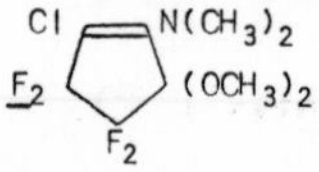	126.3		EXT.- 2			30
2886	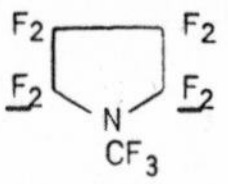	93.8		EXT.- 2			84
2887	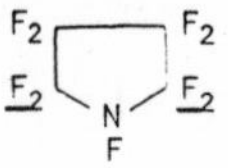	109.5		2			127
2888	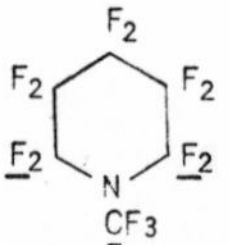	93.3	0.1	EXT.- 2	12		16
2889	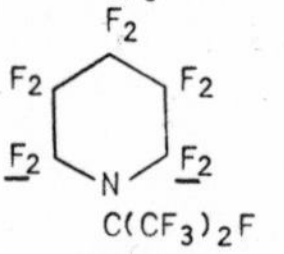	95.9		EXT.- 2			286
2890	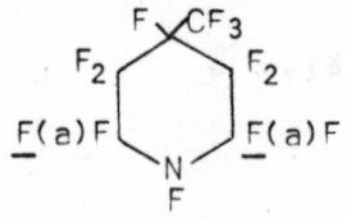	104.7	1.0	INT.- 1	1		507
2891	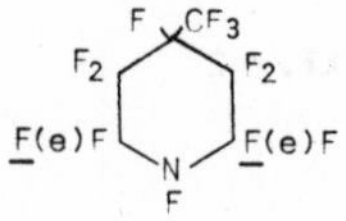	111.3	1.0	INT.- 1	1		507

NO.	COMPOUND	SHIFT (PPM)	ERROR (PPM)	REF	SOLV	TEMP (K)	LIT REF
2892	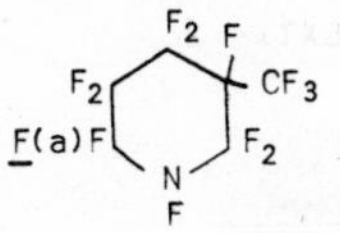	106.6	1.0	INT.- 1	1		507
2893	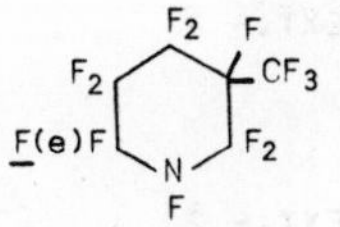	112.8	1.0	INT.- 1	1		507
2894	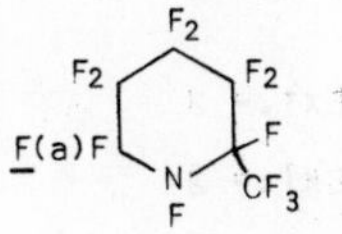	102.6	1.0	INT.- 1	1		507
2895	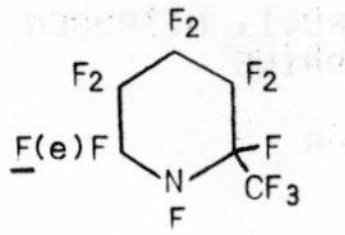	111.4	1.0	INT.- 1	1		507
2896	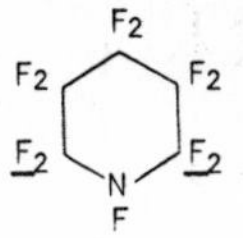	109.1		INT.- 1	1		332
2896		109.2	0.1	EXT.- 2	12		16
2897	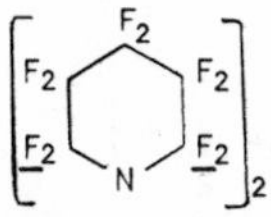	95.6	0.1	EXT.- 2	12		16
2898	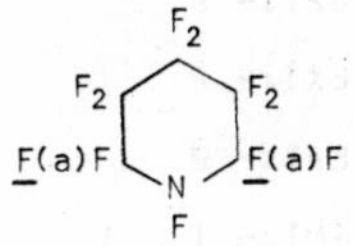	106.2	1.0	INT.- 1	1	199	507
2899	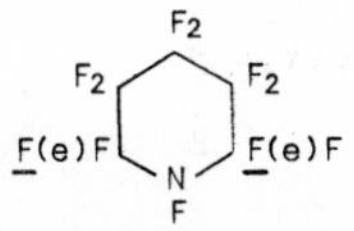	112.7	1.0	INT.- 1	1	199	507
2900	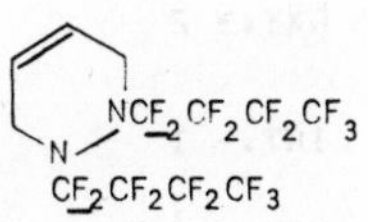	96.57		EXT.- 8			88
2901	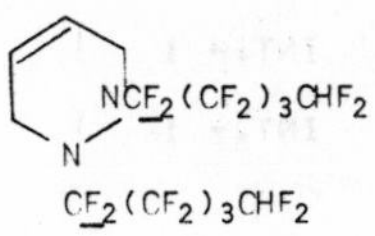	96.18		EXT.- 8			88

****

NO.	COMPOUND	SHIFT (PPM)	ERROR (PPM)	REF	SOLV	TEMP (K)	LIT REF
2902	 (cis)	89.4		EXT.- 2			252
AB-TYPE MULTIPLET WITH DELTA = 2.50 PPM							
2903	(trans)	83.5		EXT.- 2			252
AB-TYPE MULTIPLET WITH DELTA = 13.10 PPM							
****							
2904	$(CF_3)_2N\underline{CF_2}CFBrCF_3$	90.5		EXT.- 2			305
****							
2905	$F_2N\underline{CF_2}CCl_2CF_3$	106.3		EXT.- 2			181
2906	$F_2N\underline{CF_2}CCl_2\underline{CF_2}NF_2$	109.0		EXT.- 2			181

22. NEAREST NEIGHBORS TO CARBON- CARBON(4 COORD.), NITROGEN
FLUORINE

(B). NEXT NEAREST NEIGHBORS- F, X, X OR
CL, X, X

NO.	COMPOUND	SHIFT (PPM)	ERROR (PPM)	REF	SOLV	TEMP (K)	LIT REF
2907	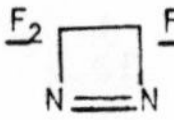	102.5		INT.- 1			91
2907		102.5	0.5	INT.- 1	1		90
2908	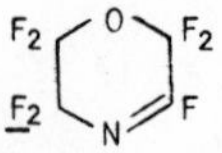	97.0		EXT.- 2			251
2909	$CF_3\underline{CF_2}N{=}CFCF_3$	98.5		INT.- 1	1		332
2909		98.5		2			152
2910	$CF_3\underline{CF_2}N{=}N\underline{CF_2}CF_3$	112.4		EXT.- 2			95
2910		115.79		EXT.- 8			88
2911	$CF_3\underline{CF_2}NO$	120.51		EXT.- 2			82
2912	$CF_3\underline{CF_2}N{=}S(F)CF(CF_3)_2$	93.9		EXT.- 2			284
2913	$CF_3\underline{CF_2}N{=}S(F_2){=}N\underline{CF_2}CF_3$	86.5		INT.- 1	1		318
2914	$CF_2Cl\underline{CF_2}N{=}NCF_3$	110.5		EXT.- 2			181
2915	$CF_2Cl\underline{CF_2}N{=}N\underline{CF_2}CF_2Cl$	109.1		2			153
****							
2916	$F_2N\underline{CF_2}\underline{CF_2}NF_2$	116.4		EXT.- 2			285
****							
2917	$NO_2\underline{CF_2}CF_2OF$	98.9		INT.- 1			344
2918	$F_2N\underline{CF_2}CF_2OSO_2F$	120.5		1			317
2919	$F_2N\underline{CF_2}CF_2OF$	115.2		INT.- 1	1		509
2920	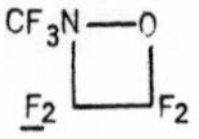 (isomeric mixture)	99.4	0.1	INT.- 1	1		315

NOTE- X IS ANY ELEMENT NOT PREVIOUSLY PRINTED UNDER THE TITLE ELEMENT.

NO.	COMPOUND	SHIFT (PPM)	ERROR (PPM)	REF	SOLV	TEMP (K)	LIT REF
2921	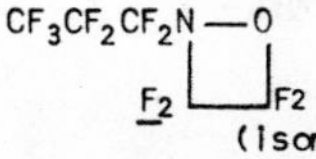 (isomeric mixture)	96.9	0.1	INT.- 1	1		315
2922	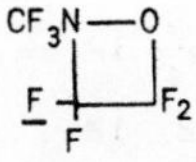 (inversion isomer A)	90.8	0.1	INT.- 1	1		315
2923	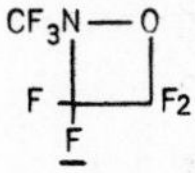 (inversion isomer A)	106.7	0.1	INT.- 1	1		315
2924	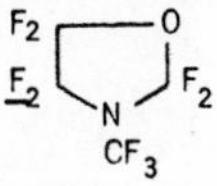	93.40		EXT.- 2			251
2925	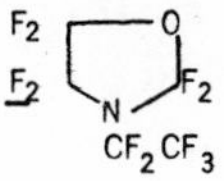	98.7	0.1	EXT.- 2	12		16
2926	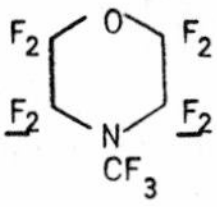	93.5	0.1	EXT.- 2	12		16
2927	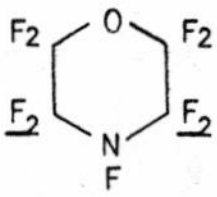	110.4	1.0	INT.- 1	1	198	507
2927		110.4		EXT.- 2			251
2927		110.2	0.1	EXT.- 2	12		16
****							
2928	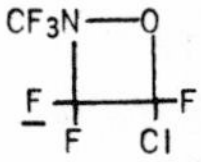 (isomeric mixture)	95.1	0.1	INT.- 1	1		315
2929	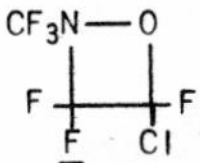 (isomeric mixture)	90.4	0.1	INT.- 1	1		315
2930	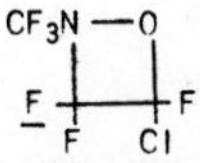 (inversion isomer A)	95.1	0.1	INT.- 1	1		315
2931	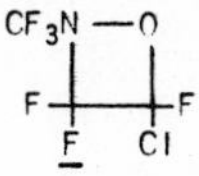 (inversion isomer A)	90.4	0.1	INT.- 1	1		315
2932	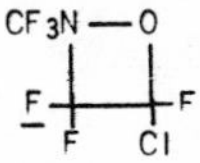 (inversion isomer B)	97.1	0.1	INT.- 1	1		315

NO.	COMPOUND	SHIFT (PPM)	ERROR (PPM)	REF	SOLV	TEMP (K)	LIT REF
2933	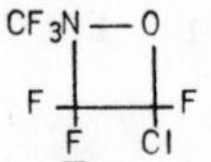 (inversion isomer B)	86.9	0.1	INT.- 1	1		315
****							
2934	$CF_3\underline{CF_2}N(CF_3)_2$	96.4		EXT.- 2	12		8
2935	$(CF_3\underline{CF_2})_2NCF_3$	93.3	0.1	EXT.- 2	12		16
2936	$(CF_3\underline{CF_2})_3N$	89.2		EXT.- 2			95
2937	$CF_3\underline{CF_2}NFCF_3$	69.59		2			152
2938	$(CF_3\underline{CF_2})_2NF$	109.5		INT.- 1	1		332
2938		111.9		EXT.- 2			95
2938		109.3		2			152
2939	$CF_3\underline{CF_2}NFSF_5$	110.1		INT.- 1	1		318
2940	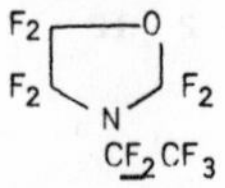	85.1	0.1	EXT.- 2	12		16
****							
2941	$CF_2Cl\underline{CF_2}NF_2$	116.9		EXT.- 2			181
****							
2942	$CF_2Br\underline{CF_2}N(CF_3)_2$	90.1		EXT.- 2			305
****							
2943	$CFCl_2\underline{CF_2}NF_2$	113.8		INT.- 1	1		332
2943		112.6		EXT.- 2			181
****							
2944	$CFClBr\underline{CF_2}N(CF_3)_2$	86.3		EXT.- 2			305
****							
2945	$CCl_3\underline{CF_2}NF_2$	108.0		EXT.- 2			181
****							
2946	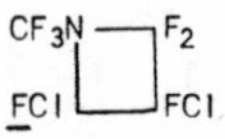 (cis)	75.1		EXT.- 2			252
2947	(trans)	67.3		EXT.- 2			252
2948	$CCl_3\underline{CF_2}N{=}N\underline{CF_2}CCl_3$	103.58		EXT.- 8			88
2949	$CFClBr\underline{CF}ClN(CF_3)_2$	90.5		EXT.- 2			305

23. NEAREST NEIGHBORS TO CARBON- CARBON(4 COORD.), PHOSPHORUS, FLUORINE

NO.	COMPOUND	SHIFT (PPM)	ERROR (PPM)	REF	SOLV	TEMP (K)	LIT REF
2950	$CHFCl\underline{CF_2}PH_2$	92.5		EXT.- 2			407

AB-TYPE MULTIPLET WITH DELTA = 4.00 PPM

NO.	COMPOUND	SHIFT (PPM)	ERROR (PPM)	REF	SOLV	TEMP (K)	LIT REF
2951	$CHFCl\underline{CF_2}P(CH_3)_2$	116.1		EXT.- 2			407

AB-TYPE MULTIPLET WITH DELTA = 4.00 PPM

NO.	COMPOUND	SHIFT (PPM)	ERROR (PPM)	REF	SOLV	TEMP (K)	LIT REF
2952	$(CF_3CF_2\underline{CF_2})_2PF$	121.3	0.4	INT.- 1	1		339
2953	$CF_3CF_2\underline{CF_2}PF_2$	131.9	0.4	INT.- 1	1		339

NO.	COMPOUND	SHIFT (PPM)	ERROR (PPM)	REF	SOLV	TEMP (K)	LIT REF
2954	$(CF_3CF_2\underline{CF_2})_2PCl$	120.1		INT.- 1	1		161
2954		120.1	0.4	INT.- 1	1		75
2954		122.4	0.4	INT.- 1	1		339
2954		120.1		INT.- 1	1		70
2955	$CF_3CF_2\underline{CF_2}PCl_2$	120.0	0.4	INT.- 1	1		339
2956	$(CF_3CF_2\underline{CF_2})_2PI$	102.9		INT.- 1	1		161
2956		102.9	0.4	INT.- 1	1		75
2957	$[CF_3CF_2\underline{CF}(F)]_2PI$	106.9	0.4	INT.- 1	1		339
2958	$[CF_3CF_2CF(\underline{F})]_2PI$	98.3	0.4	INT.- 1	1		339
2959	$CF_3CF_2\underline{CF_2}PI_2$	102.8	0.4	INT.- 1	1		339
	24. NEAREST NEIGHBORS TO CARBON- CARBON(4 COORD.), OXYGEN, FLUORINE						
2960	$CH(CF_3)_2\underline{CF_2}OCH_3$	73.5	0.1	EXT.- 2	12		16
2961	$CH(CF_3)_2\underline{CF_2}OCH_2CH_2F$	70.3	0.1	EXT.- 2	12		16
****							
2962	$CH_3O\underline{CF_2}CHFSO_2F$	81.3		EXT.- 2			376
AB-TYPE MULTIPLET WITH DELTA =		3.20 PPM					
****							
2963	$CHF_2\underline{CF_2}OC_6F_{11}$	85.9		EXT.- 2			272
2964	$CHF_2\underline{CF_2}OF$	99.9		INT.- 1			468
2964		99.9		INT.- 1	1		509
****							
2965	$CH_3O\underline{CF_2}CHFCl$	90.0		EXT.- 2			407
AB-TYPE MULTIPLET WITH DELTA =		.60 PPM					
****							
2966	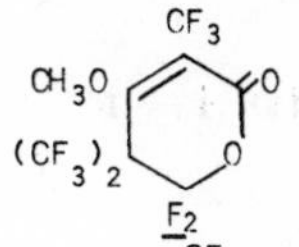	72.5		EXT.- 1			412
2967	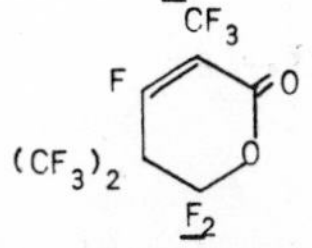	71.8		INT.- 1			412
****							
2968	$CF_3CF(NF_2)\underline{CF_2}OF$	86.1		INT.- 1	1		509
2969	$CF_3CF(NF_2)\underline{CF_2}OSO_2F$	78.0		1			317
****							
2970	$FS(O)_2O\underline{CF_2}CF_2C(O)OSO_2F$	84.3		EXT.- 2			400
2971	$FO\underline{CF_2}CF_2C(O)F$	94.8		INT.- 1			459
2972	$FO\underline{CF_2}CF_2CF_3$	93.9		INT.- 1			344
2973	$FO\underline{CF_2}CF_2\underline{CF_2}OF$	93.4		INT.- 1			459

NO.	COMPOUND	SHIFT (PPM)	ERROR (PPM)	REF	SOLV	TEMP (K)	LIT REF
2974	$FOC\underline{F}_2CF_2CF_2C\underline{F}_2OF$	92.5		INT.- 1	1		509
2975	$FOC\underline{F}_2CF_2CF_2CF_2C\underline{F}_2OF$	92.9		INT.- 1	1		509
2976	$(CF_3CF_2CF_2)_2NOC\underline{F}_2CF_2CF_3$	88.8		INT.- 1	1		253
2977	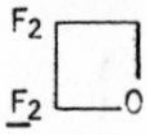	80.		2			176
2978	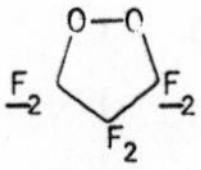	96.6		INT.- 1			459
****							
2979	$NO_2CF_2C\underline{F}_2OF$	93.4		INT.- 1			344
2980	$F_2NCF_2C\underline{F}_2OF$	92.5		INT.- 1	1		509
2981	$F_2NCF_2C\underline{F}_2OSO_2F$	86.3		1			317
2982	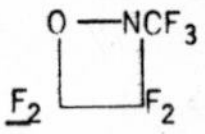 (isomeric mixture)	83.3	0.1	INT.- 1	1		315
2983	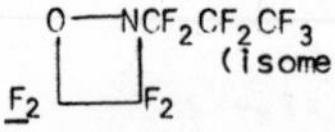 (isomeric mixture)	83.8	0.1	INT.- 1	1		315
2984	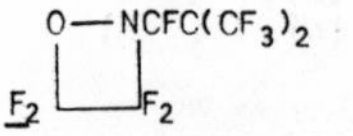	82.59		EXT.- 2			82
2985	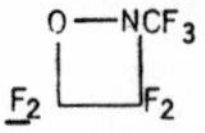 (inversion isomer A)	82.1	0.1	INT.- 1	1		315
2986	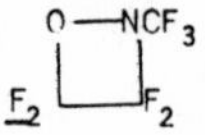 (inversion isomer B)	82.1	0.1	INT.- 1	1		315
2987	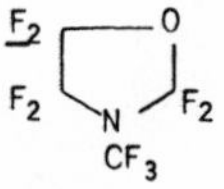	86.90		EXT.- 2			251
2988	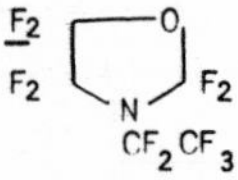	91.4	0.1	EXT.- 2	12		16
2989	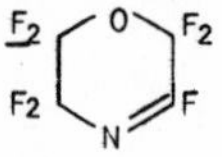	91.1		EXT.- 2			251

NO.	COMPOUND	SHIFT (PPM)	ERROR (PPM)	REF	SOLV	TEMP (K)	LIT REF
2990	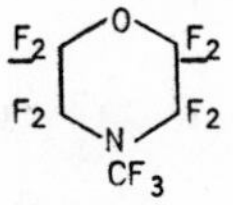	86.1	0.1	EXT.- 2	12		16
2991	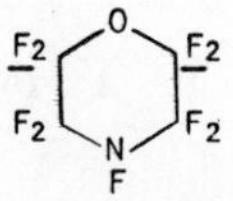	86.32		EXT.- 2			251
2991		81.3	0.1	EXT.- 2	12		16
2992	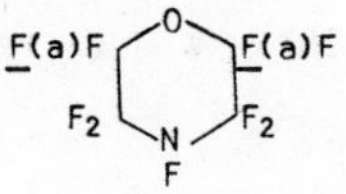	79.6	1.0	INT.- 1	1	199	507
2993	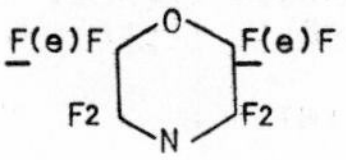	93.2	1.0	INT.- 1	1	199	507
****							
2994	$-CF_2CF_2OO\underline{CF_2}\underline{CF_2}OOCF_2CF_2-$ (polymer segment)	91.1		INT.- 2	60		300
2995		111.0		INT.- 1			459
****							
2996	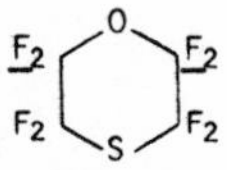	78.9		EXT.- 2			15
****							
2997	$CF_3\underline{CF_2}OCF_3$	91.2		INT.- 1	1		532
2998	$CF_3\underline{CF_2}O\underline{CF_2}CF_3$	89.4	0.1	EXT.- 2	12		16
2999	$CF_3\underline{CF_2}OC_6F_{11}$	85.9		EXT.- 2			272
3000	$CF_3\underline{CF_2}OF$	97.9		INT.- 1			344
3001		97.9		INT.- 1			468
3002	$CF_3\underline{CF_2}OOCF_3$	95.7		INT.- 1	1		532
3003	$CF_3\underline{CF_2}OOOCF_3$	96.4		INT.- 1	1		532
3004	$CF_3\underline{CF_2}OOO\underline{CF_2}CF_3$	95.		INT.- 1	1		532
****							
3005	$CF_2Cl\underline{CF_2}OF$	96.0		INT.- 1			344
****							
3006	$CFCl_2\underline{CF_2}OF$	93.7		INT.- 1			344
****							
3007	$CCl_3\underline{CF_2}OF$	91.6		INT.- 1			344
****							

NO.	COMPOUND	SHIFT (PPM)	ERROR (PPM)	REF	SOLV	TEMP (K)	LIT REF
3008	$CF_3\underline{CF}(OF)_2$	111.9		INT.- 1	1		531
****							
3009	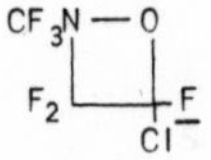 (isomeric mixture)	64.6	0.1	INT.- 1	1	339	315
3010	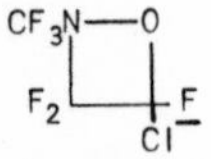 (inversion isomer A)	64.6	0.1	INT.- 1	1	194	315
3011	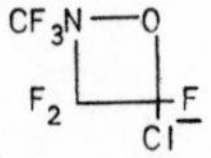 (inversion isomer B)	63.9	0.1	INT.- 1	1	194	315

25. NEAREST NEIGHBORS TO CARBON- CARBON(4 COORD.), SULFUR, X OR CARBON(4 COORD.), SELENIUM, X

NO.	COMPOUND	SHIFT (PPM)	ERROR (PPM)	REF	SOLV	TEMP (K)	LIT REF
3012	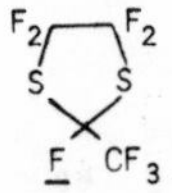	114.93		INT.- 8			102
****							
3013	$CF_2Cl\underline{CF}ClSO_2F$	114.3		EXT.- 2			376
****							
3014	$CF_2Br\underline{CF}BrSO_2F$	116.5		EXT.- 2			376
****							
3015	$CHF_2\underline{CF_2}SH$	84.1		EXT.- 8			147
3016	$CHFCl\underline{CF_2}SH$	78.7		EXT.- 8			147
3017	$CHFBr\underline{CF_2}SH$	77.0		EXT.- 8			147
3018	$CHFCl\underline{CF_2}SCH_3$	88.3		EXT.- 2			407

AB-TYPE MULTIPLET WITH DELTA = 2.50 PPM

NO.	COMPOUND	SHIFT (PPM)	ERROR (PPM)	REF	SOLV	TEMP (K)	LIT REF
3019	$CHF_2\underline{CF_2}SC_6H_{11}$	91.9		EXT.- 8			258
3020	$CH\underline{F_2}CF_2SCF_2CF_2SC_6H_{11}$	90.		EXT.- 8			258
3021	$(CF_3CF_2\underline{CF_2})_2S$	83.81	0.01	INT.- 1	1		116
3022	$[CF_3CF_2\underline{CF_2}S]_2$	90.80	0.01	INT.- 1	1		116
3023	$(CF_3CF_2CF_2CF_2CF_2CF_2\underline{CF_2}S)_2$	89.79	0.01	INT.- 1	1		116
3024	$[CH_3CF_2\underline{CF_2}S]_2S$	91.82	0.01	INT.- 1	1		116
3025	$CHF_2\underline{CF_2}SCl$	98.5		EXT.- 8			147
3026	$CHFClC(\underline{F})FSCl$	92.2		EXT.- 8			147
3027	$CHFClC(F)\underline{F}SCl$	93.5		EXT.- 8			147

NOTE- X IS ANY ELEMENT NOT PREVIOUSLY PRINTED UNDER THE TITLE ELEMENT.

NO.	COMPOUND	SHIFT (PPM)	ERROR (PPM)	REF	SOLV	TEMP (K)	LIT REF
3028	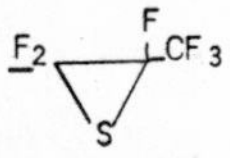	72.06		EXT.- 8			258
3029	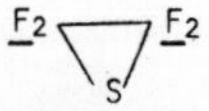	99.5		EXT.- 8			258
3030	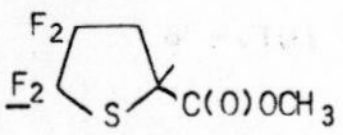	90.6		INT.- 8			101
3031	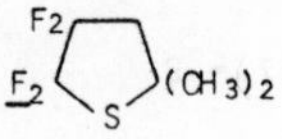	87.9		INT.- 8			101
3032	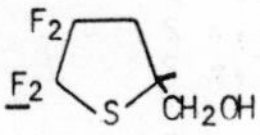	89.2		INT.- 8			101
3033	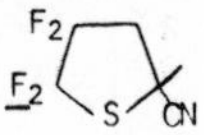	90.1		INT.- 8			101
3034	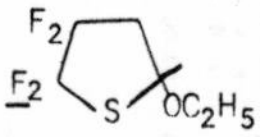	88.8		INT.- 8			101
3035	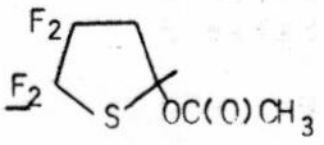	91.3		INT.- 8			101
3036	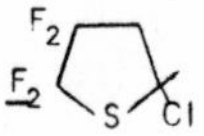	89.7		INT.- 8			101
3037	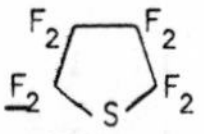	87.04	0.01	INT.- 1	1		116
3037		87.45		INT.- 8			102
3038	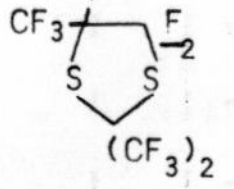	82.53		INT.- 8			102
3039	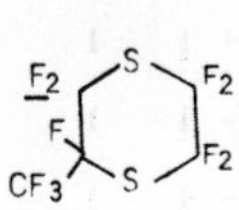	75.20		EXT.- 8			258
3040	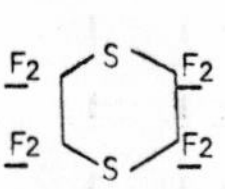	91.08	0.01	INT.- 1	1		116
3040		91.23		INT.- 8			102

****

NO.	COMPOUND	SHIFT (PPM)	ERROR (PPM)	REF	SOLV	TEMP (K)	LIT REF
3041	$CF_2Cl\underline{CF}ClSCl$	104.0		EXT.- 2			376
****							
3042	$CF_3\underline{CF_2}S(O)_2OF$	86.1		1			144
3043	$CF_2Cl\underline{CF_2}S(O)_2OF$	87.0		1			144
3044	$CF_2Br\underline{CF_2}S(O)_2OF$	86.1		1			144
3045	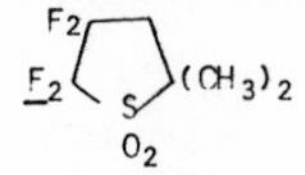	118.4		INT.- 8			101
****							
3046	$CF_2Cl\underline{CF}ClSO_2Cl$	107.7		EXT.- 2			376
****							
3047	$CF_3\underline{CF_2}SF_5$	100.5		EXT.- 2			95
3047		100.5		EXT.- 2			109
3047		92.0		EXT.- 2			15
3048	$CF_3CF_2\underline{CF_2}SF_5$	95.3		EXT.- 2			15
3049	$CF_3CF_2CF_2\underline{CF_2}SF_5$	94.3		EXT.- 2			95
3049		94.3		EXT.- 2			109
3049		94.5		EXT.- 2			15
3050	$CF_3\underline{CF_2}SF_4CF_3$	97.9		EXT.- 2			95
3050		97.9		EXT.- 2			109
3050		97.8		EXT.- 2			25
3051	$CF_3\underline{CF_2}SF_4\underline{CF_2}CF_3$	98.		EXT.- 2			95
3051		98.		EXT.- 2			109
3051		97.7		EXT.- 2			15
3052	$CF_3CF_2\underline{CF_2}SF_4\underline{CF_2}CF_2CF_3$	93.0		EXT.- 2			15
3053	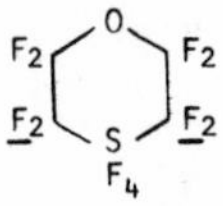	98.7		EXT.- 2			15
****							
3054	$CF_3\underline{CF_2}SeCH_3$	95.3		INT.- 1	1		367
3055	$CF_3\underline{CF_2}SeC_2H_5$	92.5		INT.- 1	1		367
3056	$CF_3\underline{CF_2}SeCH_2Se\underline{CF_2}CF_3$	94.0		INT.- 1	1		367
3057	$CF_3\underline{CF_2}Se\underline{CF_2}CF_3$	85.8		INT.- 1	1		367
3058	$CF_3\underline{CF_2}SeNHCH_3$	99.9		INT.- 1	1		367
3059	$CF_3\underline{CF_2}SeN(CH_3)_2$	96.4		INT.- 1	1		367
3060	$(CF_3\underline{CF_2}Se)_2NH$	103.0		INT.- 1	1		367
3061	$(CF_3\underline{CF_2}Se)_2NCH_3$	100.9		INT.- 1	1		367
3062	$CF_3\underline{CF_2}SeSe\underline{CF_2}CF_3$	90.8		INT.- 1	1		367
3063	$CF_3\underline{CF_2}SeCl$	96.4		INT.- 1	1		367
3064	$CF_3\underline{CF_2}SeBr$	92.9		INT.- 1	1		367

NO.	COMPOUND	SHIFT (PPM)	ERROR (PPM)	REF	SOLV	TEMP (K)	LIT REF
3065	$CF_3C\underline{F}_2SeHgSeC\underline{F}_2CF_3$	70.6		INT.- 1	1		367
3066	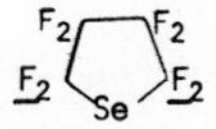	86.0		INT.- 8			102

26. NEAREST NEIGHBORS TO CARBON- CARBON(4 COORD.), FLUORINE, FLUORINE

(A). NEXT NEAREST NEIGHBORS- H, C, X

NO.	COMPOUND	SHIFT (PPM)	ERROR (PPM)	REF	SOLV	TEMP (K)	LIT REF
3067	$(CF_3)_2CHCN$	65.9	0.1	EXT.- 2	12		16
3068	$(CF_3)_2CH$ 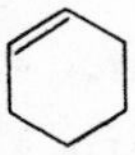	66.		8			419
3069	cis-$(CF_3)_2CHC(CH_3)=CHCH_3$	67.27		8			419
3070	trans	66.47		8			419
3071	$(C\underline{F}_3)_2CHC(OCH_3)=C(CF_3)_2$	65.4		INT.- 1			412
3072	$(C\underline{F}_3)_2CHC(OCH_3)=C(CF_3)C(O)OCH_3$	65.		INT.- 1			412
3073	$(CF_3)_2C=C(OCH_3)CH(C\underline{F}_3)C(O)OCH_3$	65.3		INT.- 1			412
3074	$(CF_3)_2CHC(O)CH_3$	65.9		EXT.- 1			412
3075	$(C\underline{F}_3)_2CHC(O)CH(C\underline{F}_3)_2$	64.7		EXT.- 1	13		412
3076	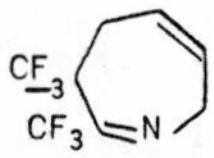	63.8		INT.- 1	12		529
3077	$(C\underline{F}_3)_2CHCF=CHCF_3$	67.8		EXT.- 1			412
3078	$(C\underline{F}_3)_2CHCF=C(CF_3)C(O)OH$	65.6		EXT.- 1			412
3079	$(CF_3)_2CHC(O)OH$	62.90		EXT.- 2			424
3080	$(CF_3)_2CHC(O)OC_6H_5$	65.8		INT.- 1			412
3081	$CF_3CH(CH_3)CH_2CN$	73.8		INT.- 1			308
3082	cis-$(CF_3)_2CHCH_2CH=CHCH_3$	68.64		8			419
3083	trans	69.04		8			419
3084	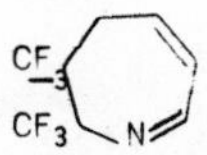	67.0		INT.- 1	12		529
3085	$(CF_3)_2CHC_6H_{11}$	64.49		EXT.- 8	2		299
3086	$(CF_3)_2CHC(CN)_2CH_2CH=CH_2$	72.63		EXT.- 8			331
3087	$(C\underline{F}_3)_2CHC(CF_3)_2SC_2H_5$	67.71		EXT.- 8			327
3088	$(C\underline{F}_3)_2CHCF_2OCH_3$	63.7	0.1	EXT.- 2	12		16

NOTE- X IS ANY ELEMENT NOT PREVIOUSLY PRINTED UNDER THE TITLE ELEMENT.

NO.	COMPOUND	SHIFT (PPM)	ERROR (PPM)	REF	SOLV	TEMP (K)	LIT REF
3089	$(CF_3)_2CHCF_2OCH_2CH_2F$	63.5	0.1	EXT.- 2	12		16
3090	$(CF_3)_3CH$	64.5		INT.- 1			178
3090		64.8		EXT.- 2			424
3091	$(CF_3)_3CD$	64.5		INT.- 1			178
****							
3092	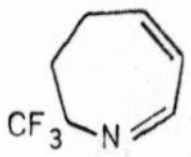	71.0		INT.- 1	12		529
3093	$[(CF_3)_2CHNH_3]^+ + Cl^-$	64.30		EXT.- 8	22		330
3094	$(CF_3)_2CHNH_2$	77.02		EXT.- 8			330
3095	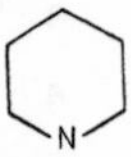 $(CF_3)_2CHN{=}N$	72.		8			419
3096	$(CF_3)_2CHN{=}NC_6H_{11}$	71.78		EXT.- 8	2		299
****							
3097	$(CF_3)_2CHP(O)(OCH_3)_2$	61.23		EXT.- 8			327
****							
3098	$CF_3CH(OH)CH_3$	82.4		EXT.- 1	47		456
3098		80.1		EXT.- 1	48		456
3099	$[CF_3CH(CH_3)(OH_2)]^+$	80.4		EXT.- 1	47		456
3100	$CF_3CH(OH)C_6H_5$	71.0		EXT.- 1	48		456
3101	$(CF_3)_2CHOH$	75.1		EXT.- 1	47		456
3102	$[(CF_3)_2CH{=}OH_2]^+$	72.3		EXT.- 1	47		456
3103	$(CF_3)_2C(H)OC(CF_3)_2OSi(CH_3)_3$	71.77		EXT.- 2			309
3104	$(CF_3)_2C(H)OSi(CH_3)_3$	75.90		EXT.- 2			279
3104		75.31		EXT.- 2			309
3105	$(CF_3)_2C(H)OSi(CH_3)_3\cdot(CF_3)_2CO$	82.09		INT.-13	13		279
3106	$(CF_3)_2C(H)OGe(CH_3)_3$	74.90		EXT.- 2			279
3107	$(CF_3)_2C(H)OGe(CH_3)_3\cdot(CF_3)_2CO$	81.7		INT.-13	13		279
3108	$(CF_3)_2C(H)OSn(CH_3)_3$	74.8		EXT.- 2			279
3109	$[(CF_3)_2C(H)O]_2Sn(CH_3)_2\cdot 2(CF_3)_2CO$	81.66		INT.-13	13		279
3110	$[(CF_3)_2C(H)O]_2Sn(CH_3)_2$	74.48		EXT.- 2	2		279
3111	$(CF_3)_2C(H)OSn(CH_3)_3\cdot(CF_3)_2CO$	81.5		INT.-13	13		279
****							
3112	$(CF_3)_2C(H)SH$	71.37		EXT.- 8			327
3113	$(CF_3)_2C(H)SCH_2CH{=}CH_2$	68.35		EXT.- 8			329
3114	$(CF_3)_2C(H)SC(CH_3){=}CH_2$	64.99		EXT.- 8			329

NO.	COMPOUND	SHIFT (PPM)	ERROR (PPM)	REF	SOLV	TEMP (K)	LIT REF
3115	$(CF_3)_2C(H)SC(CH_3)_2C(CH_3)=CH_2$	67.32		EXT.- 8			329
3116	$(\underline{CF}_3)_2C(H)SC(CF_3)SCH_3$	67.71		EXT.- 8			327
3117	$(\underline{CF}_3)_2C(H)SSCH_2CF_3$	68.07		EXT.- 8			327
3118	$(\underline{CF}_3)_2C(H)SSCH(CF_3)_2$	68.69		EXT.- 8			327
3119	$(\underline{CF}_3)_2C(H)SSC(CF_3)_2OH$	68.24		EXT.- 8			327
3120	$(\underline{CF}_3)_2C(H)SSC(CF_3)_2Cl$	67.98		EXT.- 8			327
3121	$[(CF_3)_2C(H)SSO_3]^- + [N(C_2H_5)_2]^+$	66.4		EXT.- 8			327
3122	$[(CF_3)_2C(H)SSO_3]^- + [N(C_3H_7)_4]^+$	69.2		EXT.- 8	13		327
****							
3123	$\underline{CF}_3CHFCF_2Sn(CH_3)_3$	73.36		EXT.- 2			487
3124	$\underline{CF}_3CHF\underline{CF}_3$	76.60		INT.- 1			178
3125	$\underline{CF}_3CDF\underline{CF}_3$	76.64		INT.- 1			178
****							
3126	$\underline{CF}_3CHCl\underline{CF}_3$	69.93	0.01	EXT.-20	12		66
3127	$CF_3CHClCH_2Si(CH_3)_3$	77.61	0.00	INT.- 1	1		359
3128	$CF_3CHClCH_2SiCl_3$	77.34	0.00	INT.- 1	1		359
3129	$CF_3CHClCCl_2SiCl_3$	65.83	0.00	INT.- 1	1		359

26. NEAREST NEIGHBORS TO CARBON- CARBON(4 COORD.), FLUORINE, FLUORINE

(B). NEXT NEAREST NEIGHBORS- H, X, X

NO.	COMPOUND	SHIFT (PPM)	ERROR (PPM)	REF	SOLV	TEMP (K)	LIT REF
3130	CF_3CH_3	64.6		EXT.- 1	12		134
3130		65.		EXT.- 1	12		156
3130		61.68	0.04	EXT.-20	12		65
****							
3131	$\underline{CF}_3CH_2CH_3$	68.94	0.02	EXT.-20	12		66
3132	$\underline{CF}_3CH_2\underline{CF}_3$	63.46	0.01	EXT.-20	12		66
3133	$CF_3CH_2CH(CN)CH_3$	65.2		INT.- 1			308
3134	$\underline{CF}_3CH_2CH_2CH_2CH_2\underline{CF}_3$	65.68	0.01	EXT.-20	12		66
3135	$\underline{CF}_3CH_2CHFCH_2CH=CHCHF_2$	65.6		INT.- 1	12		203
3136	$\underline{CF}_3CH_2CHFCH_2CHFCH=CHF$	65.0		INT.- 1			203
3136		65.5		INT.- 1			203
3137	$\underline{CF}_3CH_2CHFCH_2CHFCF=CH_2$	65.5		INT.- 1			203
3138	$CF_3CH_2CHClSi(CH_3)_3$	65.50	0.00	INT.- 1	1		359
3139	$CF_3CH_2CHClSiCl_3$	65.11	0.00	INT.- 1	1		359

NOTE- X IS ANY ELEMENT NOT PREVIOUSLY PRINTED UNDER THE TITLE ELEMENT.

NO.	COMPOUND	SHIFT (PPM)	ERROR (PPM)	REF	SOLV	TEMP (K)	LIT REF
3140	$CF_3CH_2CCl_2SiCl_3$	59.42	0.00	INT.- 1	1		359
****							
3141	$C\underline{F}_3CH_2OCHF_2$	75.6		INT.- 1	1		334
3142	$C\underline{F}_3CH_2OC_6F_{11}$	76.00		EXT.- 2			272
3143	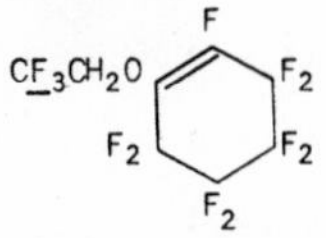	68.2		EXT.- 2			271
3144	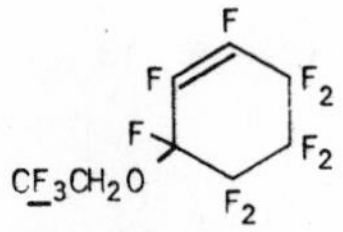	75.4		EXT.- 2			271
****							
3145	$C\underline{F}_3CH_2SSCH(CF_3)_2$	68.78		EXT.- 8			327
****							
3146	$C\underline{F}_3CH_2F$	78.54	0.01	EXT.-20	12		65
****							
3147	CF_3CH_2Cl	74.1		EXT.- 1	12		134
3147		74.		EXT.- 1	12		156
3147		71.17	0.02	EXT.-20	12		65
****							
3148	CF_3CH_2Br	71.4		EXT.- 1	12		134
3148		71.		EXT.- 1	12		156
3148		67.68	0.03	EXT.-20	12		65
****							
3149	$C\underline{F}_3CH_2HgCH_2C\underline{F}_3$	47.70		2			46
****							
3150	$CF_3CHFOC_6F_{11}$	85.3		EXT.- 2			272
****							
3151	$C\underline{F}_3CHFSO_2F$	74.3		EXT.- 2			376
****							
3152	$C\underline{F}_3CHF_2$	86.8		INT.- 1			119
3152		86.8		INT.- 1			190
3152		86.8		INT.- 1	1		161
3152		87.39	0.01	EXT.-20	12		65
****							
3153	$CF_3CHClBr$	76.1		1			415

26. NEAREST NEIGHBORS TO CARBON- CARBON(4 COORD.), FLUORINE, FLUORINE

(C). NEXT NEAREST NEIGHBORS- C, C, X

NO.	COMPOUND	SHIFT (PPM)	ERROR (PPM)	REF	SOLV	TEMP (K)	LIT REF
3154	$CH_3OC(O)C(C\underline{F}_3)_2CF{=}C(CF_3)$- $C(O)OCH_3$	65.8		INT.- 1			412
3155	$CF(O)C(C\underline{F}_3)_2CF{=}C(CF_3)$- $C(O)OCH_3$	66.		EXT.- 1			412

NOTE- X IS ANY ELEMENT NOT PREVIOUSLY PRINTED UNDER THE TITLE ELEMENT.

NO.	COMPOUND	SHIFT (PPM)	ERROR (PPM)	REF	SOLV	TEMP (K)	LIT REF
3156	$CH(CN)_2C(CF_3)_2CH_2CH{=}CH_2$	68.73		EXT.- 8			331
3157	$CH(CN)_2C(CF_3)_2(p\text{-}C_6H_4NH_2)$	70.78		EXT.- 8			331
3158	$[C(CN)_2C(CF_3)_2(CN)]^-{+}Na^+$	71.45		EXT.- 8			331
3159	$C(CF_3)_4$	62.7	0.1	EXT.- 2	12		16
3160	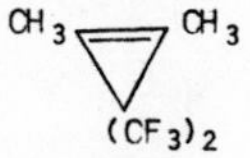	66.		8			419
3161	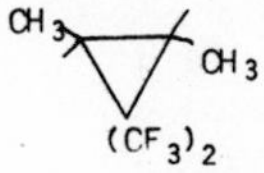 (trans)	62.		8			419
3162	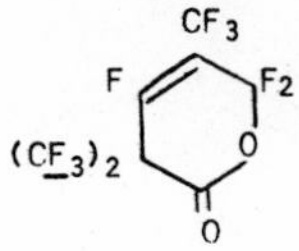	64.3		INT.- 1			412
3163	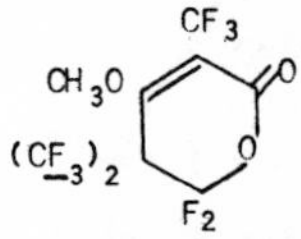	62.8		EXT.- 1			412
3164	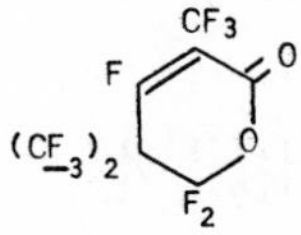	64.3		INT.- 1			412
3165	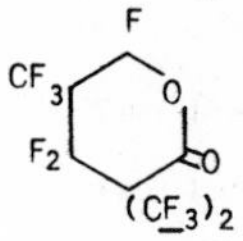	63.0		EXT.- 1			412
3166	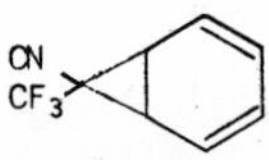	66.6		INT.- 1	1		270
3167	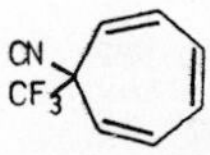	74.2		INT.- 1	1		270
3168	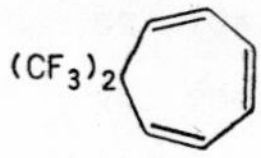	72.		8			419
3169	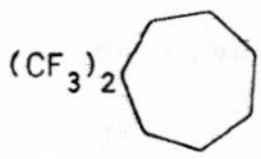	75.		8			419

****

NO.	COMPOUND	SHIFT (PPM)	ERROR (PPM)	REF	SOLV	TEMP (K)	LIT REF
3170	$(CF_3)_3CNO$	71.31		INT.- 1			82
3170		66.19		EXT.- 2			82
3171	$[C(CN)_2C(CF_3)_2NH_2]^- + Na^+$	77.72		EXT.- 8			331
3172	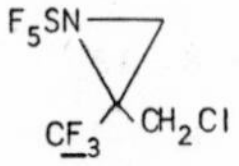	76.		8			218
3173	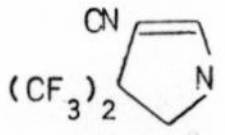	77.		8			419
3174	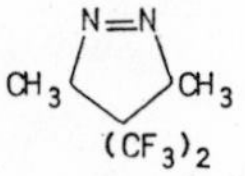	70.		8			419
3175	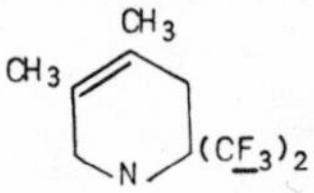	77.38		EXT.- 8			330
****							
3176	$(CF_3)_2C(CH_3)P(O)(OCH_3)_2$	67.98		EXT.- 8			327
****							
3177	$CF_3C(OH)(CH_3)C_6H_5$	81.1		EXT.- 1	48		456
3178	$CF_3C(OH)(C_6H_5)_2$	74.1		EXT.- 1	48		456
3179	$CF_3C(OH)(C_6H_5)(c\text{-}C_3H_5)$	78.4		EXT.- 1	48		456
3180	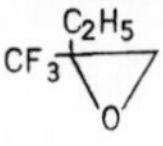	78.		EXT.- 1	12		156
3180		77.5		EXT.- 1	12		134
3181	$(CF_3)_2C(OH)CH_3$	84.2		EXT.- 1	47		456
3182	$[(CF_3)_2C(OH_2)CH_3]^+$	81.9		EXT.- 1	47		456
3183	$[(CF_3)_2C(OH_2)C_6H_5]^+$	73.6		EXT.- 1	47		456
3184	$[(CF_3)_2C(OH)C_6H_5]^+$	75.2		EXT.- 1	47		456
3185	$(CF_3)_2C(OH)[p\text{-}C_6H_4CH(CH_3)_2]$	74.89		INT.-57	22		356
3186	$(CF_3)_2C(OH)(m\text{-}C_6H_4NH_2)$	74.73		INT.-57	22		356
3187	$(CF_3)_2C(OH)(p\text{-}C_6H_4NH_2)$	75.17		INT.-57	22		356
3188	$(CF_3)_2C(OH)[p\text{-}C_6H_4N(CH_3)_2]$	75.15		INT.-57	22		356
3189	$(CF_3)_2C(OH)(m\text{-}C_6H_4NO_2)$	74.82		INT.-57	22		356
3190	$(CF_3)_2C(OH)(p\text{-}C_6H_4NO_2)$	74.55		INT.-57	22		356
3191	$(C\underline{F}_3)_2C(OH)(m\text{-}C_6H_4F)$	74.87		INT.-57	22		356
3192	$(C\underline{F}_3)_2C(OH)(p\text{-}C_6H_4F)$	75.03		INT.-57	22		356
3193	$(CF_3)_2C(OH)(m\text{-}C_6H_4Br)$	74.91		INT.-57	22		356

NO.	COMPOUND	SHIFT (PPM)	ERROR (PPM)	REF	SOLV	TEMP (K)	LIT REF
3194	$(CF_3)_2C(OH)(p\text{-}C_6H_4Br)$	74.92		INT.-57	22		356
3195	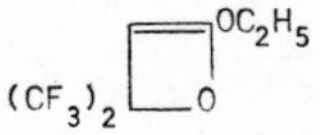	78.5		EXT.- 8			325
3196	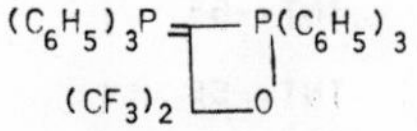	71.2	0.2	1	38		480
3197	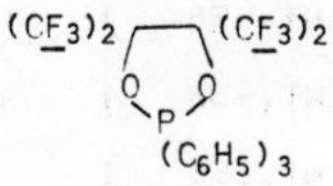	65.2		INT.- 1	13		470
3198	$(\underline{CF_3})_3COF$	69.5		INT.- 1			344
****							
3199	$CH_3CH_2SC(\underline{CF_3})_2CH(CF_3)_2$	65.67		EXT.- 8			327
3200	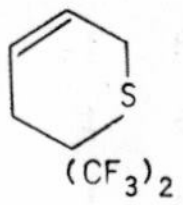	72.04		EXT.- 8			328
****							
3201	cis-$(\underline{CF_3})_2CFCH{=}CHF$	78.55	0.05	INT.- 1	1		186
3202	trans	78.66	0.05	INT.- 1	1		186
3203	trans-$(CF_3)_2CFCF{=}CFCF_3$	70.2		EXT.- 2			286
3204	$[(\underline{CF_3})_2CF]_2CO$	74.1		EXT.- 2			114
3205	$(\underline{CF_3})_2CFC(O)C(O)CF(\underline{CF_3})_2$	73.9		EXT.- 2			114
3206	$(\underline{CF_3})_2CFC(O)CF_3$	74.8		EXT.- 2			114
3207	$(\underline{CF_3})_2CFC(O)CF_2CF_2CF_3$	74.0		EXT.- 2			114
3208	$(\underline{CF_3})_2CFC(O)CF_2CF_2CF_2CHF_2$	74.3		EXT.- 2			114
3209	$(\underline{CF_3})_2CFC(O)OH$	78.18		EXT.- 2			424
3210	$(\underline{CF_3})_2CFC(O)F$	75.5		EXT.- 2			92
3211	$(\underline{CF_3})_2CFC(\underline{CF_3})_2F$	70.6		EXT.- 2			39
3212	$(\underline{CF_3})_2CFCF_2CF_3$	74.		EXT.- 2			39
3213	$(\underline{CF_3})_2CFCF_2CF_2CF_3$	73.0		EXT.- 2			39
3214	$(\underline{CF_3})_2CFCF_2CF_2CF_2CF_3$	71.4		INT.- 1			124
3215	$(\underline{CF_3})_3CF$	75.3	0.1	EXT.- 2	12		16
3216	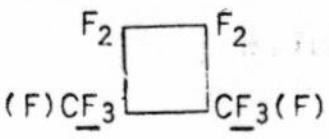 (cis)	73.6		EXT.- 2	12		373
3217	(trans)	73.6		EXT.- 2	12		373

NO.	COMPOUND	SHIFT (PPM)	ERROR (PPM)	REF	SOLV	TEMP (K)	LIT REF
3218	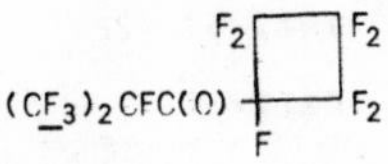	73.4		EXT.- 2			114
3219	$(C\underline{F}_3)_2CF(p\text{-}C_6H_4CH_3)$	76.47		INT.-58	1		356
3220	$(C\underline{F}_3)_2CF[p\text{-}C_6H_4CH(CH_3)_2]$	76.39		INT.-58	1		356
3221	$(C\underline{F}_3)_2CF[m\text{-}C_6H_4C(O)OH]$	76.23		INT.-58	1		356
3222	$(C\underline{F}_3)_2CF[p\text{-}C_6H_4C(O)OH]$	76.10		INT.-58	1		356
3223	$(C\underline{F}_3)_2CF(m\text{-}C_6H_4NH_2)$	76.23		INT.-58	1		356
3224	$(C\underline{F}_3)_2CF(p\text{-}C_6H_4NH_2)$	76.66		INT.-58	1		356
3225	$(C\underline{F}_3)_2CF[m\text{-}C_6H_4N(CH_3)_2]$	76.18		INT.-58	1		356
3226	$(C\underline{F}_3)_2CF[p\text{-}C_6H_4N(CH_3)_2]$	76.70		INT.-58	1		356
3227	$(C\underline{F}_3)_2CF(m\text{-}C_6H_4NO_2)$	76.20		INT.-58	1		356
3228	$(C\underline{F}_3)_2CF(p\text{-}C_6H_4NO_2)$	75.98		INT.-58	1		356
3229	$(C\underline{F}_3)_2CF(m\text{-}C_6H_4F)$	76.32		INT.-58	1		356
3230	$(C\underline{F}_3)_2CF(p\text{-}C_6H_4F)$	76.50		INT.-58	1		356
3231	$(C\underline{F}_3)_2CF(m\text{-}C_6H_4Br)$	76.20		INT.-58	1		356
3232	$(C\underline{F}_3)_2CF(p\text{-}C_6H_4Br)$	76.35		INT.-58	1		356
3233	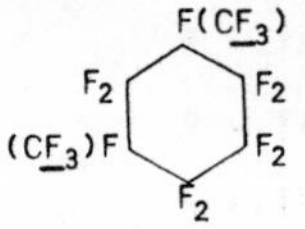	71.		2			32
3234	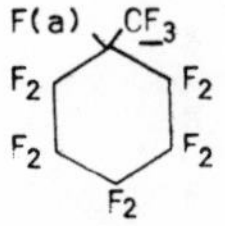	70.3		EXT.- 2	2		42
3235	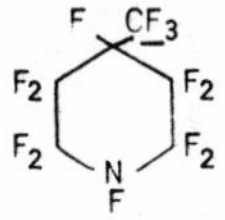	70.4	1.0	INT.- 1	1		507
3236	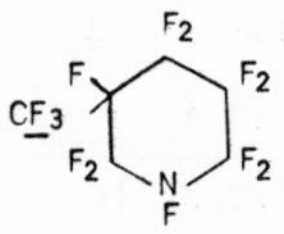	70.1	1.0	INT.- 1	1		507
**** 3237	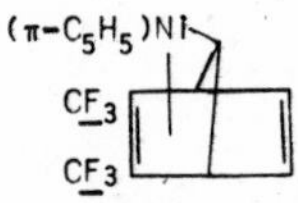	59.7		INT.- 1			161

NO.	COMPOUND	SHIFT (PPM)	ERROR (PPM)	REF	SOLV	TEMP (K)	LIT REF
****							
3238	$(C\underline{F}_3)_3CHgC(C\underline{F}_3)_3$	79.7		8	25		121

26. NEAREST NEIGHBORS TO CARBON- CARBON(4 COORD.), FLUORINE, FLUORINE

(D). NEXT NEAREST NEIGHBORS- C, F, F

NO.	COMPOUND	SHIFT (PPM)	ERROR (PPM)	REF	SOLV	TEMP (K)	LIT REF
3239	$C\underline{F}_3CF_2(m\text{-}C_6H_4NH_2)$	85.50		INT.-59	1		356
3240	$C\underline{F}_3CF_2[m\text{-}C_6H_4N(CH_3)_2]$	85.43		INT.-59	1		356
3241	$C\underline{F}_3CF_2[p\text{-}C_6H_4N(CH_3)_2]$	85.73		INT.-59	1		356
3242	$C\underline{F}_3CF_2(m\text{-}C_6H_4NO_2)$	85.36		INT.-59	1		356
3243	$C\underline{F}_3CF_2(m\text{-}C_6H_4F)$	85.45		INT.-59	1		356
3244	$C\underline{F}_3CF_2(p\text{-}C_6H_4F)$	85.64		INT.-59	1		356
3245	$(C\underline{F}_3CF_2)_2C\text{-}NN$	85.69		8			419
3246	$C\underline{F}_3CF_2CF{=}C(CF_3)_2$	83.8		EXT.- 2			286
3247	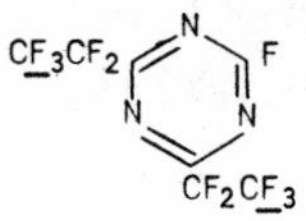	86.1		2			152
3248	$C\underline{F}_3CF_2CF{=}NCF_3$	83.8		2			152
3249	$[C\underline{F}_3CF_2CF{=}N]_2$	86.79		EXT.- 8			88
3250	$C\underline{F}_3CF_2C(O)OH$	83.57		INT.- 1	1		190
3250		83.82		EXT.- 2			424
3250		83.5	0.1	EXT.- 2	12		16
3251	$C\underline{F}_3CF_2C(O)OSO_2F$	86.6		EXT.- 2			400
3252	$C\underline{F}_3CF_2C(O)Mn(CO)_5$	80.3		INT.- 1	1		161
3252		80.3	0.4	INT.- 1	1		75
3252		80.3		INT.- 1	39		70
3253	$C\underline{F}_3CF_2C(O)Re(CO)_5$	80.5		INT.- 1	1		161
3253		80.5	0.4	EXT.- 1	39		75
3254	$C\underline{F}_3CF_2CH_2OCH_3$	84.1		2			176
3255	$C\underline{F}_3CF_2CH_2F$	84.15	0.03	EXT.-20	12		66
3256	$C\underline{F}_3CF_2CHFOC_6F_{11}$	81.3		EXT.- 2			272
3257	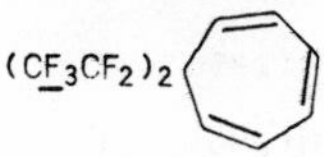	78.7		8			419
3258	$(C\underline{F}_3CF_2)_2CFCF_2CF_2CF_3$	79.7	0.1	EXT.- 2	12		16
3259	$C\underline{F}_3CF_2CF_2C(O)C(O)CF_2CF_2CF_2C\underline{F}_3$	81.39		EXT.- 2			40
3260	$C\underline{F}_3CF_2CF_2C(O)CF(CF_3)_2$	81.3		EXT.- 2			114
3261	$C\underline{F}_3CF_2CF_2C(O)OH$	81.55		2			50

NO.	COMPOUND	SHIFT (PPM)	ERROR (PPM)	REF	SOLV	TEMP (K)	LIT REF
3262	$C\underline{F}_3CF_2CF_2C(O)OCHF_2$	81.4		INT.- 1	1		334
3263	$C\underline{F}_3CF_2CF_2C(O)OSO_2F$	81.2		EXT.- 2			400
3264	$C\underline{F}_3CF_2CF_2C(O)SH$	80.93		2			50
3265	$C\underline{F}_3CF_2CF_2C(O)Cl$	80.	1.	20			10
3266	$C\underline{F}_3CF_2CF_2C(O)Re(CO)_5$	81.0		INT.- 1	39		70
3266		81.0		EXT.- 1	39		161
3266		81.0	0.4	EXT.- 1	39		75
3267	$C\underline{F}_3CF_2CF_2CF{=}NCF_3$	81.7		EXT.- 2			84
3267		81.7	0.1	EXT.- 2	12		16
3267		82.0		2			127
3268	$[C\underline{F}_3CF_2CF_2CF{=}N]_2$	83.90		EXT.- 8			88
3269	$C\underline{F}_3CF_2CF_2CF{=}NF$	81.1		INT.- 1	1		332
3270	$C\underline{F}_3CF_2CF_2CF{=}NCl$	83.41		EXT.- 8			88
3271	$C\underline{F}_3CF_2CF_2CH_2CH_2CH_3$	79.93	0.01	EXT.-20	12		66
3272	$C\underline{F}_3CF_2CF_2CH_2CH(CN)CH_3$	81.5		INT.- 1			308
3273	$C\underline{F}_3CF_2CF_2CH_2F$	81.04	0.03	EXT.-20	12		66
3274	$C\underline{F}_3CF_2CF_2CH_2Cl$	81.	1.	20			10
3275	$C\underline{F}_3CF_2CF_2CH_2Br$	81.	1.	20			10
3276	$C\underline{F}_3CF_2CF_2CH_2I$	81.	1.	20			10
3277	$C\underline{F}_3CF_2CF_2CH(OH)C(O)CF_2CF_2CF_3$	81.46		EXT.- 2			40
3278	$C\underline{F}_3CF_2CF_2CH(OH)CH(OH)CF_2CF_2C\underline{F}_3$	80.86		EXT.- 2			40
3279	$C\underline{F}_3CF_2CHF_2$	82.93	0.02	EXT.-20	12		66
3279		87.2	0.05	INT.-22			17
3280	$C\underline{F}_3CF_2CDF_2$	87.2	0.05	INT.-22			17
3281	$C\underline{F}_3CF_2CF(CF_3)_2$	83.		EXT.- 2			39
3282	$C\underline{F}_3CF_2CF_2CF(CF_3)_2$	80.3		INT.- 1			124
3282		81.0		EXT.- 2			39
3283	$C\underline{F}_3CF_2CF_2CF(CF_2CF_3)_2$	81.3	0.1	EXT.- 2	12		16
3284	$C\underline{F}_3CF_2CF_2CF_2(m\text{-}C_6H_4NH_2)$	81.74		INT.-56	1		356
3285	$C\underline{F}_3CF_2CF_2CF_2[m\text{-}C_6H_4N(CH_3)_2]$	81.78		INT.-56	1		356
3286	$C\underline{F}_3CF_2CF_2CF_2[p\text{-}C_6H_4N(CH_3)_2]$	81.83		INT.-56	1		356
3287	$C\underline{F}_3CF_2CF_2CF_2(m\text{-}C_6H_4NO_2)$	81.71		INT.-56	1		356
3288	$C\underline{F}_3CF_2CF_2CF_2(m\text{-}C_6H_4F)$	81.76		INT.-56	1		356
3289	$C\underline{F}_3CF_2CF_2CF_2(p\text{-}C_6H_4F)$	81.73		INT.-56	1		356
3290	$C\underline{F}_3CF_2CF_2CF_2CHF_2$	81.	1.	20			10
3291	$C\underline{F}_3CF_2CF_2CF_2CF_2CF_2CHF_2$	83.1		INT.- 1			124
3291		84.1		EXT.- 8			178

NO.	COMPOUND	SHIFT (PPM)	ERROR (PPM)	REF	SOLV	TEMP (K)	LIT REF
3292	$C\underline{F}_3CF_2CF_2CF_2CF_2CF_2CDF_2$	84.1		EXT.- 8			178
3293	$C\underline{F}_3CF_2CF_2CF_2CF_2CF_2C\underline{F}_3$	82.9		INT.- 1			124
3293		81.	1.	20			10
3294	$C\underline{F}_3CF_2CF_2CF_2CF_2C\underline{F}_3$	82.5		INT.- 1			124
3294		80.88	0.01	EXT.-20	12		66
3295	$C\underline{F}_3CF_2CF_2CF_2CF_2CCl_3$	80.	1.	20			10
3296	$(C\underline{F}_3CF_2CF_2CF_2)_2NCF_3$	81.5	0.1	EXT.- 2	12		16
3297	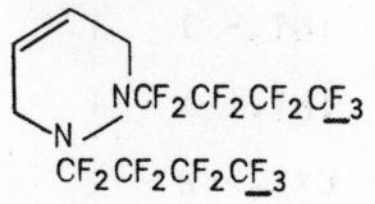	83.43		EXT.- 8			88
3298	$C\underline{F}_3CF_2CF_2CF_2NF_2$	81.4		INT.- 1	1		332
3298		82.0		2			127
3299	$C\underline{F}_3CF_2CF_2CF_2CF_2NF_2$	82.3		2			127
3300	$C\underline{F}_3CF_2CFICF_3$	79.33		8			100
3301	$[C\underline{F}_3CF_2CF_2N]_2$	84.37		EXT.- 8			88
3301		84.24		EXT.- 8			88
3302	$[C\underline{F}_3CF_2CF_2CF_2CF_2CF_2CF_2S]_2$	81.54	0.01	INT.- 1	1		116
3303	$C\underline{F}_3CF_2CF_2CF_2SF_5$	81.5		EXT.- 2			95
3303		81.5		EXT.- 2			109
3303		81.7		EXT.- 2			15
3304	$C\underline{F}_3CF_2CF_2C\underline{F}_3$	82.5	0.1	EXT.- 2	12		16
3304		80.	1.	20			10
3305	$C\underline{F}_3CF_2CF_2CCl_3$	80.	1.	20			10
3306	$C\underline{F}_3CF_2CF_2Sn(C_4H_9)_3$	80.3		INT.- 1	1		161
3306		80.3	0.4	INT.- 1	1		75
3306		80.3		INT.- 1	1		70
3307	$C\underline{F}_3CF_2CF_2N{=}S(F)CF(CF_3)_2$	81.3		EXT.- 2			284
3308	$(C\underline{F}_3CF_2CF_2)_2NOCF_2CF_2CF_3$	81.9		INT.- 1	1		253
3309	$C\underline{F}_3CF_2CF_2NFCF_3$	82.6		2			152
3310	$(C\underline{F}_3CF_2CF_2)_2NF$	82.30		2			152
3311	$C\underline{F}_3CF_2CF_2NF_2$	82.9	0.1	EXT.- 2	12		16
3312	$(C\underline{F}_3CF_2CF_2)_2PF$	80.5	0.4	INT.- 1	1		339
3313	$C\underline{F}_3CF_2CF_2PF_2$	81.3	0.4	INT.- 1	1		339
3314	$(C\underline{F}_3CF_2CF_2)_2PCl$	81.2		INT.- 1	1		161
3314		81.2	0.4	INT.- 1	1		75
3314		80.8	0.4	INT.- 1	1		339
3314		81.2		INT.- 1	1		70
3315	$C\underline{F}_3CF_2CF_2PCl_2$	81.1	0.4	INT.- 1	1		339

NO.	COMPOUND	SHIFT (PPM)	ERROR (PPM)	REF	SOLV	TEMP (K)	LIT REF
3316	$(\underline{CF_3}CF_2CF_2)_2PI$	81.2		INT.- 1	1		161
3316		81.2	0.4	INT.- 1	1		75
3316		80.4	0.4	INT.- 1	1		339
3317	$\underline{CF_3}CF_2CF_2PI_2$	81.1	0.4	INT.- 1	1		339
3318	$\underline{CF_3}CF_2CF_2ON(CF_2CF_2CF_3)$	82.2		INT.- 1	1		253
3319	$\underline{CF_3}CF_2CF_2OF$	82.5		INT.- 1			344
3320	$(\underline{CF_3}CF_2CF_2)_2S$	80.58	0.01	INT.- 1	1		116
3321	$(\underline{CF_3}CF_2CF_2S)_2$	80.88	0.01	INT.- 1	1		116
3322	$(\underline{CF_3}CF_2CF_2S)_2S$	80.80	0.01	INT.- 1	1		116
3323	$(\underline{CF_3}CF_2CF_2)_2SF_4$	81.5		EXT.- 2			15
3324	$\underline{CF_3}CF_2CF_2SF_5$	81.5		EXT.- 2			15
3325	$\underline{CF_3}CF_2\underline{CF_3}$	82.95		INT.- 1			476
3325		82.82	0.04	INT.- 1	1		148
3325		82.86	0.01	INT.- 1	1		473
3325		82.82	0.01	INT.- 1	1		117
3325		86.1		EXT.- 1	12		134
3325		86.		EXT.- 1	12		156
3326	$\underline{CF_3}CF_2CF_2Cl$	80.91		INT.- 1			476
3326		80.7		INT.- 1	1		161
3326		80.7	0.4	INT.- 1	1		75
3327	$\underline{CF_3}CF_2CF_2I$	79.6		INT.- 1	1		161
3327		79.6	0.4	INT.- 1	1		75
3328	$\underline{CF_3}CF_2CF_2Mn(CO)_5$	78.8		INT.- 1	1		161
3328		78.8	0.4	INT.- 1	1		75
3328		77.00		EXT.- 2			73
3329	$\underline{CF_3}CF_2CF_2Re(CO)_5$	78.5		INT.- 1	1		161
3329		78.5	0.4	INT.- 1	1		75
3329		78.5		INT.- 1	1		70
3330	$(\underline{CF_3}CF_2CF_2)_2Fe(CO)_4$	78.6		EXT.- 1	39		161
3330		78.6	0.4	EXT.- 1	39		75
3331	$\underline{CF_3}CF_2CF_2Fe(CO)_4I$	78.2		INT.- 1			72
3331		78.2		EXT.- 1	38		161
3331		78.2	0.4	EXT.- 1	38		75
3332	$\underline{CF_3}CF_2CF_2Co(CO)_4$	78.5		EXT.- 2			73
3333	$\underline{CF_3}CF_2CF_2Co(C_6H_5)(CO)I$	81.01		EXT.- 9	38	251	223
3334	$\underline{CF_3}CF_2CF_2Co(\pi\text{-}C_5H_5)(CO)I$	79.1		EXT.- 1	39		161
3335	$\underline{CF_3}CF_2CF_2Co(\pi\text{-}C_5H_5)(CO)I$	79.1	0.4	EXT.- 1	39		75
3336	$[\underline{CF_3}CF_2CF_2Co(CH_3CN)\text{-}(\pi\text{-}C_5H_5)]^+ + ClO_4^-$	74.0		INT.- 1	25		366
3337	$[CF_3CF_2\underline{CF_2}Co(bipy)\text{-}(\pi\text{-}C_5H_5)]^+ + ClO_4^-$	78.8		INT.- 1			366

NO.	COMPOUND	SHIFT (PPM)	ERROR (PPM)	REF	SOLV	TEMP (K)	LIT REF
3338	$[\underline{CF}_3CF_2CF_2Co(py)_2(\pi\text{-}C_5H_5)]^+ + ClO_4^-$	76.9		INT.- 1			366
3339	$\{CF_3CF_2CF_2Co(\pi\text{-}C_5H_5)(CO)\text{-}[P(C_6H_5)_3]\}^+ + ClO_4^-$	74.8		INT.- 1			366
3340	$\underline{CF}_3CF_2CF_2Rh(C_6H_5)(CO)I$	80.75		EXT.- 9	38	251	223

26. NEAREST NEIGHBORS TO CARBON- CARBON(4 COORD.), FLUORINE, FLUORINE

(E). NEXT NEAREST NEIGHBORS- C, F, X

NO.	COMPOUND	SHIFT (PPM)	ERROR (PPM)	REF	SOLV	TEMP (K)	LIT REF
3341	$(CH_3)_3SnCF(\underline{CF}_3)CF_2Sn(CH_3)_3$	72.1		EXT.- 2			487
****							
3342	$(\underline{CF}_3)_2C(F)SCF(\underline{CF}_3)_2$	78.8		EXT.- 8	12		110
3343	$(\underline{CF}_3)_2C(F)SOCF(CF_3)_2$	75.67		EXT.- 8	12		110
3344	$(\underline{CF}_3)_2C(F)SF$	73.9		EXT.- 1			525
3344		73.90		EXT.- 8	12		110
3345	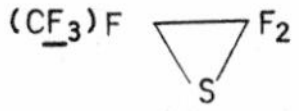	75.86		EXT.- 8			258
3346	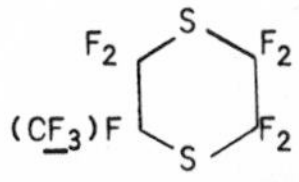	72.57		EXT.- 8			258
3347	$(CF_3)_2C(F)S(O)OH$	73.13		EXT.- 8	12		110
3348	$(\underline{CF}_3)_2C(F)S(O)OC_2H_5$	72.56		EXT.- 8	12		110
3349	$(\underline{CF}_3)_2C(F)S(F){=}NCF_3$	70.2		EXT.- 2			284
3350	$(\underline{CF}_3)_2C(F)S(F){=}NCF_2CF_3$	68.1		EXT.- 2			284
3351	$(\underline{CF}_3)_2C(F)S(F){=}NCF_2CF_2CF_3$	69.9		EXT.- 2			284
3352	$(\underline{CF}_3)_2C(F)SF_2CF_3$	73.18		EXT.- 8	12		110
3353	$(\underline{CF}_3)_2C(F)S(F_2)CF(\underline{CF}_3)_2$	72.77		EXT.- 8	12		110
3354	$(\underline{CF}_3)_2C(F)SF_3$	74.27		EXT.- 8	12		110
3355	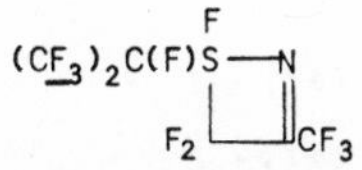	72.1		EXT.- 2			284
****							
3356	$\underline{CF}_3CFClCCl_2CF_3$	71.01		EXT.- 2			95
3356		72.81		2			32
****							
3357	$\underline{CF}_3CFBrCF_2N(CF_3)_2$	75.7		EXT.- 2			305
****							
3358	$\underline{CF}_3CFICF_2CF_3$	74.25		8			100
3359	$\underline{CF}_3CFI(CF_2)_5CHF_2$	73.47		8			100

NOTE- X IS ANY ELEMENT NOT PREVIOUSLY PRINTED UNDER THE TITLE ELEMENT.

NO.	COMPOUND	SHIFT (PPM)	ERROR (PPM)	REF	SOLV	TEMP (K)	LIT REF
3360	$C\underline{F}_3CFIC\underline{F}_3$	76.89		8			100
****							
3361	$(C\underline{F}_3)_2C(F)Mn(CO)_5$	67.6		EXT.- 2			73
****							
3362	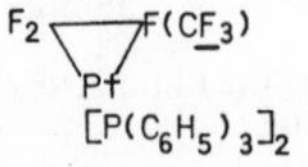	66.5		INT.- 1			425
****							
3363	$(C\underline{F}_3)_2CFHgCF(C\underline{F}_3)_2$	70.9		8	25		121

26. NEAREST NEIGHBORS TO CARBON- CARBON(4 COORD.), FLUORINE, FLUORINE

(F). NEXT NEAREST NEIGHBORS- C, X, X

NO.	COMPOUND	SHIFT (PPM)	ERROR (PPM)	REF	SOLV	TEMP (K)	LIT REF
****							
3364	$(CF_3)_2C(NH_2)_2$	83.5		EXT.- 8			330
3365	$(CF_3)_2C(NH_2)NHNH_2$	79.05		EXT.- 8			330
3366	$(CF_3)_2C(NH_2)N_3$	81.36		EXT.- 8			330
3367	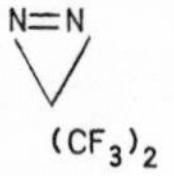	68.		8	12		419
3368	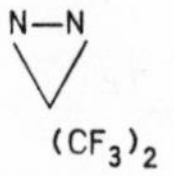	70.57		EXT.- 8	13		330
3369	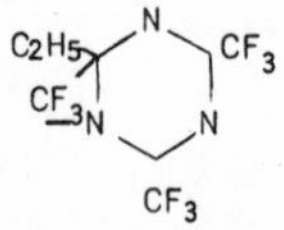	80.7		INT.- 1			452
****							
3370	$(CF_3)_2C(OH)NHC(O)CH_3$	83.8		EXT.- 1			227
3371	$(C\underline{F}_3)_2C(NH_2)COCH_2CH_2OC(NH_2)(C\underline{F}_3)_2$	81.47		EXT.- 8			330
****							
3372	$(C\underline{F}_3)_2CFN{=}C(CF_3)_2$	78.43		EXT.- 2			82
3373	$C\underline{F}_3CF(NO)CF_3$	75.83		EXT.- 2			82
3374	$(C\underline{F}_3)_2CFNF_2$	76.8		EXT.- 2			39
3375	$C\underline{F}_3CF(NF_2)C(O)F$	75.2		1			317
3376	$C\underline{F}_3CF(NF_2)CF_2OSO_2F$	74.6		1			317
3377	$C\underline{F}_3CF(NF_2)CF_2OF$	72.8		INT.- 1	1		509
3378	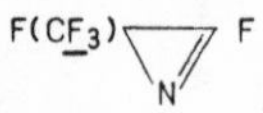	77.7		EXT.- 2			379
3378		80.3		INT.-24			273

NOTE- X IS ANY ELEMENT NOT PREVIOUSLY PRINTED UNDER THE TITLE ELEMENT.

NO.	COMPOUND	SHIFT (PPM)	ERROR (PPM)	REF	SOLV	TEMP (K)	LIT REF
3379	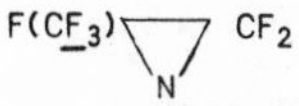	76.6		EXT.- 2			379
3380	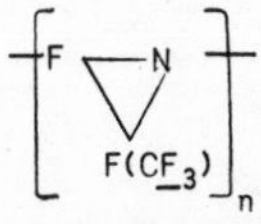 (polymer segment)	76.0		INT.-24			273
3381	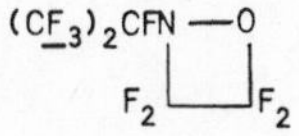	75.36		EXT.- 2			82
3382	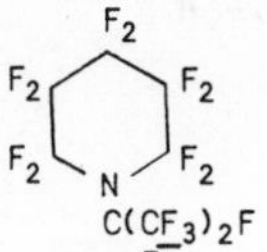	75.4		EXT.- 2			286
3383	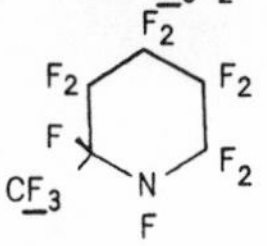	72.8	1.0	INT.- 1	1		507
**** 3384	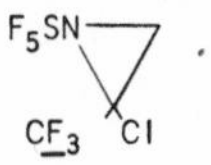	80.		8			218
**** 3385	$(C\underline{F}_3)_2C(OF)_2$	70.1		INT.- 1	1		531
3386	$(C\underline{F}_3)_2C[OCH(CF_3)_2]OSi(CH_3)_3$	74.74		EXT.- 2			309
**** 3387	$(C\underline{F}_3)_2C(OH)SSCH(CF_3)_2$	81.8		EXT.- 8			327
**** 3388	$(C\underline{F}_3)_2CFOF$	75.6		INT.- 1			344
3389	$C\underline{F}_3CF(OSO_2F)CF_2NF_2$	80.8		1			317
3390	$(C\underline{F}_3)_2C(F)OSCF(CF_3)_2$	82.0		EXT.- 8	12		110
3391	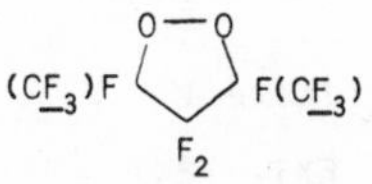 (cis)	75.7		INT.- 1	1		363
3392	(trans)	76.7		INT.- 1	1		363
**** 3393	$(CF_3)_2CP(O)F_2I$	74.5		INT.- 1			508
**** 3394	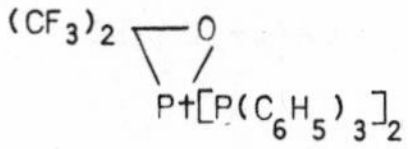	67.8		INT.- 1			425
**** 3395	$(C\underline{F}_3)_2C(SH)SCH_3$	74.86		EXT.- 8			327

NO.	COMPOUND	SHIFT (PPM)	ERROR (PPM)	REF	SOLV	TEMP (K)	LIT REF
3396	$(C\underline{F}_3)_2C(SCH_3)CH(CF_3)_2$	65.67		EXT.- 8			327
3397	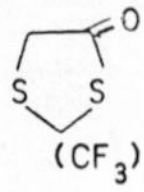	71.61		EXT.- 8			327
3398	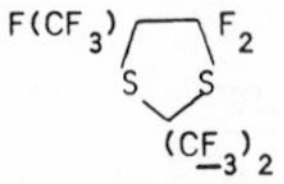	70.60		INT.- 8			102
3399	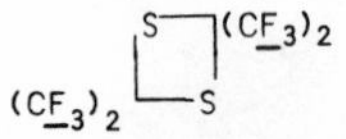	75.37		EXT.- 8			326
3400	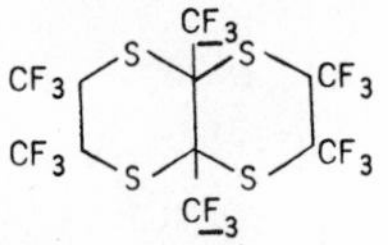	65.9		2			71
****							
3401	$(CF_3)_2C(Cl)SCl$	74.75		EXT.- 8			327
3402	$(C\underline{F}_3)_2C(Cl)SSCH(CF_3)_2$	72.42		EXT.- 8			327
****							
3403	$(CF_3)_2C(Br)SBr$	67.8		EXT.- 8			327
****							
3404	$C\underline{F}_3CCl_2CF_2NF_2$	74.2		EXT.- 2			181
3405	$C\underline{F}_3CCl_2CFClCF_3$	72.59		EXT.- 2			95
3405		71.22		2			32
3406	$CF_3CCl_2CCl_2SiCl_3$	69.38	0.00	INT.- 1	1		359

26. NEAREST NEIGHBORS TO CARBON- CARBON(4 COORD.), FLUORINE, FLUORINE

(G). NEXT NEAREST NEIGHBORS- F, X, X OR CL, X, X

NO.	COMPOUND	SHIFT (PPM)	ERROR (PPM)	REF	SOLV	TEMP (K)	LIT REF
3407	$C\underline{F}_3CF_2N{=}CFCF_3$	87.1		2			152
3408	$C\underline{F}_3CF_2N{=}CFCF_3$	86.7		INT.- 1	1		332
3409	$C\underline{F}_3CF_2NNCF_2C\underline{F}_3$	84.0		EXT.- 2			95
3409		86.56		EXT.- 8			88
3410	$C\underline{F}_3CF_2NO$	83.25		EXT.- 2			82
3411	$C\underline{F}_3CF_2N{=}S(F)CF(CF_3)_2$	91.0		EXT.- 2			284
3412	$C\underline{F}_3CF_2N(CF_3)_2$	84.9		EXT.- 2	12		8
3413	$(C\underline{F}_3CF_2)_2NCF_3$	84.2	0.1	EXT.- 2	12		16
3414	$(C\underline{F}_3CF_2)_3N$	81.7		EXT.- 2			95

NOTE- X IS ANY ELEMENT NOT PREVIOUSLY PRINTED UNDER THE TITLE ELEMENT.

NO.	COMPOUND	SHIFT (PPM)	ERROR (PPM)	REF	SOLV	TEMP (K)	LIT REF
3415	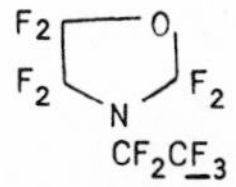	87.1	0.1	EXT.- 2	12		16
3416	$C\underline{F}_3CF_2NFCF_3$	84.40		2			152
3417	$C\underline{F}_3CF_2NFCF_2C\underline{F}_3$	83.2		INT.- 1	1		332
3417		83.9		EXT.- 2			95
3417		83.57		2			152
3418	$C\underline{F}_3CF_2NFSF_5$	81.7		INT.- 1	1		318
****							
3419	$C\underline{F}_3CF(OF)_2$	77.4		INT.- 1	1		531
****							
3420	$C\underline{F}_3CF_2OCF_3$	87.6		INT.- 1	1		532
3421	$C\underline{F}_3CF_2OOCF_3$	83.2		INT.- 1	1		532
3422	$C\underline{F}_3CF_2OOOCF_3$	83.8		INT.- 1	1		532
3423	$C\underline{F}_3CF_2OCF_2C\underline{F}_3$	88.4	0.1	EXT.- 2	12		16
3424	$C\underline{F}_3CF_2OOOCF_2C\underline{F}_3$	83.		INT.- 1	1		532
3425	$C\underline{F}_3CF_2OC_6F_{11}$	87.5		EXT.- 2			272
3426	$C\underline{F}_3CF_2OF$	82.1		INT.- 1			344
3426		82.1		INT.- 1			468
****							
3427	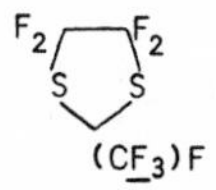	81.60		INT.- 8			102
****							
3428	$(C\underline{F}_3CF_2)_2Sn(CH_3)_2$	83.7		INT.- 1	1		161
3428		83.7	0.4	INT.- 1	1		75
3428		83.7		INT.- 1	1		70
3429	$C\underline{F}_3CF_2Sn(C_2H_5)_3$	84.4		INT.- 1	1		161
3429		84.4	0.4	INT.- 1	1		75
3430	$C\underline{F}_3CF_2Sn(C_4H_9)_3$	83.9		INT.- 1	1		161
3430		83.9	0.4	INT.- 1	1		75
****							
3431	$C\underline{F}_3CF_2S(O)_2OF$	88.5		1			144
3432	$C\underline{F}_3CF_2SF_4CF_3$	81.0		EXT.- 2			95
3432		81.0		EXT.- 2			109
3432		82.8		EXT.- 2			25
3433	$C\underline{F}_3CF_2SF_4CF_2C\underline{F}_3$	81.0		EXT.- 2			95
3433		81.0		EXT.- 2			109
3433		81.0		EXT.- 2			15
3434	$C\underline{F}_3CF_2SF_5$	82.1		EXT.- 2			95
3434		82.1		EXT.- 2			109
3434		81.8		EXT.- 2			15
****							
3435	$C\underline{F}_3CF_2SeCH_3$	84.4		INT.- 1	1		367

NO.	COMPOUND	SHIFT (PPM)	ERROR (PPM)	REF	SOLV	TEMP (K)	LIT REF
3436	$C\underline{F}_3CF_2SeC_2H_5$	84.8		INT.- 1	1		367
3437	$C\underline{F}_3CF_2SeCH_2SeCF_2C\underline{F}_3$	84.8		INT.- 1	1		367
3438	$C\underline{F}_3CF_2SeCF_2C\underline{F}_3$	84.1		INT.- 1	1		367
3439	$(C\underline{F}_3CF_2Se)_2NH$	83.7		INT.- 1	1		367
3440	$C\underline{F}_3CF_2SeNHCH_3$	84.1		INT.- 1	1		367
3441	$(C\underline{F}_3CF_2Se)_2NCH_3$	84.1		INT.- 1	1		367
3442	$C\underline{F}_3CF_2SeN(CH_3)_2$	85.1		INT.- 1	1		367
3443	$C\underline{F}_3CF_2SeSeCF_2C\underline{F}_3$	82.9		INT.- 1	1		367
3444	$C\underline{F}_3CF_2SeCl$	83.0		INT.- 1	1		367
3445	$C\underline{F}_3CF_2SeBr$	82.7		INT.- 1	1		367
3446	$C\underline{F}_3CF_2SeHgSeCF_2C\underline{F}_3$	85.4		INT.- 1	2		367
****							
3447	$C\underline{F}_3C\underline{F}_3$	89.06		EXT.- 1			341
****							
3448	$C\underline{F}_3CF_2I$	85.4		INT.- 1	1		161
3448		85.4	0.4	INT.- 1	1		75
3448		86.92		8			100
****							
3449	$C\underline{F}_3CF_2Mn(CO)_5$	84.0		INT.- 1	1		161
3449		84.0	0.4	INT.- 1	1		75
3449		84.0		INT.- 1	1		70
****							
3450	$C\underline{F}_3CF_2Re(CO)_5$	84.2		INT.- 1	1		161
3450		84.2	0.4	INT.- 1	1		75
****							
3451	$(C\underline{F}_3CF_2)_2Fe(CO)_4$	83.7		INT.- 1	1		161
3451		83.7		INT.- 1	1		70
3451		83.7	0.4	EXT.- 1	39		75
3452	$C\underline{F}_3CF_2Fe(CO)_4I$	83.5		INT.- 1	1		161
3452		83.5	0.4	INT.- 1	1		75
3452		84.2		INT.- 1	1		70
****							
3453	$C\underline{F}_3CF_2Co(CO)_4$	82.5		EXT.- 2			73
3454	$C\underline{F}_3CF_2Co(C_6H_5)(CO)I$	82.20		EXT.- 9	38	251	223
3455	$[C\underline{F}_3CF_2Co(py)_2(\pi\text{-}C_5H_5)]^+ClO_4^-$	77.8		INT.- 1			366
3456	$\{CF_3CF_2Co(CH_3CN)(\pi\text{-}C_5H_5)\text{-}[P(C_6H_5)_3](CO)\}^+ + ClO_4^-$	79.5		INT.- 1			366
3457	$\{CF_3CF_2Co(\pi\text{-}C_5H_5)\text{-}[P(C_6H_5)_3](CO)\}^+ + PF_6^-$	78.0		INT.- 1			366
****							
3458	$C\underline{F}_3CF_2Rh(C_6H_5)(CO)I$	83.77		EXT.- 9	38	251	223

NO.	COMPOUND	SHIFT (PPM)	ERROR (PPM)	REF	SOLV	TEMP (K)	LIT REF
****							
3459	$C\underline{F}_3CF_2HgCF_2C\underline{F}_3$	82.55		2			46
****							
3460	$C\underline{F}_3CFCl_2$	85.8		INT.- 1			27
3460		83.88	0.1	2			32
****							
3461	$C\underline{F}_3CFClBr$	84.3		1			27
****							
3462	CF_3CCl_3	82.20	0.04	INT.- 1	1		148
3462		82.20	0.00	INT.- 1	1		26
****							
3463	CF_3CCl_2I	79.99		8			100

27. NEAREST NEIGHBORS TO CARBON- CARBON(4 COORD.), FLUORINE, CHLORINE

NO.	COMPOUND	SHIFT (PPM)	ERROR (PPM)	REF	SOLV	TEMP (K)	LIT REF
3464	CF_2ClCH_3	47.3		EXT.- 1	12		134
3464		47.		EXT.- 1	12		156
3464		44.33	0.02	EXT.-20	12		65
3465	$C\underline{F}_2ClCHFCl$	67.7		EXT.- 2			407

AB-TYPE MULTIPLET WITH DELTA = 2.60 PPM

NO.	COMPOUND	SHIFT (PPM)	ERROR (PPM)	REF	SOLV	TEMP (K)	LIT REF
3466	$C\underline{F}_2ClCHFBr$	67.0		1			27
3467	$C\underline{F}_2ClCF_2C(O)F$	71.2		INT.- 1			459
3468	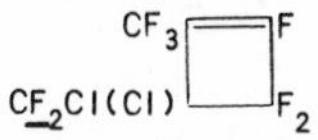	96.0		EXT.- 2			375

AB-TYPE MULTIPLET WITH DELTA = 1.20 PPM

NO.	COMPOUND	SHIFT (PPM)	ERROR (PPM)	REF	SOLV	TEMP (K)	LIT REF
3469	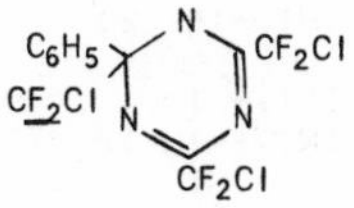	67.8		INT.- 1			452
3470	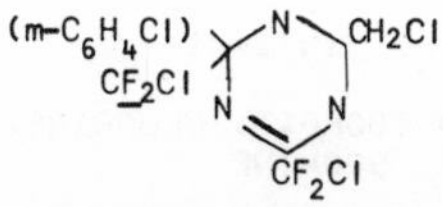	66.3		INT.- 1			452
3471	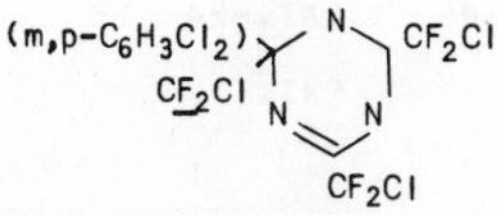	68.1		INT.- 1			452
3472	$CF_2ClC(OH)NHC(O)NH_2$	83.7		EXT.- 1			227
3473	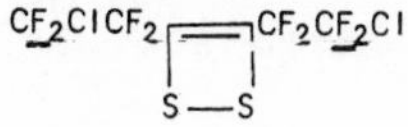	68.3		2			71
3474	$C\underline{F}_2ClC(NH_2)_2C\underline{F}_2Cl$	64.00		EXT.- 8			330

NO.	COMPOUND	SHIFT (PPM)	ERROR (PPM)	REF	SOLV	TEMP (K)	LIT REF
3475	$\underline{CF_2}ClCF_2CF_3$	69.5		INT.- 1	1		161
3475		69.5	0.4	INT.- 1	1		75
3476	$\underline{CF_2}ClCF_2CH_2F$	69.51	0.01	EXT.-20	12		66
3477	$\underline{CF_2}ClCF_2CF_3$	70.01		INT.- 1			476
3478	$\underline{CF_2}ClCF_2CF_2Cl$	67.91		INT.- 1			476
3479	$\underline{CF_2}ClCF_2CFCl_2$	64.82		INT.- 1			476
3480	$\underline{CF_2}ClCCl_2CFCl_2$	52.7		EXT.- 2			95
3481	$\underline{CF_2}ClCF_2NNCF_3$	71.8		EXT.- 2			181
3482	$\underline{CF_2}ClCF_2NNCF_2\underline{CF_2}Cl$	70.7		2			153
3483	$\underline{CF_2}ClCF_2NF_2$	69.7		EXT.- 2			181
3484	$\underline{CF_2}ClCF_2OF$	69.3		INT.- 1			344
3485	$\underline{CF_2}ClCF_2S(O)_2OF$	73.4		1			144
3486	$\underline{CF_2}ClCFClSCl$	60.5		EXT.- 2			376
AB-TYPE MULTIPLET WITH DELTA =		.24 PPM					
3487	$\underline{CF_2}ClCFClSO_2F$	61.8		EXT.- 2			376
AB-TYPE MULTIPLET WITH DELTA =		.77 PPM					
3488	$\underline{CF_2}ClCFClSO_2Cl$	59.6		EXT.- 2			376
AB-TYPE MULTIPLET WITH DELTA =		.32 PPM					
3489	$\underline{CF_2}Cl\underline{CF_2}Cl$	71.2	0.1	INT.- 1	1		148
3489		71.2		INT.- 1	1		149
3489		72.5		1			27
3489		70.55		2			32
3489		66.2		INT.-10	21		122
3490	$\underline{CF_2}ClCFCl_2$	68.03	0.00	INT.- 1		295	96
3490		68.3		INT.- 1	12	77	466
3490		68.5		1			27
3490		66.4		2			32
3491	$\underline{CF_2}ClCF_2I$	67.0		INT.- 1	1		149

28. NEAREST NEIGHBORS TO CARBON- CARBON(4 COORD.), FLUORINE, BROMINE

NO.	COMPOUND	SHIFT (PPM)	ERROR (PPM)	REF	SOLV	TEMP (K)	LIT REF
3492	CF_2BrCH_3	36.29	0.04	EXT.-20	12		65
3493	$\underline{CF_2}BrCH_2N(CF_3)_2$	54.6		EXT.- 2			305
3494	CF_2BrCH_2Cl	54.5		1			27
3495	$\underline{CF_2}BrCHFN(CF_3)_2$	60.8		EXT.- 2			305
3496	$\underline{CF_2}BrCHFSO_2F$	58.1		EXT.- 2			376
AB-TYPE MULTIPLET WITH DELTA =		2.42 PPM					
3497	$\underline{CF_2}BrCHFCl$	61.0		1			20
3498	$\underline{CF_2}BrCHFBr$	61.0		1			27

NO.	COMPOUND	SHIFT (PPM)	ERROR (PPM)	REF	SOLV	TEMP (K)	LIT REF
3499	$C\underline{F_2}BrCF_2CH_2F$	63.90	0.02	EXT.-20	12		66
3500	$C\underline{F_2}BrCF_2N(CF_3)_2$	65.1		EXT.- 2			305
3501	$C\underline{F_2}BrCF_2S(O)_2OF$	69.4		1			144
3502	$C\underline{F_2}BrC\underline{F_2}Br$	63.4	0.1	INT.- 1	1		148
3502		63.4		INT.- 1	1		149
3503	$C\underline{F_2}BrCFBrSO_2F$	57.9		EXT.- 2			376

AB-TYPE MULTIPLET WITH DELTA = 1.47 PPM

29. NEAREST NEIGHBORS TO CARBON- CARBON(4 COORD.), X, X

NO.	COMPOUND	SHIFT (PPM)	ERROR (PPM)	REF	SOLV	TEMP (K)	LIT REF
3504	$C\underline{F_2}ICF_2CH_2CHICH_3$	74.4		INT.- 8			101
3505	$C\underline{F_2}ICF_3$	65.2		INT.- 1	1		161
3505		65.2	0.4	INT.- 1	1		75
3505		67.99		8			100
3506	$C\underline{F_2}ICF_2CF_3$	60.5		INT.- 1	1		161
3506		60.5	0.4	INT.- 1	1		75
3507	$C\underline{F_2}ICF_2Cl$	59.6		INT.- 1	1		149
****							
3508	$CHF_2C\underline{F_2}Mo(\pi-C_5H_5)(CO)_3$	59.9		INT.- 1	1		161
3508		59.9		1			174
****							
3509	$CHF_2C\underline{F_2}W(\pi-C_5H_5)(CO)_3$	57.1		INT.- 1	1		161
3509		57.1		1			174
****							
3510	$CHF_2C\underline{F_2}Mn(CO)_5$	59.8		INT.- 1			119
3510		59.8		INT.- 1			190
3510		59.8		INT.- 1	1		161
3510		59.8		INT.- 1	1		70
3510		60.0		EXT.- 9			322
3511	$CHFClC\underline{F_2}Mn(CO)_5$	53.1		INT.- 1			119
3511		53.1		INT.- 1			190
3511		53.1		INT.- 1	1		161
3512	$CHCl_2C\underline{F_2}Mn(CO)_5$	45.8		INT.- 1			119
3512		47.2		INT.- 1			371
3512		45.8		INT.- 1			190
3512		45.8		INT.- 1	1		161
3513	$CF_3C\underline{F_2}Mn(CO)_5$	68.8		INT.- 1	1		161
3513		68.8	0.4	INT.- 1	1		75
3513		68.8		INT.- 1	1		70
3514	$CF_3CF_2C\underline{F_2}Mn(CO)_5$	65.6		INT.- 1	1		161
3514		65.6	0.4	INT.- 1	1		75
3514		65.2		EXT.- 2			73
****							
3515	$CF_3C\underline{F_2}Re(CO)_5$	74.9		INT.- 1	1		161
3515		74.9	0.4	INT.- 1	1		75
3516	$CH_3CF_2C\underline{F_2}Re(CO)_5$	54.1		6	30		370

NOTE- X IS ANY ELEMENT NOT PREVIOUSLY PRINTED UNDER THE TITLE ELEMENT.

NO.	COMPOUND	SHIFT (PPM)	ERROR (PPM)	REF	SOLV	TEMP (K)	LIT REF
3517	$CHF_2\underline{CF_2}Re(CO)_5$	66.5		6	30		370
3518	$CHFCl\underline{CF_2}Re(CO)_5$	56.4		6	30		370
AB-TYPE MULTIPLET WITH DELTA = 15.00 PPM							
3519	$CHCl_2\underline{CF_2}Re(CO)_5$	46.4		6	30		370
3520	$CF_3CF_2\underline{CF_2}Re(CO)_5$	72.7		INT.- 1	1		161
3520		72.7	0.4	INT.- 1	1		75
3520		72.7		INT.- 1	1		70
3521	$CH_3(CF_2)_3\underline{CF_2}Re(CO)_5$	72.7		6	30		370
****							
3522	$(CF_3\underline{CF_2})_2Fe(CO)_4$	74.0		INT.- 1	1		70
****							
3523	$(CHF_2\underline{CF_2})_2Fe(CO)_4$	66.1		INT.- 1	1		161
3524	$(CF_3\underline{CF_2})Fe(CO)_4$	74.0		INT.- 1	1		161
3524		74.0	0.4	EXT.- 1	39		75
3525	$CF_3\underline{CF_2}Fe(CO)_4I$	59.0		INT.- 1	1		161
3525		59.0	0.4	INT.- 1	1		75
3525		59.0		INT.- 1	1		70
3526	$(CF_3CF_2\underline{CF_2})_2Fe(CO)_4$	69.1		EXT.- 1	39		161
3526		69.1	0.4	EXT.- 1	39		75
3527	$CF_3CF_2\underline{CF_2}Fe(CO)_4I$	54.9		INT.- 1			72
3527		54.9		EXT.- 1	38		161
3527		54.9	0.4	EXT.- 1	38		75
3528	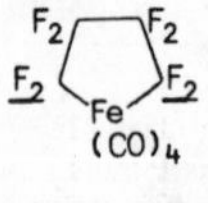	70.6		INT.- 1			72
3528		70.6		INT.- 1	1		161
3528		70.6		INT.- 1	1		70
3528		70.6		1			63
3528		67.5		INT.- 1	39		161
3529	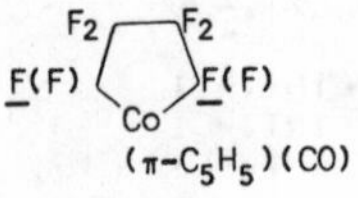	72.97		INT.- 9	2		69
****							
3530	$CF_3\underline{CF_2}Co(C_6H_5)(CO)I$	62.02		EXT.- 9	38	251	223
3531	$[CF_3\underline{CF_2}Co(py)_2(\pi\text{-}C_5H_5)]^+ + ClO_4^-$	88.2		INT.- 1			366
3532	$\{CF_3CF_2Co(CH_3CN)(\pi\text{-}C_5H_5)\text{-}[P(C_6H_5)_3](CO)\}^+ + ClO_4^-$	71.2		INT.- 1			366
3533	$\{CF_3CF_2Co(\pi\text{-}C_5H_5)[P(C_6H_5)_3\text{-}(CO)]\}^+PF_6^-$	60.8		INT.- 1			366
3534	$CF_3CF_2\underline{CF_2}Co(C_6H_5)(CO)I$	57.85		EXT.- 9	38	251	223
3535	$CF_3CF_2\underline{CF_2}Co(\pi\text{-}C_5H_5)(CO)I$	56.3		EXT.- 1	39		161
3536	$[CF_3CF_2\underline{CF_2}Co(CH_3CN)\text{-}(\pi\text{-}C_5H_5)]^+ + ClO_4^-$	77.7		INT.- 1	25		366
3537	$[CF_3CF_2\underline{CF_2}Co(py)_2(\pi\text{-}C_5H_5)]^+ + ClO_4^-$	89.8		INT.- 1			366

NO.	COMPOUND	SHIFT (PPM)	ERROR (PPM)	REF	SOLV	TEMP (K)	LIT REF
3538	$[CF_3CF_2\underline{CF_2}Co(bipy)(\pi\text{-}C_5H_5)]^+ + ClO_4^-$	89.1		INT.- 1			366
3539	$\{CF_3CF_2\underline{CF_2}Co(\pi\text{-}C_5H_5)\text{-}[P(C_6H_5)_3](CO)\}^+ + ClO_4^-$	56.8		INT.- 1			366
3540	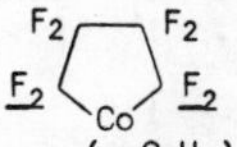 $(\pi\text{-}C_5H_5)(CO)$	67.5		INT.- 1	39		70
3541	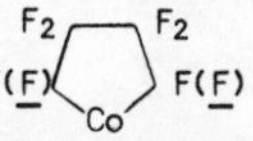 $(\pi\text{-}C_5H_5)(CO)$	131.86		INT.- 1	39		161
****							
3542	$CHF_2\underline{CF_2}Co(CO)_4$	41.7		INT.- 1			371
3543	$CHF_2\underline{CF_2}Co[P(C_6H_5)_3](CO)_3$	48.2		INT.- 1			371
3544	$CF_3\underline{CF_2}Co(CO)_4$	57.2		EXT.- 2			73
3544		51.0		EXT.- 2			73
****							
3545	$[CHF_2\underline{CF_2}Co(CN)_5]^{3-}$	80.7		EXT.- 9			322
3546	$[(CN)_5Co\underline{CF_2}\underline{CF_2}Co(CN)_5]^{6-}$	74.9		EXT.- 9			322
****							
3547	$CF_3CF_2\underline{CF_2}Co(\pi\text{-}C_5H_5)(CO)I$	56.3	0.4	EXT.- 1	39		75
3548	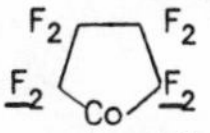 $(\pi\text{-}C_5H_5)(CO)$	67.5		1			63
AB-TYPE MULTIPLET WITH DELTA = 6.26 PPM							
****							
3549	$CF_3\underline{CF_2}Rh(C_6H_5)(CO)I$	59.32		EXT.- 9	38	251	223
3550	$CF_3CF_2\underline{CF_2}Rh(C_6H_5)(CO)I$	55.12		EXT.- 9	38	251	223
3551	$(\underline{CF_2}=\underline{CF_2})Rh[As(C_6H_5)_3]Cl$	97.2		INT.- 9			445
****							
3552	$[CHF_2\underline{CF_2}Rh(CN)_5]^{3-}$	80.5		EXT.- 9			322
3553	$[CHF_2\underline{CF_2}Rh(CN)_5]^{3-} + 3K^+$	80.5		EXT.- 9			442
****							
3554	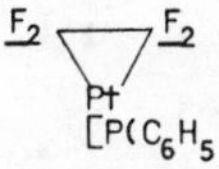 $[P(C_6H_5)_3]_2$	131.1		INT.- 1			425
****							
3555	$CF_3\underline{CF_2}Hg\underline{CF_2}CF_3$	108.43		2			46
****							
3556	$C\underline{F}Cl_2CH_2F$	73.6		13			182
3557	$C\underline{F}Cl_2CF_3$	77.8		1			27
3557		76.22		2			32

NO.	COMPOUND	SHIFT (PPM)	ERROR (PPM)	REF	SOLV	TEMP (K)	LIT REF
3558	$C\underline{F}Cl_2CF_2Cl$	72.03	0.00	INT.- 1		295	96
3558		72.4		INT.- 1	12	77	466
3558		72.5		1			27
3558		70.55		2			32
3559	$C\underline{F}Cl_2C\underline{F}Cl_2$	67.75	0.01	INT.- 1	1		26
3559		67.80	0.00	INT.- 1	1		173
3560	$C\underline{F}Cl_2CF_2CF_2Cl$	70.97		INT.- 1			476
3561	$C\underline{F}Cl_2CF_2CFCl_2$	66.68		INT.- 1			476
3562	$C\underline{F}Cl_2CF_2CCl_3$	63.93		INT.- 1			476
3563	$C\underline{F}Cl_2CCl_2CF_2Cl$	54.5		EXT.- 2			95
3564	$C\underline{F}Cl_2CF_2NF_2$	72.8		INT.- 1	1		332
3564		71.7		EXT.- 2			181
3565	$C\underline{F}Cl_2CF_2OF$	71.8		INT.- 1			344
3566	$C\underline{F}Cl_2CCl_2S(O)_2OF$	67.0		1			144
****							
3567	$C\underline{F}ClBrCFBrCF{=}CFCl$ (erthro rotomer)	63.71	0.01	INT.- 1			374
3568	(threo rotomer)	63.41	0.01	INT.- 1			374
3569	$C\underline{F}ClBrCF_2N(CF_3)_2$	70.9		EXT.- 2			305
3570	$C\underline{F}ClBrCFClN(CF_3)_2$	60.6		EXT.- 2			305
3571	$C\underline{F}ClBrCF_3$	77.0		1			27
****							
3572	$C\underline{F}_2BrC\underline{F}_2Br$	63.40	0.01	INT.- 1	1		26

30. NEAREST NEIGHBORS TO CARBON- NITROGEN, FLUORINE, FLUORINE

NO.	COMPOUND	SHIFT (PPM)	ERROR (PPM)	REF	SOLV	TEMP (K)	LIT REF
3573	$CF_3NHC(O)NHC_6H_5$	66.4		EXT.- 2			357
3574	$CF_3NHC_6H_5$	56.6		INT.- 1	1		357
3575	$C\underline{F}_3NHC\underline{F}_3$	56.4		2			55
****							
3576	$C\underline{F}_3NHNHC\underline{F}_3$	67.6		INT.- 1			450
****							
3577	$FC(O)N(C\underline{F}_3)(m\text{-}C_6H_4F)$	56.8		INT.- 1	1		357
3578	$C\underline{F}_3N(C_6H_5)CF{=}NC_6H_5$	56.2		INT.- 1	1		357
3579	$(CF_3)_2NC_6H_5$	56.00		INT.- 1	1		289
3580	$(CF_3)_2N(m\text{-}C_6H_4CH_3)$	55.95		INT.- 1	1		289
3581	$(CF_3)_2N(p\text{-}C_6H_4CH_3)$	55.88		INT.- 1	1		289
3582	$(CF_3)_2N(m\text{-}C_6H_4NH_2)$	55.97		INT.- 1	1		289

NOTE- X IS ANY ELEMENT NOT PREVIOUSLY PRINTED UNDER THE TITLE ELEMENT.

NO.	COMPOUND	SHIFT (PPM)	ERROR (PPM)	REF	SOLV	TEMP (K)	LIT REF
3583	$(CF_3)_2N(p-C_6H_4NH_2)$	56.43		INT.- 1	1		289
3584	$(CF_3)_2N(p-C_6H_4NHCHO)$	56.69		INT.- 1	1		289
3585	$(CF_3)_2N(m-C_6H_4NO_2)$	56.07		INT.- 1	1		289
3586	$(CF_3)_2N(p-C_6H_4NO_2)$	55.84		INT.- 1	1		289
3587	$(C\underline{F}_3)_2N(m-C_6H_4F)$	56.11		INT.- 1	1		289
3588	$(C\underline{F}_3)_2N(p-C_6H_4F)$	56.37		INT.- 1	1		289
3589	$(CF_3)_2N(p-C_6H_4Br)$	56.18		INT.- 1	1		289
3590	$(CF_3)_2NC(O)CH_3$	55.2		EXT.- 2	29		120
3591	$(CF_3)_2NC(O)C_6H_5$	55.0		EXT.- 2	29		120
3592	$(C\underline{F}_3)_2NC(O)N(C\underline{F}_3)_2$	56.1	0.1	EXT.- 2	12		16
3593	$(C\underline{F}_3)_2NCF{=}NCF$	56.7		EXT.- 2			95
3594	$(CF_3)_2NC(O)OCH_3$	55.2		EXT.- 2			95
3595	$(C\underline{F}_3)_2NC(O)F$	57.0		EXT.- 2			92
3595		56.5	0.1	EXT.- 2	12		16
3596	$(C\underline{F}_3N(CF_2CF_3)_2$	51.2	0.1	EXT.- 2	12		16
3597	$(C\underline{F}_3N(CF_2CF_2CF_2CF_3)_2$	50.0	0.1	EXT.- 2	12		16
3598	$N(CF_3)_3$	58.6		EXT.- 1	12		134
3598		59.		EXT.- 1	12		156
3599	$(C\underline{F}_3)_2NCH_2CH_2Br$	57.0		EXT.- 2			305
3600	$(C\underline{F}_3)_2NCH_2CF_2Br$	56.8		EXT.- 2			305
3601	$(C\underline{F}_3)_2NCHFCHFBr$	55.1		EXT.- 2			305
3602	$(C\underline{F}_3)_2NCHFCF_2Br$	54.7		EXT.- 2			305
3603	$(C\underline{F}_3)_2NCF_2CHFBr$	54.5		EXT.- 2			305
3604	$(C\underline{F}_3)_2NCF_2CF_3$	53.4		EXT.- 2	12		8
3605	$(C\underline{F}_3)_2NCF_2CF_2Br$	51.9		EXT.- 2			305
3606	$(C\underline{F}_3)_2NCF_2CFClBr$	51.2		EXT.- 2			305
3607	$(C\underline{F}_3)_2NCFClCFClBr$	50.4		EXT.- 2			305
3608	$(C\underline{F}_3)_2NCF_2CFBrCF_3$	52.0		EXT.- 2			305
3609	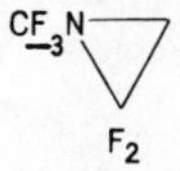	62.		8			218
3610	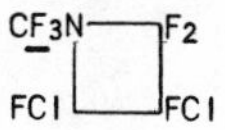 (cis)	56.9		EXT.- 2			252
3611	(trans)	56.9		EXT.- 2			252

NO.	COMPOUND	SHIFT (PPM)	ERROR (PPM)	REF	SOLV	TEMP (K)	LIT REF
3612	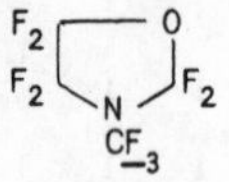	57.6		EXT.- 2			251
3613	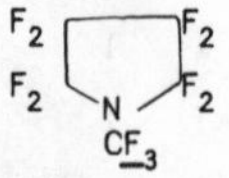	55.5		EXT.- 2			84
3614	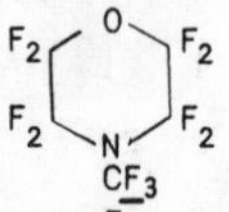	52.5	0.1	EXT.- 2	12		16
3615	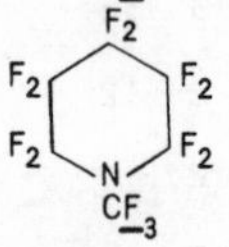	51.2	0.1	EXT.- 2	12		16
****							
3616	$(CF_3)_2NNO$	65.03		EXT.- 2			82
3616		59.2		2			55
3617	$(\underline{CF_3})_2NN{=}CFN(CF_3)[N(CF_3)_2]$	65.6		-0			403
3618	$(CF_3)_2NN{=}CCl_2$	64.0		1			403
3619	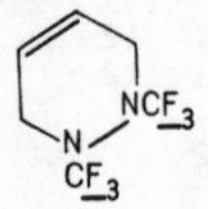	67.85		EXT.- 8			88
3620	$(\underline{CF_3})_2NN(CF_3)CF{=}NN(CF_3)_2$	60.9		-0			403
3621	$(CF_3)_2NN(\underline{CF_3})CF{=}NN(CF_3)_2$	60.9		-0			403
3622	$(\underline{CF_3})_2NN(\underline{CF_3})_2$	61.0		EXT.- 2			430
3622		72.12		EXT.- 8			88
3623	$(\underline{CF_3})_2NN(CF_3)OCF_3$	58.8		EXT.- 2			430
3624	$(\underline{CF_3})_2NN(CF_3)NO$	62.7		1			403
3624		60.2		EXT.- 2			430
3625	$(\underline{CF_3})_2NN(CF_3)NO_2$	60.8		EXT.- 2			430
3626	$[(\underline{CF_3})_2NN(CF_3)]_2Hg$	66.9		INT.--0			403
3627	$(CF_3)_2NNO_2$	59.20	0.04	INT.- 1	1		148
3627		59.7		EXT.- 2			82
3627		58.6		2			55
****							
3628	$(\underline{CF_3})_2NP(O)F_2$	54.8		1			408
3629	$(\underline{CF_3})_2NPF_3Cl$	55.3		1			408
3629		55.3		1			408
3630	$(\underline{CF_3})_2NPF_2Cl_2$	52.9		1			408
****							
3631	$(CF_3)_2NO$	73.6		INT.- 1	1		256

NO.	COMPOUND	SHIFT (PPM)	ERROR (PPM)	REF	SOLV	TEMP (K)	LIT REF
3632	$(CF_3)_2NOH$	70.		INT.- 1	1		256
3633	$(CF_3)_2NOC(O)F$	69.1		EXT.- 2			430
3634	$(CF_3)_2NOCF_3$	71.1		INT.- 1	1		256
3634		68.4		EXT.- 2			283
3635	$(CF_3)_2NON(CF_3)_2$	66.5		EXT.- 2			430
3636	$(CF_3)_2NONO$	67.5		INT.- 1	1		256
3637	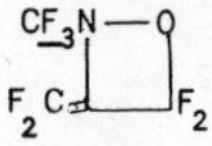	77.		2			250
3638	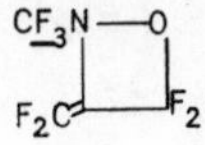 (inversion isomerA)	76.6	0.1	INT.- 1	1		315
3639	(inversion isomer B)	76.6	0.1	INT.- 1	1		315
3640	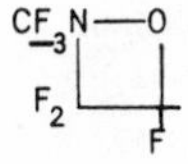 (isomeric mixture)	70.9	0.1	INT.- 1	1		315
3641	(inversion isomer A)	70.6	0.1	INT.- 1	1		315
3642	(inversion isomer B)	70.4	0.1	INT.- 1	1		315
3643	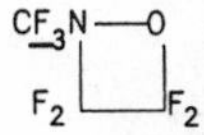 (isomeric mixture)	70.5	0.1	INT.- 1	1		315
3644	(inversion isomer A)	70.1	0.1	INT.- 1	1		315
3645	(inversion isomer B)	70.1	0.1	INT.- 1	1		315
3646	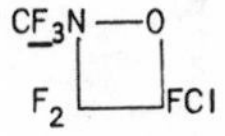 (isomeric mixture)	70.3	0.1	INT.- 1	1		315
3647	(inversion isomer A)	70.3	0.1	INT.- 1	1		315
3648	(inversion isomer B)	69.7	0.1	INT.- 1	1		315
3649	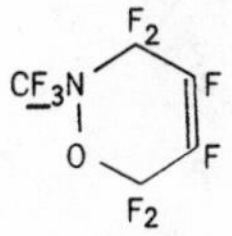	67.72		EXT.- 2			252
3650	(isomeric mixture)	67.7	0.1	INT.- 1	1		315
3651	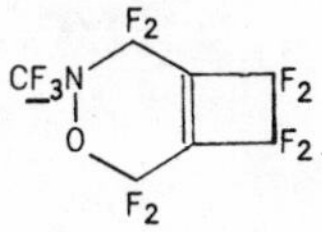	67.2	0.1	INT.- 1	1		315
3651		67.		2			249

****

NO.	COMPOUND	SHIFT (PPM)	ERROR (PPM)	REF	SOLV	TEMP (K)	LIT REF
3652	$(\underline{CF_3})_2NSCH_3$	55.8		INT.- 1			410
3653	$(\underline{CF_3})_2NSCF_3$	58.9		INT.- 1			410
3654	$CH_3CH_2N(\underline{CF_3})SN(\underline{CF_3})CH_2CH_3$	57.52		EXT.- 2			78
3655	$C_4H_9N(\underline{CF_3})SN(\underline{CF_3})C_4H_9$	57.47		EXT.- 2			78
3656	$C_7H_{15}N(\underline{CF_3})SN(\underline{CF_3})C_7H_{15}$	57.12		EXT.- 2			78
3657	$(\underline{CF_3})_2NSF_5$	52.5		1			404
3658	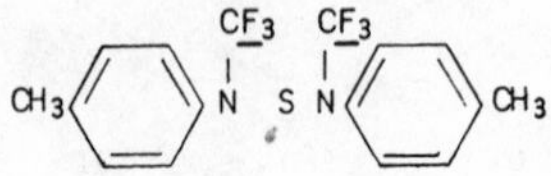	53.25		EXT.- 2			78
3659	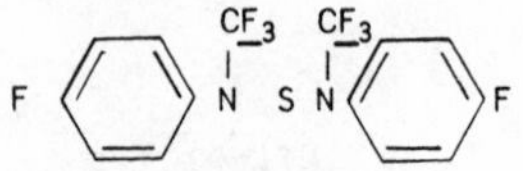	54.42		EXT.- 2			78
3660	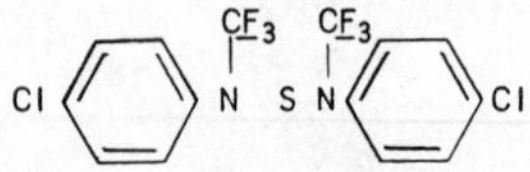	51.72		EXT.- 2			78
3661	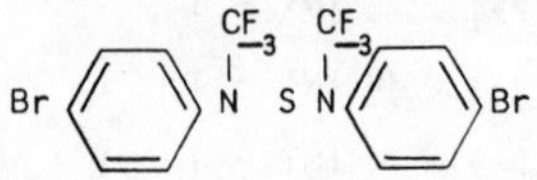	53.37		EXT.- 2			78
****							
3662	$\underline{CF_3}NF\underline{CF_3}$	71.1		INT.- 1	1		256
3662		72.7		EXT.- 2			95
3663	$\underline{CF_3}NFCF_2CF_3$	69.6		2			152
3664	$\underline{CF_3}NFCF_2CF_2CF_3$	68.8		2			152
3665	$\underline{CF_3}NFCF_2NF\underline{CF_3}$	69.3		EXT.- 2			99
3666	$\underline{CF_3}NFCF_2NFCF_2NF_2$	69.1		EXT.- 2			99
****							
3667	$\underline{CF_3}NCl\underline{CF_3}$	64.0		EXT.- 2			305
****							
3668	$\underline{CF_3}NBr\underline{CF_3}$	60.3		EXT.- 2			305
****							
3669	$(\underline{CF_3})_2NHgN(\underline{CF_3})_2$	57.6		EXT.- 2			95

NO.	COMPOUND	SHIFT (PPM)	ERROR (PPM)	REF	SOLV	TEMP (K)	LIT REF
3670	$C\underline{F}_3N(NO)N(CF_3)_2$	64.8		1			403
3670		62.5		EXT.- 2			430
3671	$C\underline{F}_3N(NO_2)N(CF_3)_2$	59.9		EXT.- 2			430
****							
3672	$C\underline{F}_3N(OCF_3)N(CF_3)_2$	66.0		EXT.- 2			430
****							
3673	$[(CF_3)_2NN(C\underline{F}_3)]_2Hg$	58.0		INT.--0			403
****							
3674	$C\underline{F}_3NFSF_5$	70.3		INT.- 1	1		318
****							

31. NEAREST NEIGHBORS TO CARBON- NITROGEN, X, X OR TIN, X, X

NO.	COMPOUND	SHIFT (PPM)	ERROR (PPM)	REF	SOLV	TEMP (K)	LIT REF
3677		122.5		INT.- 1	1		224
****							
3678	CF_3NCO	85.32		EXT.- 8			88
3679	$C\underline{F}_3N{=}CF_2$	57.7	0.1	EXT.- 2	12		16
3680	$C\underline{F}_3N{=}CFCF_3$	56.9		EXT.- 2			39
3681	$C\underline{F}_3N{=}NCF_2CF_2Cl$	76.1		EXT.- 2			181
3682	$C\underline{F}_3N{=}CFN(CF_3)_2$	56.9		EXT.- 2			95
3683	$C\underline{F}_3N{=}CFCF_2CF_3$	58.2		2			152
3684	$C\underline{F}_3N{=}CFCF_2CF_2CF_3$	58.2		EXT.- 2			84
3684		40.3	0.1	EXT.- 2	12		16
3684		58.7		2			127
3685	$C\underline{F}_3N{=}NC\underline{F}_3$	79.76		EXT.- 8			88
3686	$C\underline{F}_3N{=}NCF_2Cl$	74.7		INT.- 1			450
3687	$C\underline{F}_3N{=}NCF_2Br$	74.5		INT.- 1			450
3688	$C\underline{F}_3N{=}NCFBrCl$	73.8		INT.- 1			450
3689	$C\underline{F}_3N{=}S(F)CF(CF_3)_2$	51.4		EXT.- 2			284
3690	$C\underline{F}_3N{=}SF_2$	50.0		EXT.- 1	12		134
3690		50.		EXT.- 1	12		156
3691	$C\underline{F}_3N{=}S(F_2){=}NC\underline{F}_3$	48.2		INT.- 1	1		318
3692	$C\underline{F}_3N{=}SF_4$	50.1		EXT.- 2		169	225
****							
3693	$C\underline{F}_2ClN{=}NCF_3$	54.5		INT.- 1			450
****							

NOTE- X IS ANY ELEMENT NOT PREVIOUSLY PRINTED UNDER THE TITLE ELEMENT.

NO.	COMPOUND	SHIFT (PPM)	ERROR (PPM)	REF	SOLV	TEMP (K)	LIT REF
3694	$C\underline{F}_2BrN{=}NCF_3$	49.1		INT.- 1			450
****							
3695	$C\underline{F}ClBrN{=}NCF_3$	44.6		INT.- 1			450
****							
3696	$NF_2C\underline{F}_2NF_2$	112.9		INT.- 1			439
3697	$CF_3NFC\underline{F}_2NFCF_3$	93.8		EXT.- 2			99
3698	$F_2NC\underline{F}_2NFCF_2NFCF_3$	102.1		EXT.- 2			99
3699	$F_2NCF_2NFC\underline{F}_2NFCF_3$	91.5		EXT.- 2			99
3700	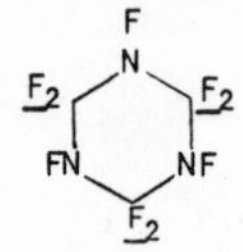	89.3		EXT.- 2			99
3701	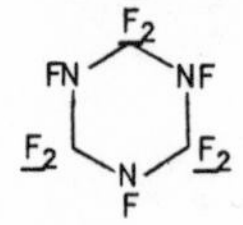	89.2		INT.- 1	1		332
****							
3702	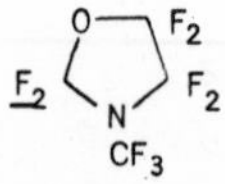	58.3		EXT.- 2			251
3703	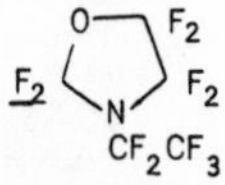	55.9	0.1	EXT.- 2	12		16
3675	$CF_3Sn(CH_3)_3$	105.6		EXT.- 2	2		58
3676	$CF_3Sn(CH_3)_2Cl$	104.7		EXT.- 2	2		58

32. NEAREST NEIGHBORS TO CARBON- PHOSPHORUS, X, X OR ARSENIC, X, X

NO.	COMPOUND	SHIFT (PPM)	ERROR (PPM)	REF	SOLV	TEMP (K)	LIT REF
3704	$(CF_3)_2PH$	47.5	0.05	INT.- 1	1		159
3705	$(CF_3)_2PCN$	51.3	0.20	INT.- 1	1		159
3706	$P(CF_3)_3$	50.8	0.1	INT.- 1	1		159
3707	$(CF_3)_2PN(CH_3)_2$	60.0	0.1	INT.- 1			212
3707		60.0	0.2	INT.- 1	1		159
3708	$(CF_3)_2PNCO$	63.2	0.05	INT.- 1	1		159
3709	$(CF_3)_2PNCS$	61.9	0.2	INT.- 1	1		159
3710	$(CF_3)_2POC_2H_5$	65.3	0.1	INT.- 1	1		159
3711	$(CF_3)_2PSH$	59.6		INT.- 1	1		192
3712	$(CF_3)_2PSCH_3$	56.7		INT.- 1	1		192

NOTE- X IS ANY ELEMENT NOT PREVIOUSLY PRINTED UNDER THE TITLE ELEMENT.

NO.	COMPOUND	SHIFT (PPM)	ERROR (PPM)	REF	SOLV	TEMP (K)	LIT REF
3713	$(CF_3)_2PSCF_3$	55.6	0.2	INT.- 1			212
3713		56.0	0.1	INT.- 1	1		159
3714	$(CF_3)_2PSeCF_3$	53.7	0.1	INT.- 1			212
3714		53.7	0.04	INT.- 1	1		159
3715	$(CF_3)_2PF$	66.5	0.4	INT.- 1	1		339
3715		66.5	0.05	INT.- 1	1		159
3716	$(CF_3)_2PCl$	61.4	0.1	INT.- 1			212
3716		61.4	0.4	INT.- 1	1		339
3716		61.4	0.10	INT.- 1	1		159
3717	$(CF_3)_2PBr$	59.5	0.02	INT.- 1			212
3717		59.5	0.4	INT.- 1	1		339
3717		59.5	0.02	INT.- 1	1		159
3718	$(CF_3)_2PI$	55.4	0.05	INT.- 1			212
3718		55.4	0.4	INT.- 1	1		339
3718		55.4	0.05	INT.- 1	1		159
3719	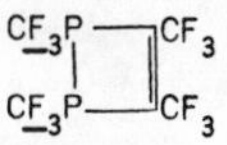	52.		EXT.- 2			221
3720	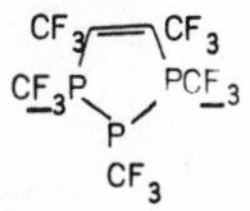	49.		EXT.- 2			221
3721	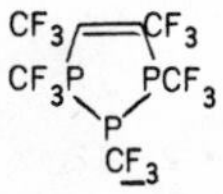	47.		EXT.- 2			221
3722	$CF_3P[N(CH_3)_2]_2$	62.0		INT.- 1	12		228
3723	$CF_3P[N(CH_3)_2]F$	70.6		INT.- 1	12		228
3724	CF_3PF_2	80.7	0.4	INT.- 1	1		339
3725	CF_3PFCl	76.1		INT.- 1	12		228
3726	CF_3PCl_2	72.1	0.4	INT.- 1	1		339
3727	CF_3PBr_2	67.8	0.4	INT.- 1	1		339
3728	CF_3PI_2	61.0	0.4	INT.- 1	1		339
****							
3729	$(CF_3)_3PO$	66.2	0.13	INT.- 1	1		159
3730	$(CF_3)_3PS$	65.7		INT.- 1	1		193
3731	$[(CF_3)_3P]_2Ni(CO)_2$	56.6		INT.- 1	1		159
3732	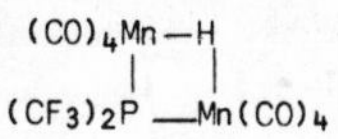	49.0	0.1	INT.- 1			212

NO.	COMPOUND	SHIFT (PPM)	ERROR (PPM)	REF	SOLV	TEMP (K)	LIT REF
3733	$(CO)_4Mn-N(CH_3)_2$ $(CF_3)_2P-Mn(CO)_4$	61.7	0.2	INT.- 1			212
3734	$(CO)_4Mn-P(C\underline{F}_3)_2$ $(C\underline{F}_3)_2P-Mn(CO)_4$	51.2	0.1	INT.- 1			212
3735	$(CO)_4Mn-SCF_3$ $(C\underline{F}_3)_2P-Mn(CO)_4$	50.5	0.2	INT.- 1			212
3735		50.6	0.2	INT.- 1			212
3736	$(CO)_4Mn-SeCF_3$ $(C\underline{F}_3)_2P-Mn(CO)_4$	51.4	0.2	INT.- 1			212
3736		51.1	0.2	INT.- 1			212
3737	$(CO)_4Mn-Cl$ $(CF_3)_2P-Mn(CO)_4$	49.6	0.3	INT.- 1			212
3738	$(CO)_4Mn-Br$ $(CF_3)_2P-Mn(CO)_4$	49.6	0.2	INT.- 1			212
3739	$(CO)_4Mn-I$ $(CF_3)_2P-Mn(CO)_4$	50.8	0.1	INT.- 1			212
****							
3740	$(C\underline{F}_3)_3PF_2$	65.		EXT.- 2	12		155
3741	$(C\underline{F}_3)_2PF_3$	72.7		EXT.- 2	12		155
3742	$C\underline{F}_3PF_4$	73.1		EXT.- 2	12		155
3742		73.18		2			47
3743	$(CF_3)_2PCl_3$	78.8	0.05	INT.- 1	1		159
****							
3744	$[C\underline{F}_3PHF_4]^-$	68.7		1	25		194
****							
3745	$(CF_3)_2AsCl$	56.06	0.04	INT.- 1	1		148
3746	$(CF_3)_2AsMo(\pi-C_5H_5)(CO)_3$	40.45		INT.- 1	1		200
3747	$(CF_3)_2AsFe(\pi-C_5H_5)(CO)_2$	42.16		INT.- 1	1		200
****							
3748	$(CO)_2(\pi-C_5H_5)Mo-As(C\underline{F}_3)_2$ $(C\underline{F}_3)_2As-Mo(\pi-C_5H_5)(CO)_2$	46.29		INT.- 1	1		200
3749	$(CO)_4Mn-As(C\underline{F}_3)_2$ $(C\underline{F}_3)_2As-Mn(CO)_4$	45.84		INT.- 1	1		200

NO.	COMPOUND	SHIFT (PPM)	ERROR (PPM)	REF	SOLV	TEMP (K)	LIT REF
3750	$(CO)_4Mn-I$ $(CF_3)_2As-Mn(CO)_4$	46.5	0.1	INT.- 1			212
3751	$(CO)(\pi\text{-}C_5H_5)Fe-As(CF_3)_2$ $(CF_3)_2As-Fe(\pi\text{-}C_5H_5)(CO)$	48.57		INT.- 1	1		200
3752	$(ON)_2Fe-As(CF_3)_2$ $(CF_3)_2As-Fe(NO)_2$	43.52		INT.- 1	1		200
	33. NEAREST NEIGHBORS TO CARBON- OXYGEN, X, X						
****							
3753	$CF(OSO_2F)_3$	63.9		INT.- 1			319
****							
3754	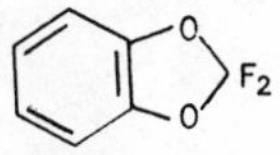	57.2	0.3	EXT.- 5	12		57
3755	$CF_2(OSO_2F)_2$	53.6		INT.- 1			319
3756	$CF_2(OF)_2$	84.2		INT.- 1	1		530
3756		81.7		INT.- 1	1		503
****							
3757	$CF_3OC_6H_5$	58.37		INT.- 8	2		138
3758	$CF_3O(m\text{-}C_6H_4CH_3)$	58.25		INT.- 8	2		138
3759	$CF_3O(p\text{-}C_6H_4CH_3)$	58.55		INT.- 8	2		138
3760	$CF_3O(o\text{-}C_6H_4CF_3)$	60.4		INT.- 9			2
3761	$CF_3O(m\text{-}C_6H_4CF_3)$	64.5		INT.- 9			2
3762	$CF_3O(p\text{-}C_6H_4CF_3)$	64.5		INT.- 9			2
3763	$CF_3O(o\text{-}C_6H_4NH_2)$	58.10		INT.- 8	2		138
3763		63.5		INT.- 9			2
3764	$CF_3O(m\text{-}C_6H_4NH_2)$	58.32		INT.- 8	2		138
3764		63.5		INT.- 9			2
3765	$CF_3O(p\text{-}C_6H_4NH_2)$	59.02		INT.- 8	2		138
3765		58.2	0.3	EXT.-36	27		57
3766	$CF_3O[o\text{-}C_6H_4NHC(O)CH_3]$	58.1	0.3	EXT.-36	64		57
3767	$CF_3O[m\text{-}C_6H_4NHC(O)CH_3]$	58.2	0.3	EXT.-36	64		57
3768	$CF_3O[p\text{-}C_6H_4NHC(O)CH_3]$	58.3	0.3	EXT.-36	27		57
3769	$CF_3O(m\text{-}C_6H_4NO_2)$	58.65		INT.- 8	2		138
3770	$CF_3O(p\text{-}C_6H_4NO_2)$	58.40		INT.- 8	2		138
3771	$CF_3O(m\text{-}C_6H_4OH)$	58.45		INT.- 8	2		138

NOTE- X IS ANY ELEMENT NOT PREVIOUSLY PRINTED UNDER THE TITLE ELEMENT.

NO.	COMPOUND	SHIFT (PPM)	ERROR (PPM)	REF	SOLV	TEMP (K)	LIT REF
3772	$CF_3O(p\text{-}C_6H_4OH)$	59.05		INT.- 8	2		138
3773	$C\underline{F}_3O(m\text{-}C_6H_4OCF_3)$	58.65		INT.- 8	2		138
3774	$C\underline{F}_3O(p\text{-}C_6H_4OCF_3)$	58.80		INT.- 8	2		138
3775	$C\underline{F}_3O(o\text{-}C_6H_4F)$	60.2	0.3	EXT.-36	12		57
3776	$C\underline{F}_3O(m\text{-}C_6H_4F)$	58.57		INT.- 8	2		138
3776		59.1	0.3	EXT.-36	12		57
3777	$C\underline{F}_3O(p\text{-}C_6H_5F)$	59.05		INT.- 8	2		138
3777		59.2	0.3	EXT.-36	12		57
3778	$CF_3O(o\text{-}C_6H_4Cl)$	63.5		INT.- 9			2
3779	$CF_3O(m\text{-}C_6H_4Cl)$	58.57		INT.- 8	2		138
3780	$CF_3O(p\text{-}C_6H_4Cl)$	58.77		INT.- 8	2		138
3780		63.7		INT.- 9			2
3780		58.4	0.3	EXT.-36	12		57
3781	$CF_3O(m\text{-}C_6H_4Br)$	58.55		INT.- 8	2		138
3782	$CF_3O(p\text{-}C_6H_4Br)$	58.72		INT.- 8	2		138
3783	$C\underline{F}_3OC_6F_{11}$	60.0		EXT.- 2			272
3784	$C\underline{F}_3OC\underline{F}_3$	58.3		INT.- 1	1		532
3784		62.4		EXT.- 1	12		134
3784		62.		EXT.- 1	12		156
3785	$C\underline{F}_3OCF_2CF_3$	56.2		INT.- 1	1		532
3786	$C\underline{F}_3ON(CF_3)_2$	65.7		INT.- 1	1		256
3786		66.5		EXT.- 2			283
3787	$C\underline{F}_3ON(CF_3)N(CF_3)_2$	71.7		EXT.- 2			430
3788	$C\underline{F}_3ONF_2$	63.0			1		358
3789	$C\underline{F}_3OSO_2CF_3$	55.61		EXT.- 1			341
3790	$C\underline{F}_3OSO_2F$	56.7		INT.- 1			319
3791	$C\underline{F}_3OSF_4NF_2$	55.8		INT.- 1			204
3792	$C\underline{F}_3OOC\underline{F}_3$	69.4	0.1	INT.- 1	1		148
3792		69.0		INT.- 1	1		532
3793	$C\underline{F}_3OOCF_2CF_3$	68.7		INT.- 1	1		532
3794	$C\underline{F}_3OOOC\underline{F}_3$	68.7		INT.- 1	1		532
3795	$C\underline{F}_3OOOCF_2CF_3$	68.7		INT.- 1	1		532
3796	$C\underline{F}_3OF$	71.1		INT.-11	29		87
****							
3797	$C\underline{F}_2ClOSO_2F$	88.3		EXT.- 2			400

NO.	COMPOUND	SHIFT (PPM)	ERROR (PPM)	REF	SOLV	TEMP (K)	LIT REF
	34. NEAREST NEIGHBORS TO CARBON- SULFUR, FLUORINE, FLUORINE						
3798	CF_3SH	31.90	0.04	INT.- 1	1		148
3799	CF_3SCN	38.8		INT.- 1	12		140
3800	$CF_3SC_6H_5$	43.20		INT.- 8	2		138
3801	$CF_3S(m\text{-}C_6H_4CH_3)$	43.17		INT.- 8	2		138
3802	$CF_3S(p\text{-}C_6H_4CH_3)$	43.65		INT.- 8	2		138
3803	$CF_3S(m\text{-}C_6H_4NH_2)$	43.00		INT.- 8	2		138
3804	$CF_3S(p\text{-}C_6H_4NH_2)$	43.8	0.3	EXT.-37	12		57
3804		44.87		INT.- 8	2		138
3805	$CF_3S[o\text{-}NHC(O)CH_3]$	44.1	0.3	EXT.-37	27		57
3806	$CF_3S[m\text{-}C_6H_4NHC(O)CH_3]$	44.0	0.3	EXT.-37	27		57
3807	$CF_3S(m\text{-}C_6H_4NO_2)$	42.55		INT.- 8	2		138
3808	$CF_3S(p\text{-}C_6H_4NO_2)$	42.3	0.3	EXT.-37	27		57
3808		41.95		INT.- 8	2		138
3809	$CF_3S(m\text{-}C_6H_4OH)$	43.02		INT.- 8	2		138
3810	$CF_3S(p\text{-}C_6H_4OH)$	44.37		INT.- 8	2		138
3811	$C\underline{F}_3S(o\text{-}C_6H_4F)$	42.3	0.3	EXT.-37	12		57
3812	$C\underline{F}_3S(m\text{-}C_6H_4F)$	42.7	0.3	EXT.-37	12		57
3813	$C\underline{F}_3S(p\text{-}C_6H_4F)$	43.8	0.3	EXT.-37	12		57
3814	$CF_3S(p\text{-}C_6H_4Cl)$	43.2	0.3	EXT.-37	12		57
3815	$CF_3S(p\text{-}C_6H_4Br)$	43.22		INT.- 8	2		138
3815		42.9	0.3	EXT.-37	12		57
3816	$(CF_3S)_2C(O)NCO$	52.0		INT.- 1	12		140
3817	$C\underline{F}_3SC(S)F$	43.2	0.1	INT.- 1	1		148
3818	$C\underline{F}_3SC\underline{F}_3$	38.64	0.04	INT.- 1	1		148
3819	CF_3SSiH_3	31.15		INT.- 1	1		38
3820	CF_3SNCO	52.6	0.1	INT.- 1	1		148
3820		52.6		INT.- 1	12		140
3821	$CF_3SNHC(O)NH_2$	53.2		INT.- 1	40		140
3822	$CF_3SNHC(O)NHCH_3$	53.9		INT.- 1	9		140
3823	$CF_3SNHC(O)NHC_6H_5$	53.3		INT.- 1	9		140
3824	$CF_3SNHC(O)N(C_6H_5)_2$	52.4		INT.- 1	9		140
3825	$C\underline{F}_3SNHC(O)NHSC\underline{F}_3$	53.1		INT.- 1	9		140
3826	$(CF_3S)_2NC(O)NH_2$	51.5		INT.- 1	9		140
3826		53.0		INT.- 1	40		140
3827	$C\underline{F}_3SN(CF_3)_2$	54.7		INT.- 1			410

NO.	COMPOUND	SHIFT (PPM)	ERROR (PPM)	REF	SOLV	TEMP (K)	LIT REF
3828	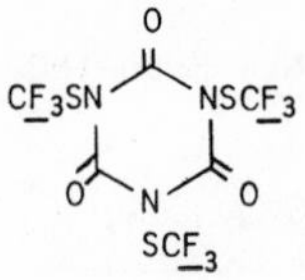 (isomer A)	48.2		INT.- 1	9		140
3829	(isomer B)	48.8		INT.- 1	12		140
3830	CF_3SNF_2	111.7		2			241
3831	CF_3SSCF_3	46.88	0.04	INT.- 1	1		148
3832	CF_3SF	58.		EXT.- 1			525
3833	CF_3SCl	49.8	0.1	INT.- 1	1		148
3833		51.		EXT.- 1			525
3833		49.8		INT.- 1	12		140
3834	$CF_3SHgSCF_3$	21.11	0.04	INT.- 1	1		148
****							
3835	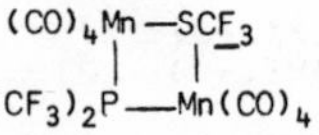	35.4	0.2	INT.- 1			212
3835		35.2	0.1	INT.- 1			212
****							
3836	$(CF_3)_2CFSF_2CF_3$	59.55		EXT.- 8	12		110
****							
3837	$(CF_3S(O)_2(C_6H_5)$	79.25		INT.- 8	2		138
3838	$CF_3S(O)_2(m\text{-}C_6H_4NH_2)$	79.28		INT.- 8	2		138
3839	$CF_3S(O)_2(p\text{-}C_6H_4NH_2)$	79.85		INT.- 8	2		138
3839		80.1	0.3	EXT.-35	27		57
3840	$CF_3S(O)_2(m\text{-}C_6H_4NO_2)$	78.35		INT.- 8	2		138
3841	$CF_3S(O)_2(p\text{-}C_6H_4NO_2)$	78.43		INT.- 8	2		138
3841		78.6	0.3	EXT.-35	12		57
3842	$CF_3S(O)_2(m\text{-}C_6H_4OH)$	79.05		INT.- 8	2		138
3843	$CF_3S(O)_2(p\text{-}C_6H_4OH)$	79.98		INT.- 8	22		138
3844	$CF_3S(O)_2(o\text{-}C_6H_4F)$	78.6	0.3	EXT.-35	12		57
3845	$CF_3S(O)_2(m\text{-}C_6H_4F)$	79.0	0.3	EXT.-35	12		57
3846	$CF_3S(O)_2(p\text{-}C_6H_4F)$	79.2	0.3	EXT.-35	12		57
3847	$CF_3S(O)_2(m\text{-}C_6H_4Cl)$	42.82		INT.- 8	2		138
3848	$CF_3S(O)_2(p\text{-}C_6H_4Cl)$	43.37		INT.- 8	2		138
3848		79.0	0.3	EXT.-35	26		57
3849	$CF_3S(O)_2(m\text{-}C_6H_4Br)$	78.80		INT.- 8	2		138
3850	$CF_3S(O)_2(p\text{-}C_6H_4Br)$	79.05		INT.- 8	2		138
3850		78.7	0.3	EXT.-35	12		57
****							
3851	$CF_3OS(O)_2CHF_2$	75.5		INT.- 1	1		334

NO.	COMPOUND	SHIFT (PPM)	ERROR (PPM)	REF	SOLV	TEMP (K)	LIT REF
3852	CF_3SO_3	74.02		EXT.- 1			341
3853	$CF_3S(O)_2OH$	78.48		EXT.- 1			341
3853		77.19		EXT.- 1			341
3854	$C\underline{F}_3S(O)_2OCF_3$	76.22		EXT.- 1			341
3855	$CF_3S(O)_2OOS(O)_2C\underline{F}_3$	72.36		EXT.- 1			341
****							
3856	$C\underline{F}_3SF_4CF_2C(O)OCH_3$	63.8		EXT.- 2			95
3856		63.8		EXT.- 2			109
3857	$C\underline{F}_3SF_4CF_2CF_3$	65.1		EXT.- 2			95
3857		65.1		EXT.- 2			109
3857		66.7		EXT.- 2			25
3858	$C\underline{F}_3SF_4CF_2SF_5$	64.6		EXT.- 2			95
3858		64.6		EXT.- 2			109

35. NEAREST NEIGHBORS TO CARBON- SULFUR, X, X

NO.	COMPOUND	SHIFT (PPM)	ERROR (PPM)	REF	SOLV	TEMP (K)	LIT REF
3859	$CF_3SF_4C\underline{F}_2SF_5$	66.2		EXT.- 2			95
3859		66.2		EXT.- 2			109
****							
3860	$C\underline{F}_2ClSF$	45.		EXT.- 1			525
3861	CF_2ClSCl	37.5		EXT.- 1			525
3862	$CFCl_2S(o\text{-}C_6H_{10}Cl)$	14.0		2			49
3863	$CFCl_2SSC(O)NHC_6H_5$	23.7		2			49
3864	$C\underline{F}Cl_2SSC\underline{F}Cl_2$	20.3		2			49
3865	$C\underline{F}Cl_2SF$	31.		EXT.- 1			525
3866	$CFCl_2SCl$	25.9		2			49
****							
3867	$C\underline{F}_3SeC\underline{F}_3$	31.92	0.04	INT.- 1	1		148
3868	$C\underline{F}_3SeSeC\underline{F}_3$	38.1	0.1	INT.- 1	1		148
3869	$C\underline{F}_3SeHgSeC\underline{F}_3$	15.2	0.1	INT.- 1	1		148
3870	$(CO)_4Mn—SeC\underline{F}_3$	29.3	0.1	INT.- 1			212
3870				29.3	0.1	INT.- 1			212
	$(CF_3)_2P—Mn(CO)_4$						

36. NEAREST NEIGHBORS TO CARBON- FLUORINE, X, X OR BROMINE, X, X

NO.	COMPOUND	SHIFT (PPM)	ERROR (PPM)	REF	SOLV	TEMP (K)	LIT REF
3871	CF_4	63.3	0.1	INT.- 1	1		148
3871		69.		EXT.- 1	12		156
3871		68.6		EXT.- 1	21		134
3871		64.6		EXT.- 2			29
3871		64.1	4.	2			3
3871		62.5	0.1	INT.- 4	7	100	455
3871		68.1	4.9	EXT.- 5	12		1
3871		59.1		INT.-10	21		122
3871		61.20		EXT.-29	21		160

NOTE- X IS ANY ELEMENT NOT PREVIOUSLY PRINTED UNDER THE TITLE ELEMENT.

NO.	COMPOUND	SHIFT (PPM)	ERROR (PPM)	REF	SOLV	TEMP (K)	LIT REF
****							
3872	CF_3Cl	32.6		EXT.- 1	12		134
3872		33.		EXT.- 1	12		156
3872		24.5		INT.-10	21		122
3872		25.7		31	12		3
****							
3873	CF_3Br	20.6		EXT.- 1	12		134
3873		21.		EXT.- 1	12		156
****							
3874	CF_3I	4.78	0.04	INT.- 1	1		148
3874		5.3		EXT.- 1	12		134
3874		5.		EXT.- 1	12		156
****							
3875	$CF_3Mn(CO)_5$	-9.3		EXT.- 2	39		73
****							
3876	$CF_3Co(C_6H_5)(CO)I$	-9.70		EXT.- 9	38	251	223
****							
3877	$CF_3Co(CO)_4$	-10.		EXT.- 2			73
****							
3878	$CF_3Rh(C_6H_5)(CO)I$	-11.04		EXT.- 9	38	251	223
****							
3879	CF_3HgCH_3	35.4		EXT.- 2	22		232
3880	$\underline{CF_3}HgC_6F_5$	36.02		EXT.- 2	22		232
3881	$\underline{CF_3}Hg\underline{CF_3}$	36.4	0.1	INT.- 1	23		148
3881		34.96	.01	EXT.- 2	4		232
3881		33.83	.01	EXT.- 2	13		232
3881		36.34	.01	EXT.- 2	22		232
3881		34.55	.01	EXT.- 2	23		232
3882	CF_3HgCl	31.58		EXT.- 2	22		232
3883	CF_3HgBr	31.88		EXT.- 2	22		232
3884	CF_3HgI	33.17		EXT.- 2	22		232
****							
3885	CF_2Cl_2	8.4		EXT.- 1	12		134
3885		8.		EXT.- 1	12		156
3885		2.7		INT.-10	21		122
3885		2.1		31	12		3
****							
3886	CF_2Br_2	-6.77	0.00	INT.- 1	1		26
3886		-6.9		EXT.- 1	12		134
3886		-7.		EXT.- 1	12		156
****							
3887	CF_2I_2	-23.		2			154
****							
3888	$CFBr_3$	-7.40	0.00	INT.- 1	1		26
****							

NO.	COMPOUND	SHIFT (PPM)	ERROR (PPM)	REF	SOLV	TEMP (K)	LIT REF

A. MONOFLUOROBENZENE

NO.	COMPOUND	SHIFT (PPM)	ERROR (PPM)	REF	SOLV	TEMP (K)	LIT REF
3889	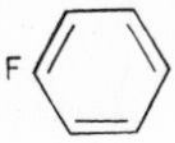	113.07		INT.- 1	1		289
3889		113.12	0.00	INT.- 1	1		26
3889		114.		EXT.- 1	12		156
3889		113.8		EXT.- 1	12		134
3889		113.1	.08	INT.-14	2		169
3889		114.67	0.01	INT.-25	19		402
3889		113.80	0.02	INT.-25	23		402
3889		114.97	0.02	30	12		451
3889		113.15	0.02	30	2		451

1. MONOSUBSTITUTED MONOFLUOROBENZENES WITH THE SUBSTITUENT IN THE ORTHO POSITION

NO.	COMPOUND	SHIFT (PPM)	ERROR (PPM)	REF	SOLV	TEMP (K)	LIT REF
3890	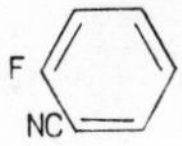	107.9		INT.- 3	26		2
3891	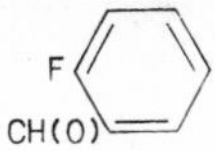	122.7		3	12		3
3892	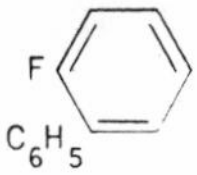	118.03		INT.- 3	10		137
3893	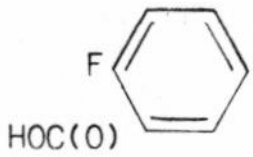	109.6		INT.- 3	26		2
3894	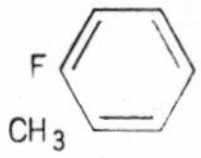	118.1		INT.- 3	26		2
3895	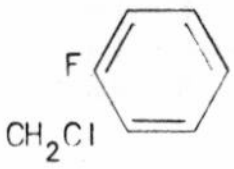	118.5		3	12		3
3896	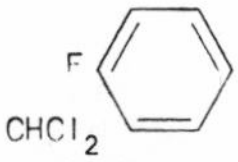	118.2		3	12		3
3897	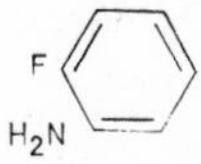	136.2		INT.- 3	26		2
3898	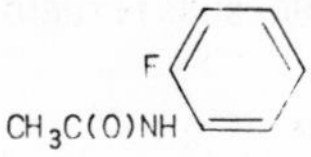	125.9		INT.- 3	27		2
3899	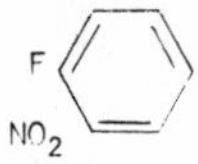	118.7		INT.- 3	26		2

NO.	COMPOUND	SHIFT (PPM)	ERROR (PPM)	REF	SOLV	TEMP (K)	LIT REF
3900	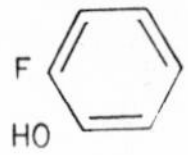	138.1		INT.- 3	26		2
3901	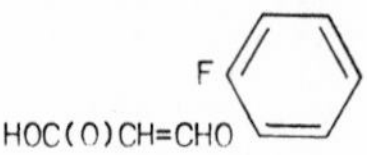	115.8		INT.- 3	63		2
3902	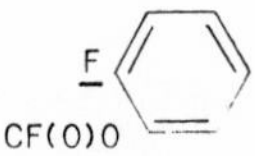	130.		INT.- 1	2		269
3903	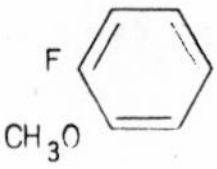	135.5		INT.- 3	26		2
3904	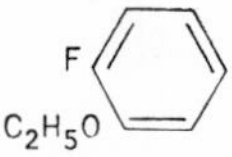	134.8		INT.- 3	26		2
3905	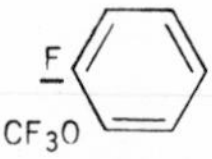	130.5	0.3	EXT.- 3	12		54
3906	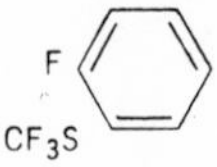	105.3	0.3	EXT.- 3	12		54
3907	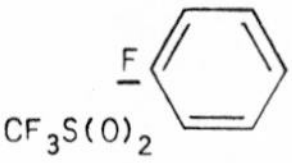	104.4	0.3	EXT.- 3	12		54
3908	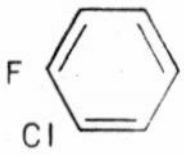	115.8		EXT.- 1	12		134
3908		116.		EXT.- 1	12		156
3908		115.8		INT.- 3	26		2
3909	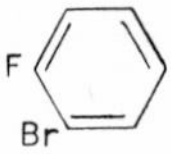	107.6		INT.- 3	26		2
3910	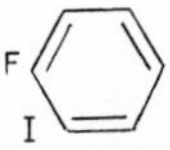	93.8		INT.- 3	26		2

2. MONOSUBSTITUTED MONOFLUOROBENZENES WITH THE SUBSTITUENT IN THE META POSITION

(A). WHERE THE SUBSTITUENT IS A CARBON ATOM

NO.	COMPOUND	SHIFT (PPM)	ERROR (PPM)	REF	SOLV	TEMP (K)	LIT REF
3911		110.40	.08	INT.- 3	2		169
3911		110.1		INT.- 3	26		2
3911		110.3		3	2		51

NO.	COMPOUND	SHIFT (PPM)	ERROR (PPM)	REF	SOLV	TEMP (K)	LIT REF
3912	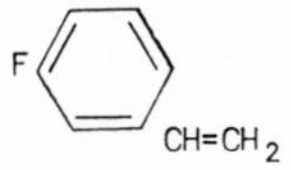	113.80	.08	INT.- 3	2		169
3913	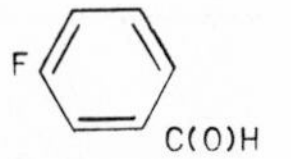	111.80	.08	INT.- 3	2		169
3913		111.8		3	2		51
3913		112.1		3	12		3
3914	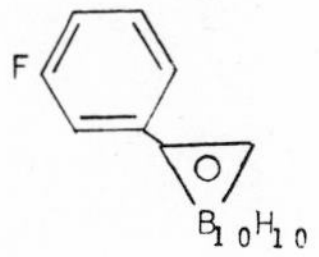	111.09	0.06	INT.- 3	32		306
3915	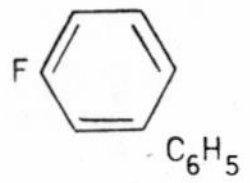	113.30	.08	INT.- 3	2		169
3915		113.10		INT.- 3	10		137
3916	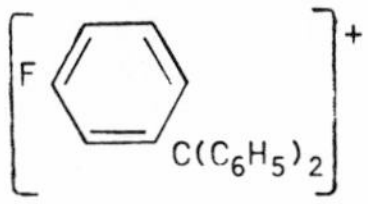	111.2		INT.- 2	43		277
3917	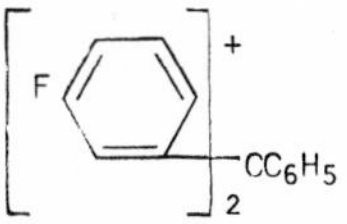	110.5		INT.- 2	43		277
3918	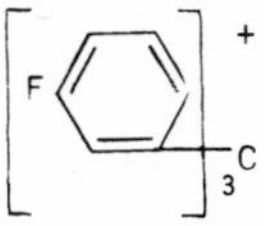	109.8		INT.- 2	43		277
3919		109.82	.08	INT.- 3	2		169
3920	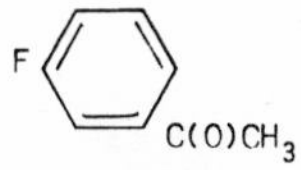	112.42	.08	INT.- 3	2		169
3920		112.0		INT.- 3	2		33
3921	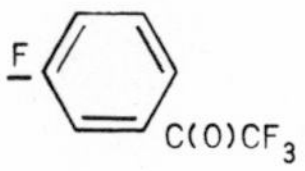	110.43		INT.- 3	1		356
3921		110.52	.08	INT.- 3	2		169
3922	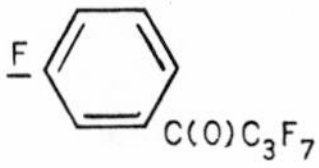	110.46		INT.- 3	1		356
3923		112.2		3	2		51
3923		112.6		INT.- 3	26		2
3923		114.26	0.02	INT.-25	19		402

NO.	COMPOUND	SHIFT (PPM)	ERROR (PPM)	REF	SOLV	TEMP (K)	LIT REF
3924	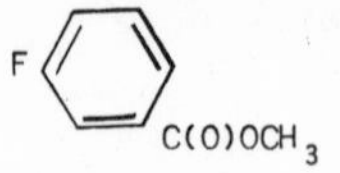	111.6		3	2		51
3924		113.34	0.02	INT.-25	23		402
3925	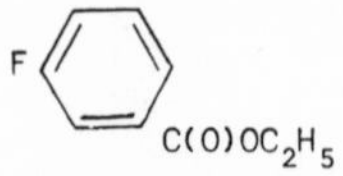	113.02	.08	INT.- 3	2		169
3926	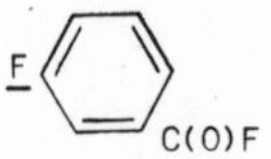	111.00	.08	INT.- 3	2		169
3927	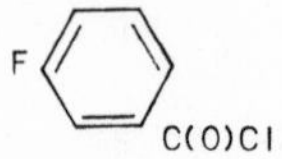	111.0		3	2		51
3928	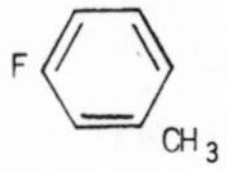	114.25		INT.- 3	1		356
3928		114.33	.08	INT.- 3	2		169
3928		114.3		INT.- 3	2		33
3928		114.0		INT.- 3	26		2
3928		114.37		EXT.- 3	23		304
3928		114.3		3	2		51
3928		114.99	0.02	INT.-25	23		402
3929	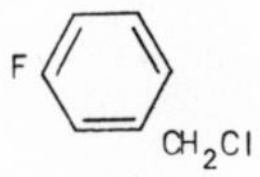	112.9		3	12		3
3930	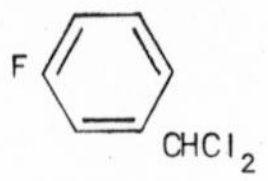	111.7		3	12		3
3931	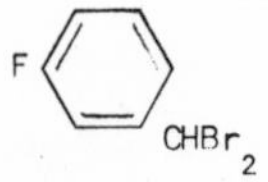	112.60	0.04	INT.-25	23		402
3932	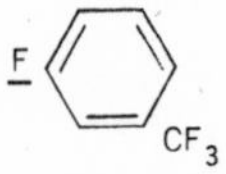	110.95		INT.- 3	1		356
3932		111.02	.08	INT.- 3	2		169
3932		111.0		INT.- 3	2		33
3932		110.3		INT.- 3	26		2
3932		111.0		3	2		51
3933	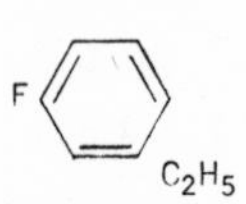	114.09		EXT.- 3	23		304
3934	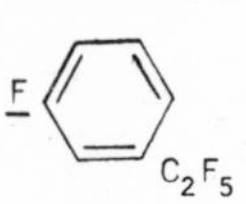	110.86		INT.- 3	1		356
3935	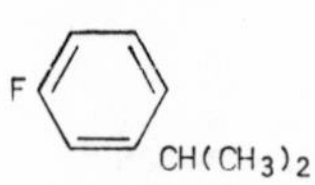	113.82		EXT.- 3	23		304

NO.	COMPOUND	SHIFT (PPM)	ERROR (PPM)	REF	SOLV	TEMP (K)	LIT REF
3936	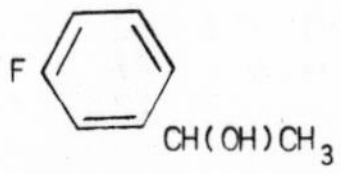	113.1		INT.- 3	26		2
3936		113.1		3	12		3
3937	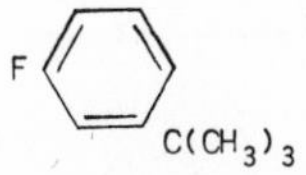	113.66		EXT.- 3	23		304
3938	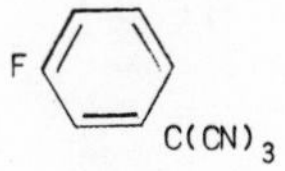	106.69		INT.- 3	1		478
3939	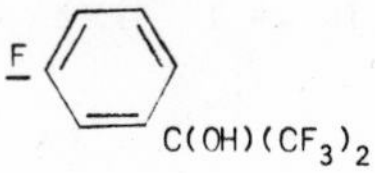	111.80		INT.- 3	1		356
3940	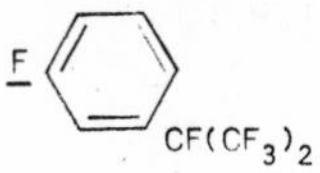	110.35		INT.- 3	1		356
3941	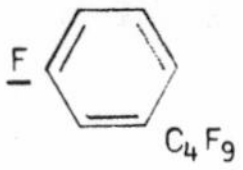	110.85		INT.- 3	1		356

2. MONOSUBSTITUTED MONOFLUOROBENZENES WITH THE SUBSTITUENT IN THE META POSITION

(B). WHERE THE SUBSTITUENT IS A NITROGEN ATOM

NO.	COMPOUND	SHIFT (PPM)	ERROR (PPM)	REF	SOLV	TEMP (K)	LIT REF
3942	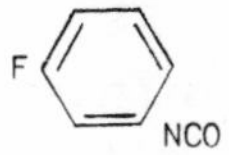	111.17		INT.- 1	1		289
3943		110.68		INT.- 1	1		289
3944	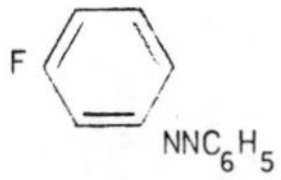	112.3		INT.- 3			342
3944		111.06		INT.- 3	1		514
3945	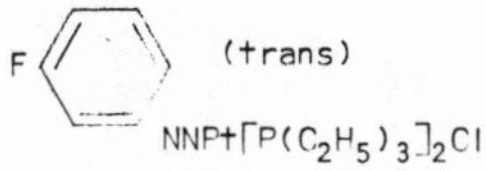	112.5		INT.- 3	1		239
3946	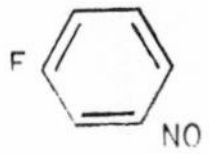	111.37	.08	INT.- 3	2		169
3947	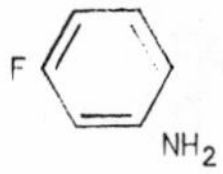	113.65		INT.- 3	1		356
3947		112.9		INT.- 3	2		33
3947		113.3		INT.- 3	26		2
3947		113.5		3	2		51
3947		115.62	0.02	INT.-25	19		402

NO.	COMPOUND	SHIFT (PPM)	ERROR (PPM)	REF	SOLV	TEMP (K)	LIT REF
3948	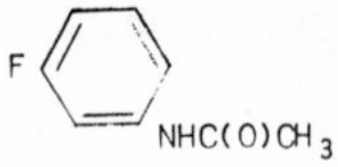	112.0		INT.- 3	2		33
3948		112.1		INT.- 3	27		2
3948		112.1		3	12		3
3949	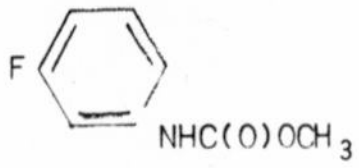	113.83	0.01	INT.-25	19		402
3950	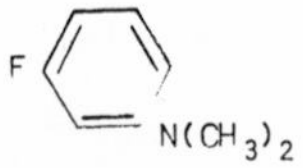	113.0		3	2		51
3951	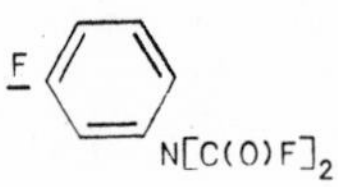	109.60		INT.- 1	1		289
3952	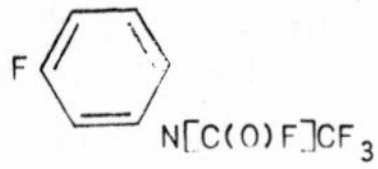	109.74		INT.- 1	1		289
3953	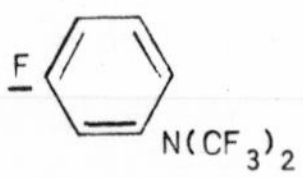	110.22		INT.- 1	1		289
3954	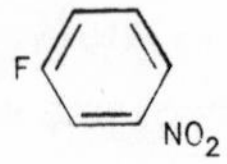	109.8		INT.- 3			13
3954		109.68		INT.- 3	1		356
3954		109.70	.08	INT.- 3	2		169
3954		109.8		INT.- 3	26		2
3954		109.6		3	2		51
3954		110.60	0.04	INT.-25	23		402

2. MONOSUBSTITUTED MONOFLUOROBENZENES WITH THE SUBSTITUENT IN THE META POSITION

(C). WHERE THE SUBSTITUENT IS AN OXYGEN ATOM

NO.	COMPOUND	SHIFT (PPM)	ERROR (PPM)	REF	SOLV	TEMP (K)	LIT REF
3955	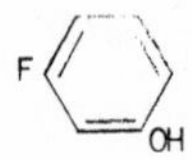	111.57		INT.- 3	1		356
3955		112.2		INT.- 3	26		2
3955		111.8		3	2		51
3955		112.67	0.05	INT.-25	23		402
3956	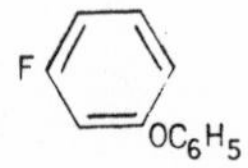	111.20	.08	INT.- 3	2		169
3956		111.1		3	2		51
3957	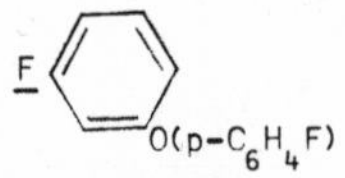	113.6		INT.- 3	26		2
3957		113.6		3	12		3
3958	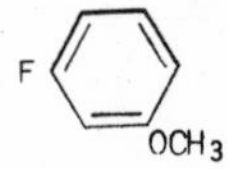	112.10	.08	INT.- 3	2		169
3958		112.0		INT.- 3	2		33
3958		112.0		3	2		51
3959	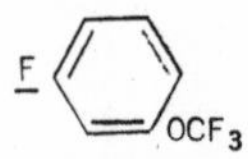	109.82	.08	INT.- 3	2		169
3959		110.8	0.3	EXT.- 3	12		54

NO.	COMPOUND	SHIFT (PPM)	ERROR (PPM)	REF	SOLV	TEMP (K)	LIT REF
3960	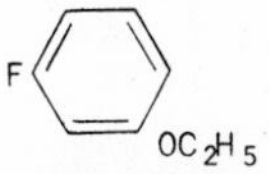	111.8		INT.- 3	26		2

2. MONOSUBSTITUTED MONOFLUOROBENZENES WITH THE SUBSTITUENT IN THE META POSITION

(D). WHERE THE SUBSTITUENT IS A PLATINUM ATOM

NO.	COMPOUND	SHIFT (PPM)	ERROR (PPM)	REF	SOLV	TEMP (K)	LIT REF
3961	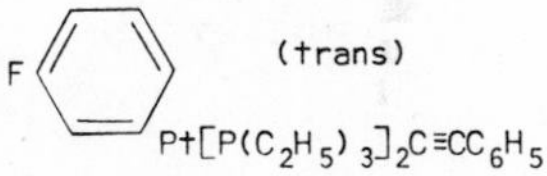 (trans)	116.52		INT.- 3	45		457
3962	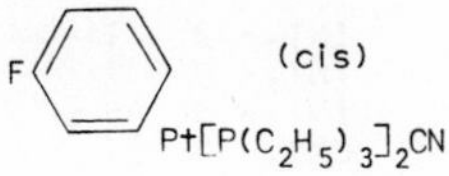 (cis)	116.00		INT.- 3	9		457
3963	(trans)	115.68		INT.- 3	45		457
3963		115.42		EXT.- 3	37		230
3964	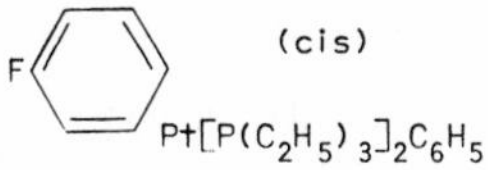 (cis)	116.70		INT.- 3	9		457
3965	(trans)	116.87		INT.- 3	45		457
3965		116.6		EXT.- 3	37		230
3966	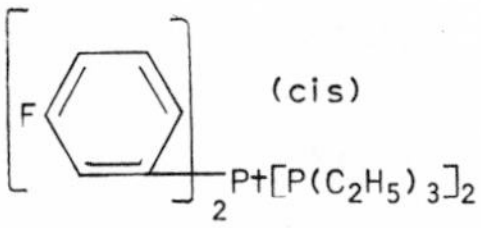 (cis)	116.59		INT.- 3	9		457
3967	(trans)	116.22		INT.- 3	9		457
3967		116.57		EXT.- 3	37		230
3968	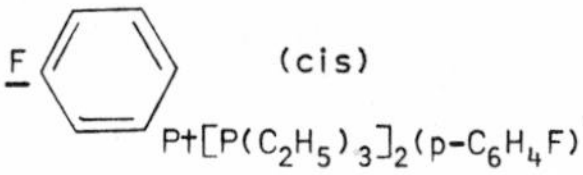 (cis)	116.70		INT.- 3	9		457
3969	(trans)	116.59		INT.- 3	45		457
3969		116.45		EXT.- 3	37		230
3970	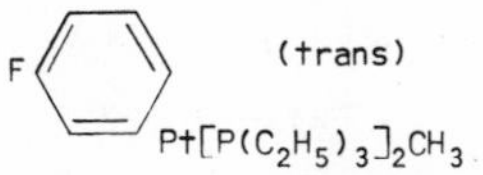 (trans)	117.41		INT.- 3	45		457
3970		117.21		EXT.- 3	37		230
3971	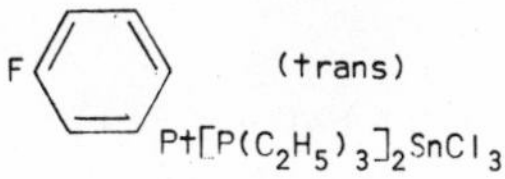 (trans)	112.92		INT.- 3	9		457
3972	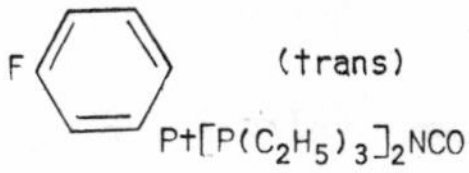 (trans)	115.63		INT.- 3	45		457

NO.	COMPOUND	SHIFT (PPM)	ERROR (PPM)	REF	SOLV	TEMP (K)	LIT REF
3973	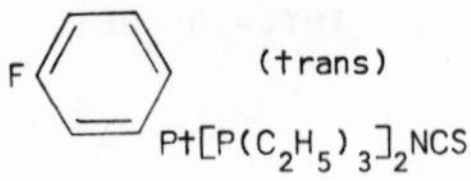 (trans)	115.05		INT.- 3	45		457
3973		114.90		EXT.- 3	37		230
3974	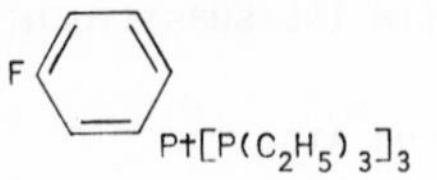	116.50		INT.- 3	9		457
3975	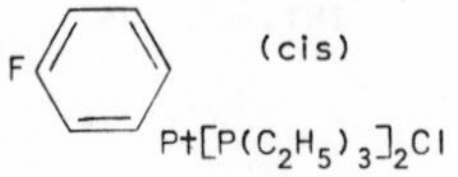 (cis)	116.52		INT.- 3	9		457
3976	(trans)	115.42		INT.- 3	1		342
3976		112.49		INT.- 3	1		514
3976		115.65		INT.- 3	45		457
3976		115.28		EXT.- 3	37		230
3977	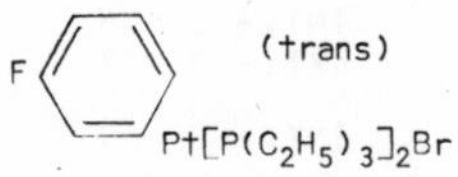 (trans)	115.49		INT.- 3	45		457
3977		115.12		EXT.- 3	37		230
3978	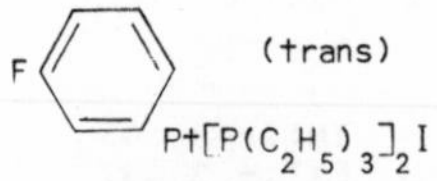 (trans)	115.15		INT.- 3	45		457
3978		114.71		EXT.- 3	37		230

2. MONOSUBSTITUTED MONOFLUOROBENZENES WITH THE SUBSTITUENT IN THE META POSITION

(E). WHERE THE SUBSTITUENT IS ANY OTHER ELEMENT

NO.	COMPOUND	SHIFT (PPM)	ERROR (PPM)	REF	SOLV	TEMP (K)	LIT REF
3979	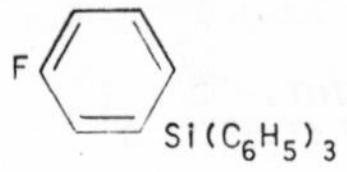	112.85		EXT.- 3	23		304
3980	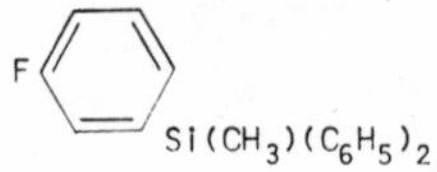	113.26		EXT.- 3	23		304
3981	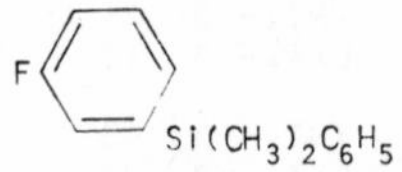	113.63		EXT.- 3	23		304
3982		114.00		EXT.- 3	23		304
3983	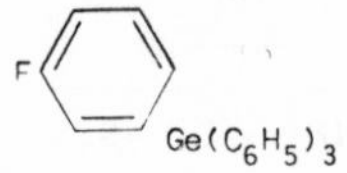	112.49		EXT.- 3	23		304
3984	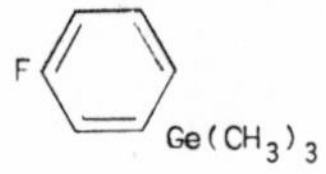	113.79		EXT.- 3	23		304

NO.	COMPOUND	SHIFT (PPM)	ERROR (PPM)	REF	SOLV	TEMP (K)	LIT REF
3985	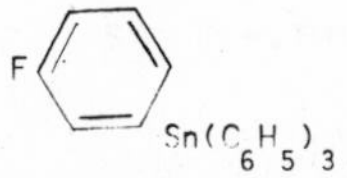	112.24		EXT.- 3	23		304
3986	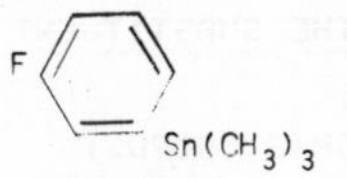	113.70		EXT.- 3	23		304
3987	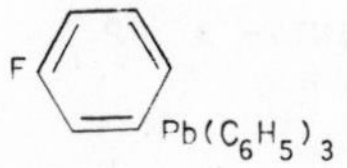	111.78		EXT.- 3	23		304
3988	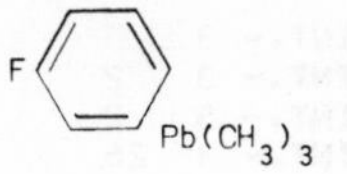	113.52		EXT.- 3	23		304
3989	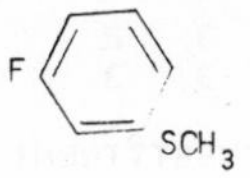	112.77	.08	INT.- 3	2		169
3990	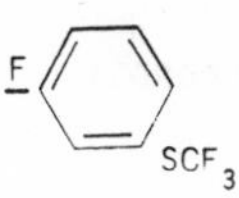	110.8	0.3	EXT.- 3	12		54
3991	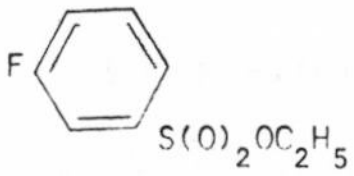	110.17	.08	INT.- 3	2		169
3992	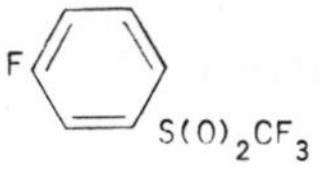	108.4	0.3	EXT.- 3	12		54
3993	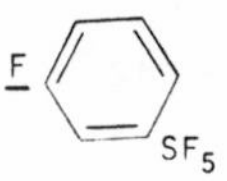	110.02	.08	INT.- 3	2		169
3994	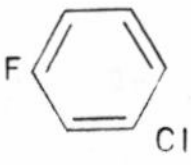	111.0		EXT.- 1	12		134
3994		111.		EXT.- 1	12		156
3994		111.11		INT.- 3	1		356
3994		111.1		INT.- 3	2		33
3994		111.0		INT.- 3	26		2
3994		111.1		3	2		51
3995	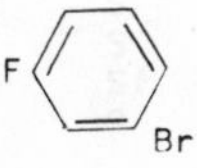	110.76		INT.- 3	1		356
3995		110.85	.08	INT.- 3	2		169
3995		110.9		INT.- 3	2		33
3995		110.7		INT.- 3	26		2
3995		110.8		3	2		51
3995		111.29	0.02	INT.-25	23		402
3996	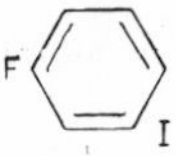	110.5		INT.- 3	26		2
3996		110.7		3	2		51
3996		110.7		INT.- 3	2		220

NO.	COMPOUND	SHIFT (PPM)	ERROR (PPM)	REF	SOLV	TEMP (K)	LIT REF
3997	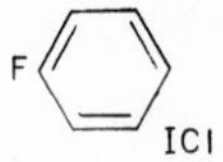	105.9		INT.- 3	2		220

3. MONOSUBSTITUTED MONOFLUOROBENZENES WITH THE SUBSTITUENT IN THE PARA POSITION

(A). WHERE THE SUBSTITUENT IS A CARBON ATOM(2 COORD.)

NO.	COMPOUND	SHIFT (PPM)	ERROR (PPM)	REF	SOLV	TEMP (K)	LIT REF
3998	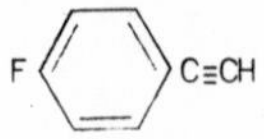	110.65	.08	INT.- 3	2		170
3999	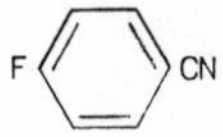	103.03	0.04	INT.- 3			125
3999		103.7		INT.- 3	2		33
3999		103.95	.08	INT.- 3	2		170
3999		103.5		INT.- 3	26		2
3999		103.4		3			242
3999		103.9	0.1	3	2		51
3999		103.40		3	3		242

3. MONOSUBSTITUTED MONOFLUOROBENZENES WITH THE SUBSTITUENT IN THE PARA POSITION

(B). WHERE THE SUBSTITUENT IS A CARBON ATOM(3 COORD.)

(1). NEAREST NEIGHBORS TO CARBON- H, C OR
H, O

NO.	COMPOUND	SHIFT (PPM)	ERROR (PPM)	REF	SOLV	TEMP (K)	LIT REF
4000	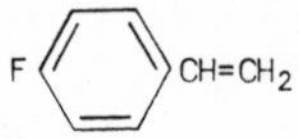	114.55	.08	INT.- 3	2		170
4001	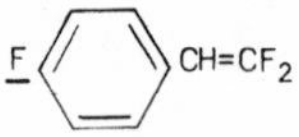	114.8		INT.- 1			210
4002	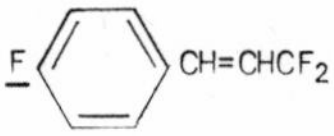	110.7	0.3	EXT.- 3	12		54
4003	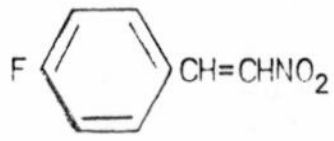	107.75	.08	INT.- 3	40		170
4004	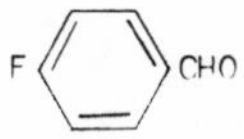	103.75	.08	INT.- 3	2		170
4004		103.7		INT.- 3	2		33
4004		103.3		3	12		3
4004		103.7		3	2		51

NO.	COMPOUND	SHIFT (PPM)	ERROR (PPM)	REF	SOLV	TEMP (K)	LIT REF

3. MONOSUBSTITUTED MONOFLUOROBENZENES WITH THE SUBSTITUENT IN THE PARA POSITION

(B). WHERE THE SUBSTITUENT IS A CARBON ATOM(3 COORD.)

(2). NEAREST NEIGHBORS TO CARBON- C, O

NO.	COMPOUND	SHIFT (PPM)	ERROR (PPM)	REF	SOLV	TEMP (K)	LIT REF
4005	F  $C(O)C_6H_5$	107.10	.08	INT.- 3	2		170
4005		106.46	0.03	INT.- 3	38		515
4005		107.11		3	2		242
4005		106.50		3	3		242
4006	F  $C(O)(p\text{-}C_6H_4C_6H_5)$	106.48	0.08	INT.-39	38		515
4007	F 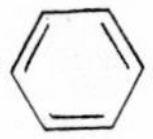 $C(O)(m\text{-}C_6H_4CH_3)$	106.6	0.08	INT.-39	38		515
4008	F 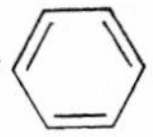 $C(O)(p\text{-}C_6H_4CH_3)$	106.91	0.08	INT.-39	38		515
4009	F 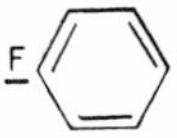 $C(O)(m\text{-}C_6H_4CF_3)$	105.29	0.08	INT.-39	38		515
4010	F 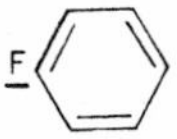 $C(O)(p\text{-}C_6H_4CF_3)$	105.14	0.08	INT.-39	38		515
4011	F 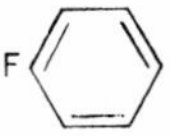 $C(O)(p\text{-}C_6H_4C_2H_5)$	106.90	0.08	INT.-39	38		515
4012	F 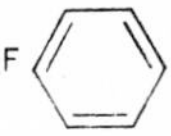 $C(O)[p\text{-}C_6H_4(t\text{-}C_4H_9)]$	106.87	0.08	INT.-39	38		515
4013	F 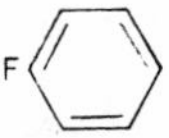 $C(O)[p\text{-}C_6H_4N(CH_3)_2]$	108.65	0.08	INT.-39	38		515
4014	F 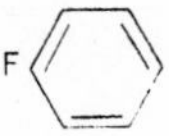 $C(O)(m\text{-}C_6H_4NO_2)$	104.67	0.08	INT.-39	38		515
4015	F 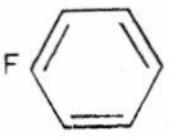 $C(O)(p\text{-}C_6H_4NO_2)$	104.45	0.08	INT.-39	38		515
4016	F  $C(O)(p\text{-}C_6H_4OC_6H_5)$	106.91	0.08	INT.-39	38		515

NO.	COMPOUND	SHIFT (PPM)	ERROR (PPM)	REF	SOLV	TEMP (K)	LIT REF
4017	F 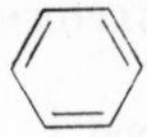 $C(O)(p\text{-}C_6H_4OCH_3)$	107.37	0.08	INT.-39	38		515
4018	F 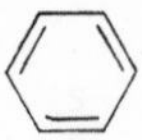 $C(O)(p\text{-}C_6H_4OC_2H_5)$	107.47	0.08	INT.-39	38		515
4019	F 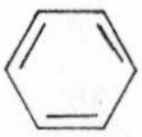 $C(O)(p\text{-}C_6H_4SCH_3)$	106.80	0.08	INT.-39	38		515
4020	F  $C(O)(m\text{-}C_6H_4F)$	105.71	0.08	INT.-39	38		515
4021	F  $C(O)(p\text{-}C_6H_4F)$	106.27	0.08	INT.-39	38		515
4022	F  $C(O)(m\text{-}C_6H_4Cl)$	105.58	0.08	INT.-39	38		515
4023	F 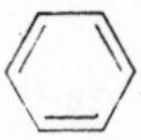 $C(O)(p\text{-}C_6H_4Cl)$	105.94	0.08	INT.-39	38		515
4024	F  $C(O)(m\text{-}C_6H_4Br)$	105.57	0.08	INT.-39	38		515
4025	F  $C(O)CH_3$	107.		EXT.- 1	12		156
4025		106.47	0.05	INT.- 3			125
4025		106.55	.08	INT.- 3	2		170
4025		106.43		INT.- 3	2		247
4025		106.57		3	2		242
4025		106.5	0.1	3	2		51
4025		106.46		3	3		242
4025		107.2		EXT.- 1	12		134
4026	F  $C(O)CF_3$	100.95		INT.- 3	1		356
4026		100.80	.08	INT.- 3	2		170
4027	F 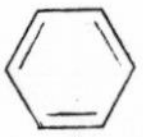 $C(O)C_2H_5$	106.5		INT.- 3	2		33
4028	F  $C(O)C_3F_7$	100.80		INT.- 3	1		356

NO.	COMPOUND	SHIFT (PPM)	ERROR (PPM)	REF	SOLV	TEMP (K)	LIT REF
4029	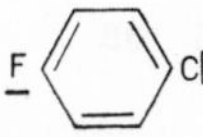 $C[OAL(C_2H_5)_2Cl]C_6H_5$	95.95	0.03	INT.- 3	38		515
4030	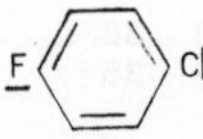 $C[OAL(C_2H_5)Cl_2]C_6H_5$	91.38	0.03	INT.- 3	38		515
4031	 $C(OALCl_3)C_6H_5$	90.75	0.03	INT.- 3	38		515
4032	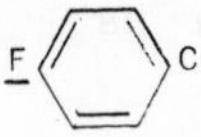 $C(OBF_3)C_6H_5$	95.53	0.03	INT.- 3	38		515
4033	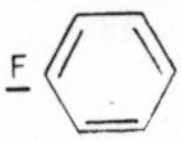 $C(OBF_3)(p-C_6H_4C_6H_5)$	96.65	0.08	INT.-40	38		515
4034	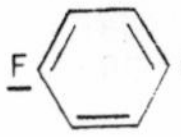 $C(OBF_3)(m-C_6H_4CH_3)$	96.10	0.08	INT.-40	38		515
4035	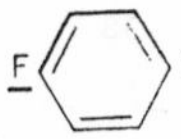 $C(OBF_3)(p-C_6H_4CH_3)$	97.32	0.08	INT.-40	38		515
4036	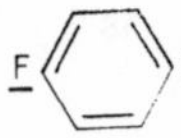 $C(OBF_3)(p-C_6H_4CF_3)$	91.93	0.08	INT.-40	38		515
4037	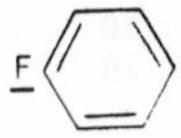 $C(OBF_3)[p-C_6H_4(t-C_4H_9)]$	97.23	0.08	INT.-40	38		515
4038	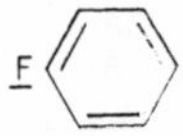 $C(OBF_3)[p-C_6H_4N(CH_3)_2]$	99.91	0.08	INT.-40	38		515
4039	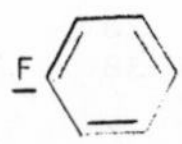 $C(OBF_3)(p-C_6H_4OC_6H_5)$	98.79	0.08	INT.-40	38		515
4040	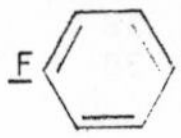 $C(OBF_3)(m-C_6H_4F)$	93.57	0.08	INT.-40	38		515
4041	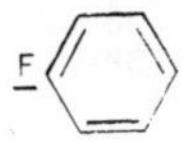 $C(OBF_3)(p-C_6H_4Cl)$	94.99	0.08	INT.-40	38		515

NO.	COMPOUND	SHIFT (PPM)	ERROR (PPM)	REF	SOLV	TEMP (K)	LIT REF
4042	F 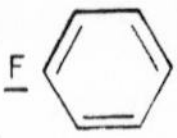 $C(OBF_3)(m\text{-}C_6H_4Br)$	93.38	0.08	INT.-40	38		515
4043	F  $C(OBCl_3)C_6H_5$	91.95	0.03	INT.- 3	38		515
4043		92.		39	38		494
4044	F 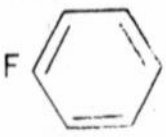 $C(OBCl_3)(p\text{-}C_6H_4C_6H_5)$	93.20	0.08	INT.-41	38		515
4045	F  $C(OBCl_3)(m\text{-}C_6H_4CH_3)$	92.48	0.08	INT.-41	38		515
4046	F  $C(OBCl_3)(p\text{-}C_6H_4CH_3)$	93.83	0.08	INT.-41	38		515
4047	F  $C(OBCl_3)(m\text{-}C_6H_4CF_3)$	88.25	0.08	INT.-41	38		515
4047		88.		50	38		494
4048	F  $C(OBCl_3)(p\text{-}C_6H_4CF_3)$	88.		48	38		494
4049	F  $C(OBCl_3)(p\text{-}C_6H_4C_2H_5)$	93.85	0.08	INT.-41	38		515
4050	F  $C(OBCl_3)[p\text{-}C_6H_4(t\text{-}C_4H_9)]$	93.80	0.08	INT.-41	38		515
4050		94.		45	38		494
4051	F  $C(OBCl_3)(m\text{-}C_6H_4NO_2)$	86.62	0.08	INT.-41	38		515
4051		87.		51	38		494
4052	F  $C(OBCl_3)(p\text{-}C_6H_4OC_6H_5)$	95.61	0.08	INT.-41	38		515
4052		96.		44	38		494
4053	F  $C(OBCl_3)(p\text{-}C_6H_4OCH_3)$	97.00	0.08	INT.-41	38		515
4053		97.		43	38		494
4054	F  $C(OBCl_3)(m\text{-}C_6H_4F)$	89.51	0.08	INT.-41	38		515
4054		90.		47	38		494

NO.	COMPOUND	SHIFT (PPM)	ERROR (PPM)	REF	SOLV	TEMP (K)	LIT REF
4055	F  $C(OBCl_3)(m\text{-}C_6H_4Cl)$	89.29	0.08	INT.-41	38		515
4056	F  $C(OBCl_3)(p\text{-}C_6H_4Cl)$	90.90	0.08	INT.-41	38		515
4056		91.		46	38		494
4057	F  $C(OBCl_3)(m\text{-}C_6H_4Br)$	89.15	0.08	INT.-41	38		515
4057		89.		49	38		494
4058	F  $C(OBBr_3)C_6H_5$	90.30	0.03	INT.- 3	38		515
4058		90.		39	38		494
4059	F  $C(OBBr_3)(p\text{-}C_6H_4C_6H_5)$	91.68	0.08	INT.-42	38		515
4060	F  $C(OBBr_3)(p\text{-}C_6H_4OCH_3)$	95.61	0.08	INT.-42	38		515
4060		92.41	0.08	INT.-42	38		515
4061	F  $C(OBBr_3)(m\text{-}C_6H_4CF_3)$	86.53	0.08	INT.-42	38		515
4061		86.10		48	38		494
4061		87.		50	38		494
4062	F  $C(OBBr_3)(p\text{-}C_6H_4CF_3)$	86.00	0.08	INT.-42	38		515
4063	F 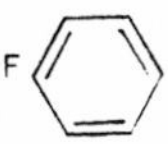 $C(OBBr_3)[p\text{-}C_6H_4(t\text{-}C_4H_9)]$	92.24	0.08	INT.-42	38		515
4063		92.		45	38		494
4064	F  $C(OBBr_3)(m\text{-}C_6H_4NO_2)$	84.59	0.08	INT.-42	38		515
4064		85.		51	38		494
4065	F 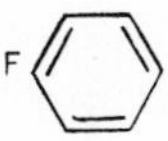 $C(OBBr_3)(p\text{-}C_6H_4OCH_3)$	96.		43	38		494
4066	F 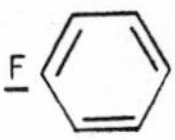 $C(OBBr_3)(m\text{-}C_6H_4F)$	87.95	0.08	INT.-42	38		515
4066		88.		47	38		494
4067	F 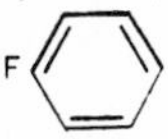 $C(OBBr_3)(p\text{-}C_6H_4Cl)$	89.35	0.08	INT.-42	38		515
4067		89.		46	38		494

NO.	COMPOUND	SHIFT (PPM)	ERROR (PPM)	REF	SOLV	TEMP (K)	LIT REF
4068	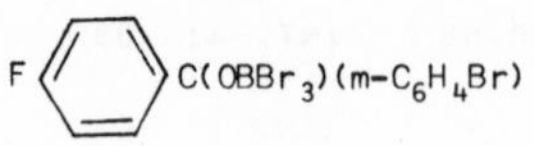	87.62	0.08	INT.-42	38		515
4068		88.		49	38		494
4069	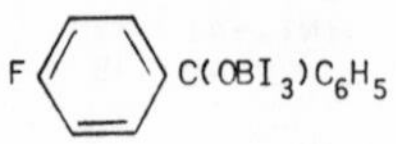	89.53	0.03	INT.- 3	38		515
4070	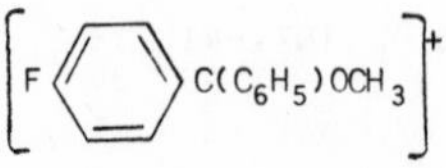	87.29		EXT.-25	5		463

3. MONOSUBSTITUTED MONOFLUOROBENZENES WITH THE SUBSTITUENT IN THE PARA POSITION

(B). WHERE THE SUBSTITUENT IS A CARBON ATOM(3 COORD.)

(3). NEAREST NEIGHBORS TO CARBON- C, X

NO.	COMPOUND	SHIFT (PPM)	ERROR (PPM)	REF	SOLV	TEMP (K)	LIT REF
4071	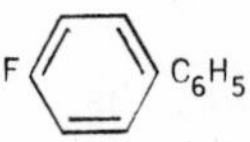	116.05	.08	INT.- 3	2		170
4071		116.3		INT.- 3	2		33
4071		115.83		INT.- 3	10		137
4071		115.8		INT.- 3	27		2
4071		116.00		3	2		242
4071		116.0	0.1	3	2		51
4071		115.70		3	3		242
4071		117.34	0.09	INT.-25	19		402
4071		116.72	0.04	INT.-25	23		402
4072	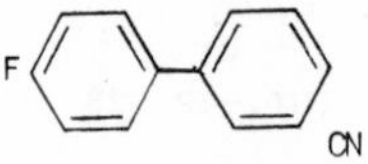	114.93	0.02	INT.-25	23		402
4073	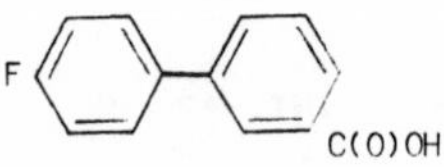	116.54	0.06	INT.-25	19		402
4074	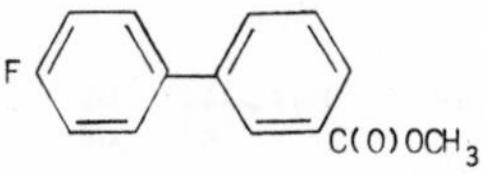	115.92	0.03	INT.-25	23		402
4075	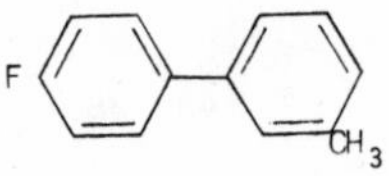	116.86	0.06	INT.-25	23		402
4076	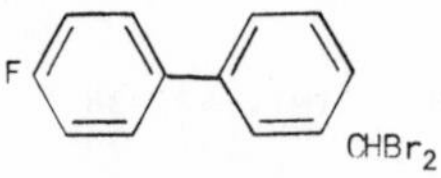	115.77	0.04	INT.-25	23		402
4077	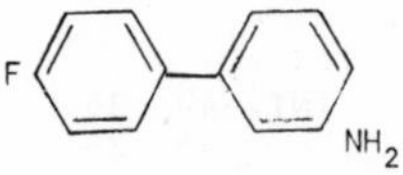	117.82	0.08	INT.-25	19		402

NOTE- X IS ANY ELEMENT NOT PREVIOUSLY PRINTED UNDER THE TITLE ELEMENT.

NO.	COMPOUND	SHIFT (PPM)	ERROR (PPM)	REF	SOLV	TEMP (K)	LIT REF
4078	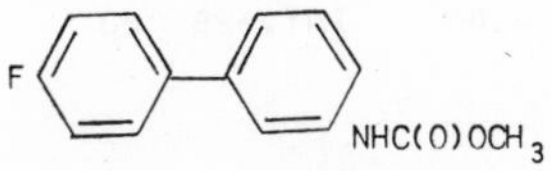	117.12	0.04	INT.-25	19		402
4079	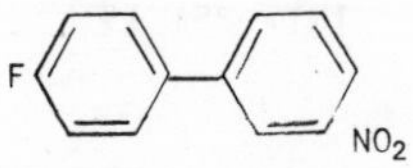	114.65	0.02	INT.-25	23		402
4080	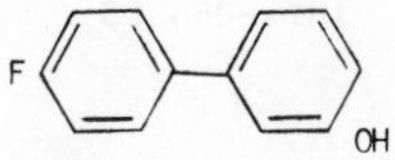	116.35	0.04	INT.-25	23		402
4081	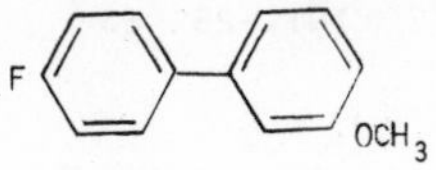	116.52	0.02	INT.-25	23		402
4082	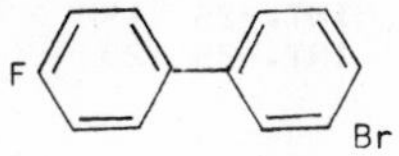	115.60	0.04	INT.-25	23		402
4083	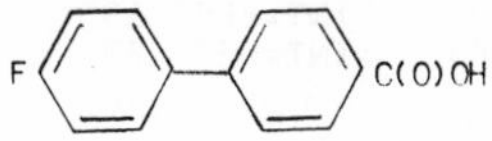	116.37	0.03	INT.-25	19		402
4084	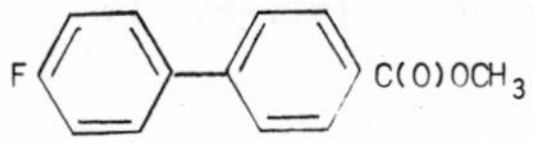	115.71	0.04	INT.-25	23		402
4085	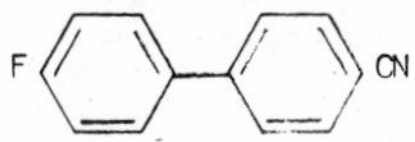	114.5		INT.-25	23		402
4086	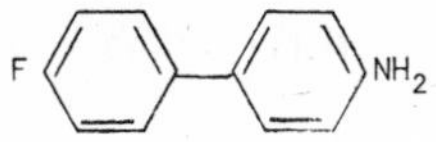	119.68	0.09	INT.-25	19		402
4087	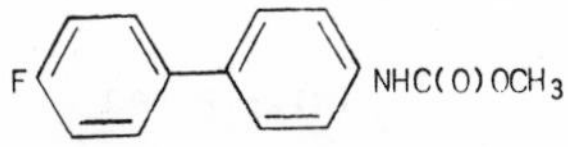	117.87	0.03	INT.-25	19		402
4088	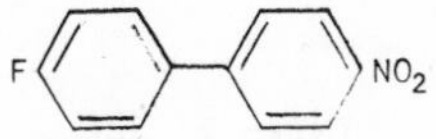	114.63	0.01	INT.-25	19		402
4088		113.99	0.03	INT.-25	23		402
4089	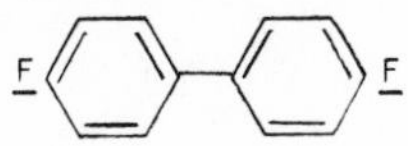	116.59	0.06	INT.-25	23		402
4090	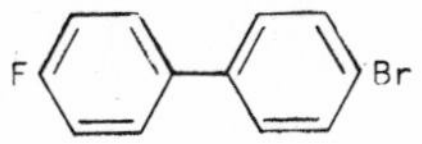	115.95	0.04	INT.-25	23		402

NO.	COMPOUND	SHIFT (PPM)	ERROR (PPM)	REF	SOLV	TEMP (K)	LIT REF
4091	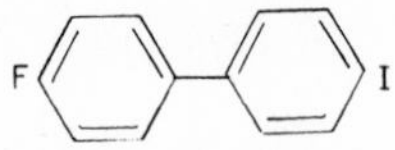	115.84	0.04	INT.-25	23		402
4092	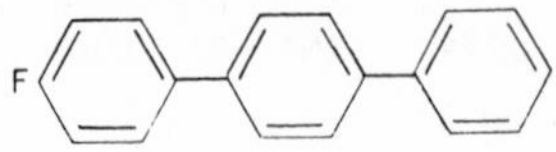	117.60	0.07	INT.-25	19		402
4093	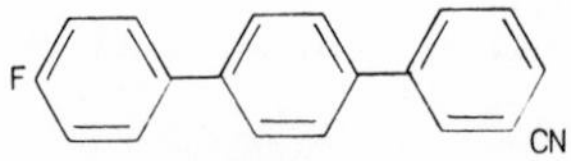	115.83	0.03	INT.-25	23		402
4094	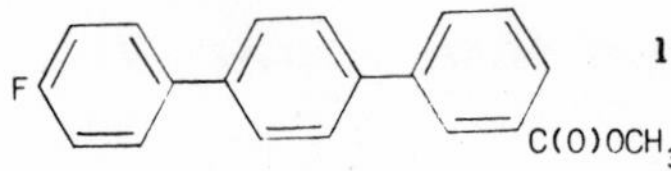	116.27	0.03	INT.-25	23		402
4095	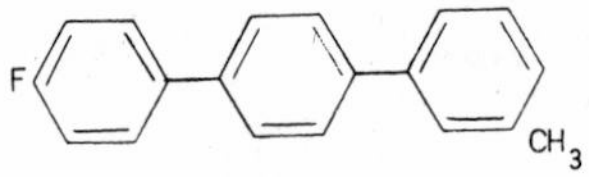	117.57	0.10	INT.-25	19		402
4095		116.57	0.02	INT.-25	23		402
4096	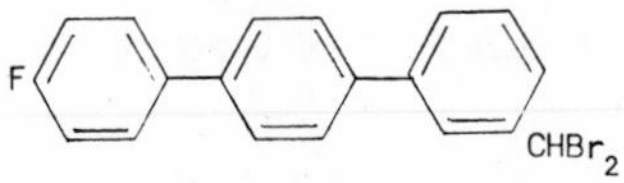	117.30	0.08	INT.-25	19		402
4096		116.12	0.03	INT.-25	23		402
4097	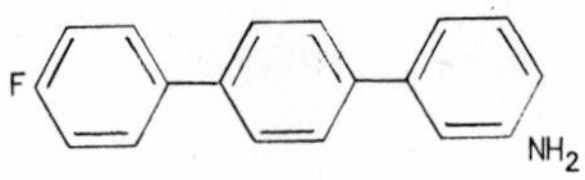	117.22	0.04	INT.-25	19		402
4098	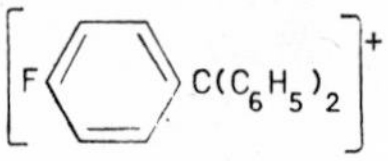	85.27		INT.- 2	43		277
4098		84.5		EXT.-25	5		463
4099	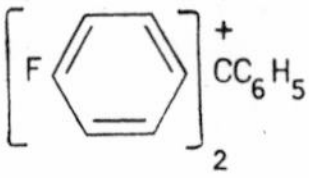	85.79		INT.- 2	43		277
4100	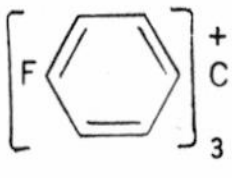	86.32		INT.- 2	43		277
4101	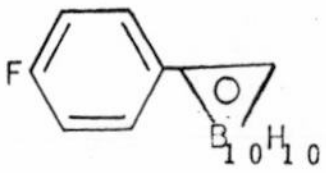	111.01	0.06	INT.- 3	32		306
4102	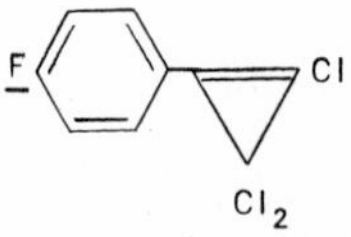	103.1		3	2		243

NO.	COMPOUND	SHIFT (PPM)	ERROR (PPM)	REF	SOLV	TEMP (K)	LIT REF

3. MONOSUBSTITUTED MONOFLUOROBENZENES WITH THE SUBSTITUENT IN THE PARA POSITION

(B). WHERE THE SUBSTITUENT IS A CARBON ATOM(3 COORD.)

(4). NEAREST NEIGHBORS TO CARBON- O, X

NO.	COMPOUND	SHIFT (PPM)	ERROR (PPM)	REF	SOLV	TEMP (K)	LIT REF
4103	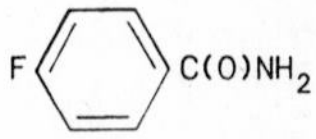	109.65	.08	INT.- 3	40		170
4104	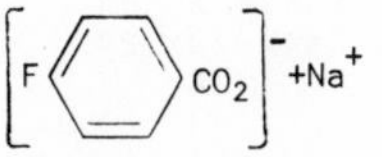	110.85	.08	INT.- 3	41		170
4105	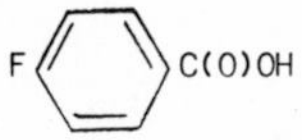	106.2		INT.- 3	26		2
4105		106.95	.08	INT.- 3	40		170
4105		106.94		3	2		242
4105		106.96		3	3		242
4106		105.45	.08	INT.- 3	2		170
4107	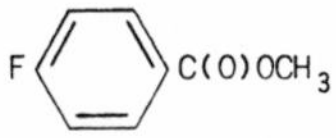	106.62		3	2		242
4107		106.		3	3		242
4108	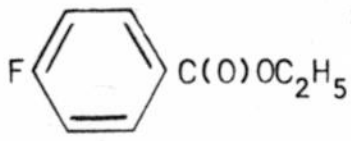	106.68	0.04	INT.- 3			125
4108		106.95	.08	INT.- 3	2		170
4108		107.0		INT.- 3	2		33
4109	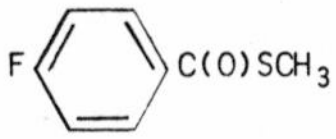	107.1	.08	INT.- 3	22		170
4110	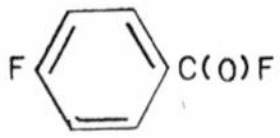	101.75	.08	INT.- 3	2		170
4111	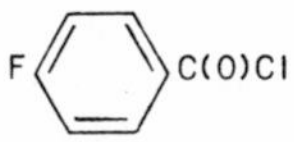	101.29	0.08	INT.- 3			126
4111		101.75	.08	INT.- 3	2		170
4111		102.		3	2		242
4112	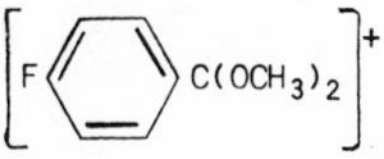	94.3		EXT.-25	5		463

NOTE- X IS ANY ELEMENT NOT PREVIOUSLY PRINTED UNDER THE TITLE ELEMENT.

3. MONOSUBSTITUTED MONOFLUOROBENZENES WITH THE SUBSTITUENT IN THE PARA POSITION

(C). WHERE THE SUBSTITUENT IS A CARBON ATOM(4 COORD.)

NO.	COMPOUND	SHIFT (PPM)	ERROR (PPM)	REF	SOLV	TEMP (K)	LIT REF
4113	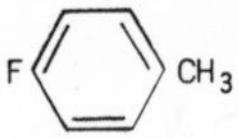	119.3		EXT.- 1	12		134
4113		119.		EXT.- 1	12		156
4113		118.59		INT.- 3	1		356
4113		118.55	.08	INT.- 3	2		170
4113		118.5		INT.- 3	2		33
4113		118.6		INT.- 3	26		2
4113		118.7		EXT.- 3	63		171
4113		118.61		EXT.- 3	23		304
4113		118.5	0.1	3	2		51
4113		118.51		3	3		242
4114	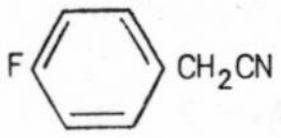	114.35	.08	INT.- 3	2		170
4115	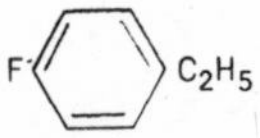	118.15	.08	INT.- 3	2		170
4115		118.26		EXT.- 3	23		304
4116	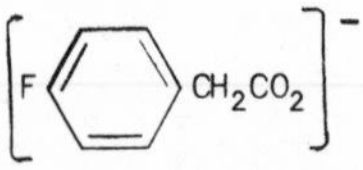	117.80	.08	INT.- 3	22		170
4117	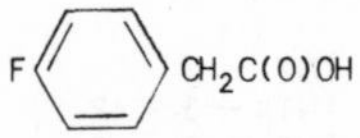	115.45	.08	INT.- 3	2		170
4118	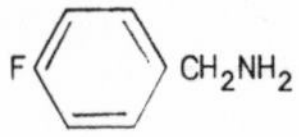	116.75	.08	INT.- 3	2		170
4119	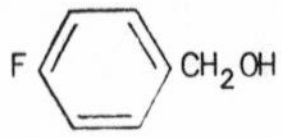	115.20	.08	INT.- 3	2		170
4120	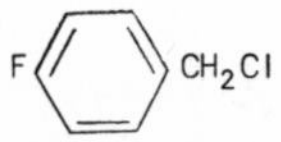	113.50	.08	INT.- 3	2		170
4120		113.8		3	12		3
4121	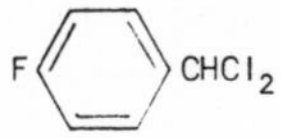	110.6		3	12		3
4122	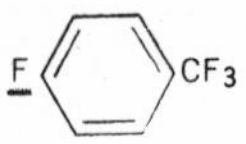	108.7		EXT.- 1	12		134
4122		109.		EXT.- 1	12		156
4122		108.06		INT.- 3	1		356
4122		108.00	.08	INT.- 3	2		170
4122		108.0		INT.- 3	2		33
4122		107.93		3	2		242
4122		108.0	0.1	3	2		51
4122		107.38		3	3		242

NO.	COMPOUND	SHIFT (PPM)	ERROR (PPM)	REF	SOLV	TEMP (K)	LIT REF
4123	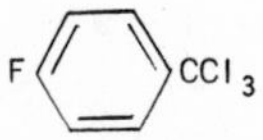	110.5		INT.- 3	26		2
4123		110.5		3	12		3
4124	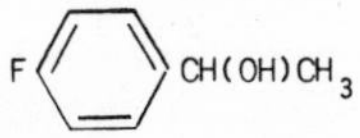	115.70	.08	INT.- 3	2		170
4125	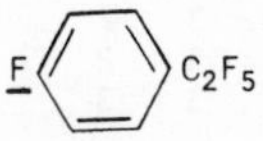	107.71		INT.- 3	1		356
4126	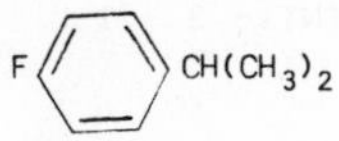	118.05		EXT.- 3	23		304
4127	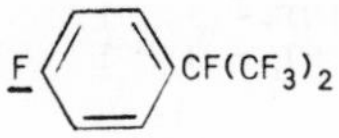	109.12		INT.- 3	1		356
4128	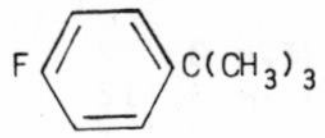	118.72		EXT.- 3	23		304
4129	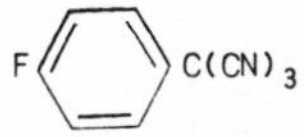	106.44		INT.- 3	1		478
4130	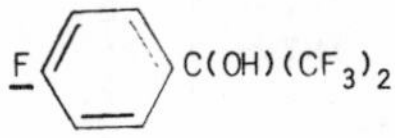	111.15		INT.- 3	1		356
4131	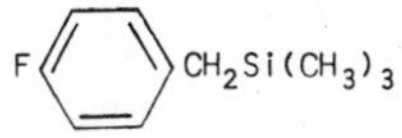	120.15	.08	INT.- 3	2		170

3. MONOSUBSTITUTED MONOFLUOROBENZENES WITH THE SUBSTITUENT IN THE PARA POSITION

(D). WHERE THE SUBSTITUENT IS A NITROGEN ATOM

NO.	COMPOUND	SHIFT (PPM)	ERROR (PPM)	REF	SOLV	TEMP (K)	LIT REF
4132	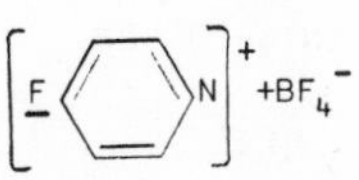	87.		3	3		242
4133		112.87		INT.- 1	1		289
4133		113.70	.08	INT.- 3	2		170
4134	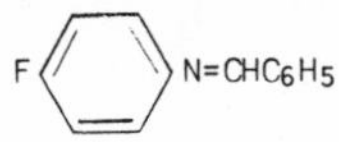	117.53		3	2		242
4134		117.		3	3		242

NO.	COMPOUND	SHIFT (PPM)	ERROR (PPM)	REF	SOLV	TEMP (K)	LIT REF
4135	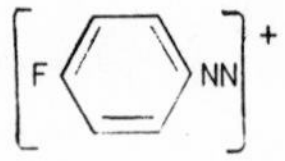	85.35	.08	INT.- 3	9		170
4136	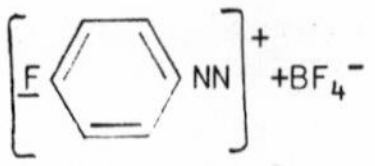	106.		3	3		242
4137	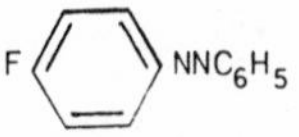	109.90	.08	INT.- 3	2		170
4137		109.41		3	2		242
4137		109.		3	3		242
4138	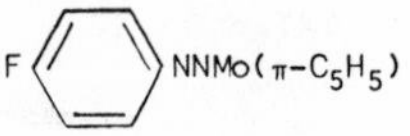	113.58		INT.- 3	1		514
4139		115.42		INT.- 3	1		342
4139	(trans)	115.42		INT.- 3	1		514
4140		102.05	.08	INT.- 3	2		170
4140		101.33	0.02	INT.- 3	12		362
4140		102.09		3	2		242
4140		100.07		3	3		242
4140		103.12		3	3		242
4141		127.23		INT.- 3			242
4141		127.12		INT.- 3	1		356
4141		127.35	.08	INT.- 3	2		170
4141		127.2		INT.- 3	2		33
4141		127.7		INT.- 3	26		2
4141		127.3	0.1	3	2		51
4141		130.05		3	3		242
4142	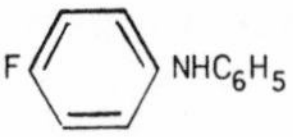	122.5		INT.- 3	27		2
4142		122.5		3	12		3
4143	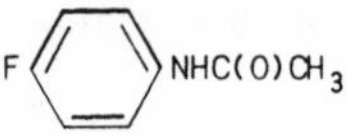	118.30	.08	INT.- 3	22		170
4143		118.8		INT.- 3	27		2
4143		118.8		3	12		3
4144	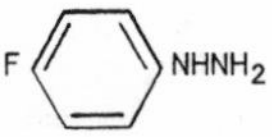	125.40	.08	INT.- 3	22		170
4145	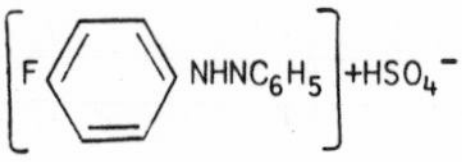	91.		3	5		242
4146	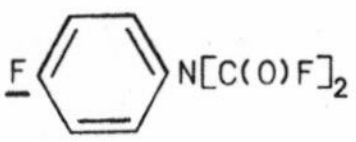	109.88		INT.- 1	1		289

NO.	COMPOUND	SHIFT (PPM)	ERROR (PPM)	REF	SOLV	TEMP (K)	LIT REF
4147	F⟨⟩N[C(O)F]CF$_3$	109.67		INT.- 1	1		289
4148	F⟨⟩N(CH$_3$)$_2$	129.9		INT.- 3	26		2
4148		128.80	.08	INT.- 3	2		170
4148		128.7	0.1	3	2		51
4149	F⟨⟩N(CF$_3$)$_2$	109.88		INT.- 1	1		289
4150	[F⟨⟩N(CF$_3$)—S]$_2$	111.85		EXT.- 2			78
4151	F⟨⟩NO$_2$	103.0		EXT.- 1	12		134
4151		103.		EXT.- 1	12		156
4151		102.75	0.09	INT.- 3			126
4151		103.67		INT.- 3	1		356
4151		103.4		INT.- 3	2		33
4151		103.60	.08	INT.- 3	2		170
4151		102.64	0.02	INT.- 3	12		362
4151		102.3		INT.- 3	26		2
4151		103.0		EXT.- 3	64		171
4151		103.65		3	2		242
4151		103.8	0.1	3	2		51
4152	[F⟨⟩NH$_3$]$^+$ +Cl$^-$	111.91		3	3		242
4152		110.		3	3		242
4153	[F⟨⟩N(CH$_3$)$_3$]$^+$ +Cl$^-$	112.		3	3		242

3. MONOSUBSTITUTED MONOFLUOROBENZENES WITH THE SUBSTITUENT IN THE PARA POSITION

(E). WHERE THE SUBSTITUENT IS AN OXYGEN ATOM

NO.	COMPOUND	SHIFT (PPM)	ERROR (PPM)	REF	SOLV	TEMP (K)	LIT REF
4154	F⟨⟩OH	123.54		INT.- 3	1		356
4154		123.9		INT.- 3	2		33
4154		124.00	.08	INT.- 3	2		170
4154		123.7		INT.- 3	26		2
4154		123.9	0.1	3	2		51
4155	F⟨⟩OC$_6$H$_5$	120.55	.08	INT.- 3	2		170
4155		120.5	0.1	3	2		51
4156	F⟨⟩O(p-C$_6$H$_4$F)	119.8		INT.- 3	26		2
4156		119.8		3	12		3

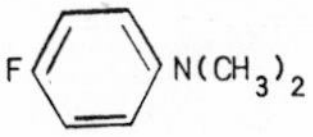

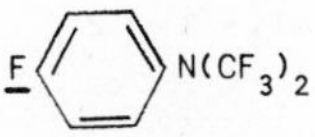

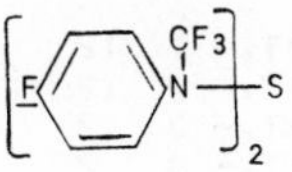

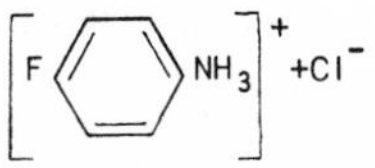

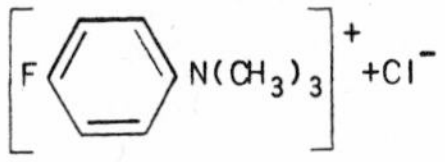

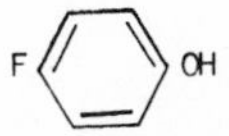

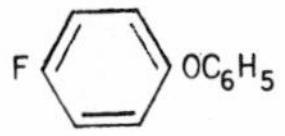

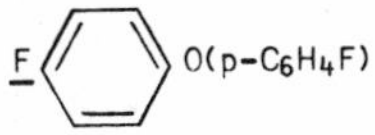

NO.	COMPOUND	SHIFT (PPM)	ERROR (PPM)	REF	SOLV	TEMP (K)	LIT REF
4157	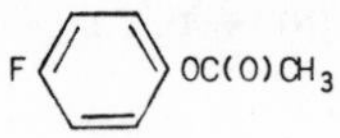	117.70	.08	INT.- 3	2		170
4158	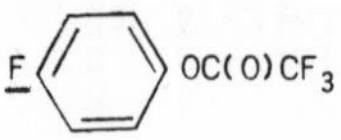	114.65	.08	INT.- 3	2		170
4159	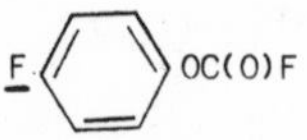	115.		INT.- 1	2		269
4160	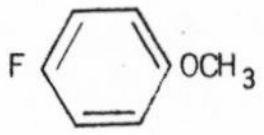	125.2		EXT.- 1	12		134
4160		125.		EXT.- 1	12		156
4160		124.65	.08	INT.- 3	2		170
4160		124.6		INT.- 3	2		33
4160		124.7		EXT.- 3	65		171
4160		124.5		INT.- 3	26		2
4160		124.6	0.1	3	2		51
4161	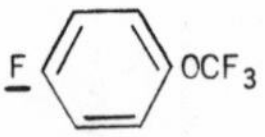	115.25	.08	INT.- 3	2		170
4161		110.3	0.3	EXT.- 3	12		54
4162	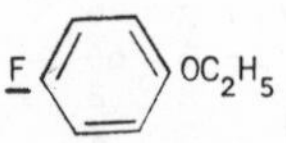	124.6		INT.- 3	26		2

3. MONOSUBSTITUTED MONOFLUOROBENZENES WITH THE SUBSTITUENT IN THE PARA POSITION

(F). WHERE THE SUBSTITUENT IS A SULFUR ATOM

NO.	COMPOUND	SHIFT (PPM)	ERROR (PPM)	REF	SOLV	TEMP (K)	LIT REF
4163		116.65	.08	INT.- 3	2		170
4164		117.45	.08	INT.- 3	2		170
4165		117.8	0.3	EXT.- 3	12		54
4166		110.15	.08	INT.- 3	2		170
4167	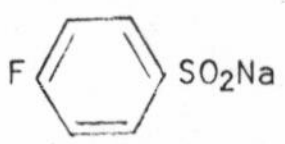	111.		3	4		242

NO.	COMPOUND	SHIFT (PPM)	ERROR (PPM)	REF	SOLV	TEMP (K)	LIT REF
4168	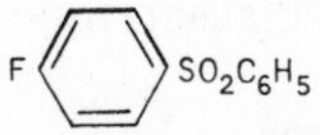	105.81		3	2		242
4168		105.25		3	2		242
4168		105.		3	3		242
4169	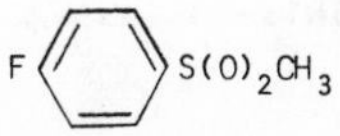	105.15	.08	INT.- 3	2		170
4169		105.		3	3		242
4170	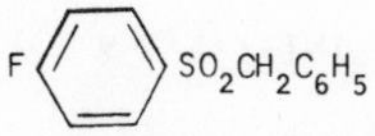	104.90		3	2		242
4170		105.		3	3		242
4171	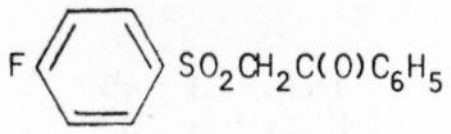	104.15		3	2		242
4171		105.		3	3		242
4172	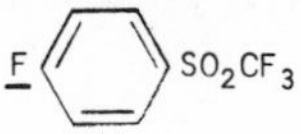	128.2	0.3	EXT.- 3	12		54
4173	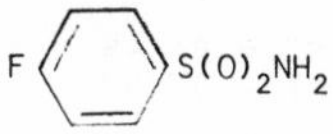	105.65	.08	INT.- 3	40		170
4174	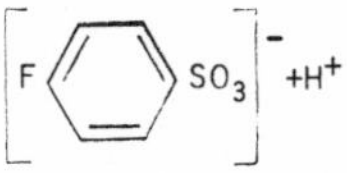	110.15	.08	INT.- 3	22		170
4175	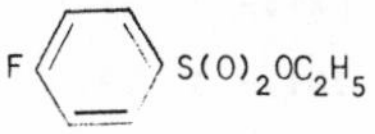	104.85	.08	INT.- 3	2		170
4176	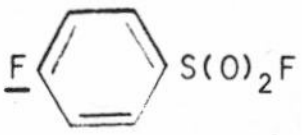	100.65	.08	INT.- 3	2		170
4177		100.09	0.10	INT.- 3			126
4177		100.95	.08	INT.- 3	2		170
4177		100.5		INT.- 3	27		2
4177		100.85		3	2		242
4177		100.5		3	12		3
4178	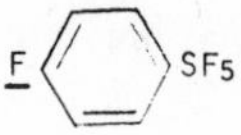	107.65	.08	INT.- 3	2		170

3. MONOSUBSTITUTED MONOFLUOROBENZENES WITH THE SUBSTITUENT IN THE PARA POSITION

(G). WHERE THE SUBSTITUENT IS A PLATINUM ATOM

NO.	COMPOUND	SHIFT (PPM)	ERROR (PPM)	REF	SOLV	TEMP (K)	LIT REF
4179	F 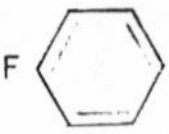 $Pt[P(C_2H_5)_3]_2C{\equiv}CC_6H_5$ (trans)	123.5		INT.- 3	45		457
4180	F 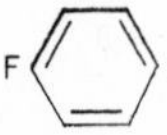 $Pt[P(C_2H_5)_3]_2CN$ (cis)	122.63		INT.- 3	9		457
4181	(trans)	122.26		INT.- 3	45		457
4181		122.47		EXT.- 3	37		230
4182	F 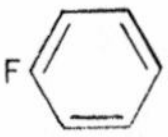 $Pt[P(C_2H_5)_3]_2C_6H_5$ (cis)	124.7		INT.- 3	9		457
4183	(trans)	124.0		INT.- 3	45		457
4183		124.07		EXT.- 3	37		230
4184	F 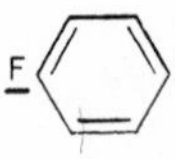 $Pt[P(C_2H_5)_3]_2(m-C_6H_4F)$ (cis)	124.3		INT.- 3	9		457
4185	(trans)	123.6		INT.- 3	45		457
4185		123.80		EXT.- 3	37		230
4186	F 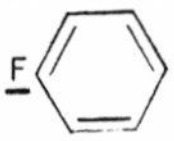 $Pt[P(C_2H_5)_3]_2(p-C_6H_4F)$ (cis)	124.5		INT.- 3	9		457
4187	(trans)	123.9		INT.- 3	45		457
4187		123.94		EXT.- 3	37		230
4188	F 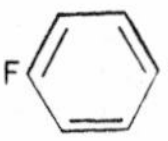 $Pt[P(C_2H_5)_3]_2CH_3$ (trans)	124.8		INT.- 3	45		457
4188		124.85		EXT.- 3	37		230
4189	F  $Pt[P(C_2H_5)_3]_2SnCl_3$ (trans)	120.11		INT.- 3	45		457
4190	F 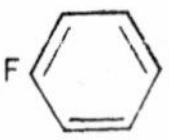 $Pt[P(C_2H_5)_3]_2NCO$ (trans)	123.3		INT.- 3	45		457

NO.	COMPOUND	SHIFT (PPM)	ERROR (PPM)	REF	SOLV	TEMP (K)	LIT REF
4191		122.35		INT.- 3	45		457
4191	F⟨⟩Pt[P(C₂H₅)₃]₂NCS	122.44		EXT.- 3	37		230
	(trans)						
4192	F⟨⟩Pt[P(C₂H₅)₃]₂Cl	122.90		INT.- 3	9		457
	(cis)						
4193	(trans)	123.1		INT.- 3	1		239
4194		123.3		INT.- 3	45		457
4194		123.26		EXT.- 3	37		230
4195		123.1		INT.- 3	45		457
4195	F⟨⟩Pt[P(C₂H₅)₃]₂Br	123.01		EXT.- 3	37		230
	(trans)						
4196		122.8		INT.- 3	45		457
4196	F⟨⟩Pt[P(C₂H₅)₃]₂I	122.69		EXT.- 3	37		230
	(trans)						

3. MONOSUBSTITUTED MONOFLUOROBENZENES WITH THE SUBSTITUENT
   IN THE PARA POSITION

   (H). WHERE THE SUBSTITUENT IS ANY OTHER ELEMENT

NO.	COMPOUND	SHIFT (PPM)	ERROR (PPM)	REF	SOLV	TEMP (K)	LIT REF
4197	F⟨⟩B(OH)₂	110.70	.08	INT.- 3	22		170
4198	F⟨⟩Si(C₆H₅)₃	111.02		EXT.- 3	23		304
4199	F⟨⟩Si(CH₃)(C₆H₅)₂	111.52		EXT.- 3	23		304
4200	F⟨⟩Si(CH₃)₂C₆H₅	112.09		EXT.- 3	23		304
4201		112.65	0.08	INT.- 3	2		170
4201	F⟨⟩Si(CH₃)₃	112.64		EXT.- 3	23		304
4202	F⟨⟩Ge(C₆H₅)₃	112.02		EXT.- 3	23		304

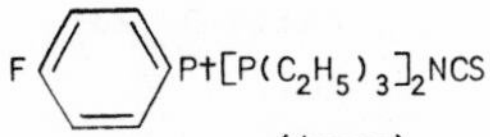

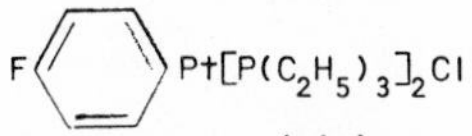

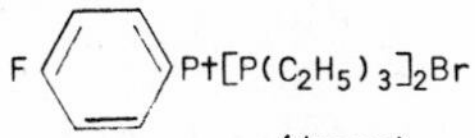

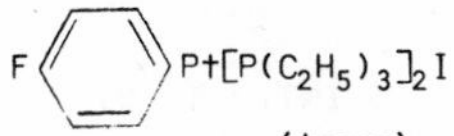

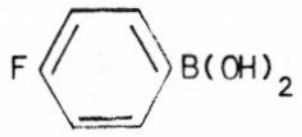

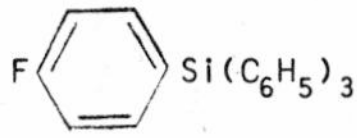

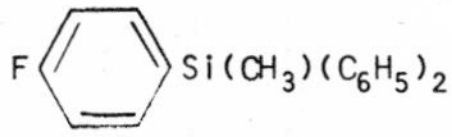

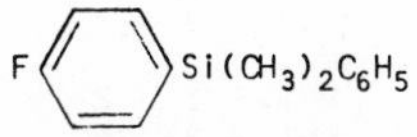

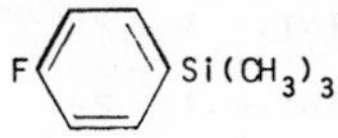

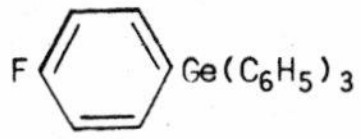

NO.	COMPOUND	SHIFT (PPM)	ERROR (PPM)	REF	SOLV	TEMP (K)	LIT REF
4203	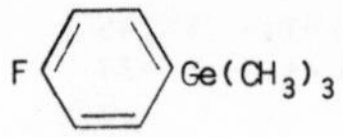	113.65		EXT.- 3	23		304
4204	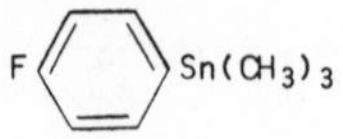	113.40		EXT.- 3	23		304
4205	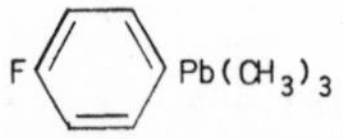	114.27		EXT.- 3	23		304
4206	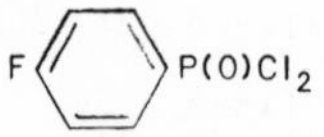	101.8		INT.- 1	61		427
4207	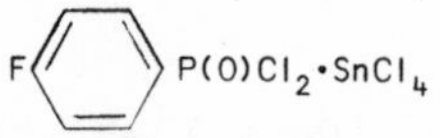	97.8		INT.- 1	61		427
4208		95.9		INT.- 1	61		427
4209		96.6		INT.- 1	61		427
4210		116.25		INT.- 3	1		356
4210		116.25	.08	INT.- 3	2		170
4210		116.3		INT.- 3	2		33
4210		115.5		INT.- 3	26		2
4210		115.70		3	3		242
4210		116.22		3	2		242
4210		116.2	0.1	3	2		51
4211	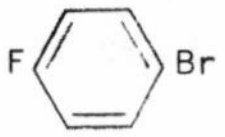	116.		EXT.- 1	12		156
4211		116.1		EXT.- 1	12		134
4211		115.61		INT.- 3	1		356
4211		115.65	.08	INT.- 3	2		170
4211		115.6		INT.- 3	2		33
4211		115.4		INT.- 3	26		2
4211		115.6	0.1	3	2		51
4212		114.70	.08	INT.- 3	2		170
4212		114.3		INT.- 3	26		2
4212		114.6	0.1	3	2		51
4212		114.7		INT.- 3	2		220
4213	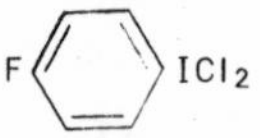	106.0		INT.- 3	2		220

NO.	COMPOUND	SHIFT (PPM)	ERROR (PPM)	REF	SOLV	TEMP (K)	LIT REF

4. DI, TRI OR PENTASUBSTITUTED MONOFLUOROBENZENES

NO.	COMPOUND	SHIFT (PPM)	ERROR (PPM)	REF	SOLV	TEMP (K)	LIT REF
4214	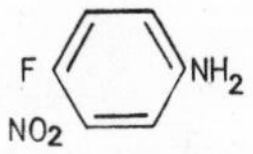	134.75		INT.- 3	26		2
4215	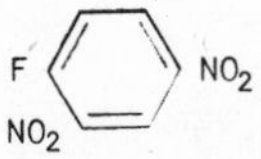	107.7		INT.- 3			2
4216		127.45		INT.- 3	26		2
4217	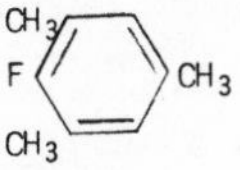	128.1		INT.- 3			2
4218	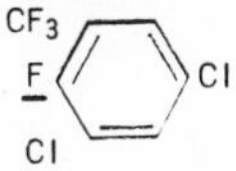	111.54		INT.- 1	1		190
4219	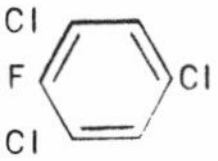	112.6	0.05	INT.- 1	2		183
4220	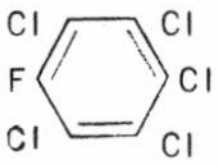	108.07		INT.- 6	2		184

B. DIFLUOROBENZENE

NO.	COMPOUND	SHIFT (PPM)	ERROR (PPM)	REF	SOLV	TEMP (K)	LIT REF
4221	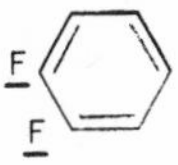	139.0		INT.- 3	26		2
4222	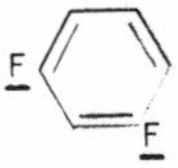	110.1		INT.- 3	2		33
4222		110.12	.08	INT.- 3	2		169
4222		110.0		INT.- 3	26		2
4222		110.1		3	2		51
4223		119.95	.08	INT.- 3	2		170
4223		119.9		INT.- 3	2		33
4223		119.9	0.1	3	2		51
4223		119.8		EXT.- 3	66		171
4223		119.5		INT.- 3	26		2

1. MONOSUBSTITUTED DIFLUOROBENZENES

NO.	COMPOUND	SHIFT (PPM)	ERROR (PPM)	REF	SOLV	TEMP (K)	LIT REF
4224	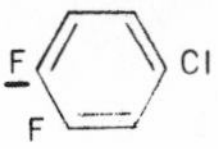	133.7	0.05	INT.- 1	2		183
4225	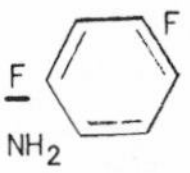	131.4		INT.- 3			2

NO.	COMPOUND	SHIFT (PPM)	ERROR (PPM)	REF	SOLV	TEMP (K)	LIT REF
4226	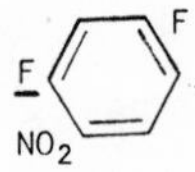	112.0		INT.- 3			2
4227	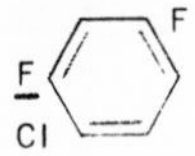	111.1		INT.- 3			2
4228	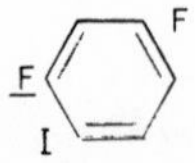	89.5		INT.- 3			2
4229	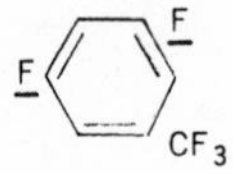	130.8		INT.- 3			2
4230	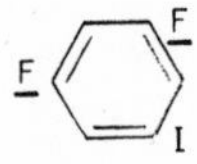	108.6		INT.- 3			2
4231	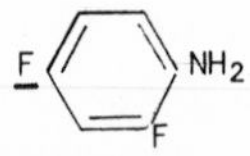	124.6		INT.- 3			2
4232	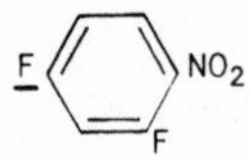	98.2		INT.- 3			2
4233	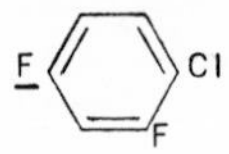	111.1		INT.- 3			2
4234	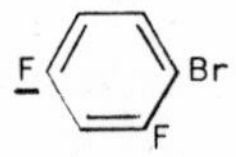	133.7		INT.- 3			2
4235	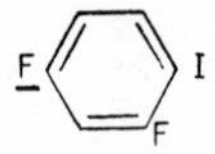	110.1		INT.- 3			2
4236	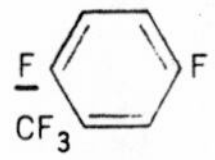	120.5		INT.- 3			2
4237	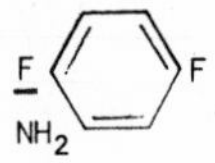	141.8		INT.- 3			2
4238	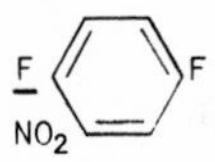	123.4		INT.- 3			2

NO.	COMPOUND	SHIFT (PPM)	ERROR (PPM)	REF	SOLV	TEMP (K)	LIT REF
4239		121.7		INT.- 3			2
4240	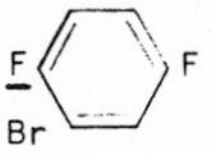	113.9		INT.- 3			2
4241	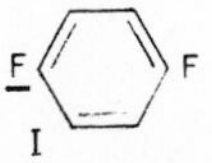	100.8		INT.- 3			2
4242	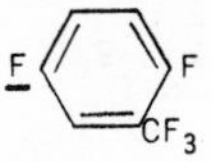	117.1		INT.- 3			2
4243	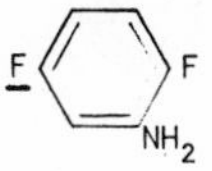	118.9		INT.- 3			2
4244	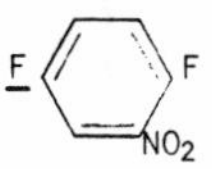	115.1		INT.- 3			2
4245	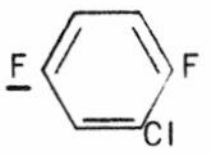	117.0		INT.- 3			2
4246	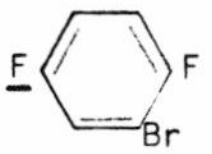	117.1		INT.- 3			2
4247		117.6		INT.- 3			2

2. DI, TRI OR TETRA SUBSTITUTED DIFLUOROBENZENES

NO.	COMPOUND	SHIFT (PPM)	ERROR (PPM)	REF	SOLV	TEMP (K)	LIT REF
4248	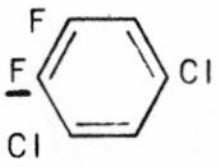	133.2	0.05	INT.- 1	2		183
4249	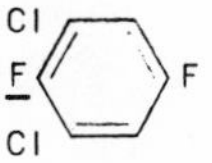	116.4	0.05	INT.- 1	2		183
4250	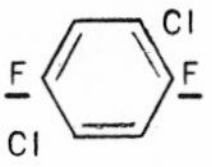	118.6		INT.- 3			2
4251	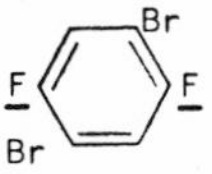	110.9		INT.- 3			2

NO.	COMPOUND	SHIFT (PPM)	ERROR (PPM)	REF	SOLV	TEMP (K)	LIT REF
4252	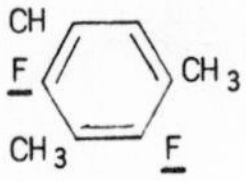	122.7		INT.- 3			2
4253	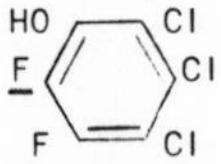	154.8	0.05	EXT.- 1	2		183
4254	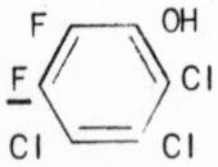	131.5	0.05	EXT.- 1	2		183
4255	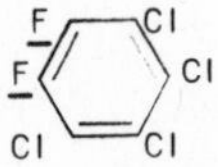	127.5		EXT.- 2			135
4255		130.92		INT.- 1	2		184
4256	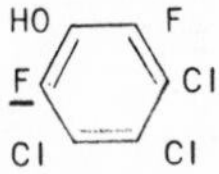	131.0	0.05	EXT.- 1	2		183
4257	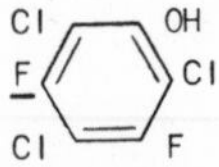	112.6	0.05	EXT.- 1	2		183
4258	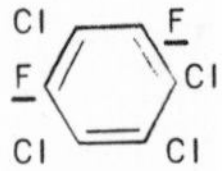	105.7		EXT.- 2			135
4258		109.01		INT.- 1	2		184
4259	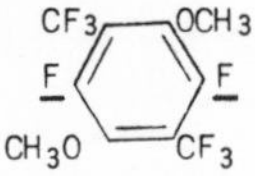	132.1		EXT.- 2			179
4260	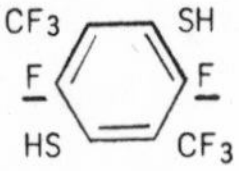	106.1		EXT.- 2			179
4261	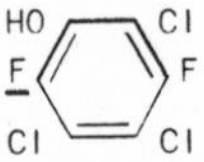	135.9	0.05	EXT.- 1	2		183
4262	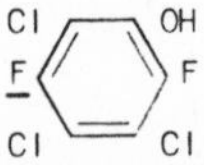	114.5	0.05	EXT.- 1	2		183
4263	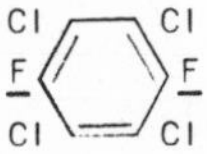	107.8		EXT.- 2			135
4263		111.10		INT.- 1	2		184

C. TRIFLUOROBENZENE

NO.	COMPOUND	SHIFT (PPM)	ERROR (PPM)	REF	SOLV	TEMP (K)	LIT REF
4264	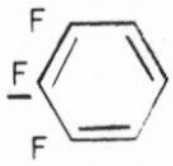	163.0		EXT.- 2			290

NO.	COMPOUND	SHIFT (PPM)	ERROR (PPM)	REF	SOLV	TEMP (K)	LIT REF
4265	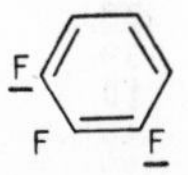	136.2		EXT.- 2			290
4266	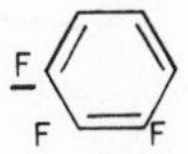	134.0		INT.- 3			2
4267	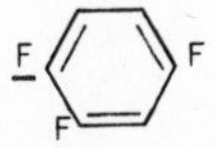	143.5		INT.- 3			2
4268	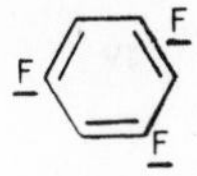	107.6		INT.- 3			2
4269	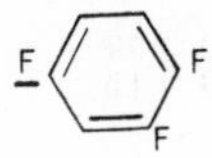	115.5		INT.- 3			2

1. MONOSUBSTITUTED TRIFLUOROBENZENES

NO.	COMPOUND	SHIFT (PPM)	ERROR (PPM)	REF	SOLV	TEMP (K)	LIT REF
4270	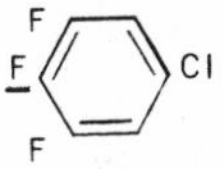	155.5	0.05	INT.- 1	2		183
4271	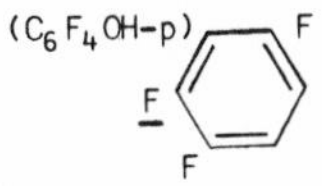	141.2		EXT.- 2	9		214
4272	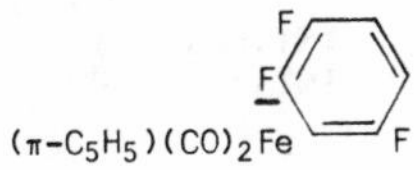	103.6		1	39		388
4272		102.6		INT.- 1	10		217
4273	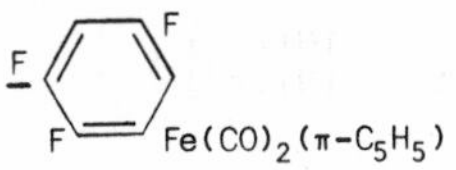	138.2		1	39		388
4274	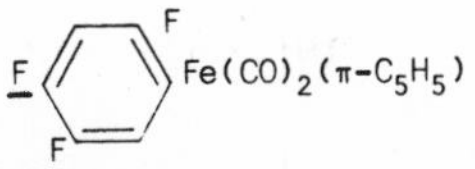	148.8		1	39		388
4275	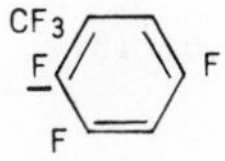	145.1		INT.- 3			2
4276	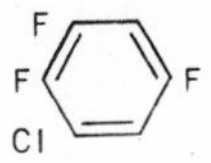	138.2	0.05	INT.- 1	2		183
4277	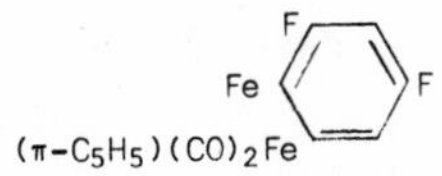	114.0		1	39		388

NO.	COMPOUND	SHIFT (PPM)	ERROR (PPM)	REF	SOLV	TEMP (K)	LIT REF
4278	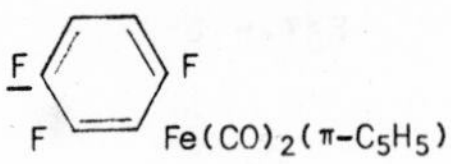	146.0		1	39		388
4278		143.4		1	39		388
4278		144.4		INT.- 1	10		217
4279	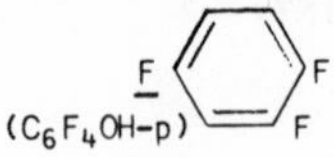	141.2		EXT.- 2	9		214
4280	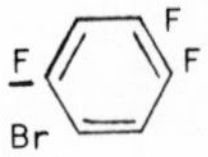	108.8		INT.- 3			2
4281	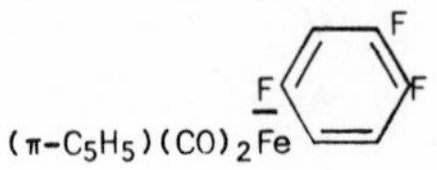	85.4		1	39		388
4282	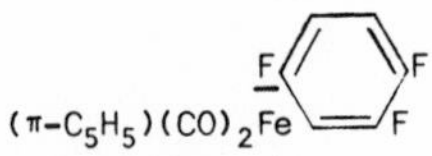	85.6		1	39		388
4282		85.5		INT.- 1	10		217
4283	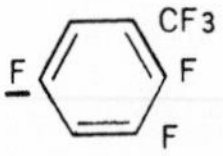	112.4		INT.- 3			2
4284	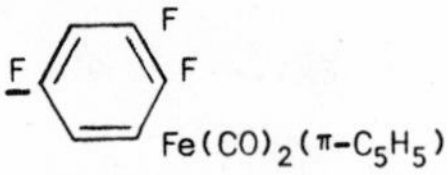	121.5		1	39		388

2. DI OR TRISUBSTITUTED TRIFLUOROBENZENES

NO.	COMPOUND	SHIFT (PPM)	ERROR (PPM)	REF	SOLV	TEMP (K)	LIT REF
4285	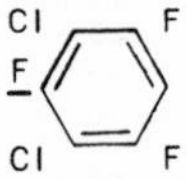	110.36		INT.- 1	1		190
4285		110.3	0.05	INT.- 1	2		183
4286	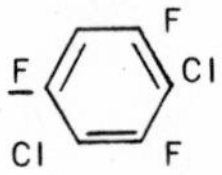	111.97		INT.- 1	1		190
4286		111.9	0.05	INT.- 1	2		183
4287	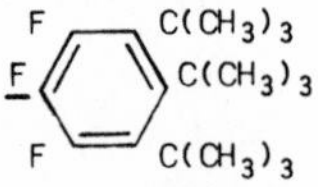	154.8		INT.- 1			245
4288	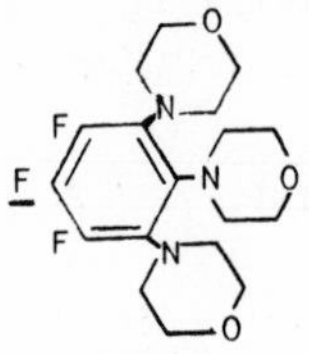	160.3		EXT.- 6	10		255
4289	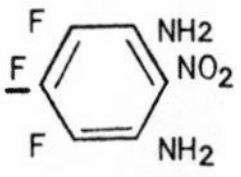	151.4		EXT.- 2	9		434

NO.	COMPOUND	SHIFT (PPM)	ERROR (PPM)	REF	SOLV	TEMP (K)	LIT REF
4290	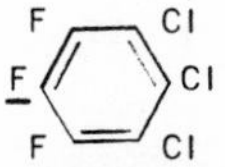	155.3	0.05	INT.- 1	2		183
4290		153.3		EXT.- 2			135
4290		158.39		INT.- 6	2		184
4291	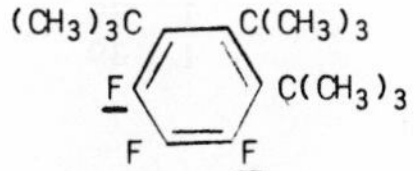	127.7		INT.- 1			245
4292	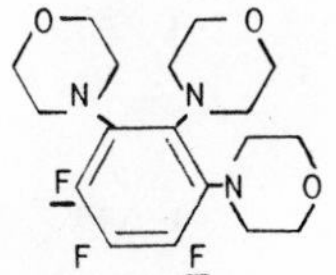	142.8		EXT.- 6	10		255
4293	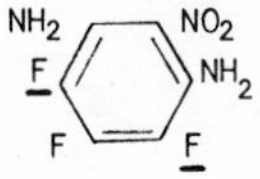	175.2		EXT.- 2	9		434
4294	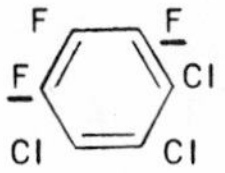	130.2	0.05	INT.- 1	2		183
4294		128.2		EXT.- 2			135
4294		133.19		INT.- 6	2		184
4295	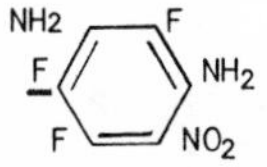	173.1		EXT.- 2	9		434
4296	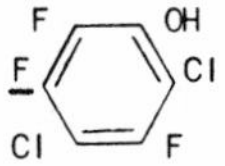	135.8	0.05	EXT.- 1	2		183
4297	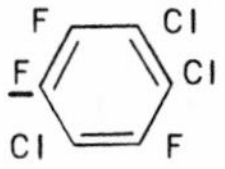	134.2	0.05	INT.- 1	2		183
4297		134.2		EXT.- 1			135
4297		137.21		INT.- 6	2		184
4298	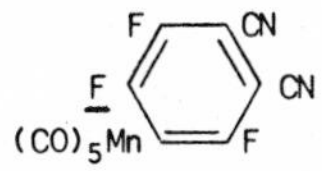	85.7		1	39		388
4299	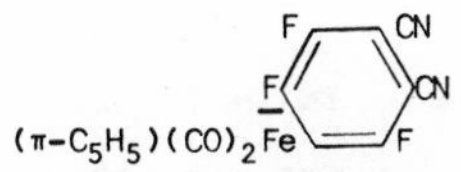	86.8		1	39		388
4299		85.0		1	39		388
4300	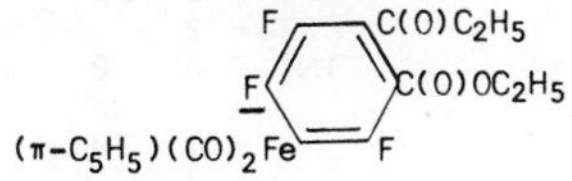	97.3		1	39		388
4301	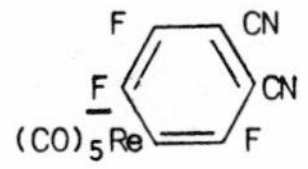	83.2		1	39		388

NO.	COMPOUND	SHIFT (PPM)	ERROR (PPM)	REF	SOLV	TEMP (K)	LIT REF
4302	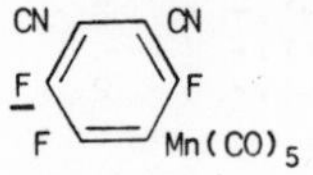	135.4		1	39		388
4303	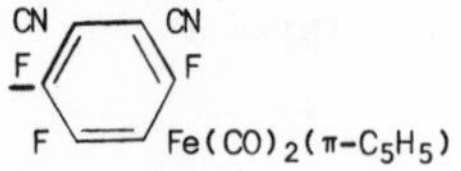	136.0		1	39		388
4303		135.		1	39		388
4304	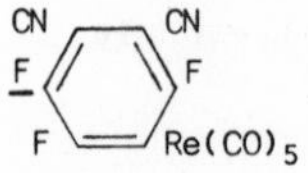	134.6		1	39		388
4305	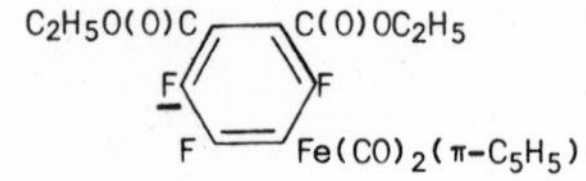	144.3		1	39		388
4306	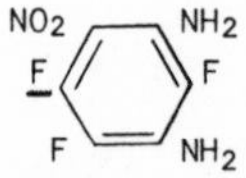	150.0		EXT.- 2	9		434
4307	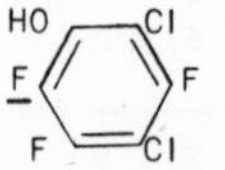	160.5	0.05	EXT.- 1	2		183
4308	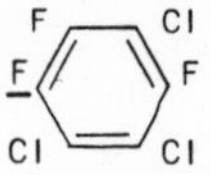	135.8	0.05	INT.- 1	2		183
4308		132.5		EXT.- 1			135
4308		138.76		INT.- 6	2		184
4309	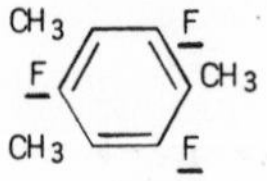	122.1		INT.- 3			2
4310	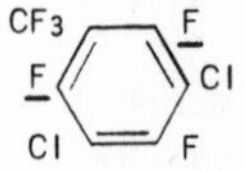	111.12		INT.- 1	1		190
4310		112.66		INT.- 6			298
4311	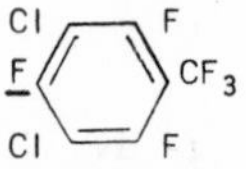	103.75		INT.- 1	1		190
4311		105.40		INT.- 6			298
4312	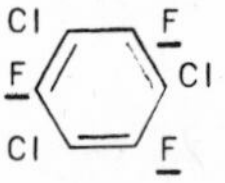	112.5	0.05	INT.- 1	2		183
4312		98.1		EXT.- 1	12		134
4312		98.		EXT.- 1	12		156
4312		110.7		EXT.- 2			135
4312		115.31		INT.- 6	2		184
4313	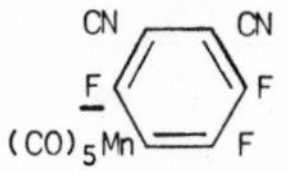	69.1		1	39		388
4314	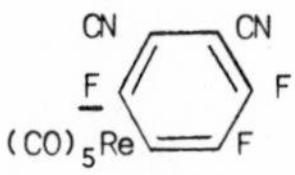	66.2		1	39		388

NO.	COMPOUND	SHIFT (PPM)	ERROR (PPM)	REF	SOLV	TEMP (K)	LIT REF
4315	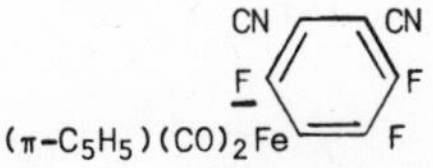	69.8		1	39		388
4316	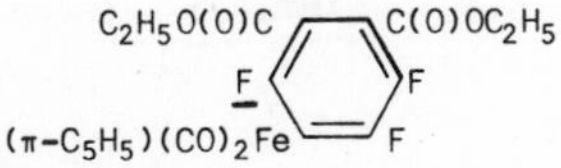	83.3		1	39		388
4317	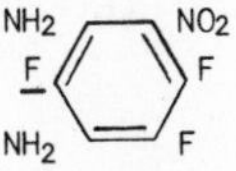	162.3		EXT.- 2	9		434
4318	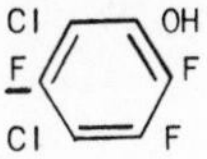	118.4	0.05	EXT.- 1	2		183
4319	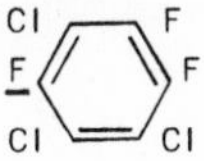	114.3	0.05	INT.- 1	2		183
4319		117.02		INT.- 6	2		184
4319		112.7		EXT.- 1			135

D. TETRAFLUOROBENZENE

NO.	COMPOUND	SHIFT (PPM)	ERROR (PPM)	REF	SOLV	TEMP (K)	LIT REF
4320	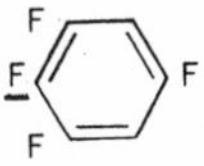	161.5	0.05	INT.- 1	2		183
4320		165.8		INT.- 1	12		444
4321	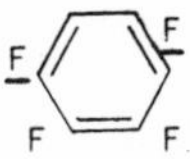	131.2		INT.- 1	12		444
4322	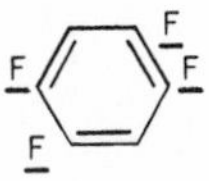	139.8		INT.- 3			2
4323	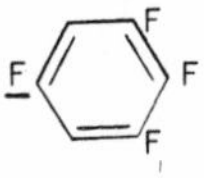	112.8		INT.- 1	12		444

1. MONOSUBSTITUTED TETRAFLUOROBENZENES

NO.	COMPOUND	SHIFT (PPM)	ERROR (PPM)	REF	SOLV	TEMP (K)	LIT REF
4324	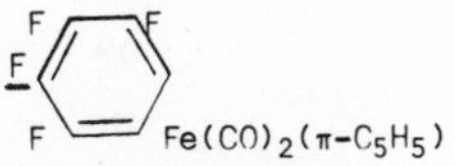	161.6		1	39		388
4325	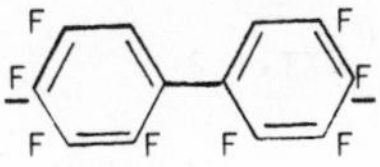	152.3		INT.- 1	65		293
4326	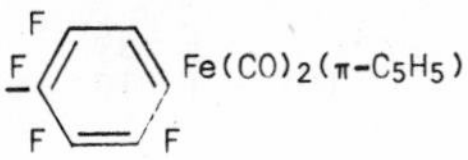	167.2		1	39		388

NO.	COMPOUND	SHIFT (PPM)	ERROR (PPM)	REF	SOLV	TEMP (K)	LIT REF
4327	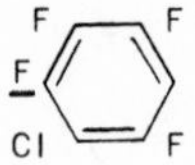	132.1	0.05	INT.- 1	2		183
4328	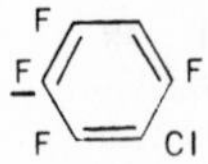	162.3	0.05	INT.- 1	2		183
4329	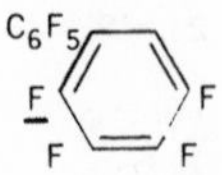	136.7		INT.- 1	65		293
4330	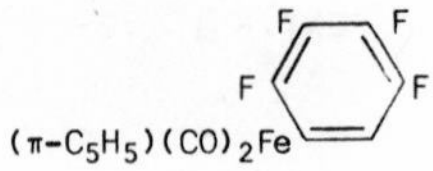	109.2		1	39		388
4331	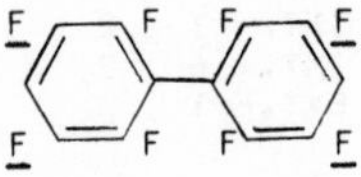	139.8		EXT.- 2			471
4332	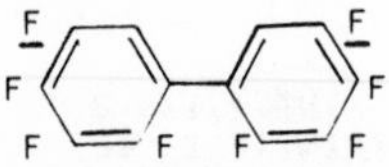	138.0		INT.- 1	65		293
4333	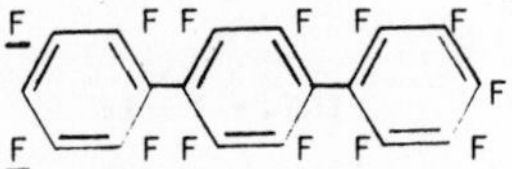	138.8		EXT.- 2			471
4334	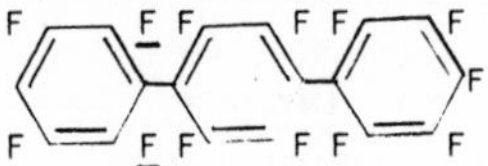	138.8		EXT.- 2			471
4335	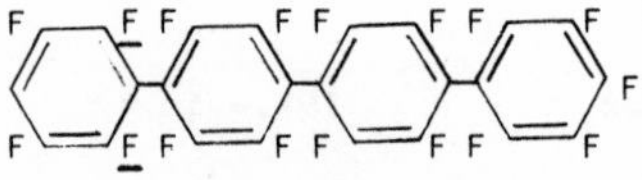	139.3		EXT.- 2			471
4336	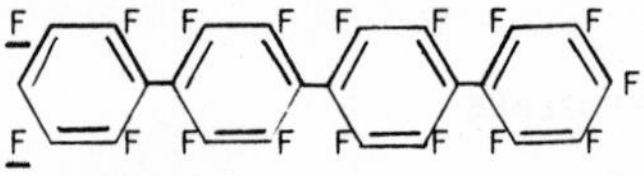	139.3		EXT.- 2			471
4337	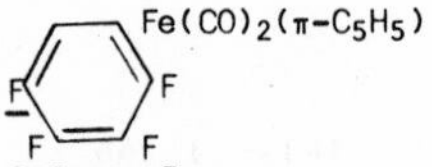	145.4		1	39		388
4338	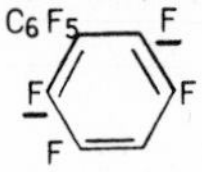	136.8		EXT.- 2			471
4339	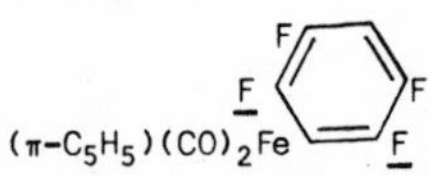	109.1		1	39		388
4339		108.9		INT.- 1	10		217

NO.	COMPOUND	SHIFT (PPM)	ERROR (PPM)	REF	SOLV	TEMP (K)	LIT REF
4340	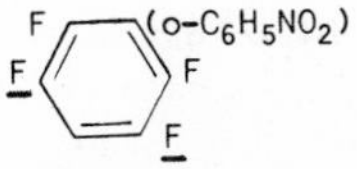	167.0		INT.- 6			259
4341	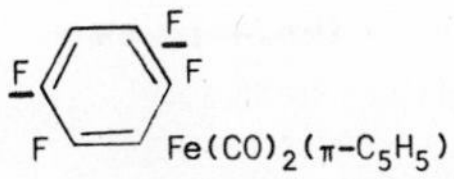	141.9		1	39		388
4341		141.5		INT.- 1	10		217
4342	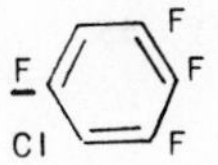	116.9	0.05	INT.- 1	2		183

2. DISUBSTITUTED TETRAFLUOROBENZENES

(A). WHERE THE SUBSTITUENT ATOMS ARE CARBON, X

NO.	COMPOUND	SHIFT (PPM)	ERROR (PPM)	REF	SOLV	TEMP (K)	LIT REF
4343	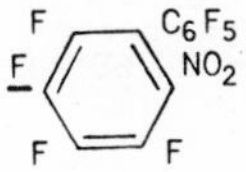	179.90		INT.- 6			259
4344	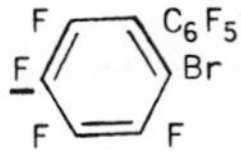	154.3		INT.- 1	65		293
4345	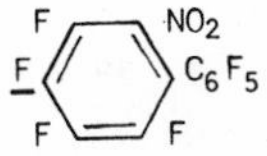	179.41		INT.- 6			259
4346	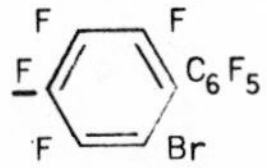	149.6		INT.- 1	65		293
4347	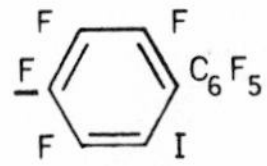	149.1		INT.- 1	65		293
4348	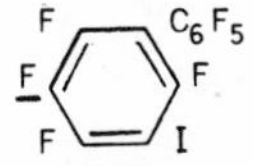	153.6		INT.- 1	65		293
4349	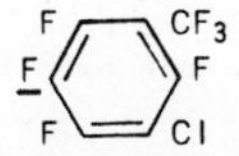	160.79		INT.- 1	1		190
4349		162.47		INT.- 6			298
4350	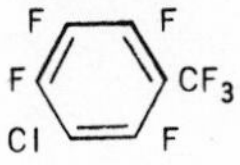	126.19		INT.- 1	1		190
4350		126.08		INT.- 6			298
4351	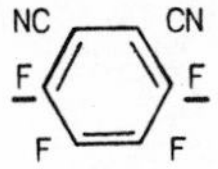	130.0		1	39		388

NOTE- X IS ANY ELEMENT NOT PREVIOUSLY PRINTED UNDER THE TITLE ELEMENT.

NO.	COMPOUND	SHIFT (PPM)	ERROR (PPM)	REF	SOLV	TEMP (K)	LIT REF
4352	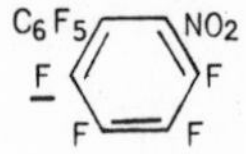	194.55		INT.- 6			259
4353	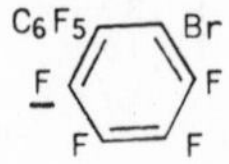	133.6		INT.- 1	65		293
4354	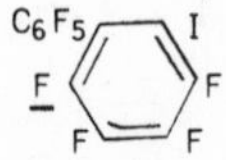	132.4		INT.- 1	65		293
4355	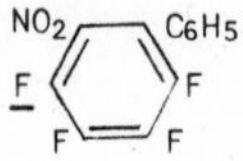	184.81		INT.- 6			259
4356	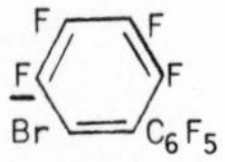	126.2		INT.- 1	65		293
4357	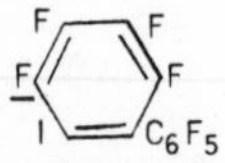	111.4		INT.- 1	65		293
4358	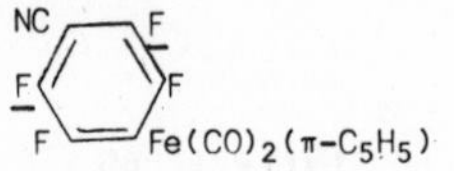	140.8		1	39		388
4359	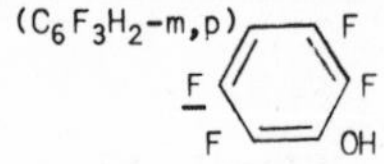	141.2		EXT.- 2	9		214
4360	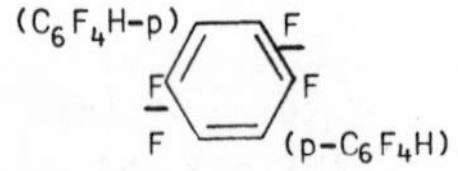	138.8		EXT.- 2			471
4361	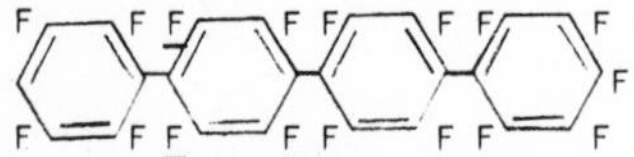	139.3		EXT.- 2			471
4362	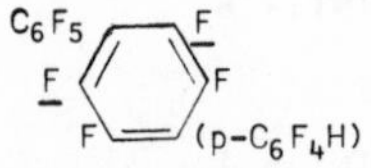	138.8		EXT.- 2			471
4363	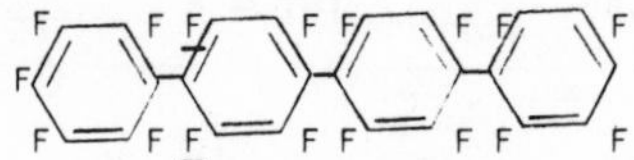	139.3		EXT.- 2			471
4364	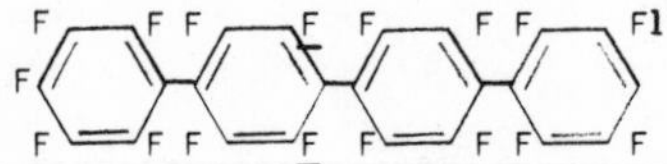	139.3		EXT.- 2			471

NO.	COMPOUND	SHIFT (PPM)	ERROR (PPM)	REF	SOLV	TEMP (K)	LIT REF
4365	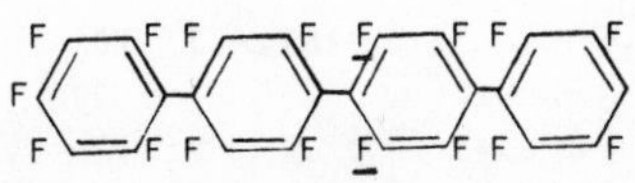	139.3		EXT.- 2			471
4366	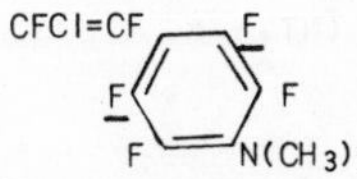 (cis)	139.8		INT.- 1	2		391
4367	(trans)	139.8		INT.- 1	2		391
4368	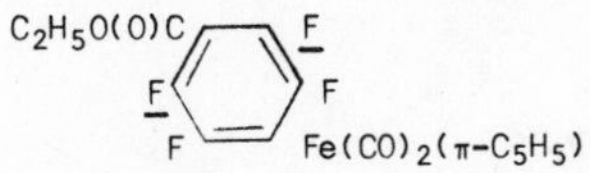	145.3		1	39		388
4369	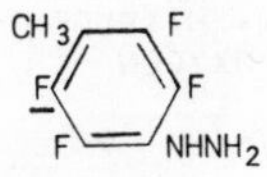	145.9		INT.- 2			261
4370	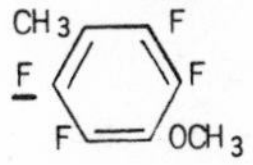	148.5		INT.- 2			261
4371	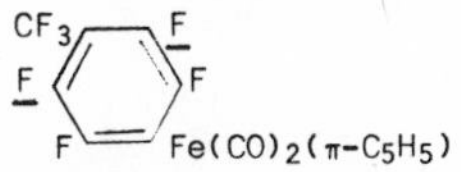	144.5		INT.- 1	10		217
4372	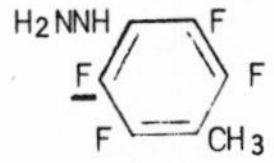	155.9		INT.- 2			261
4373	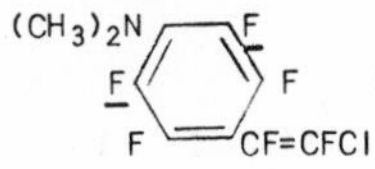 (cis)	152.5		INT.- 1	2		391
4374	(trans)	152.5		INT.- 1	2		391
4375	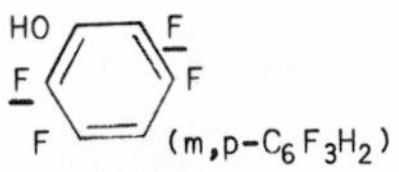	160.9		EXT.- 2	9		214
4376	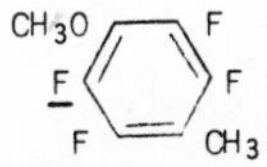	161.8		INT.- 2			261
4377	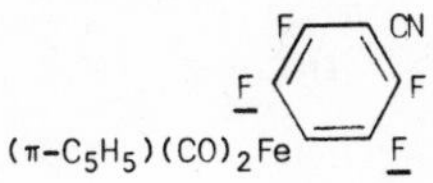	105.9		1	39		388
4378	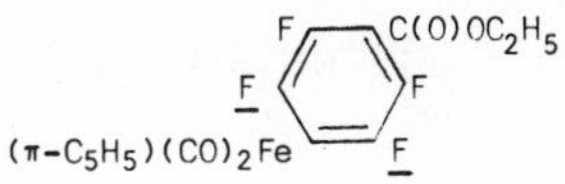	110.0		1	39		388

NO.	COMPOUND	SHIFT (PPM)	ERROR (PPM)	REF	SOLV	TEMP (K)	LIT REF
4379	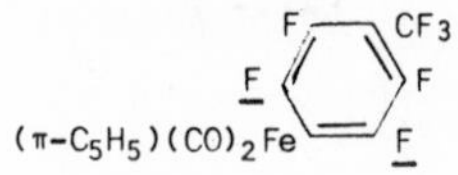	106.5		INT.- 1	10		217
4380	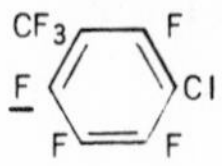	136.00		INT.- 6			298
4381	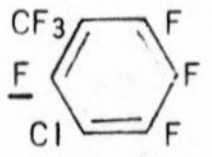	117.98		INT.- 6			298

2. DISUBSTITUTED TETRAFLUOROBENZENES

(B). WHERE THE SUBSTITUENT ATOMS ARE NITROGEN, NITROGEN OR OXYGEN, OXYGEN

NO.	COMPOUND	SHIFT (PPM)	ERROR (PPM)	REF	SOLV	TEMP (K)	LIT REF
4382	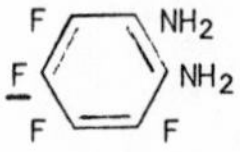	176.4		EXT.- 2	9		434
4383	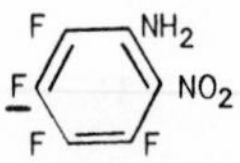	151.2		EXT.- 2	9		434
4384	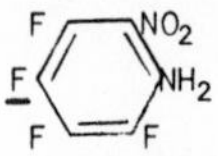	176.9		EXT.- 2	9		434
4385	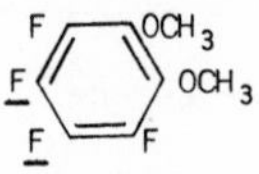	166.4		INT.- 2			261
4386	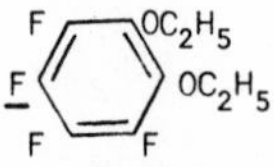	166.9		INT.- 1	1		485
4387	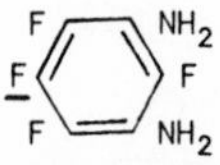	169.9		EXT.- 2	9		434
4388	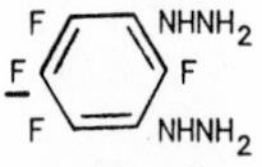	170.4		EXT.- 2			213
4389	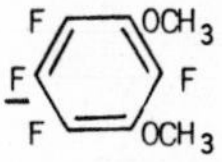	166.7		INT.- 2			261
4390	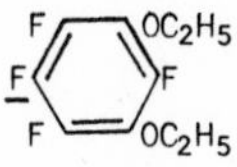	166.9		INT.- 1	1		485

NO.	COMPOUND	SHIFT (PPM)	ERROR (PPM)	REF	SOLV	TEMP (K)	LIT REF
4391	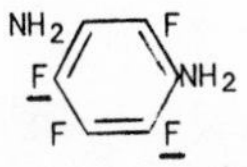	173.9		EXT.- 2	9		434
4392	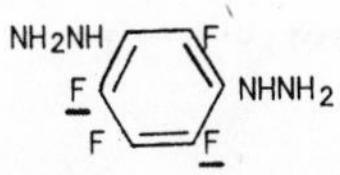	158.2		EXT.- 2			213
4393	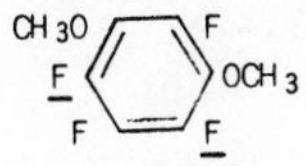	166.7		INT.- 2			261
4394	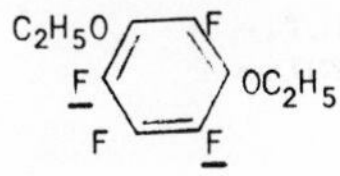	159.3		INT.- 1	1		485
4395	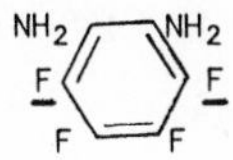	163.8		EXT.- 2	9		434
4396	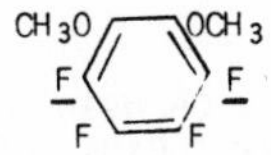	159.8		INT.- 2			261
4397	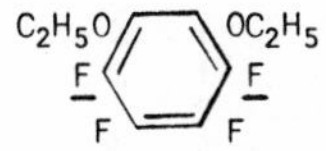	160.1		INT.- 1	1		485
4398	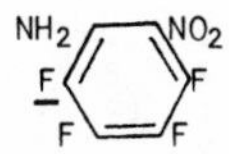	160.7		EXT.- 2	9		434
4399	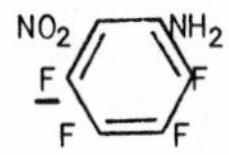	148.0		EXT.- 2	9		434
4400	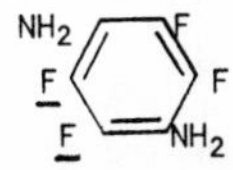	163.3		EXT.- 2	9		434
4401	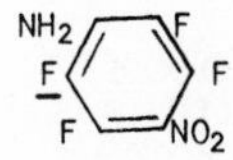	163.1		EXT.- 2	9		434
4402	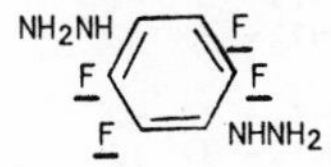	159.5		EXT.- 2			213
4403	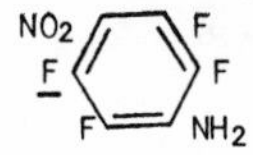	149.9		EXT.- 2	9		434

NO.	COMPOUND	SHIFT (PPM)	ERROR (PPM)	REF	SOLV	TEMP (K)	LIT REF
4404	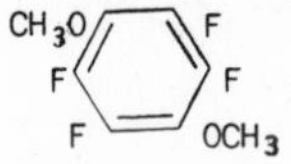	159.8		INT.- 2			261
4405	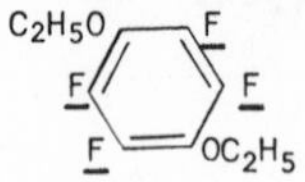	159.4		INT.- 1	1		485
4406	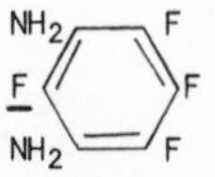	159.7		EXT.- 2	9		434
4407	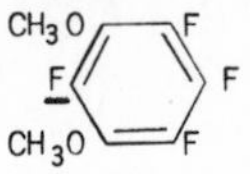	153.0		INT.- 2			261
4407		153.0		INT.- 2			261
4408	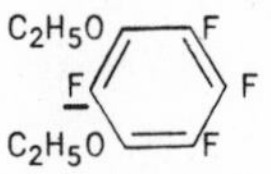	151.3		INT.- 1	1		485

2. DISUBSTITUTED TETRAFLUOROBENZENES

(C). WHERE THE SUBSTITUENT ATOMS ARE CHLORINE, CHLORINE OR IRON, IODINE

NO.	COMPOUND	SHIFT (PPM)	ERROR (PPM)	REF	SOLV	TEMP (K)	LIT REF
4409	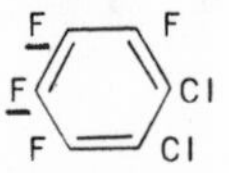	155.89		INT.- 1	1		190
4409		155.6	0.05	INT.- 1	2		183
4409		163.2		EXT.- 2			135
4409		158.25		INT.- 6	2		184
4410	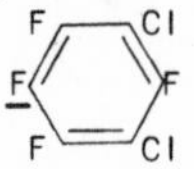	160.96		INT.- 1	1		190
4410		160.6	0.05	INT.- 1	2		183
4410		160.6		INT.- 1	12		444
4410		159.0		EXT.- 2			135
4410		163.26		INT.- 6	2		184
4411	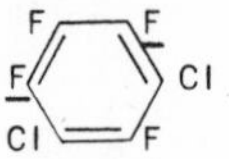	134.5	0.05	INT.- 1	2		183
4411		134.5		INT.- 1	12		444
4411		133.0		EXT.- 2			135
4411		137.16		INT.- 6	2		184
4412	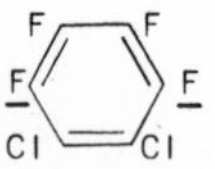	143.4		EXT.- 2			135
4412		136.1	0.05	INT.- 1	2		183
4412		138.73		INT.- 6	2		184
4413	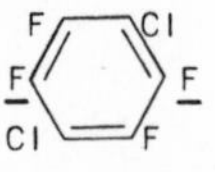	140.21		INT.- 1	1		190
4413		140.0	0.05	INT.- 1	2		183
4413		147.6		EXT.- 2			135
4413		142.40	0.08	INT.- 6	2		411
4413		142.62		INT.- 6	2		184
4414	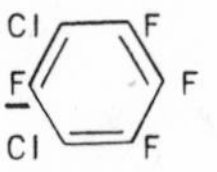	118.4	0.05	INT.- 1	2		183
4414		118.4		INT.- 1	12		444
4414		116.7		EXT.- 2			135
4414		121.01		INT.- 6	2		184
4415	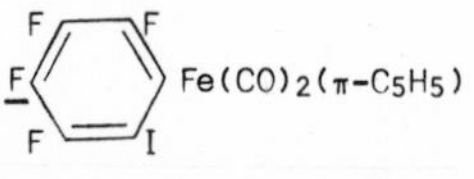	162.3		1	39		388

NO.	COMPOUND	SHIFT (PPM)	ERROR (PPM)	REF	SOLV	TEMP (K)	LIT REF
4416	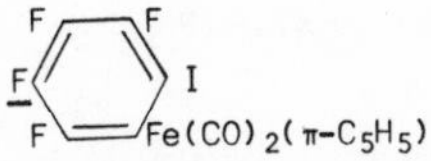	160.1		1	39		388
4417	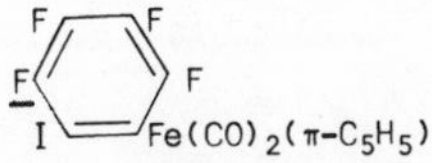	106.5		1	39		388
4418	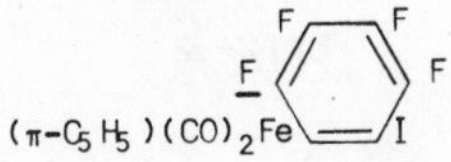	90.9		1	39		388

E. PENTAFLUOROBENZENE

NO.	COMPOUND	SHIFT (PPM)	ERROR (PPM)	REF	SOLV	TEMP (K)	LIT REF
4419	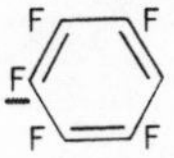	154.0	0.1	INT.- 1	1		313
4419		156.00	0.08	INT.- 6	2		411
4420	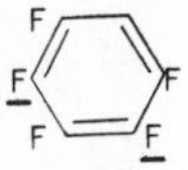	162.6	0.1	INT.- 1	1		313
4420		164.54	0.08	INT.- 6	2		411
4421	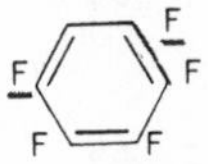	139.1	0.1	INT.- 1	1		313
4421		141.31	0.08	INT.- 6	2		411

1. SUBSTITUTED PENTAFLUOROBENZENES WITH THE SUBSTITUENT IN THE ORTHO POSITION

(A). WHERE THE SUBSTITUENT IS A CARBON, NITROGEN OR OXYGEN ATOM

NO.	COMPOUND	SHIFT (PPM)	ERROR (PPM)	REF	SOLV	TEMP (K)	LIT REF
4422	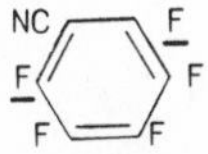	132.5	0.1	INT.- 1	1		313
4423	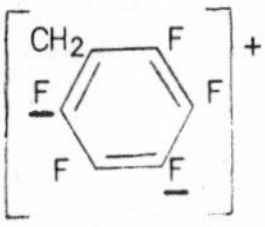	74.89		EXT.- 1	53	213	512
4424	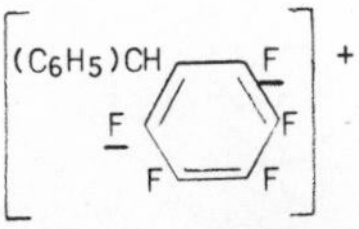	100.36		EXT.- 1	47	333	512
4425	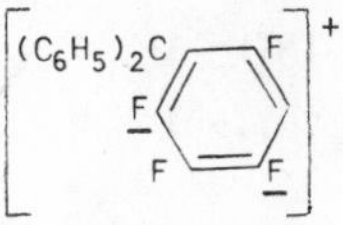	126.25		EXT.- 1	47	333	512
4426	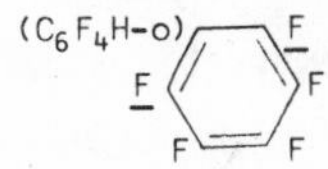	139.7		INT.- 1	65		293
4426		139.7		INT.- 1	65		293

NO.	COMPOUND	SHIFT (PPM)	ERROR (PPM)	REF	SOLV	TEMP (K)	LIT REF
4427	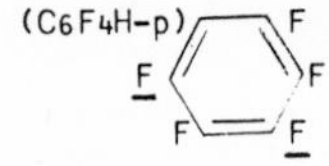	136.8		EXT.- 2			471
4428	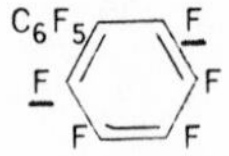	140.87		INT.- 6	2		185
4429	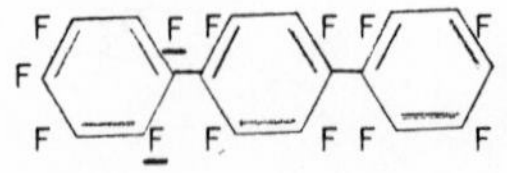	138.8		EXT.- 2			471
4430	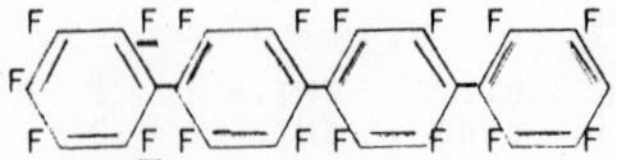	139.3		EXT.- 2			471
4431	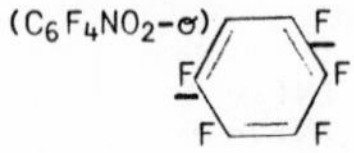	189.49		INT.- 6			259
4431		189.49		INT.- 6			259
4432	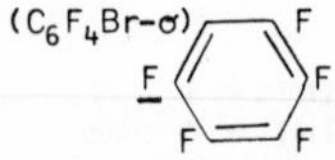	137.8		INT.- 1	65		293
4432		137.8		INT.- 1	65		293
4433	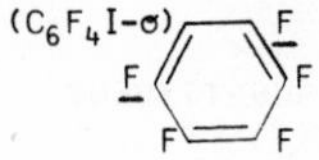	138.1		INT.- 1	65		293
4433		138.1		INT.- 1	65		293
4434	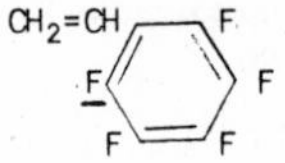	144.3		INT.- 1	2		391
4435	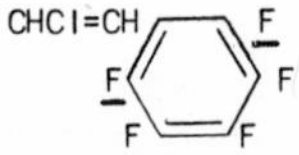	142.7		INT.- 1	2		391
4436	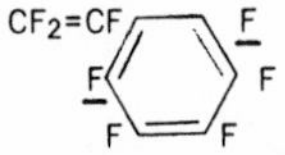	137.4		INT.- 1	2		391
4437	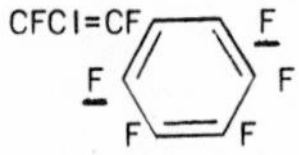 (cis)	136.1		INT.- 1	2		391
4438	(trans)	136.9		INT.- 1	2		391
4439	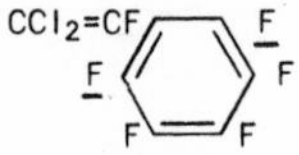	136.0		INT.- 1	2		391
4440	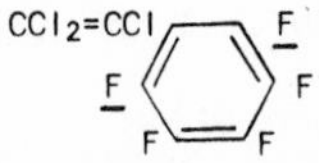	138.0		INT.- 1	2		391

NO.	COMPOUND	SHIFT (PPM)	ERROR (PPM)	REF	SOLV	TEMP (K)	LIT REF
4441	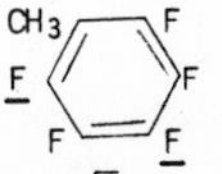	144.0	0.1	INT.- 1	1		313
4442	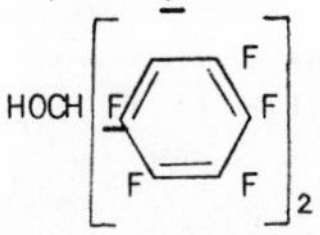	153.69		INT.- 1	13		512
4443	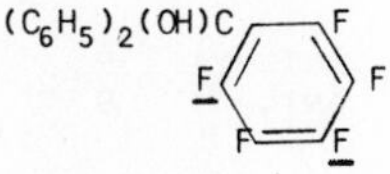	140.98		INT.- 1	13		512
4444	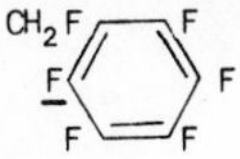	152.27		INT.- 1	13		512
4445	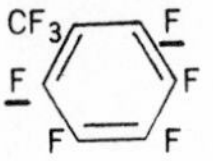	140.00	0.1	INT.- 1	1		313
4446	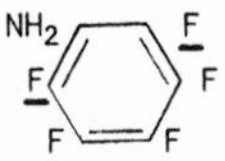	163.6	0.1	INT.- 1	1		313
4446		163.4		EXT.- 2	9		434
4447	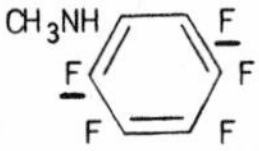	161.9	0.1	1	23		435
4447		164.51		INT.- 6	2		184
4448	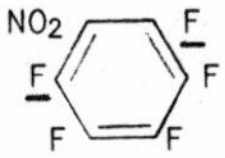	148.77	0.08	INT.- 6	2		411
4449	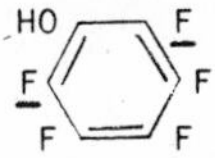	166.31		INT.- 6	2		184
4450	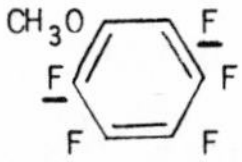	158.5	0.1	INT.- 1	1		313
4450		168.84		INT.- 6	2		184

1: SUBSTITUTED PENTAFLUOROBENZENES WITH THE SUBSTITUENT IN THE ORTHO POSITION

(B). WHERE THE SUBSTITUENT IS A TIN, PHOSPHORUS OR PLATINUM ATOM

NO.	COMPOUND	SHIFT (PPM)	ERROR (PPM)	REF	SOLV	TEMP (K)	LIT REF
4451	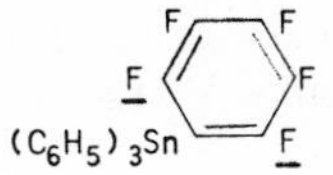	118.5		INT.- 1	9		196
4452	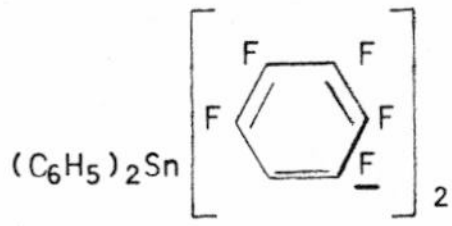	119.7		INT.- 1	9		196

NO.	COMPOUND	SHIFT (PPM)	ERROR (PPM)	REF	SOLV	TEMP (K)	LIT REF
4453	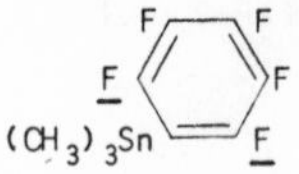	122.2		INT.- 1	12		196
4453		124.92		INT.- 6	2		184
4454	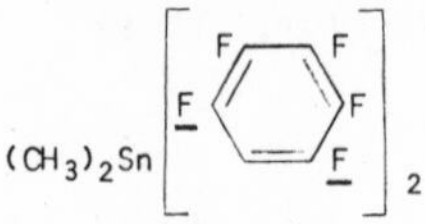	121.8	0.2	INT.- 1			130
4454		122.1		INT.- 1	12		196
4455	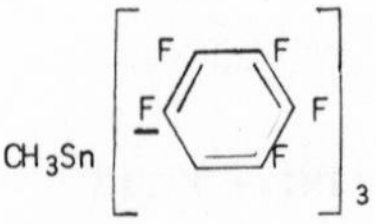	121.0		INT.- 1	9		196
4455		122.1		INT.- 1	9		196
4456	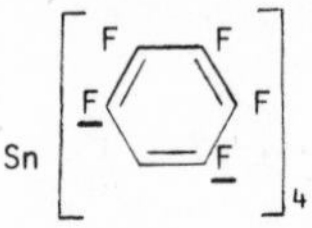	121.4		INT.- 1	9		196
4457	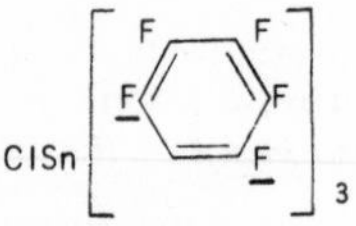	122.5		INT.- 1	12		196
4458	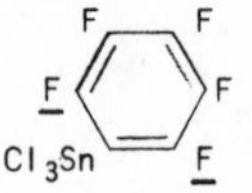	121.6		INT.- 1	12		196
4459	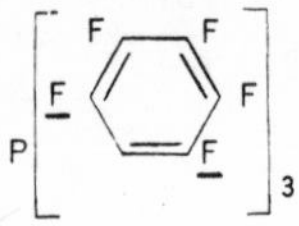	131.4		INT.- 1	14		381
4459		130.9		1			409
4460	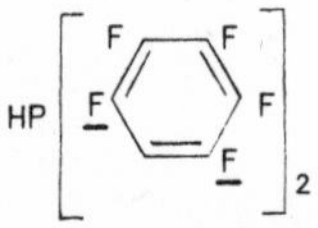	130.0		INT.- 1	1		381
4461	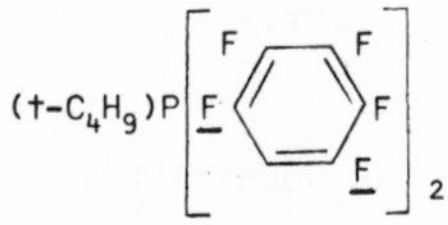	137.8		EXT.- 1	23		381
4462	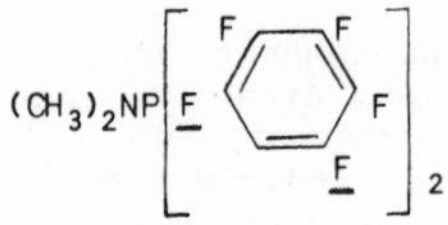	135.6		INT.- 1	23		381
4463	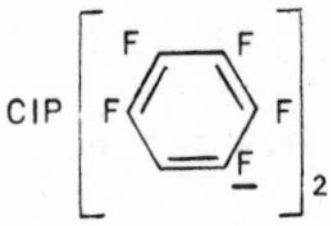	130.9		INT.- 1	12		381

NO.	COMPOUND	SHIFT (PPM)	ERROR (PPM)	REF	SOLV	TEMP (K)	LIT REF
4464	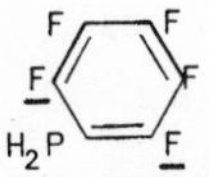	130.1		INT.- 1	12		381
4465	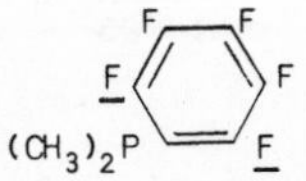	133.4		EXT.- 1	12		381
4466	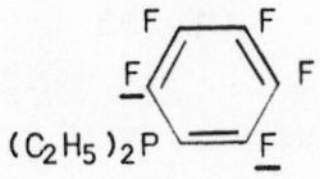	132.3		EXT.- 1	12		381
4467	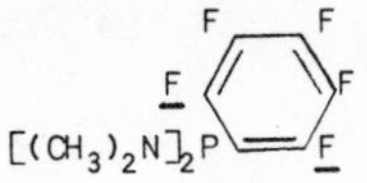	140.2		INT.- 1	12		381
4468	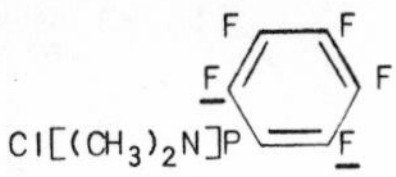	129.0		INT.- 1	12		381
4469	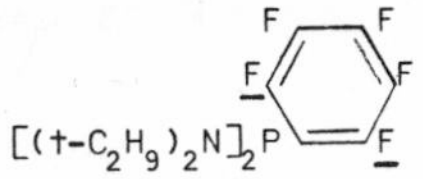	137.7		EXT.- 1	23		381
4470	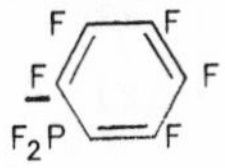	140.1		INT.- 1	12		381
4471	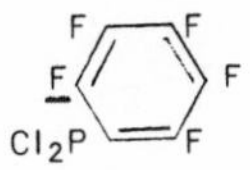	131.6		INT.- 1	12		381
4472	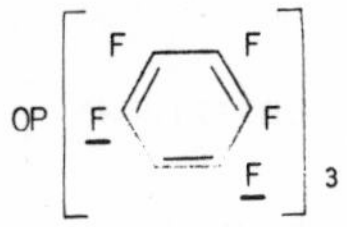	131.9		1			409
4473	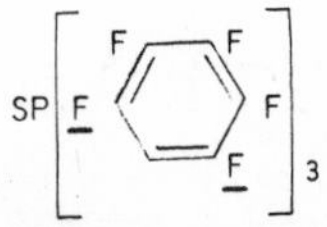	132.1		1			409
4474	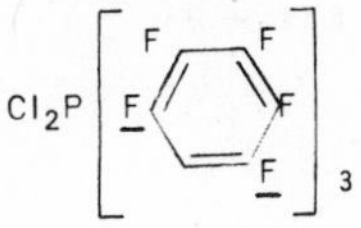	128.9		1			409
4475	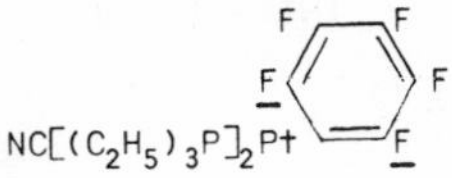 (trans)	117.0	0.1	1	23		435

NO.	COMPOUND	SHIFT (PPM)	ERROR (PPM)	REF	SOLV	TEMP (K)	LIT REF
4476	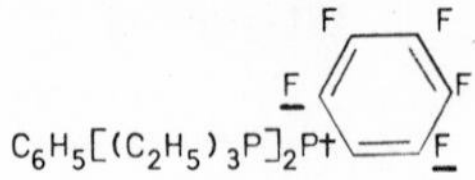 (cis)	117.6	0.1	1	23		435
4477	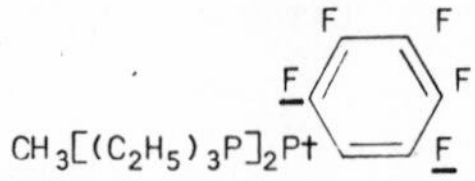 (trans)	116.4	0.1	1	23		435
4478	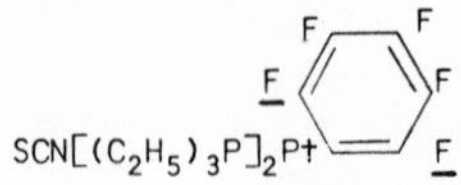 (trans)	117.5	0.1	1	23		435
4479	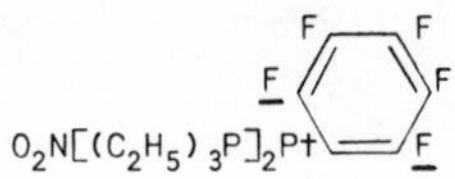 (trans)	116.5	0.1	1	23		435
4480	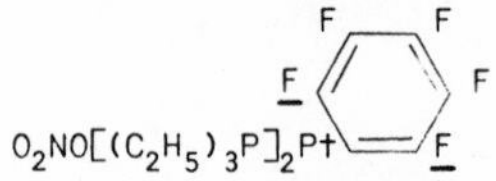 (trans)	116.9	0.1	1	23		435
4481	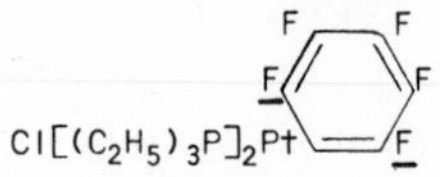 (cis)	116.0	0.1	1	23		435
4482	(trans)	117.7	0.1	1	23		435
4483	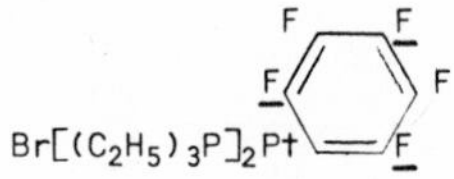 (trans)	117.3	0.1	1	23		435
4484	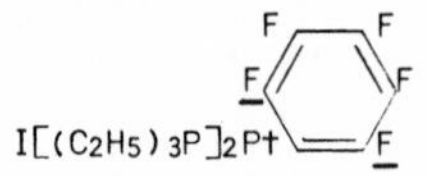 (trans)	117.9	0.1	1	23		435

1. SUBSTITUTED PENTAFLUOROBENZENES WITH THE SUBSTITUENT IN THE ORTHO POSITION

(C). WHERE THE SUBSTITUENT IS ANY OTHER ELEMENT

NO.	COMPOUND	SHIFT (PPM)	ERROR (PPM)	REF	SOLV	TEMP (K)	LIT REF
4485	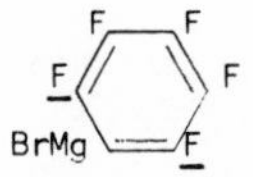	114.5		EXT.- 9	14		413
4486	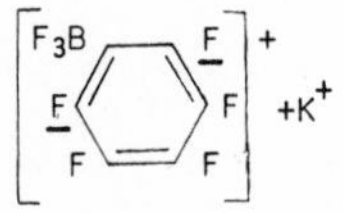	210.8		EXT.- 2			265
4487	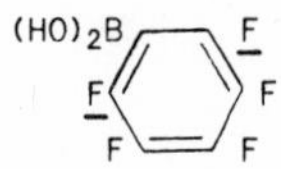	132.9		INT.- 1	9		262

NO.	COMPOUND	SHIFT (PPM)	ERROR (PPM)	REF	SOLV	TEMP (K)	LIT REF
4488	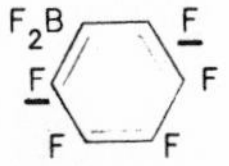	127.8		INT.- 1	2		262
4489	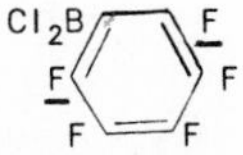	128.7	0.2	INT.- 1			130
4489		129.2		INT.- 1	12		262
4490	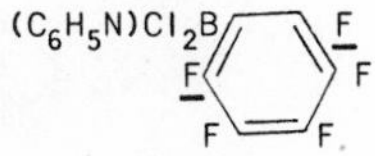	133.1		INT.- 1	9		262
4491	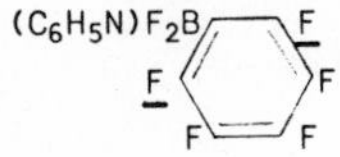	132.9		INT.- 1	9		262
4492	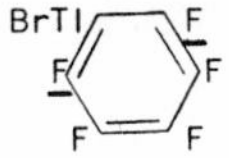	119.3	0.5	INT.- 1			207
4493	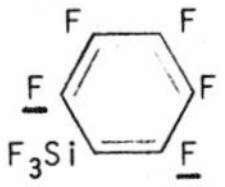	125.3		INT.- 1			474
4494	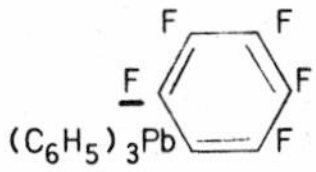	117.1	0.2	INT.- 1			292
4494		117.1	0.2	INT.- 1			130
4495	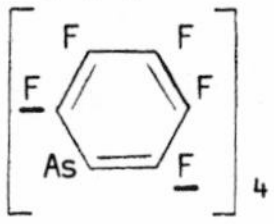	125.9		INT.- 1			500
4496	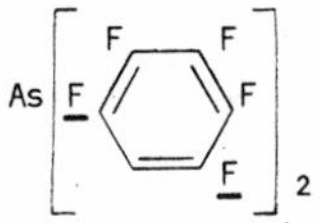 (gauche rotomer)	133.5		INT.- 1			500
4497	(trans rotomer)	133.5		INT.- 1			500
4498	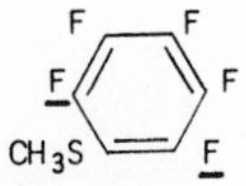	135.8	0.1	1	23		435
4499	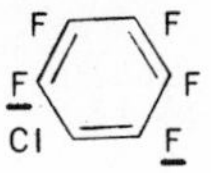	141.0	0.2	INT.- 1			130
4499		140.9	0.1	INT.- 1	1		313
4499		140.8	0.05	INT.- 1	2		183
4499		143.21		INT.- 6	2		184
4499		143.01	0.08	INT.- 6	2		411
4500	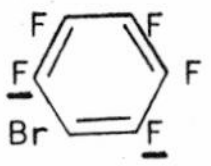	133.3	0.2	INT.- 1			130
4500		132.7	0.1	INT.- 1	1		313

NO.	COMPOUND	SHIFT (PPM)	ERROR (PPM)	REF	SOLV	TEMP (K)	LIT REF
4501	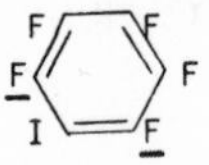	119.1	0.2	INT.- 1			130
4501		119.3	0.1	INT.- 1	1		313
4502	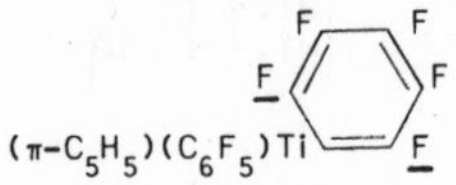	115.6	0.2	INT.- 1			130
4503	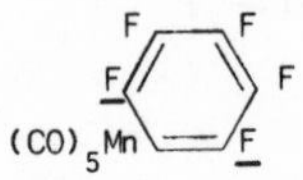	104.3	0.2	INT.- 1			130
4503		104.3		1			175
4504	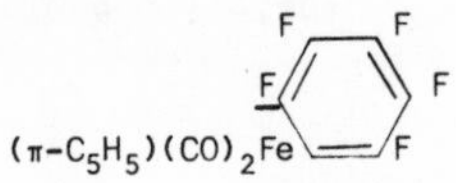	107.4		1	39		388
4504		107.3		INT.- 1	10		217
4505	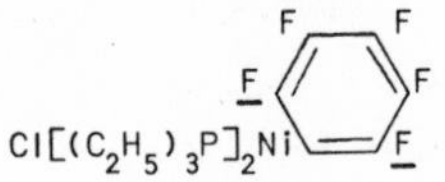 (trans)	115.3	0.1	1	23		435
4506	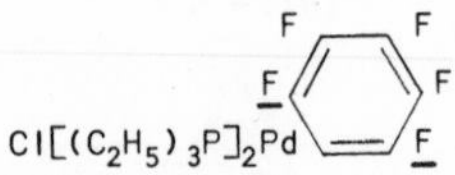 (trans)	114.3	0.1	1	23		435
4507	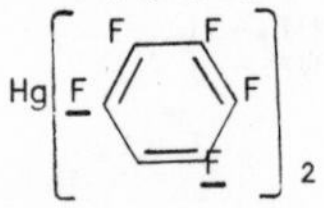	119.7	0.5	INT.- 1			207
4507		117.42	.01	EXT.- 2	13		232
4507		119.19	.02	EXT.- 2	22		232
4508	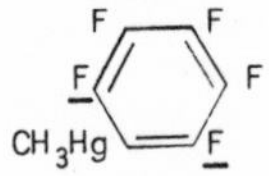	124.53		INT.- 6	2		184

2. SUBSTITUTED PENTAFLUOROBENZENES WITH THE SUBSTITUENT IN THE META POSITION

(A). WHERE THE SUBSTITUENT IS A BORON OR CARBON ATOM

NO.	COMPOUND	SHIFT (PPM)	ERROR (PPM)	REF	SOLV	TEMP (K)	LIT REF
4509	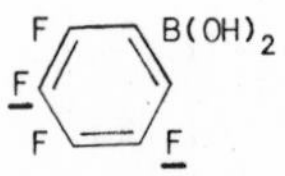	164.1		INT.- 1	9		262
4510	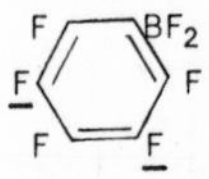	160.4		INT.- 1	2		262
4511	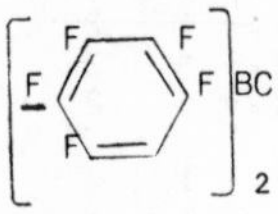	129.5		INT.- 1	12		262
4512	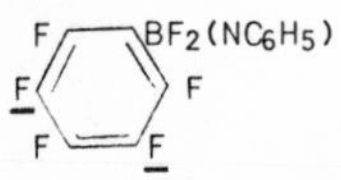	163.1		INT.- 1	9		262

NO.	COMPOUND	SHIFT (PPM)	ERROR (PPM)	REF	SOLV	TEMP (K)	LIT REF
4513	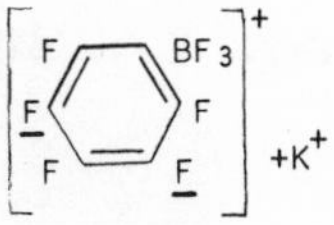	240.7		EXT.- 2			265
4514	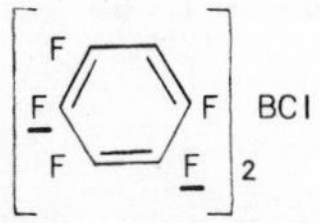	161.3		INT.- 1	12		262
4515	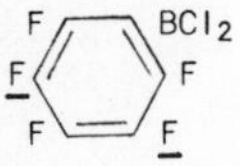	161.1	0.2	INT.- 1			130
4515		161.0		INT.- 1	12		262
4516	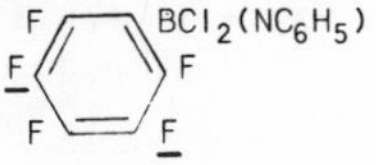	164.1		INT.- 1	9		262
4517	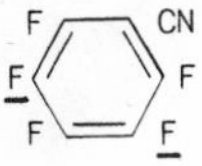	159.2	0.1	INT.- 1	1		313
4518	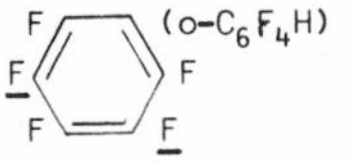	161.8		INT.- 1	65		293
4518		161.8		INT.- 1	65		293
4519	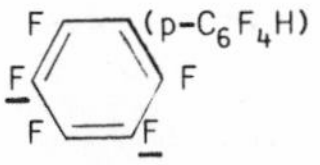	160.1		EXT.- 2			471
4520	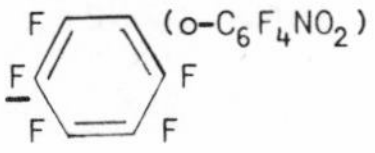	186.1		INT.- 6			259
4521	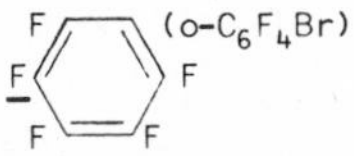	161.2		INT.- 1	65		293
4521		161.2		INT.- 1	65		293
4522	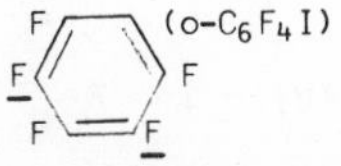	161.6		INT.- 1	65		293
4522		161.6		INT.- 1	65		293
4523	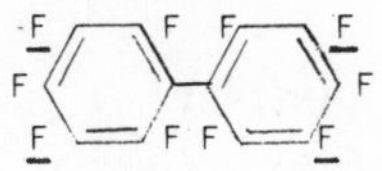	163.38		INT.- 6	2		185
4524	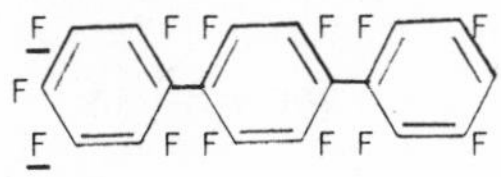	162.9		EXT.- 2			471

NO.	COMPOUND	SHIFT (PPM)	ERROR (PPM)	REF	SOLV	TEMP (K)	LIT REF
4525	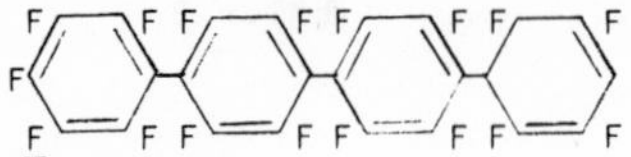	159.7		EXT.- 2			471
4526	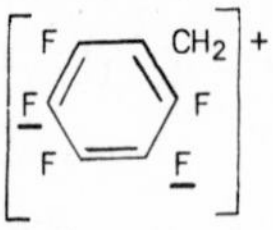	151.53		EXT.- 1	53	213	512
4527	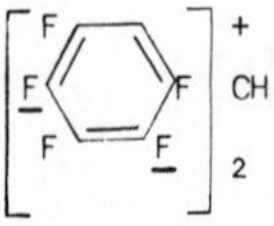	153.86		EXT.- 1	47	333	512
4528	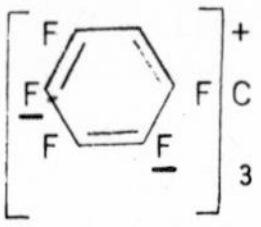	154.29		EXT.- 1	47	333	512
4529	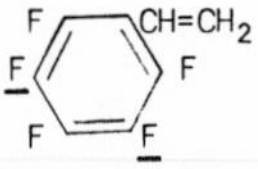	163.8		INT.- 1	2		391
4530	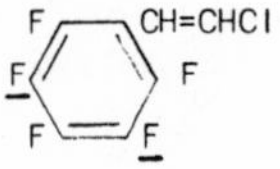 (trans)	162.7		INT.- 1	2		391
4531	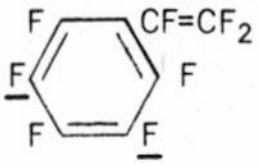	161.6		INT.- 1	2		391
4532	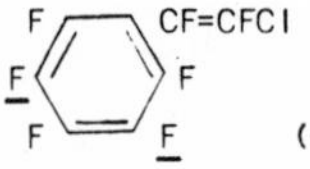 (cis)	160.8		INT.- 1	2		391
4533	(trans)	161.1		INT.- 1	2		391
4534	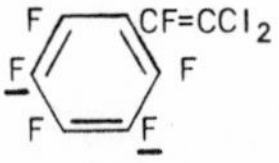	160.8		INT.- 1	2		391
4535	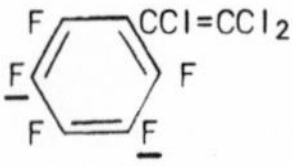	161.0		INT.- 1	2		391
4536	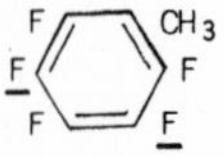	164.3	0.1	INT.- 1	1		313
4537	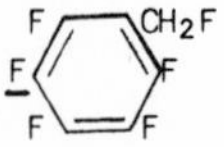	162.53		INT.- 1	13		512

NO.	COMPOUND	SHIFT (PPM)	ERROR (PPM)	REF	SOLV	TEMP (K)	LIT REF
4538	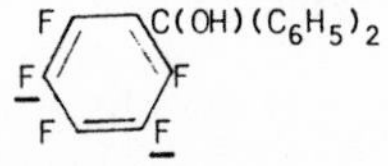	161.54		INT.- 1	13		512
4539	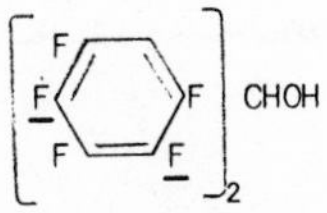	162.28		INT.- 1	13		512
4540	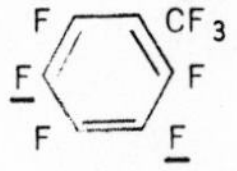	160.6	0.1	INT.- 1	1		313

2. SUBSTITUTED PENTAFLUOROBENZENES WITH THE SUBSTITUENT IN THE META POSITION

(B). WHERE THE SUBSTITUENT IS A TIN, PHOSPHORUS OR PLATINUM ATOM

NO.	COMPOUND	SHIFT (PPM)	ERROR (PPM)	REF	SOLV	TEMP (K)	LIT REF
4541	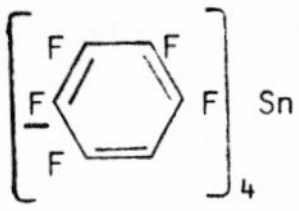	159.4		INT.- 1	9		196
4542	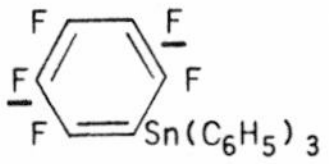	160.0		INT.- 1	9		196
4543	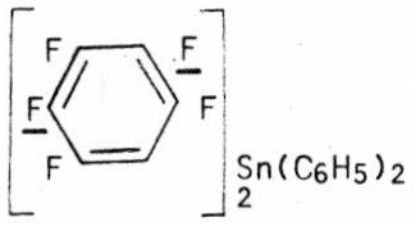	159.5		INT.- 1	9		196
4544	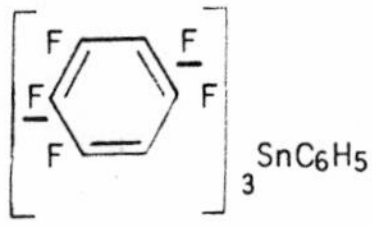	159.0		INT.- 1	9		196
4545	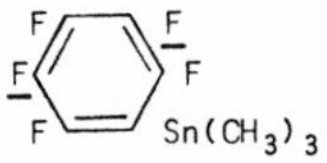	161.4		INT.- 1	12		196
4545		163.29		INT.- 6	2		184
4546	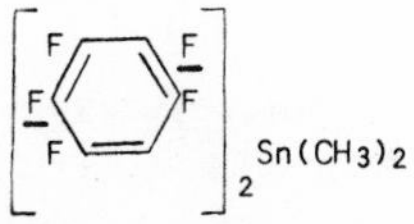	160.2		INT.- 1	12		196
4547	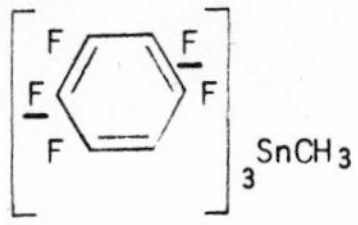	159.0		INT.- 1	9		196
4548	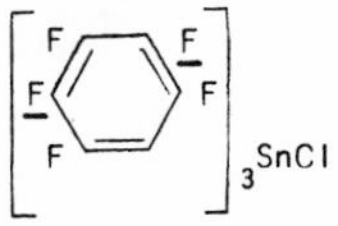	157.8		INT.- 1	12		196

NO.	COMPOUND	SHIFT (PPM)	ERROR (PPM)	REF	SOLV	TEMP (K)	LIT REF
4549		156.7		INT.- 1	12		196
4550	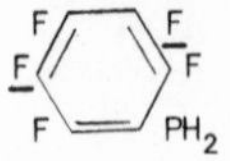	163.0		INT.- 1	12		381
4551	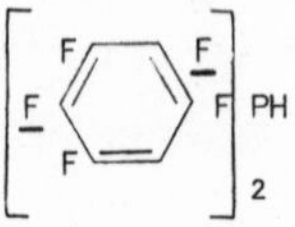	161.8		INT.- 1	1		381
4552	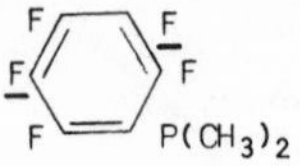	164.3		EXT.- 1	12		381
4553	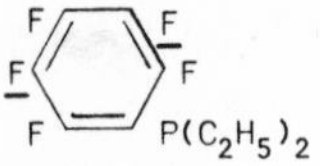	164.3		EXT.- 1	12		381
4554	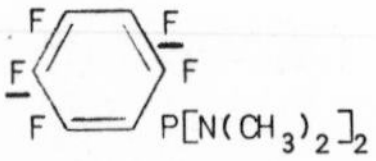	164.1		INT.- 1	12		381
4555	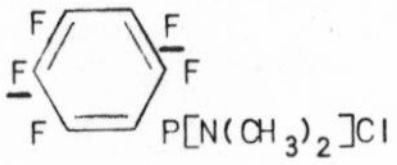	162.5		INT.- 1	12		381
4556	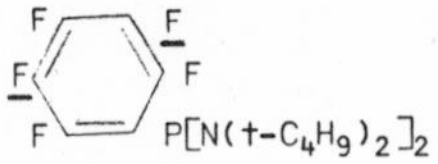	162.1		EXT.- 1	23		381
4557	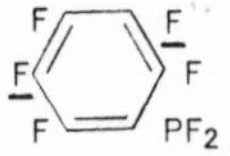	163.5		INT.- 1	12		381
4558	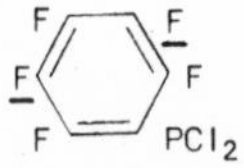	160.8		INT.- 1	12		381
4559	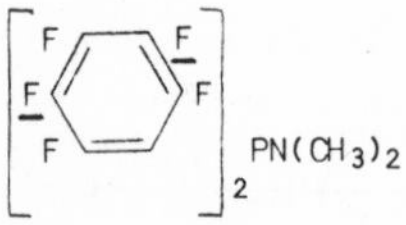	162.7		INT.- 1	23		381
4560	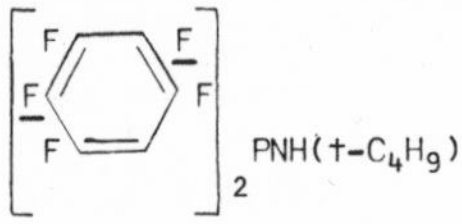	162.1		EXT.- 1	23		381

NO.	COMPOUND	SHIFT (PPM)	ERROR (PPM)	REF	SOLV	TEMP (K)	LIT REF
4561	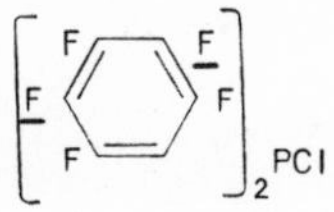 PCl	161.5		INT.- 1	12		381
4562	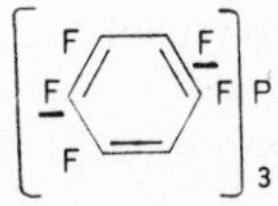 P	161.2		INT.- 1	14		381
4562		160.7		1			409
4563	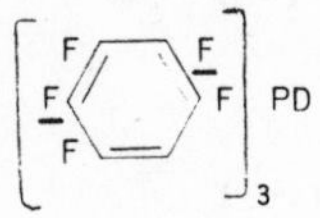 PO	158.4		1			409
4564	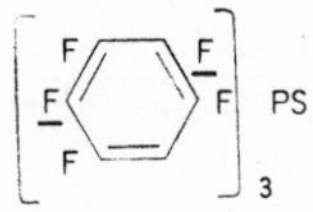 PS	158.8		1			409
4565	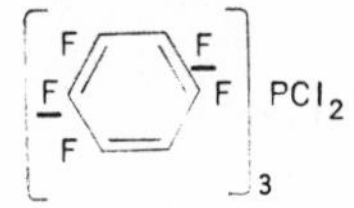 PCl2	158.9		1			409
4566	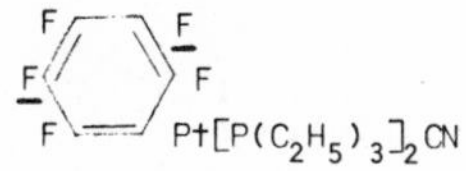 Pt[P(C2H5)3]2CN	163.1	0.1	1	23		435
4567	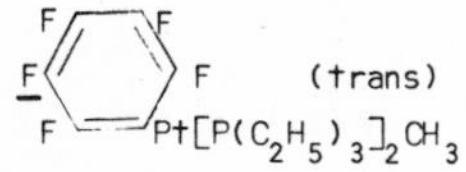 (trans) Pt[P(C2H5)3]2CH3	163.9	0.1	1	23		435
4568	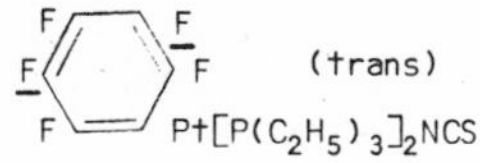 (trans) Pt[P(C2H5)3]2NCS	163.4	0.1	1	23		435
4569	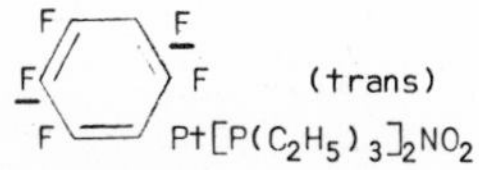 (trans) Pt[P(C2H5)3]2NO2	162.0	0.1	1	23		435
4570	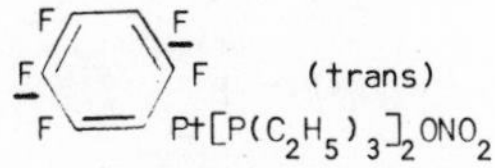 (trans) Pt[P(C2H5)3]2ONO2	163.6	0.1	1	23		435
4571	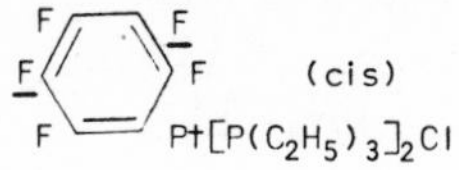 (cis) Pt[P(C2H5)3]2Cl	163.7	0.1	1	23		435
4572	(trans)	164.3	0.1	1	23		435
4573	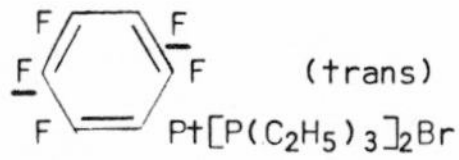 (trans) Pt[P(C2H5)3]2Br	163.8	0.1	1	23		435

NO.	COMPOUND	SHIFT (PPM)	ERROR (PPM)	REF	SOLV	TEMP (K)	LIT REF
4574	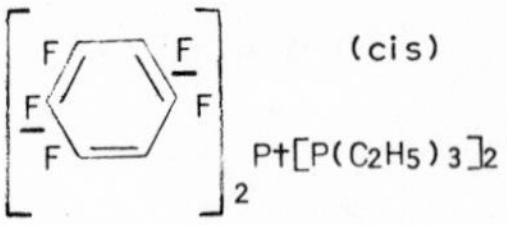 (cis)	163.9	0.1	1	23		435

2. SUBSTITUTED PENTAFLUOROBENZENES WITH THE SUBSTITUENT IN THE META POSITION

(C). WHERE THE SUBSTITUENT IS ANY OTHER ELEMENT

NO.	COMPOUND	SHIFT (PPM)	ERROR (PPM)	REF	SOLV	TEMP (K)	LIT REF
4575	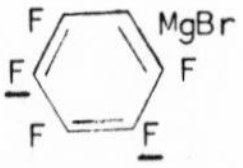	163.1		EXT.- 9	14		413
4576	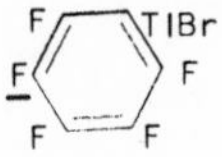	167.0	0.5	INT.- 1			207
4577	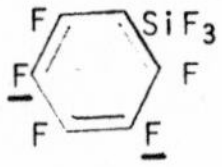	159.8		INT.- 1			474
4578	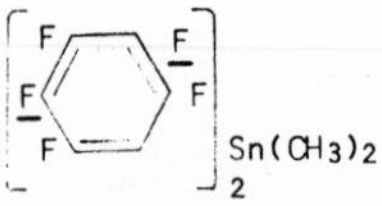	159.8	0.2	INT.- 1			130
4579	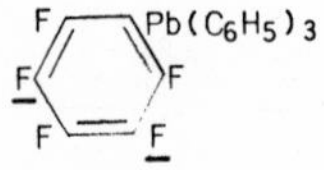	159.6	0.2	INT.- 1			130
4579		159.6	0.2	INT.- 1			292
4580	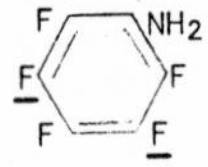	165.7	0.1	INT.- 1	1		313
4580		167.2		EXT.- 2	9		434
4581	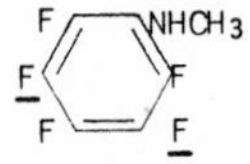	165.2	0.1	1	23		435
4581		167.83		INT.- 6	2		184
4582	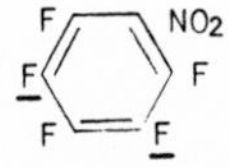	161.12	0.08	INT.- 6	2		411
4583	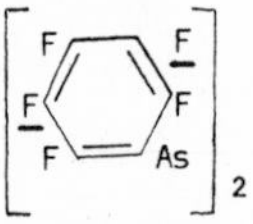 (gauche rotomer)	160.0		INT.- 1			500
4584	(trans rotomer)	162.8		INT.- 1			500
4585		161.8		INT.- 1			500

NO.	COMPOUND	SHIFT (PPM)	ERROR (PPM)	REF	SOLV	TEMP (K)	LIT REF
4586	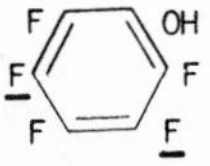	167.76		INT.- 6	2		184
4587	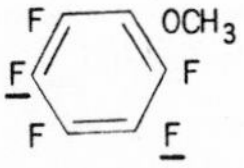	164.9	0.1	INT.- 1	1		313
4587		167.0		INT.- 6	2		184
4588	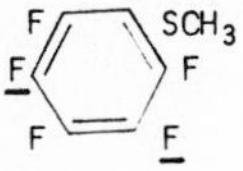	164.4	0.1	1	23		435
4589	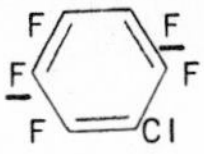	161.5	0.2	INT.- 1			130
4589		161.6	0.1	INT.- 1	1		313
4589		161.5	0.05	INT.- 1	2		183
4589		163.77	0.08	INT.- 6	2		411
4589		163.87		INT.- 6	2		184
4590	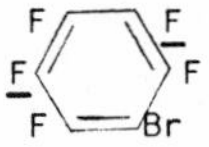	161.5	0.2	INT.- 1			130
4590		160.9	0.1	INT.- 1	1		313
4591	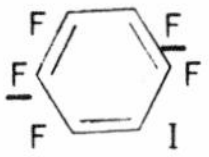	159.6	0.2	INT.- 1			130
4591		159.9	0.1	INT.- 1	1		313
4592	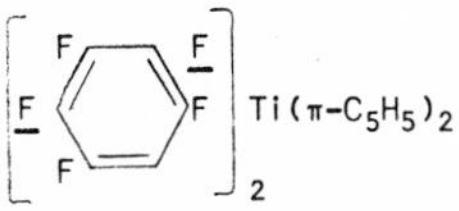	163.7	0.2	INT.- 1			130
4593	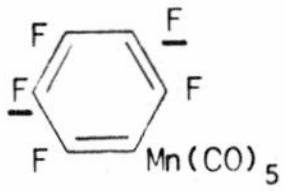	161.2	0.2	INT.- 1			130
4593		157.5		1			175
4594	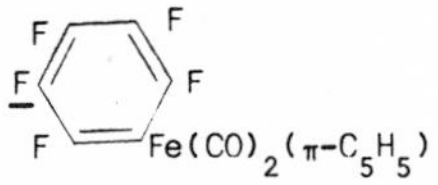	166.2		1	39		388
4594		163.6		INT.- 1	10		217
4595	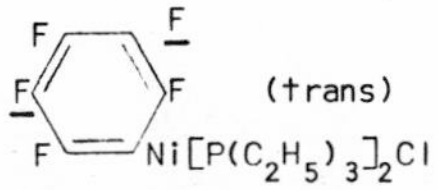	163.7	0.1	1	23		435
4596	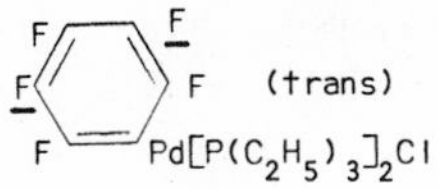	162.5	0.1	1	23		435
4597	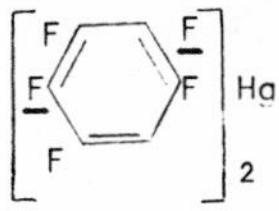	156.75	.01	EXT.- 2	13		232
4597		161.22	.01	EXT.- 2	22		232

NO.	COMPOUND	SHIFT (PPM)	ERROR (PPM)	REF	SOLV	TEMP (K)	LIT REF
4598	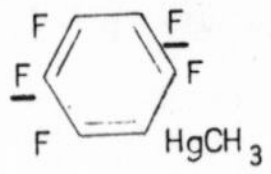	162.67		INT.- 6	2		184
4599	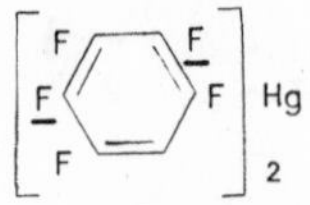	159.0	0.5	INT.- 1			207
4599		156.75	.02	EXT.- 2	13		232

3. SUBSTITUTED PENTAFLUOROBENZENES WITH THE SUBSTITUENT IN THE PARA POSITION

(A). WHERE THE SUBSTITUENT IS A BORON, THALLIUM OR CARBON ATOM

NO.	COMPOUND	SHIFT (PPM)	ERROR (PPM)	REF	SOLV	TEMP (K)	LIT REF
4600	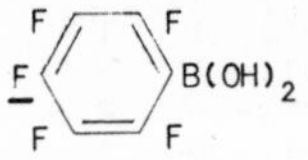	155.4		INT.- 1	9		262
4601	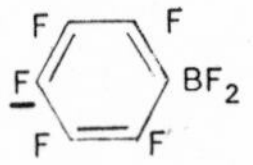	143.0		INT.- 1	2		262
4602	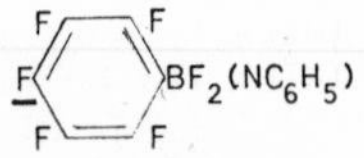	155.6		INT.- 1	9		262
4603	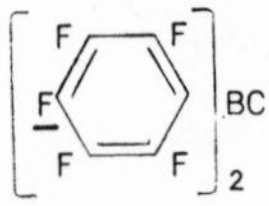	145.4		INT.- 1	12		262
4604	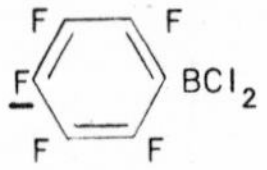	146.0	0.2	INT.- 1			130
4604		145.0		INT.- 1	12		262
4605	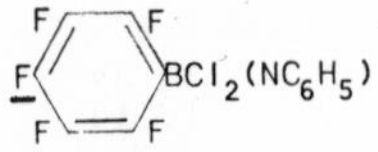	157.2		INT.- 1	9		262
4606	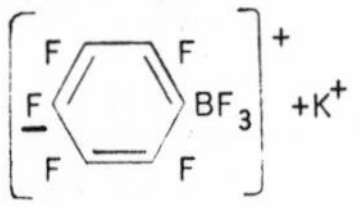	236.4		EXT.- 2			265
4607	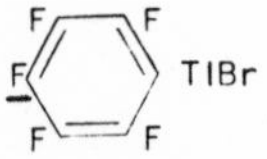	158.2	0.5	INT.- 1			207
4608	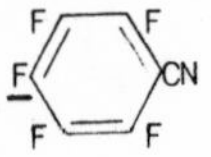	143.5	0.1	INT.- 1	1		313
4609	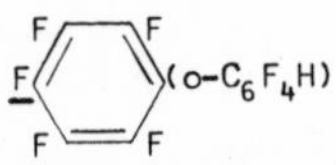	154.3		INT.- 1	65		293

NO.	COMPOUND	SHIFT (PPM)	ERROR (PPM)	REF	SOLV	TEMP (K)	LIT REF
4610	(p-C$_6$F$_4$H)	149.4		EXT.- 2			471
4611	(o-C$_6$F$_4$NO$_2$)	177.97		INT.- 6			259
4612		137.0		INT.- 1			263
4613		152.89		INT.- 6	2		185
4614		152.0		EXT.- 2			471
4615		151.4		EXT.- 2			471
4616	(o-C$_6$F$_4$Br)	150.6		INT.- 1	65		293
4617	(o-C$_6$F$_4$I)	151.4		INT.- 1	65		293
4618	CH$_2$	103.18		EXT.- 1	53	213	512
4619	CH	111.61		EXT.- 1	47	333	512
4620	C	112.12		EXT.- 1	47	333	512
4621	CH=CH$_2$	156.8		INT.- 1	2		391

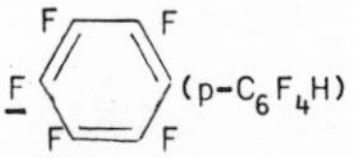

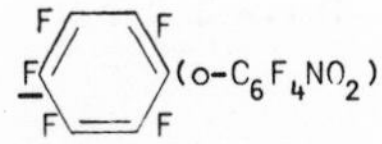

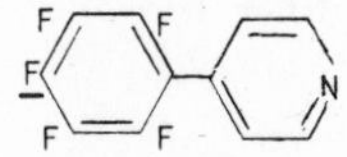

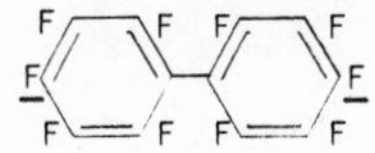

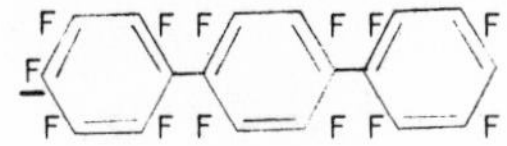

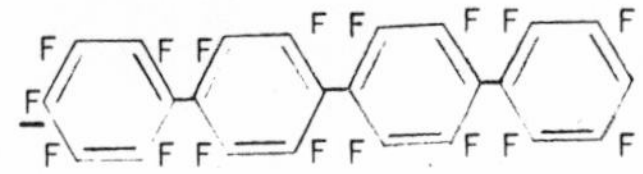

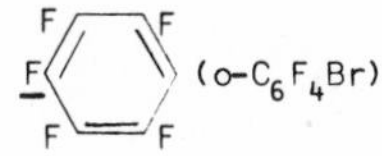

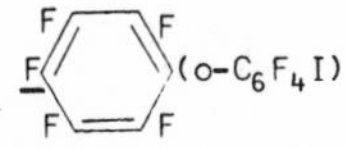

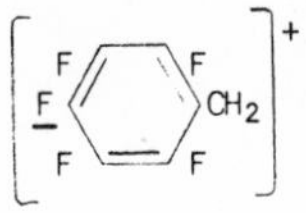

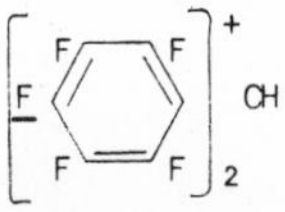

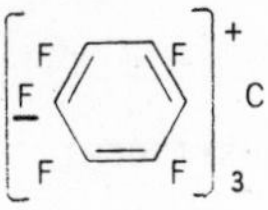

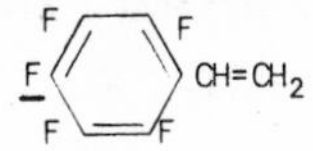

NO.	COMPOUND	SHIFT (PPM)	ERROR (PPM)	REF	SOLV	TEMP (K)	LIT REF
4622	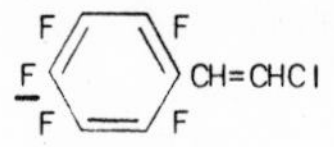 (trans)	155.4		INT.- 1	2		391
4623	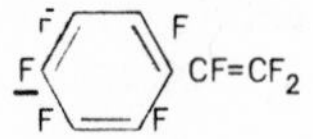	149.7		INT.- 1	2		391
4624	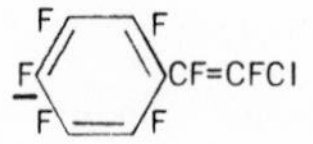 (cis)	148.7		INT.- 1	2		391
4625	(trans)	149.2		INT.- 1	2		391
4626	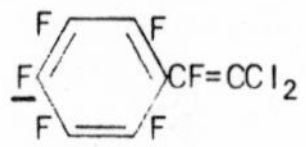	148.7		INT.- 1	2		391
4627	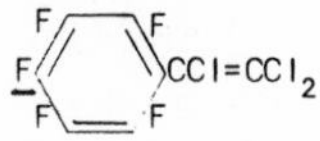	150.6		INT.- 1	2		391
4628	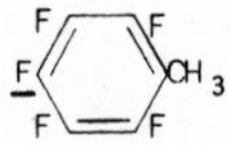	159.3	0.1	INT.- 1	1		313
4629	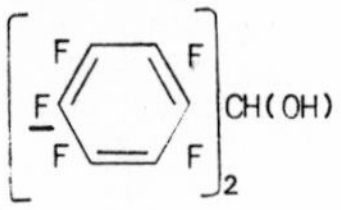	144.17		INT.- 1	13		512
4630	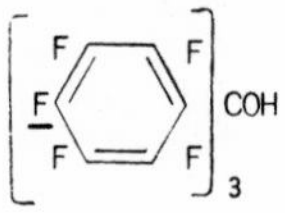	152.22		INT.- 1	13		512
4631	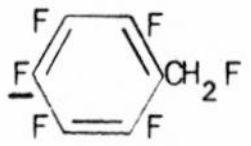	143.57		INT.- 1	13		512
4632	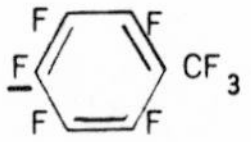	147.9	0.1	INT.- 1	1		313

3. SUBSTITUTED PENTAFLUOROBENZENES WITH THE SUBSTITUENT IN THE PARA POSITION

(B). WHERE THE SUBSTITUENT IS A TIN, LEAD OR NITROGEN ATOM

NO.	COMPOUND	SHIFT (PPM)	ERROR (PPM)	REF	SOLV	TEMP (K)	LIT REF
4633	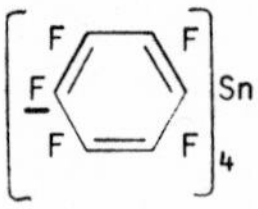	148.8		INT.- 1	9		196

NO.	COMPOUND	SHIFT (PPM)	ERROR (PPM)	REF	SOLV	TEMP (K)	LIT REF
4634	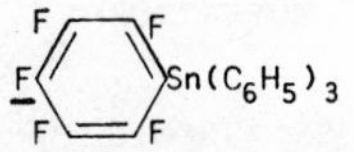	151.7		INT.- 1	9		196
4635	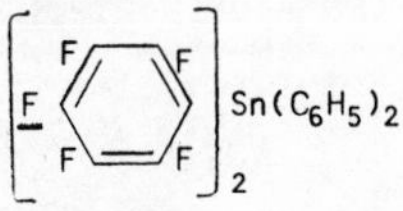	150.2		INT.- 1	9		196
4636	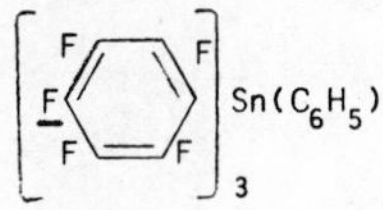	148.8		INT.- 1	9		196
4637	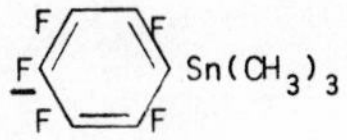	153.9		INT.- 1	12		196
4637		155.37		INT.- 6	2		184
4638	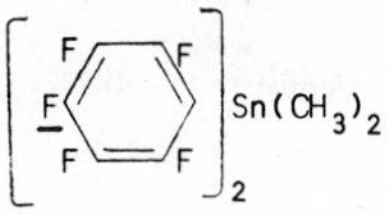	151.4		INT.- 1	12		196
4639	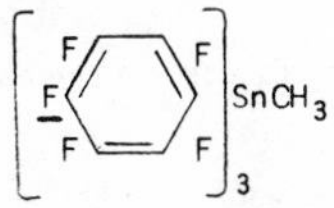	148.9		INT.- 1	9		196
4640	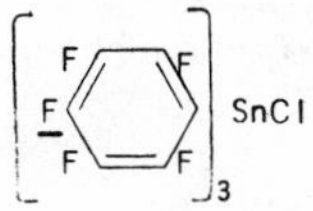	145.7		INT.- 1	12		196
4641	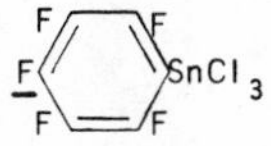	143.1		INT.- 1	12		196
4642	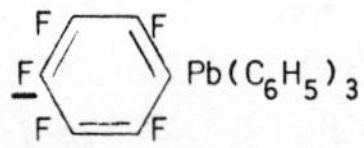	152.6	0.2	INT.- 1			292
4642		152.6	0.2	INT.- 1			130
4643	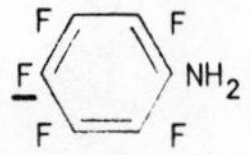	174.1	0.1	INT.- 1	1		313
4643		178.3		EXT.- 2	9		434
4644	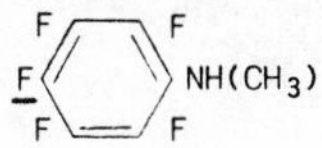	173.1	0.1	1	23		435
4644		175.69		INT.- 6	2		184
4645	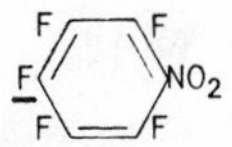	150.11	0.08	INT.- 6	2		411

3. SUBSTITUTED PENTAFLUOROBENZENES WITH THE SUBSTITUENT IN THE PARA POSITION

(C). WHERE THE SUBSTITUENT IS A PHOSPHORUS, ARSENIC OR OXYGEN ATOM

NO.	COMPOUND	SHIFT (PPM)	ERROR (PPM)	REF	SOLV	TEMP (K)	LIT REF
4646	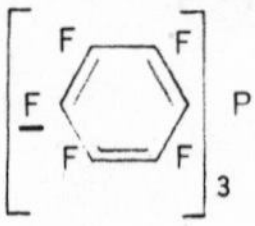	149.6		INT.- 1	14		381
4646		149.0		1			409
4647	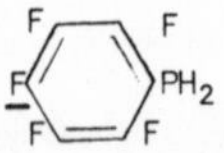	155.1		INT.- 1	12		381
4648	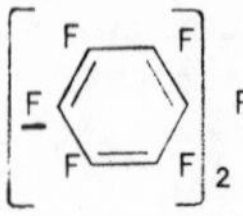	151.9		INT.- 1	1		381
4649	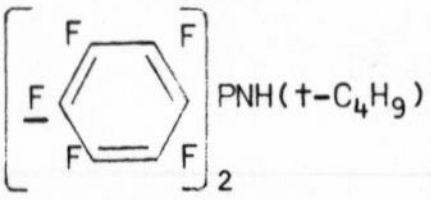	152.5		EXT.- 1	23		381
4650	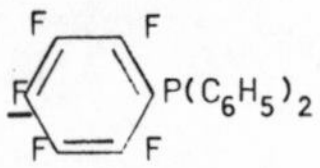	150.6		INT.- 1	23		431
4651	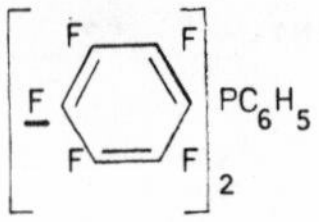	150.5		INT.- 1	23		431
4652	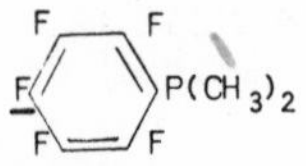	153.9		INT.- 1	23		431
4652		155.8		EXT.- 1	12		381
4653	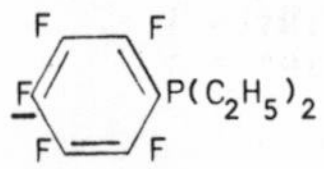	154.9		EXT.- 1	12		381
4654	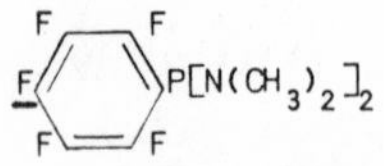	157.1		INT.- 1	12		381
4655	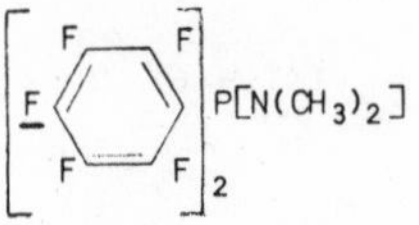	153.5		INT.- 1	23		381
4656	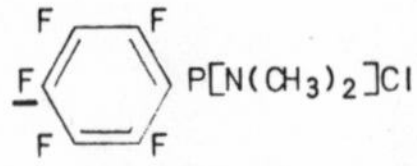	151.0		INT.- 1	12		381

NO.	COMPOUND	SHIFT (PPM)	ERROR (PPM)	REF	SOLV	TEMP (K)	LIT REF
4657	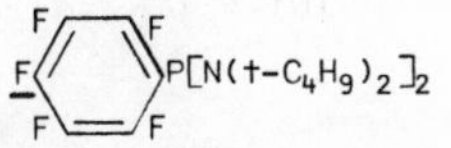	155.7		EXT.- 1	23		381
4658	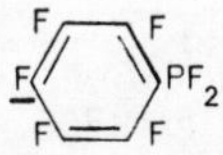	148.8		INT.- 1	12		381
4659	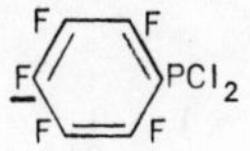	146.5		INT.- 1	12		381
4659		148.8		INT.- 1	12		381
4660	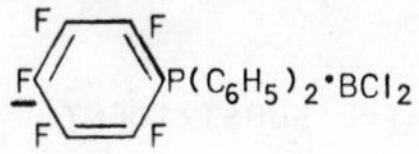	143.8		INT.- 1	23		431
4661	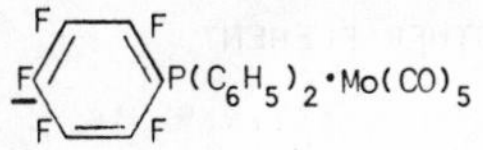	150.0		INT.- 1	23		431
4662	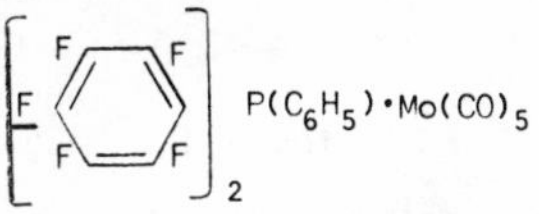	148.1		INT.- 1	23		431
4663	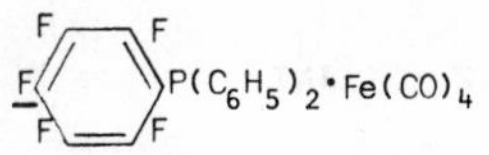	149.5		INT.- 1	23		431
4664	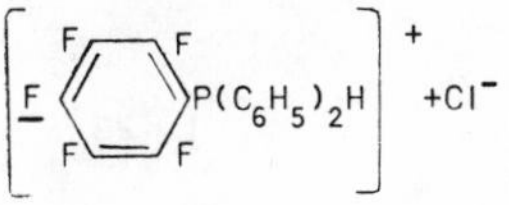	140.4		INT.- 1	23		431
4665	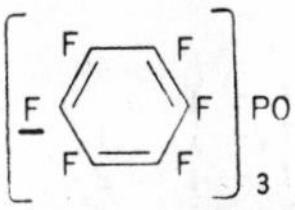	142.7		1			409
4666	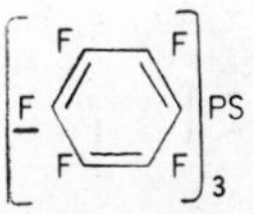	144.7		1			409
4667	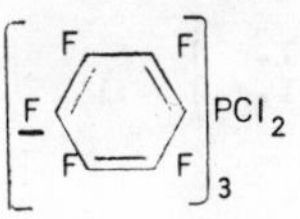	146.3		1			409
4668	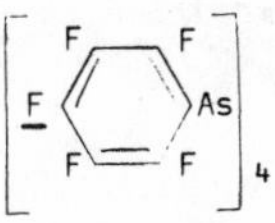	152.1		INT.- 1			500

NO.	COMPOUND	SHIFT (PPM)	ERROR (PPM)	REF	SOLV	TEMP (K)	LIT REF
4669	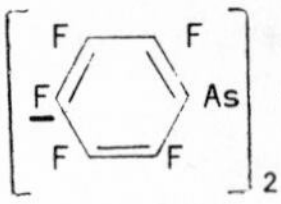 (gauche rotomer)	146.6		INT.- 1			500
4670	(trans rotomer)	152.0		INT.- 1			500
4671	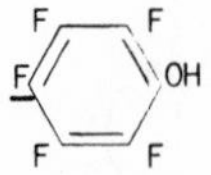	173.12		INT.- 6	2		184
4672	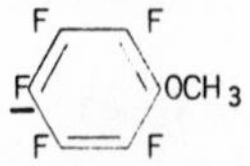	164.6	0.1	INT.- 1	1		313
4672		167.0		INT.- 6	2		184

3. SUBSTITUTED PENTAFLUOROBENZENES WITH THE SUBSTITUENT IN THE PARA POSITION

(D). WHERE THE SUBSTITUENT IS ANY OTHER ELEMENT

NO.	COMPOUND	SHIFT (PPM)	ERROR (PPM)	REF	SOLV	TEMP (K)	LIT REF
4673	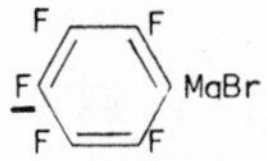	159.6		EXT.- 9	14		413
4674	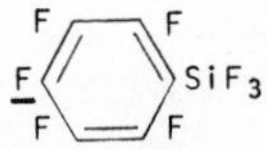	143.8		INT.- 1			474
4675	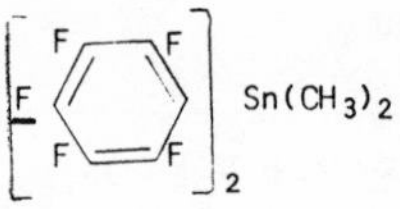	150.8	0.2	INT.- 1			130
4676	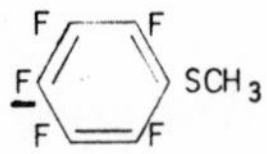	157.2	0.1	1	23		435
4677	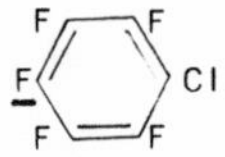	156.6	0.2	INT.- 1			130
4677		156.3	0.1	INT.- 1	1		313
4677		156.3	0.05	INT.- 1	2		183
4677		158.56	0.08	INT.- 6	2		411
4677		158.68		INT.- 6	2		184
4678	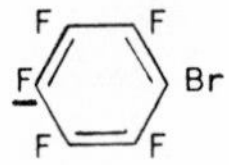	155.4	0.2	INT.- 1			130
4678		154.9	0.1	INT.- 1	1		313
4679	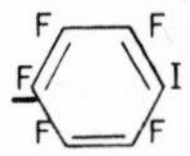	152.4	0.2	INT.- 1			130
4679		152.8	0.1	INT.- 1	1		313
4680	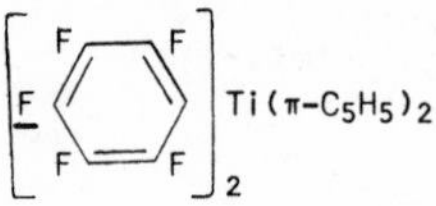	158.7	0.2	INT.- 1			130

NO.	COMPOUND	SHIFT (PPM)	ERROR (PPM)	REF	SOLV	TEMP (K)	LIT REF
4681	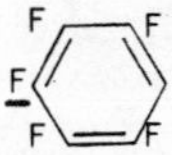 $Mn(CO)_5$	157.5	0.2	INT.- 1			130
4681		161.2		1			175
4682	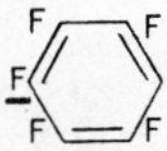 $Fe(CO)_2(\pi-C_5H_5)$	163.6		1	39		388
4682		160.3		INT.- 1	10		217
4683	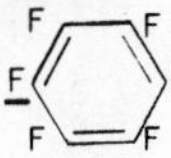 $Ni[P(C_2H_5)_3]_2Cl$ (trans)	161.1	0.1	1	23		435
4684	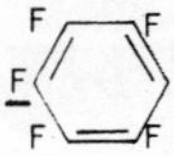 $Pd[P(C_2H_5)_3]_2Cl$ (trans)	160.8	0.1	1	23		435
4685	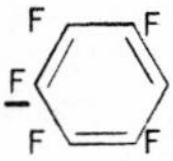 $Pt[P(C_2H_5)_3]_2CN$ (trans)	160.9	0.1	1	23		435
4686	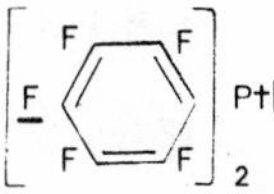 $Pt[P(C_2H_5)_3]_2$ (cis)	163.9	0.1	1	23		435
4687	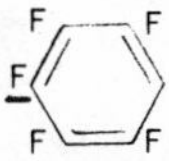 $Pt[P(C_2H_5)_3]_2CH_3$ (trans)	163.9	0.1	1	23		435
4688	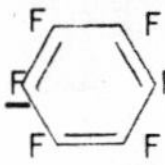 $Pt[P(C_2H_5)_3]_2NCS$ (trans)	161.3	0.1	1	23		435
4689	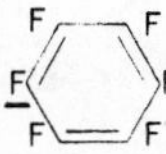 $Pt[P(C_2H_5)_3]_2NO_2$ (trans)	160.2	0.1	1	23		435
4690	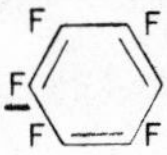 $Pt[P(C_2H_5)_3]_2ONO_2$ (trans)	161.1	0.1	1	23		435
4691	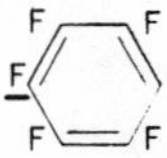 $Pt[P(C_2H_5)_3]_2Cl$ (cis)	163.7	0.1	1	23		435

NO.	COMPOUND	SHIFT (PPM)	ERROR (PPM)	REF	SOLV	TEMP (K)	LIT REF
4692	(trans)	163.1	0.1	1	23		435
4693	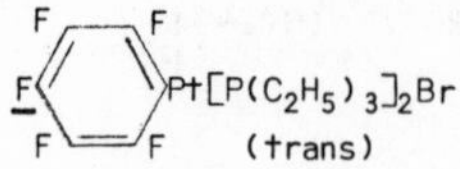	162.4	0.1	1	23		435
4694	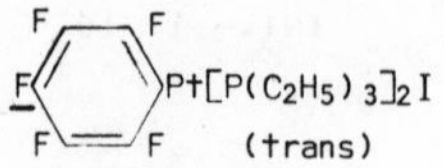	161.9	0.1	1	23		435
4694		163.4	0.1	1	23		435
4695	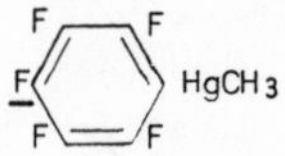	156.14		INT.- 6	2		184
4696	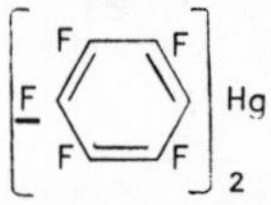	150.6	0.5	INT.- 1			207
4696		154.66	0.02	EXT.- 2	22		232

F. HEXAFLUOROBENZENE

NO.	COMPOUND	SHIFT (PPM)	ERROR (PPM)	REF	SOLV	TEMP (K)	LIT REF
4697	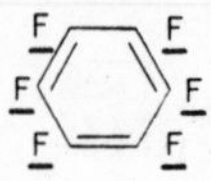	163.0		INT.- 1			431
4697		163.7	0.2	INT.- 1			130
4697		162.9	0.1	INT.- 1	1		313
4697		162.6	.1	INT.- 1	1		421
4697		164.9		INT.- 1	1		485
4697		162.28		1			184
4697		163.9	0.1	1	23		435
4697		163.3		EXT.- 2	9		434

REFERENCES

1. H. S. Gutowsky and C. J. Hoffman, *J. Chem. Phys.*, 19, 1259 (1951).
2. H. S. Gutowsky, D. W. McCall, B. R. McGarvey, and L. H. Meyer, *J. Am. Chem. Soc.*, 74, 4809 (1952).
3. W. D. Bancroft, *J. Phys. Chem.*, 57, 481 (1953).
4. H. S. Gutowsky, D. W. McCall, and C. P. Slichter, *J. Chem. Phys.*, 21, 279 (1953).
5. J. Shoolery, *Varian Tech. Info. Bull.*, 1, 3, (1955).
6. F. B. Dudley, J. N. Shoolery, and G. H. Cady, *J. Am. Chem. Soc.*, 78, 568 (1956).
7. W. D. Phillips, *J. Chem. Phys.*, 25, 949 (1956).
8. A. Saika and H. S. Gutowsky, *J. Am. Chem. Soc.*, 78, 4818 (1956).
9. E. Schnell and E. G. Rochow, *J. Am. Chem. Soc.*, 78, 4178 (1956).
10. G. V. D. Tiers, *J. Am. Chem. Soc.*, 78, 2914 (1956).
11. R. E. Connick and R. E. Poulson, *J. Am. Chem. Soc.*, 79, 5153 (1957).
12. F. B. Dudley and G. H. Cady, *J. Am. Chem. Soc.*, 79, 513 (1957).
13. T. Isobe, K. Inukai, and K. Ito, *J. Chem. Phys.*, 27, 1215 (1957).
14. E. L. Muetterties and W. D. Phillips, *J. Am. Chem. Soc.*, 79, 322 (1957).

15. N. Muller, P. C. Lauterbur, and G. F. Svatos, *J. Am. Chem. Soc.*, 79, 1043 (1957).

16. N. Muller, P. C. Lauterbur, and G. F. Svatos, *J. Am. Chem. Soc.*, 79, 1807 (1957).

17. G. V. D. Tiers, *J. Am. Chem. Soc.*, 79, 5585 (1957).

18. A. B. Burg, G. Brendel, A. P. Caron, G. L. Juvinall, W. Mahler, K. Moedritzer, and P. J. Slota, Wright Air Development Center, Report 56-82, Pt. III, April 1958.

19. C. B. Colburn and A. Kennedy, *J. Am. Chem. Soc.*, 80, 5004 (1958).

20. J. Lee and L. H. Sutcliffe, *Trans. Faraday Soc.*, 54, 308 (1958).

21. E. Schnell and E. G. Rochow, *J. Inorg. Nucl. Chem.*, 6, 303 (1958).

22. D. P. Ames, S. Ohashi, C. F. Callis, and J. R. Van Wazer, *J. Am. Chem. Soc.*, 81, 6350 (1959).

23. Q. W. Choi, *Dissertation Abstr.*, 20, 111 (1959).

24. R. E. Connick and R. E. Poulson, *J. Phys. Chem.*, 63, 568 (1959).

25. R. D. Dresdner and J. A. Young, *J. Am. Chem. Soc.*, 81, 574 (1959).

26. G. Filipovich and G. V. D. Tiers, *J. Phys. Chem.*, 63, 761 (1959).

27. J. Lee and L. H. Sutcliffe, *Trans. Faraday Soc.*, 55, 880 (1959).

28. W. J. Middleton and W. H. Sharkey, *J. Am. Chem. Soc.*, 81, 803 (1959).

29. E. L. Muetterties and W. D. Phillips, *J. Am. Chem. Soc.*, 81, 1084 (1959).

30. C. O. Parker, *J. Am. Chem. Soc.*, 81, 2183 (1959).

31. J. E. Roberts and G. H. Cady, *J. Am. Chem. Soc.*, 81, 4166 (1959).

32. T. S. Smith and E. A. Smith, *J. Phys. Chem.*, 63, 1701 (1959).

33. R. W. Taft, Jr., S. Ehrenson, I. C. Lewis, and R. E. Glick, *J. Am. Chem. Soc.*, 81, 5352 (1959).

34. H. C. Brown, H. L. Gewanter, D. M. White, and W. G. Woods, *J. Org. Chem.*, 25, 634 (1960).

35. S. Brownstein, *Can. J. Chem.*, 38, 1597 (1960).

36. T. D. Coyle and F. G. A. Stone, *J, Am. Chem. Soc.*, 82, 6223 (1960).

37. T. D. Coyle and F. G. A. Stone, *J. Chem. Phys.*, 32, 1892 (1960).

38. A. J. Downs and E. A. V. Ebsworth, *J. Chem. Soc.*, 3516 (1960).

39. R. D. Dresdner, F. N. Tlumac, and J. A. Young, *J. Am. Chem. Soc.*, 82, 5831 (1960).

40. J. J. Drysdale and D. D. Coffman, *J. Am. Chem. Soc.*, 82, 5111 (1960).

41. F. S. Fawcett and R. D. Lipscomb, *J. Am. Chem. Soc.*, 82, 1509 (1960).

42. J. Feeney and L. H. Sutcliffe, *Trans. Faraday Soc.*, 56, 1559 (1960).

43. R. J. Gillespie and J. V. Oubridge, *Proc. Chem. Soc.*, 308 (1960).

44. J. F. Harris, Jr., R. J. Harder, and G. N. Sausen, *J. Org. Chem.*, 25, 633 (1960).

45. K. Ito, K. Inukai, and T. Isobe, *Bull. Chem. Soc. Japan*, 33, 315 (1960).

46. C. G. Krespan, *J. Org. Chem.*, 25, 105 (1960).

47. W. Mahler and E. L. Muetterties, *J. Chem. Phys.*, 33, 636 (1960).

48. R. E. Naylor, Jr., and S. W. Lasoski, Jr., *J. Polymer Sci.*, 44, 1 (1960).

49. W. A. Sheppard and J. F. Harris, Jr., *J. Am. Chem. Soc.*, 82, 5106 (1960).

50. W. A. Sheppard and E. L. Muetterties, *J. Org. Chem.*, 25, 180 (1960).

51. R. W. Taft, Jr., *J. Phys. Chem.*, 64, 1805 (1960).

52. G. V. D. Tiers, *J. Phys. Soc. Japan*, 15, 354 (1960).

53. G. V. D. Tiers, *Proc. Chem. Soc.*, 389, (1960).

54. L. M. Yagupol'skii, V. F. Bystrov, and E. Z. Utyanskaya, *Proc. Acad. Sci. USSR, Phys. Chem. Sec. English Transl.*, 135, 1059 (1960).

55. J. A. Young, S. N. Tsoukalas, and R. D. Dresdner, *J. Am. Chem. Soc.*, 82, 396 (1960).

56. H. M. Beisner, L. C. Brown, and D. Williams, *J. Mol. Spectr.*, 7, 385 (1961).

57. V. F. Bystrov, E. Z. Utyanskaya, and L. M. Yagupol'skii, *Opt. Spectr. USSR English Transl.*, 10, 68 (1961).

58. R. D. Chambers, H. C. Clark, and C. J. Willis, *Can. J. Chem.*, 39, 131 (1961).

59. R. D. Chambers, H. C. Clark, L. W. Reeves, and C. J. Willis, *Can. J. Chem.*, 39, 258 (1961).

60. T. D. Coyle, Jr., *Dissertation Abstr.*, 22, 1398 (1961).

61. T. D. Coyle, S. L. Stafford, and F. G. A. Stone, *J. Chem. Soc.*, 743 (1961).

62. T. D. Coyle, S. L. Stafford, and F. G. A. Stone, *J. Chem. Soc.*, 3103 (1961).

63. T. D. Coyle, R. B. King, E. Pitcher, S. L. Stafford, P. Treichel, and F. G. A. Stone, *J. Inorg. Nucl. Chem.*, 20, 172 (1961).

64. T. D. Coyle, S. L. Stafford, and F. G. A. Stone, *Spectrochim. Acta*, 17, 968 (1961).

65. D. D. Elleman, L. C. Brown, and D. J. Williams, *J. Mol. Spectr.*, 7, 307 (1961).

66. D. D. Elleman, L. C. Brown, and D. J. Williams, *J. Mol. Spectr.*, 7, 322 (1961).

67. R. J. Gillespie, J. V. Oubridge, and E. A. Robinson, *Proc. Chem. Soc.*, 428 (1961).

68. R. K. Harris and K. J. Packer, *J. Chem. Soc.*, 4736 (1961).

69. H. H. Hoehn, L. Pratt, K. F. Watterson, and G. Wilkinson, *J. Chem. Soc.*, 2738 (1961).

70. R. B. King, E. Pitcher, S. L. Stafford, P. M. Treichel, and F. G. A. Stone, "Advances in the Chemistry of the Coordination Compounds", Macmillian Co., New York, N.Y., 1961, pp. 619-627.

71. C. G. Krespan, *J. Am. Chem. Soc.*, 83, 3434 (1961).

72. T. A. Manuel, S. L. Stafford, and F. G. A. Stone, *J. Am. Chem. Soc.*, 83, 249 (1961).

73. W. R. McClellan, *J. Am. Chem. Soc.*, 83, 1598 (1961).

74. E. L. Muetterties, "Advances in the Chemistry of the Coordination Compounds", Macmillian Co., New York, N. Y., 1961, pp. 509-519.

75. E. Pitcher, A. D. Buckingham, and F. G. A. Stone, *J. Chem. Phys.*, 36, 124 (1961).

76. E. Pitcher and F. G. A. Stone, *Spectrochim. Acta*, 17, 1244 (1961).

77. V. H. Richert and O. Glemser, *Z. Anorg. Allgem. Chem.*, 307, 328 (1961).

78. T. E. Stevens, *J. Org. Chem.*, 26, 3451 (1961).

79. J. D. Swalen and C. A. Reilly, *J. Chem. Phys.*, 34, 2122 (1961).

80. G. V. D. Tiers, *J. Chem. Phys.*, 35, 2263 (1961).

81. H. Agahigian, A. P. Gray, and G. D. Vickers, *Can. J. Chem.*, 40, 157 (1962).

82. S. Andreades, *J. Org. Chem.*, 27, 4163 (1962).

83. B. Atchinson and M. Stedman, *J. Chem. Soc.*, 512 (1962).

84. R. E. Banks, W. M. Cheng, and R. N. Haszeldine, *J. Chem. Soc.*, 3407 (1962).

85. R. A. Beaudet and J. D. Baldeschwieler, *J. Mol. Spectr.*, 9, 30 (1962).

86. B. C. Bishop, J. B. Hynes, and L. A. Bigelow, *J. Am. Chem. Soc.*, 84, 3409 (1962).

87. G. H. Cady and C. I. Merrill, *J. Am. Chem. Soc.*, 84, 2260 (1962).

88. W. J. Chambers, C. W. Tullock, and D. D. Coffman, *J. Am. Chem. Soc.*, 84, 2337 (1962).

89. S. S. Dubov, B. I. Ketel'baum, and R. N. Sterlin, *Zh. Vses. Khim. Obshchestva im. D. I. Mendeleeva*, 7, 691 (1962).

90. E. A. V. Ebsworth and G. L. Hurst, *J. Chem. Soc.*, 4840 (1962).

91. H. J. Emeléus and G. L. Hurst, *J. Chem. Soc.*, 3276 (1962).

92. F. S. Fawcett, C. W. Tullock, and D. D. Coffman, *J. Am. Chem. Soc.*, 84, 4275 (1962).

93. J. P. Freeman, "Advances in Chemistry Series," No. 36, American Chemical Society, Washington, D.C., 1962, p. 129.

94. R. J. Gillespie and E. A. Robinson, *Can. J. Chem.*, 40, 675 (1962).

95. J. D. Graham, *Dissertation Abstr.*, 22, 4196 (1962).

96. H. S. Gutowsky, G. G. Belford, and P. E. McMahon, *J. Chem. Phys.*, 36, 3353 (1962).

97. R. K. Harris and K. J. Packer, *J. Chem. Soc.*, 3077 (1962).

98. J. R. Holmes, B. B. Stewart, and J. S. MacKenzie, *J. Chem. Phys.*, 37, 2728 (1962).

99. J. B. Hynes and L. A. Bigelow, *J. Am. Chem. Soc.*, 84, 2751 (1962).

100. C. G. Krespan, *J. Org. Chem.*, 27, 1813 (1962).

101. C. G. Krespan, *J. Org. Chem.*, 27, 3588 (1962).

102. C. G. Krespan and C. M. Langkammerer, *J. Org. Chem.*, 27, 3584 (1962).

103. C. I. Merrill, S. M. Williamson, G. H. Cady, and D. F. Eggers, Jr., *Inorg. Chem.*, 1, 215 (1962).

104. J. H. Noggle, J. D. Baldeschwieler, and C. B. Colburn, *J. Chem. Phys.*, 37, 182 (1962).

105. G. A. Olah, S. J. Kuhn, W. S. Tolgyesi, and E. B. Baker, *J. Am. Chem. Soc.*, 84, 2733 (1962).

106. G. W. Parshall and G. Wilkinson, *J. Chem. Soc.*, 1132 (1962).

107. S. Proskow, U.S. Pat. No. 3,026,304, 1962.

108. C. A. Reilly, *J. Chem. Phys.*, 37, 456 (1962).

109. M. T. Rogers and J. D. Graham, *J. Am. Chem. Soc.*, 84, 3666 (1962).

110. R. M. Rosenberg and E. L. Muetterties, *Inorg. Chem.*, 1, 756 (1962).

111. D. Seyferth and T. Wada, *Inorg. Chem.*, 1, 78 (1962).

112. D. Seyferth, T. Wada, and G. E. Maciel, *Inorg. Chem.*, 1, 232 (1962).

113. W. A. Shepard, *J. Am. Chem. Soc.*, 84, 3058 (1962).

114. R. D. Smith, F. S. Fawcett, and D. D. Coffman, *J. Am. Chem. Soc.*, 84, 4285 (1962).

115. G. V. D. Tiers, *J. Am. Chem. Soc.*, 84, 3972 (1962).

116. G. V. D. Tiers, *J. Phys. Chem.*, 66, 764 (1962).

117. G. V. D. Tiers, *J. Phys. Chem.*, 66, 945 (1962).

118. G. V. D. Tiers, *J. Phys. Chem.*, 66, 1192 (1962).

119. P. M. Treichel, E. Pitcher, and F. G. A. Stone, *Inorg. Chem.*, 1, 511 (1962).

120. J. A. Young, W. S. Durrell, and R. D. Dresdner, *J. Am. Chem. Soc.*, 84, 2105 (1962).

121. P. E. Aldrich, E. G. Howard, W. J. Linn, W. J. Middleton, and W. H. Sharkey, *J. Org. Chem.*, 28, 184 (1963).

122. L. G. Alexakos, *Dissertation Abstr.*, 24, 89 (1963).

123. L. G. Alexakos, C. D. Cornwell, and S. B. Pierce, *Proc. Chem. Soc.*, 341 (1963).

124. S. K. Alley, Jr. and R. L. Scott, *J. Chem. Eng. Data*, 8, 117 (1963).

125. G. Aruldhas and P. Venkateswarlu, *Mol. Phys.*, 7, 65 (1963).

126. G. Aruldhas and P. Venkateswarlu, *Mol. Phys.*, 7, 77 (1963).

127. B. C. Bishop, J. B. Hynes, and L. A. Bigelow, *J. Am. Chem. Soc.*, 85, 1606 (1963).

128. R. Blinc, P. Podnar, J. Slivnik, and B. Volavsek, *Phys. Letters*, 4, 124 (1963).

129. J. L. Boston, S. O. Grim, and G. Wilkinson, *J. Chem. Soc.*, 3468 (1963).

130. A. J. R. Bourn, D. G. Gillies, and E. W. Randall, *Proc. Chem. Soc.*, 200 (1963).

131. T. H. Brown, E. B. Whipple, and P. H. Verdier, *Science*, 140, 178 (1963).

132. S. Brownstein, A. M. Eastham, and G. A. Latremoille, *J. Phys. Chem.*, 67, 1028 (1963).

133. C. L. Bumgardner, *J. Org. Chem.*, 28, 3225 (1963).

134. D. T. Carr, *Dissertation Abstr.*, 23, 3643 (1963).

135. R. D. Chambers, J. Heyes, and W. K. R. Musgrave, *Tetrahedron*, 19, 891 (1963).

136. H. C. Clark, J. T. Kwon, L. W. Reeves, and E. J. Wells, *Can. J. Chem.*, 41, 3005 (1963).

137. M. J. S. Dewar, R. C. Fahey, and P. J. Grisdale, *Tetrahedron Letters*, 6, 343 (1963).

138. D. R. Eaton and W. A. Sheppard, *J. Am. Chem. Soc.*, 85, 1310 (1963).

139. E. A. V. Ebsworth and J. J. Turner, *J. Phys. Chem.*, 67, 805 (1963).

140. H. J. Emeléus and A. Haas, *J. Chem. Soc.*, 1272 (1963).

141. R. Ettinger and C. B. Colburn, *Inorg. Chem.*, 2, 1311 (1963).

142. R. Ettinger, *J. Phys. Chem.*, 67, 1558 (1963).

143. M. A. Fleming, *Dissertation Abstr.*, 24, 1385 (1963).

144. W. P. Gilbreath and G. H. Cady, *Inorg. Chem.*, 2, 496 (1963).

145. R. J. Gillespie and J. W. Quail, *Proc. Chem. Soc.*, 278 (1963).

146. H. S. Gutowksy and V. D. Mochel, *J. Chem. Phys.*, 39, 1195 (1963).

147. J. F. Harris, Jr. and F. W. Stacey, *J. Am. Chem. Soc.*, 85, 749 (1963).

148. R. K. Harris, *J. Mol. Spectr.*, 10, 309 (1963).

149. R. K. Harris and N. Sheppard, *Trans. Faraday Soc.*, 59, 606 (1963).

150. J. C. Hindman and A. Svirmickas, "Noble-Gas Compounds," University of Chicago Press, 1963, pp. 251-262.

151. R. R. Holmes and W. P. Gallagher, *Inorg. Chem.*, 2, 433 (1963).

152. J. B. Hynes, B. C. Bishop, P. Bandyopadhyay, and L. A. Bigelow, *J. Am. Chem. Soc.*, 85, 83 (1963).

153. J. B. Hynes, B. C. Bishop, and L. A. Bigelow, *J. Org. Chem.*, 28, 2811 (1963).

154. W. Mahler, *Inorg. Chem.*, 2, 230 (1963).

155. E. L. Muetterties, W. Mahler, and R. Schmutzler, *Inorg. Chem.*, 2, 613 (1963).

156. N. Muller and D. T. Carr, *J. Phys. Chem.*, 67, 112 (1963).

157. J. F. Nixon, *Chem. Ind. London*, 1555 (1963).

158. K. J. Packer and E. L. Muetterties, *J. Am. Chem. Soc.*, 85, 3035 (1963).

159. K. J. Packer, *J. Chem. Soc.*, 960 (1963).

160. L. Petrakis and H. J. Bernstein, *J. Chem. Phys.*, 38, 1562 (1963).

161. E. Pitcher, *Dissertation Abstr.*, 23, 2317 (1963).

162. R. O. Ragsdale and B. B. Stewart, *Inorg. Chem.*, 2, 1002 (1963).

163. J. K. Ruff, *Inorg. Chem.*, 2, 813 (1963).

164. A. C. Rutenberg, A. A. Palko, and J. S. Drury, *J. Am. Chem. Soc.*, 85, 2702 (1963).

165. A. C. Rutenberg, *Science*, 140, 993 (1963).

166. S. L. Stafford, *Can. J. Chem.*, 41, 807 (1963).

167. E. C. Stump, Jr., C. D. Padgett, and W. S. Brey, Jr., *Inorg. Chem.*, 2, 648 (1963).

168. B. Sukornick, R. F. Stahl, and J. Gorden, *Inorg. Chem.*, 2, 875 (1963).

169. R. W. Taft, E. Price, I. R. Fox, I. C. Lewis, K. K. Anderson, and G. T. Davis, *J. Am. Chem. Soc.*, 85, 709 (1963).

170. R. W. Taft, E. Price, I. R. Fox, I. C. Lewis, K. K. Anderson, and G. T. Davis, *J. Am. Chem. Soc.*, 85, 3146 (1963).

171. R. W. Taft, F. Prosser, L. Goodman, and G. T. Davis, *J. Chem. Phys.*, 38, 380 (1963).

172. R. H. Thomson and A. G. Wylie, *Proc. Chem. Soc.*, 65 (1963).

173. G. V. D. Tiers, *J. Phys. Chem.*, 67, 928 (1963).

174. P. M. Triechel, J. H. Morris, and F. G. A. Stone, *J. Chem. Soc.*, 720 (1963).

175. P. M. Treichel, M. A. Chaudhari, and F. G. A. Stone, *J. Organometal. Chem.*, 1, 98 (1963).

176. K. Weinmayr, *J. Org. Chem.*, 28, 492 (1963).

177. C. W. Wilson, III, *J. Polymer Sci.*, **A, 1**, 1305 (1963).

178. S. Andreades, *J. Am. Chem. Soc.*, 86, 2003 (1964).

179. E. V. Aroskar, M. T. Chaudhry, R. Stephens, and J. C. Tatlow, *J. Chem. Soc.*, 2975 (1964).

180. N. Bartlett, S. Beaton, L. W. Reeves, and E. J. Wells, *Can. J. Chem.*, 42, 2531 (1964).

181. B. C. Bishop, J. B. Hynes, and L. A. Bigelow, *J. Am. Chem. Soc.*, 86, 1827 (1964).

182. E. R. Bissel and D. B. Fields, *J. Org. Chem.*, 29, 1591 (1964).

183. P. Bladon, D. W. A. Sharp, and J. M. Winfield, *Spectrochim. Acta*, 20, 1033 (1964).

184. N. Boden, J. W. Emsley, J. Feeney, and L. H. Sutcliffe, *Mol. Phys.*, 8, 133 (1964).

185. N. Boden, J. W. Emsley, J. Feeney, and L. H. Sutcliffe, *Mol. Phys.*, 8, 467 (1964).

186. N. Boden, J. W. Emsley, J. Feeney, and L. H. Sutcliffe, *Proc. Royal Soc. London, Ser. A*, 282, 559 (1964).

187. F. A. Bovey, E. W. Anderson, F. P. Hood, and R. L. Kornegay, *J. Chem. Phys.*, 40, 3099 (1964).

188. T. H. Brown and P. H. Verdier, *J. Chem. Phys.*, 40, 2057 (1964).

189. C. L. Bumgardner, *Tetrahedron Letters*, 48, 3683 (1964).

190. J. J. Burke and T. R. Krugh, "A Table of F^{19} Chemical Shifts for a Variety of Compounds," Mellon Institute, Pittsburgh, Pa.

191. R. G. Cavell, *J. Chem. Soc.*, 1992 (1964).

192. R. G. Cavell and H. J. Emeléus, *J. Chem. Soc.*, 5825 (1964).

193. R. G. Cavell and H. J. Emeléus, *J. Chem. Soc.*, 5896 (1964).

194. R. G. Cavell and J. F. Nixon, *Proc. Chem. Soc.*, 229 (1964).

195. R. D. Chambers, J. Hutchinson, and W. K. R. Musgrave, *J. Chem. Soc.*, 3737 (1964).

196. R. D. Chambers and T. Chivers, *J. Chem. Soc.*, 4782 (1964).

197. R. D. Chambers, J. Hutchinson, and W. K. R. Musgrave, *J. Chem. Soc.*, 5634 (1964).

198. K. O. Christe and A. E. Pavlath, *Chem. Ber.*, 97, 2092 (1964).

199. M. M. Crutchfield, C. F. Callis, and J. R. Van Wazer, *Inorg. Chem.*, **3**, 280 (1964).

200. W. R. Cullen and R. G. Hayter, *J. Am. Chem. Soc.*, 86, 1030 (1964).

201. P. A. W. Dean and D. F. Evans, *Proc. Chem. Soc.*, 407 (1964).

202. M. Y. DeWolf and J. D. Baldeschwieler, *J. Mol. Spectr.*, 13, 344 (1964).

203. T. J. Dougherty, *J. Am. Chem. Soc.*, 86, 2236 (1964).

204. L. C. Duncan and G. H. Cady, *Inorg. Chem.*, 3, 1045 (1964).

205. T. C. Farrar and T. D. Coyle, *J. Chem. Phys.*, 41, 2612 (1964).

206. F. S. Fawcett and R. D. Lipscomb, *J. Am. Chem. Soc.*, 86, 2576 (1964).

207. D. E. Fenton, D. G. Gillies, A. G. Massey, and E. W. Randall, *Nature*, 201, 818 (1964).

208. P. E. Francis and I. J. Lawrenson, *J. Inorg. Nucl. Chem.*, 26, 1462 (1964).

209. G. Franz and F. Neumayr, *Inorg. Chem.*, 3, 921 (1964).

210. S. A. Fuqua, R. M. Parkhurst, and R. M. Silverstein, *Tetrahedron*, 20, 1625 (1964).

211. R. J. Gillespie and R. A. Rothenbury, *Can. J. Chem.*, 42, 416 (1964).

212. J. Grobe, *Z. Anorg. Allgem. Chem.*, 331, 63 (1964).

213. D. G. Holland, G. J. Moore, and C. Tamborski, *J. Org. Chem.*, 29, 1562 (1964).

214. D. G. Holland, G. J. Moore, and C. Tamborski, *J. Org. Chem.*, 29, 3042 (1964).

215. R. R. Holmes, R. P. Carter, Jr., and G. E. Peterson, *Inorg. Chem.*, 3, 1748 (1964).

216. J. Jullien, J. Martin, and R. Ramanadin, *Bull. Soc. Chim. France*, 171 (1964).

217. R. B. King and M. B. Bisnette, *J. Organometal. Chem.*, 2, 38 (1964).

218. A. L. Logothetis, *J. Org. Chem.*, 29, 3049 (1964).

219. M. Lustig, C. L. Bumgardner, F. A. Johnson, and J. K. Ruff, *Inorg. Chem.*, 3, 1165 (1964).

220. G. E. Maciel, *J. Am. Chem. Soc.*, 86, 1269 (1964).

221. W. Mahler, *J. Am. Chem. Soc.*, 86, 2306 (1964).

222. D. W. McBride, E. Dudek, and F. G. A. Stone, *J. Chem. Soc.*, 1752 (1964).

223. J. A. McCleverty and G. Wilkinson, *J. Chem. Soc.*, 4200 (1964).

224. R. A. Mitsch, *J. Heterocyclic Chem.*, 1, 59 (1964).

225. E. L. Muetterties, W. Mahler, and R. Schmutzler, *Inorg. Chem.*, 3, 1298 (1964).

226. E. L. Muetterties and K. J. Packer, *J. Am. Chem. Soc.*, 86, 293 (1964).

227. P. E. Newallis and E. J. Rumanowski, *J. Org. Chem.*, 29, 3114 (1964).

228. J. F. Nixon and R. G. Cavell, *J. Chem. Soc.*, 5983 (1964).

229. J. P. Oliver, U. V. Rao, and M. T. Emerson, *Tetrahedron Letters*, 46, 3419 (1964).

230. G. W. Parshall, *J. Am. Chem. Soc.*, 86, 5367 (1964).

231. K. C. Ramey and W. S. Brey, Jr., *J. Chem. Phys.*, 40, 2349 (1964).

232. M. D. Rausch and J. R. Van Wazer, *Inorg. Chem.*, 3, 761 (1964).

233. D. R. Sayers, R. Stephens, and J. C. Tatlow, *J. Chem. Soc.*, 3035 (1964).

234. R. Schmutzler, *Angew. Chem. Intern Ed. Engl.*, 3, 513 (1964).

235. R. Schmutzler, *Angew. Chem. Intern. Ed. Engl.*, 3, 753 (1964).

236. R. Schmutzler, *J. Am. Chem. Soc.*, 86, 4500 (1964).

237. R. Schmutzler, *J. Chem. Soc.*, 4551 (1964).

238. F. Seel, R. Budenz, and D. Werner, *Chem. Ber.*, 97, 1369 (1964).

239. W. C. Soloman and L. A. Dee, *J. Org. Chem.*, 29, 2790 (1964).

240. T. E. Stevens and J. P. Freeman, *J. Org. Chem.*, 29, 2279 (1964).

241. E. C. Stump, Jr. and C. D. Padgett, *Inorg. Chem.*, 3, 610 (1964).

242. H. Suhr, *Ber. Bunsenges. Chem.*, 68, 169 (1964).

243. S. W. Tobey and R. West, *J. Am. Chem. Soc.*, 86, 4215 (1964).

244. J. R. Van Wazer, K. Moedritzer, and D. W. Matula, *J. Am. Chem. Soc.*, 86, 807 (1964).

245. H. G. Viehe, R. Merényi, J. F. M. Oth, and P. Valange, *Angew. Chem. Intern. Ed. Engl.*, 3, 746 (1964).

246. H. G. Viehe, R. Merényi, J. F. M. Oth, J. R. Senders, and P. Valange, *Angew. Chem. Intern. Ed. Engl.*, 3, 755 (1964).

247. N. L. Allinger and E. S. Jones, *J. Org. Chem.*, 30, 2165 (1965).

248. R. E. Banks, R. N. Haszeldine, J. V. Latham, and I. M. Young, *J. Chem. Soc.*, 594 (1965).

249. R. E. Banks, R. N. Haszeldine, and D. R. Taylor, *J. Chem. Soc.*, 978 (1965).

250. R. E. Banks, R. N. Haszeldine, and D. R. Taylor, *J. Chem. Soc.*, 5602 (1965).

251. R. E. Banks and E. D. Burling, *J. Chem. Soc.*, 6077 (1965).

252. R. E. Banks, M. G. Barlow, and R. N. Haszeldine, *J. Chem. Soc.*, 6149 (1965).

253. R. E. Banks, M. G. Barlow, R. N. Haszeldine, and M. K. McCreath, *J. Chem. Soc.*, 7203 (1965).

254. T. N. Bell, R. N. Haszeldine, M. J. Newlands, and J. B. Plumb, *J. Chem. Soc.*, 2107 (1965).

255. M. Bellas and H. Suschitzky, *Chem. Commun.*, 15, 367 (1965).

256. W. D. Blackley and R. R. Reinhard, *J. Am. Chem. Soc.*, 87, 802 (1965).

257. N. Boden, J. Feeney, and L. H. Sutcliffe, *Spectrochim. Acta*, 21, 627 (1965).

258. W. R. Brasen, H. N. Cripps, C. G. Bottomley, M. W. Farlow, and C. G. Krespan, *J. Org. Chem.*, 30, 4188 (1965).

259. G. M. Brooke and W. K. R. Musgrave, *J. Chem. Soc.*, 1864 (1965).

260. S. Brownstein and J. Paasivirta, *Can. J. Chem.*, 43, 1645 (1965).

261. J. Burdon, W. B. Hollyhead, and J. C. Tatlow, *J. Chem. Soc.*, 5152 (1965).

262. R. D. Chambers and T. Chivers, *J. Chem. Soc.*, 3933 (1965).

263. R. D. Chambers, J. Hutchinson, and W. K. R. Musgrave, *J. Chem. Soc.*, 5040 (1965).

264. R. D. Chambers, F. G. Drakesmith, and W. K. R. Musgrave, *J. Chem. Soc.*, 5045 (1965).

265. R. D. Chambers, T. Chivers, and D. A. Pyke, *J. Chem. Soc.*, 5144 (1965).

266. K. O. Kriste and A. E. Pavlath, *J. Org. Chem.*, 30, 1639 (1965).

267. K. O. Criste and A. E. Pavlath, *J. Org. Chem.*, 30, 1644 (1965).

268. K. O. Criste and A. E. Pavlath, *J. Org. Chem.*, 30, 3170 (1965).

269. K. O. Criste and A. E. Pavlath, *J. Org. Chem.*, 30, 4104 (1965).

270. E. Ciganek, *J. Am. Chem. Soc.*, 87, 1149 (1965).

271. A. B. Clayton, J. Roylance, D. R. Sayers, R. Stephens, and J. C. Tatlow, *J. Chem. Soc.*, 7358 (1965).

272. A. B. Clayton, R. Stephens, and J. C. Tatlow, *J. Chem. Soc.*, 7370 (1965).

273. C. S. Cleaver and C. G. Krespan, *J. Am. Chem. Soc.*, 87, 3716 (1965).

274. A. F. Clifford and C. S. Kobayaski, *Inorg. Chem.*, 4, 571 (1965).

275. B. Cohen, A. J. Edwards, M. Mercer, and R. D. Peacock, *Chem. Commun.*, 14, 322 (1965).

276. C. B. Colburn, F. A. Johnson, and C. Haney, *J. Chem, Phys.*, 43, 4526 (1965).

277. A. K. Colter, I. I. Schuster, and R. J. Kurland, *J. Am. Chem. Soc.*, 87, 2278 (1965).

278. W. R. Cullen, D. S. Dawson, and G. E. Styan, *Can. J. Chem.*, 43, 3392 (1965).

279. W. R. Cullen and G. E. Styan, *Inorg. Chem.*, 4, 1437 (1965).

280. W. R. Cullen, D. S. Dawson, and G. E. Styan, *J. Organometal. Chem.*, 3, 406 (1965).

281. W. R. Cullen and G. E. Styan, *J. Organometal. Chem.*, 4, 151 (1965).

282. A. Demiel, *J. Org. Chem.*, 30, 2121 (1965).

283. A. H. Dinwoddie and R. N. Haszeldine, *J. Chem. Soc.*, 1681 (1965).

284. R. D. Dresdner, J. S. Johar, J. Merritt, and C. S. Patterson, *Inorg. Chem.*, 4, 678 (1965).

285. R. D. Dresdner, J. Merritt, and J. P. Royal, *Inorg. Chem.*, 4, 1228 (1965).

286. R. D. Dresdner, F. N. Tlumac, and J. A. Young, *J. Org. Chem.*, 30, 3524 (1965).

287. J. W. Emsley, *Mol. Phys.*, 9, 381 (1965).

288. D. F. Evans, W. P. Griffith, and L. Pratt, *J. Chem. Soc.*, 2182 (1965).

289. F. S. Fawcett and W. A. Sheppard, *J. Am. Chem. Soc.*, 87, 4341 (1965).

290. W. J. Feast and R. Stephens, *J. Chem. Soc.*, 3502 (1965).

291. W. J. Feast and R. Stephens, *J. Chem. Soc.*, 5493 (1965).

292. D. E. Fenton and A. G. Massey, *J. Inorg. Nucl. Chem.*, 27, 329 (1965).

293. D. E. Fenton and A. G. Massey, *Tetrahedron*, 21, 3009 (1965).

294. W. C. Firth, S. Frank, M. Garber, and V. P. Wystrach, *Inorg. Chem.*, 4, 765 (1965).

295. W. H. Flygare, *J. Chem. Phys.*, 42, 1157 (1965).

296. G. W. Frazer and J. M. Shreeve, *Inorg. Chem.*, 4, 1497 (1965).

297. S. A. Fuqua, W. G. Duncan, and R. M. Silverstein, *J. Org. Chem.*, 30, 2543 (1965).

298. G. Fuller, *J. Chem. Soc.*, 6264 (1965).

299. D. M. Gale, W. J. Middleton, and C. G. Krespan, *J. Am. Chem. Soc.*, 87, 657 (1965).

300. F. Gozzo and G. Carraro, *Nature*, 206, 507 (1965).

301. M. Green, R. N. Haszeldine, B. R. Iles, and D. G. Rowsell, *J. Chem. Soc.*, 6879 (1965).

302. C. W. Haigh, M. H. Palmer, and B. Semple, *J. Chem. Soc.*, 6004 (1965).

303. L. D. Hall and J. F. Manville, *Chem. Ind. London*, 991 (1965).

304. D. F. Harnish, *Dissertation Abstr.*, 25, 5547 (1965).

305. R. N. Haszeldine and A. E. Tipping, *J. Chem. Soc.*, 6141 (1965).

306. M. F. Hawthorne, T. E. Berry, and P. A. Wegner, *J. Am. Chem. Soc.*, 87, 4746 (1965).

307. C. W. Heitsch, *Inorg. Chem.*, 4, 1019 (1965).

308. G. J. Janz, N. A. Gac, A. R. Monahan, and W. J. Leahy, *J. Org. Chem.*, 30, 2075 (1965).

309. A. F. Janzen and C. J. Willis, *Can. J. Chem.*, 43, 3063 (1965).

310. P. W. Jolly, M. I. Bruce, and F. G. A. Stone, *J. Chem. Soc.*, 5830 (1965).

311. J. Jonas and H. S. Gutowsky, *J. Chem. Phys.*, 42, 140 (1965).

312. R. B. King and A. Fronzaglia, *Chem. Commun.*, 21, 547 (1965).

313. I. J. Lawrenson, *J. Chem. Soc.*, 1117 (1965).

314. J. Lee and K. G. Orrell, *J. Chem. Soc.*, 582 (1965).

315. J. Lee and K. G. Orrell, *Trans. Faraday Soc.*, 61, 2342 (1965).

316. M. Lustig, *Inorg. Chem.*, 4, 104 (1965).

317. M. Lustig and J. K. Ruff, *Inorg. Chem.*, 4, 1441 (1965).

318. M. Lustig and J. K. Ruff, *Inorg. Chem.*, 4, 1444 (1965).

319. M. Lustig, *Inorg. Chem.*, 4, 1828 (1965).

320. W. Mahler and E. L. Muetterties, *Inorg. Chem.*, 4, 1520 (1965).

321. F. Schreiner, J. G. Malm, and J. C. Hindman, *J. Am. Chem. Soc.*, 87, 25 (1965).

322. M. J. Mays and G. Wilkinson, *J. Chem. Soc.*, 6629 (1965).

323. R. F. Merritt and J. K. Ruff, *J. Org. Chem.*, 30, 328 (1965).

324. R. F. Merritt, *J. Org. Chem.*, 30, 4367 (1965).

325. W. J. Middleton, *J. Org. Chem.*, 30, 1307 (1965).

326. W. J. Middleton, E. G. Howard, and W. H. Sharkey, *J. Org. Chem.*, 30, 1375 (1965).

327. W. J. Middleton and W. H. Sharkey, *J. Org. Chem.*, 30, 1384 (1965).

328. W. J. Middleton, *J. Org. Chem.*, 30, 1390 (1965).

329. W. J. Middleton, *J. Org. Chem.*, 30, 1395 (1965).

330. W. J. Middleton and C. G. Krespan, *J. Org. Chem.*, 30, 1398 (1965).

331. W. J. Middleton, *J. Org. Chem.*, 30, 1402 (1965).

332. R. A. Mitsch, *J. Am. Chem. Soc.*, 87, 328 (1965).

333. R. A. Mitsch, *J. Am. Chem. Soc.*, 87, 758 (1965).

334. R. A. Mitsch and J. E. Robertson, *J. Heterocyclic Chem.*, 2, 152 (1965).

335. C. G. Moreland, *Dissertation Abstr.*, 25, 5586 (1965).

336. J. J. Moscony and A. G. MacDiarmid, *Chem. Commun.*, 14, 307 (1965).

337. D. Moy and A. R. Young, II, *J. Am. Chem. Soc.*, 87, 1889 (1965).

338. R. W. Murray and M. L. Kaplan, *Tetrahedron Letters*, 33, 2903 (1965).

339. J. F. Nixon, *J. Chem. Soc.*, 777 (1965).

340. J. F. Nixon, *J. Inorg. Nucl. Chem.*, 27, 1281 (1965).

341. R. E. Noftle and G. H. Cady, *Inorg. Chem.*, 4, 1010 (1965).

342. G. W. Parshall, *J. Am. Chem. Soc.*, 87, 2133 (1965).

343. G. W. Parshall, *Inorg. Chem.*, 4, 52 (1965).

344. J. H. Prager and P. G. Thompson, *J. Am. Chem. Soc.*, 87, 230 (1965).

345. R. O. Ragsdale and B. B. Stewart, *Inorg. Chem.*, 4, 740 (1965).

346. G. S. Reddy and R. Schmutzler, *Z. Naturforsch*, 20b, 104 (1965).

347. G. S. Reddy and R. Schmutzler, *Z. Naturforsch*, 20b, 832 (1965).

348. J. K. Ruff, *Inorg. Chem.*, 4, 1788 (1965).

349. A. C. Rutenberg and A. A. Palko, *J. Phys. Chem.*, 69, 527 (1965).

350. W. H. Saunders, Jr., S. R. Fahrenholtz, E. A. Caress, J. P. Lowe, and M. Schreiber, *J. Am. Chem. Soc.*, 87, 3401 (1965).

351. R. Schmutzler, *Angew. Chem. Intern. Ed. Engl.*, 4, 496 (1965).

352. R. Schmutzler, *Chem. Ber.*, 98, 552 (1965).

353. R. Schmutzler and G. S. Reddy, *Inorg. Chem.*, 4, 192 (1965).

354. R. Schmutzler, *J. Chem. Soc.*, 5630 (1965).

355. J. A. Sedlak and K. Matsuda, *J. Polymer Sci.*, A, 3, 2329 (1965).

356. W. A. Sheppard, *J. Am. Chem. Soc.*, 87, 2410 (1965).

357. W. A. Sheppard, *J. Am. Chem. Soc.*, 87, 4338 (1965).

358. J. M. Shreeve, L. C. Duncan, and G. H. Cady, *Inorg. Chem.*, 4, 1516 (1965).

359. O. W. Steward and O. R. Pierce, *J. Organometal. Chem.*, 4, 138 (1965).

360. R. F. Stockel, M. T. Beachem, and F. H. Megson, *J. Org. Chem.*, 30, 1629 (1965).

361. G. F. Svatos and E. E. Flagg, *Inorg. Chem.*, 4, 422 (1965).

362. R. W. Taft, G. B. Klingensmith, and S. Ehrenson, *J. Am. Chem. Soc.*, 87, 3620 (1965).

363. R. L. Talbott, *J. Org. Chem.*, 30, 1429 (1965).

364. P. L. Timms, R. A. Kent, T. C. Ehlert, and J. L. Margrave, *J. Am. Chem. Soc.*, 87, 2824 (1965).

365. P. L. Timms, T. C. Ehlert, J. L. Margrave, F. E. Brinckman, T. C. Farrar, and T. D. Coyle, *J. Am. Chem. Soc.*, 87, 3819 (1965).

366. P. M. Treichel and G. Werber, *Inorg. Chem.*, 4, 1098 (1965).

367. N. Welcman and H. Regev, *J. Chem. Soc.*, 7511 (1965).

368. H. F. White, *Anal. Chem.*, 37, 403 (1965).

369. R. A. Wiesboeck and J. K. Ruff, *Inorg. Chem.*, 4, 123 (1965).

370. J. B. Wilford and F. G. A. Stone, *Inorg. Chem.*, 4, 93 (1965).

371. J. B. Wilford, A. Forster, and F. G. A. Stone, *J. Chem. Soc.*, 6519 (1965).

372. C. W. Wilson, III and E. R. Santee, Jr., *J. Polymer Sci.*, Part C, 97 (1965).

373. B. Atkinson and P. B. Stockwell, *J. Chem. Soc.*, 740 (1966).

374. E. B. Baker, *J. Chem. Phys.*, 45, 609 (1966).

375. R. E. Banks, M. G. Barlow, W. R. Deem, R. N. Haszeldine, and D. R. Taylor, *J. Chem. Soc. (C)*, 981 (1966).

376. R. E. Banks, G. M. Haslam, R. N. Haszeldine, and A. Peppin, *J. Chem. Soc. (C)*, 1171 (1966).

377. R. E. Banks, R. N. Haszeldine, and J. P. Lalu, *J. Chem. Soc. (C)*, 1514 (1966).

378. R. E. Banks, W. R. Deem, R. N. Haszeldine, and D. R. Taylor, *J. Chem. Soc. (C)*, 2051 (1966).

379. R. E. Banks and G. J. Moore, *J. Chem. Soc. (C)*, 2304 (1966).

380. C. G. Barlow and J. F. Nixon, *J. Chem. Soc. (A)*, 228 (1966).

381. M. G. Barlow, M. Green, R. N. Haszeldine, and H. G. Higson, *J. Chem. Soc. (B)*, 1025 (1966).

382. N. Bartlett, J. Passmore, and E. J. Wells, *Chem. Commun.*, 7, 213 (1966).

383. K. Baum and H. M. Nelson, *J. Am. Chem. Soc.*, 88, 4459 (1966).

384. G. A. Boswell, Jr., *J. Org. Chem.*, 31, 991 (1966).

385. N. M. D. Brown and P. Bladon, *Chem. Commun.*, 10, 304 (1966).

386. D. H. Brown, G. W. Fraser, and D. W. A. Sharp, *J. Chem. Soc. (A)*, 171 (1966).

387. M. I. Bruce, P. W. Jolly, and F. G. A. Stone, *J. Chem. Soc. (A)*, 1602 (1966).

388. M. I. Bruce and F. G. A. Stone, *J. Chem. Soc. (A)*, 1837 (1966).

389. G. M. Burch and J. R. Van Wazer, *J. Chem. Soc. (A)*, 586 (1966).

390. D. J. Burton, R. L. Johnson, and R. T. Bogan, *Can. J. Chem.*, 44, 635 (1966).

391. D. D. Callander, P. L. Coe, M. F. S. Matough, E. F. Mooney, A. J. Uff, and P. H. Winson, *Chem. Commun.*, 22, 820 (1966).

392. G. Camaggi, F. Gozzo, and G. Cevidalli, *Chem. Commun.*, 10, 313 (1966).

393. R. D. Chambers, J. A. H. MacBride, and W. K. R. Musgrave, *Chem. Ind. London*, 904 (1966).

394. R. D. Chambers, J. Hutchinson, and W. K. R. Musgrave, *J. Chem. Soc. (C)*, 220 (1966).

395. T. L. Charlton and R. G. Cavell, *Chem. Commun.*, 20, 763 (1966).

396. H. C. Clark, J. D. Cotton, and J. H. Tsai, *Can. J. Chem.*, 44, 903 (1966).

397. B. Cohen, T. R. Hooper, and R. D. Peacock, *Chem. Commun.*, 1, 32 (1966).

398. D. I. Cook, R. Fields, M. Green, R. N. Haszeldine, B. R. Lles, A. Jones, and M. J. Newlands, *J. Chem. Soc. (A)*, 887 (1966).

399. J. J. Delfino and J. M. Shreeve, *Inorg. Chem.*, 5, 308 (1966).

400. D. D. DesMarteau and G. H. Cady, *Inorg. Chem.*, 5, 169 (1966).

401. D. D. DesMarteau and G. H. Cady, *Inorg. Chem.*, 5, 1829 (1966).

402. M. J. S. Dewar and A. P. Marchand, *J. Am. Chem. Soc.*, 88, 3318 (1966).

403. R. C. Dobbie and H. J. Emeléus, *J. Chem. Soc. (A)*, 933 (1966).

404. R. C. Dobbie, *J. Chem. Soc. (A)*, 1555 (1966).

405. D. H. Dybvig, *Inorg. Chem.*, 5, 1795 (1966).

406. D. S. Dyer and R. O. Ragsdale, *Chem. Commun.*, 17, 601 (1966).

407. J. Dyer and J. Lee, *Trans. Faraday Soc.*, 62, 257 (1966).

408. H. J. Emeléus and T. Onak, *J. Chem. Soc. (A)*, 1291 (1966).

409. H. J. Emeléus and J. M. Miller, *J. Inorg. Nucl. Chem.*, 28, 662 (1966).

410. H. J. Emeléus and B. W. Tattershall, *J. Inorg. Nucl. Chem.*, 28, 1823 (1966).

411. J. W. Emsley and L. Phillips, *Mol. Phys.*, 11, 437 (1966).

412. D. C. England and C. G. Krespan, *J. Am. Chem. Soc.*, 88, 5582 (1966).

413. D. F. Evans and M. S. Khan, *Chem. Commun.*, 3, 67 (1966).

414. W. J. Feast, D. R. A. Perry, and R. Stephens, *Tetrahedron*, 22, 433 (1966).

415. J. Feeney, L. H. Sutcliffe, and S. M. Walker, *Mol. Phys.*, 11, 117 (1966).

416. J. Feeney, L. H. Sutcliffe, and S. M. Walker, *Mol. Phys.*, 11, 129 (1966).

417. J. Feeney, L. H. Sutcliffe, and S. M. Walker, *Mol. Phys.*, 11, 137 (1966).

418. W. B. Fox, J. S. MacKenzie, N. Vanderkooi, B. Sukornick, C. A. Wamser, J. R. Holmes, R. E. Eibeck, and B. B. Stewart, *J. Am. Chem. Soc.*, 88, 2604 (1966).

419. D. M. Gale, W. J. Middleton, and C. G. Krespan, *J. Am. Chem. Soc.*, 88, 3617 (1966).

420. R. Gardaix-Lavielle, J. Jullien, and H. Stahl-Larivière, *Bull. Soc. Chem. France*, 5, 1771 (1966).

421. V. W. Gash and D. J. Bauer, *J. Org. Chem.*, 31, 3602 (1966).

422. R. J. Gillespie and K. C. Moss, *J. Chem. Soc. (A)*, 1170 (1966).

423. W. H. Graham, *J. Am. Chem. Soc.*, 88, 4677 (1966).

424. D. P. Graham and W. B. McCormack, *J. Org. Chem.*, 31, 958 (1966).

425. M. Green, R. B. L. Osborn, A. J. Rest, and F. G. A. Stone, *Chem. Commun.*, 15, 502 (1966).

426. N. N. Greenwood, K. A. Hooten, and J. Walker, *J. Chem. Soc. (A)*, 21 (1966).

427. V. Gutmann, E. Wychera, and F. Mairinger, *Monatsh.*, 97, 1265 (1966).

428. I. Haller, *J. Am. Chem. Soc.*, 88, 2070 (1966).

429. R. K. Harris and C. M. Woodman, *Mol. Phys.*, 10, 437 (1966).

430. R. N. Haszeldine and A. E. Tipping, *J. Chem. Soc. (C)*, 1236 (1966).

431. M. G. Hogben, R. S. Gay, and W. A. G. Graham, *J. Am. Chem. Soc.*, 88, 3457 (1966).

432. F. A. Hohorst and J. M. Shreeve, *Inorg. Chem.*, 5, 2069 (1966).

433. R. R. Holmes and R. N. Storey, *Inorg. Chem.*, 5, 2146 (1966).

434. J. Homer and L. F. Thomas, *J. Chem. Soc. (B)*, 141 (1966).

435. F. J. Hopton, A. J. Rest, D. T. Rosevear, and F. G. A. Stone, *J. Chem. Soc. (A)*, 1326 (1966).

436. H. G. Horn and A. Müller, *Z. Anorg. Allgem. Chem.*, 346, 266 (1966).

437. H. G. Horn, *Z. Naturforsch.*, 21b, 617 (1966).

438. R. B. Johannesen, T. C. Farrer, F. E. Brinckman, and T. D. Coyle, *J. Chem. Phys.*, 44, 962 (1966).

439. R. J. Koshar, D. R. Husted, and R. A. Meiklejohn, *J. Org. Chem.*, 31, 4232 (1966).

440. A. W. Laubengayer and G. F. Lengnick, *Inorg. Chem.*, 5, 503 (1966).

441. N. J. Lawrence, J. S. Ogden, and J. J. Turner, *Chem. Commun.*, 4, 102 (1966).

442. D. N. Lawson, M. J. Mays, and G. Wilkinson, *J. Chem. Soc. (A)*, 52 (1966).

443. A. L. Logothetis and G. N. Sausen, *J. Org. Chem.*, 31, 3689 (1966).

444. E. Lustig and P. Diehl, *J. Chem. Phys.*, 44, 2974 (1966).

445. J. T. Mague and G. Wilkinson, *J. Chem. Soc. (A)*, 1736 (1966).

446. S. L. Manatt, *J. Am. Chem. Soc.*, 88, 1323 (1966).

447. J. A. Martin, M. Chauvin, and J. Levisalles, *Tetrahedron Letters*, 25, 2879 (1966).

448. R. F. Merritt and F. A. Johnson, *J. Org. Chem.*, 31, 1859 (1966).

449. R. F. Merritt, *J. Org. Chem.*, 31, 3871 (1966).

450. R. A. Mitsch and P. H. Ogden, *J. Org. Chem.*, 31, 3833 (1966).

451. S. Mohanty and P. Venkateswarlu, *Mol. Phys.*, 11, 329 (1966).

452. L. O. Moore, *J. Org. Chem.*, 31, 3910 (1966).

453. W. P. Norris and W. G. Finnegan, *J. Org. Chem.*, 31, 3292 (1966).

454. H. Nöth and H. Vahrenkamp, *Chem. Ber.*, 99, 2757 (1966).

455. J. S. Ogden and J. J. Turner, *Chem. Ind. London*, 1295 (1966).

456. G. A. Olah and C. U. Pittman, Jr., *J. Am. Chem. Soc.*, 88, 3310 (1966).

457. G. W. Parshall, *J. Am. Chem. Soc.*, 88, 704 (1966).

458. W. H. Pirkle, *J. Am. Chem. Soc.*, 88, 1837 (1966).

459. J. H. Prager, *J. Org. Chem.*, 31, 392 (1966).

460. S. Proskow, H. E. Simmons, and T. L. Cairns, *J. Am. Chem. Soc.*, 88, 5254 (1966).

461. M. S. Raasch, *Chem. Commun.*, 16, 577 (1966).

462. F. Ramirez, C. P. Smith, and S. Meyerson, *Tetrahedron Letters*, 30, 3651 (1966).

463. B. G. Ramsey and R. W. Taft, *J. Am. Chem. Soc.*, 88, 3058 (1966).

464. G. S. Reddy and R. Schmutzler, *Inorg. Chem.*, 5, 164 (1966).

465. J. Reuben and A. Demiel, *J. Chem. Phys.*, 44, 2216 (1966).

466. W. B. Rose, J. W. Nebgen, and F. I. Metz, *Rev. Sci. Instr.*, 37, No. 2, 238 (1966).

467. R. W. Rudolph, R. C. Taylor, and R. W. Parry, *J. Am. Chem. Soc.*, 88, 3729 (1966).

468. J. K. Ruff, A. R. Pitochelli, and M. Lustig, *J. Am. Chem. Soc.*, 88, 4531 (1966).

469. O. Scherer, G. Hörlein, and H. Millauer, *Chem. Ber.*, 99, 1966 (1966).

470. R. F. Stockel, *Tetrahedron Letters*, 25, 2833 (1966).

471. C. Tamborski, E. J. Soloski, and J. P. Ward, *J. Org. Chem.*, 31, 4230 (1966).

472. J. C. Thompson, J. L. Margrave, and P. L. Timms, *Chem. Commun.*, 16, 502 (1966).

473. G. V. D. Tiers, *J. Chem. Phys.*, 66, 945 (1966).

474. P. L. Timms, D. D. Stump, R. A. Kent, and J. L. Margrave, *J. Am. Chem. Soc.*, 88, 940 (1966).

475. S. W. Tobey and R. West, *J. Am. Chem. Soc.*, 88, 2481 (1966).

476. H. F. White, *Anal. Chem.*, 38, 625 (1966).

477. R. A. Wiesboeck and J. K. Ruff, *Inorg. Chem.*, 5, 1629 (1966).

478. J. K. Williams, E. L. Martin, and W. A. Sheppard, *J. Org. Chem.*, 31, 919 (1966).

479. W. Adcock and M. J. S. Dewar, *J. Am. Chem. Soc.*, 89, 379 (1967).

480. G. H. Birum and C. N. Matthews, *Chem. Commun.*, 3, 137 (1967).

481. J. E. Bissey, H. Goldwhite, and D. G. Rowsell, *J. Org. Chem.*, 32, 1542 (1967).

482. S. K. Brauman and M. E. Hill, *J. Am. Chem. Soc.*, 89, 2127 (1967).

483. S. F. Campbell, A. G. Hudson, E. F. Mooney, A. E. Pedler, R. Stevens, and K. N. Wood, *Spectrochim. Acta*, 23A, 2119 (1967).

484. J. Cantacuzéne and D. Ricard, *Bull. Soc. Chim. France*, 5, 1587 (1967).

485. L. Cavalli, *J. Chem. Soc. (B)*, 384 (1967).

486. R. G. Cavell, *Can. J. Chem.*, 45, 1309 (1967).

487. H. C. Clark, N. Cyr, and J. H. Tsai, *Can. J. Chem.*, 45, 1073 (1967).

488. H. C. Clark and W. S. Tsang, *J. Am. Chem. Soc.*, 89, 533 (1967).

489. P. A. W. Dean and D. F. Evans, *J. Chem. Soc. (A)*, 698 (1967).

490. A. J. Downs and R. Schmutzler, *Spectrochim. Acta*, 23A, 681 (1967).

491. C. H. Dungan, unpublished results.

492. R. Fields, M. Green, and H. Jones, *J. Chem. Soc. (B)*, 270 (1967).

493. G. W. Fraser and J. M. Shreeve, *Inorg. Chem.*, 6, 1711 (1967).

494. C. S. Giam and R. W. Taft, *J. Am. Chem. Soc.*, 89, 2397 (1967).

495. R. J. Gillespie and J. S. Hartmann, *Can. J. Chem.*, 45, 859 (1967).

496. O. Glemser, H. W. Roesky, and P. R. Heinze, *Angew. Chem.*, 79, 153 (1967).

497. O. Glemser, H. W. Roesky, and P. R. Heinze, *Angew Chem. Intern. Ed. Engl.*, 6, 179 (1967).

498. O. Glemser, H. W. Roesky, and P. R. Heinze, *Angew. Chem. Intern. Ed. Engl.*, 6, 710 (1967).

499. W. H. Graham and J. P. Freeman, *J. Am. Chem. Soc.*, 89, 716 (1967).

500. M. Green and D. Kirkpatrick, *Chem. Commun.*, 2, 57 (1967).

501. A. Haas and H. Reinke, *Angew. Chem. Intern. Ed. Engl.*, 6, 705 (1967).

502. R. Haque and L. W. Reeves, *J. Am. Chem. Soc.*, 89, 250 (1967).

503. F. A. Hohorst and J. M. Shreeve, *J. Am. Chem. Soc.*, 89, 1809 (1967).

504. T. N. Huckerby, E. F. Mooney, and R. Stephens, *Tetrahedron*, 23, 709 (1967).

505. F. A. Johnson, C. Haney, and T. E. Stevens, *J. Org. Chem.*, 32, 466 (1967).

506. M. J. Jullien and H. Stahl-Larivière, *Bull. Soc. Chim. France*, 1, 99 (1967).

507. J. Lee and K. G. Orrell, *Trans. Faraday Soc.*, 63, 16 (1967).

508. M. Lustig and W. E. Hill, *Inorg. Chem.*, 6, 1448 (1967).

509. M. Lustig, A. R. Pitochelli, and J. K. Ruff, *J. Am. Chem. Soc.*, 89, 2841 (1967).

510. R. F. Merritt and F. A. Johnson, *J. Org. Chem.*, 32, 416 (1967).

511. R. F. Merritt, *J. Org. Chem.*, 32, 1633 (1967).

512. G. A. Olah and M. B. Comisarow, *J. Am. Chem. Soc.*, 89, 1027 (1967).

513. G. A. Olah, R. D. Chambers, and M. B. Comisarow, *J. Am. Chem. Soc.*, 89, 1268 (1967).

514. G. W. Parshall, *J. Am. Chem. Soc.*, 89, 1822 (1967).

APPENDIX I

F^{19} NMR REFERENCE STANDARDS LIST

Reference Number	Compound	δ(ppm) Relative to $CFCl_3$
1.	$CFCl_3$	0.00
2.	CF_3COOH	76.55
3.	C_6H_5F	113.15
4.	CF_3Cl	28.6
5.	F_2	-422.92
6.	C_6F_6	164.9
7.	CH_2FCN	251.
8.	$CFCl_2CFCl_2$	67.80
9.	$C_6H_5CF_3$	63.72
10.	SiF_4	163.3
11.	SF_6	-57.42
12.	$S_2O_5F_2$	-47.2
13.	$(CF_3)_2CO$	84.6
14.	p-$\underline{F}C_6H_4\underline{F}$	106.0
15.	BF_3	131.3
16.	$IF_4\underline{F}$ *(equat. fluorine)*	-58.9
17.	$(CH_3)_2O \cdot BF_3$	158.3
18.	$(C_2H_5)_2O \cdot BF_3$	153.
19.	AsF_3	40.6
20.	C_4F_8	135.15
21.	$(C_2H_5)_2SiF_2$	143.0
22.	$CFBr_3$	-7.38
23.	C_5F_{10}	132.9

F^{19} NMR REFERENCE STANDARD LIST (cont.)

Reference Number	Compound	δ(ppm) Relative to $CFCl_3$
24.	$CFCl_2C\underline{F}_2Cl$	68.03
25.	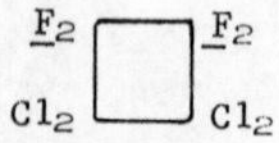	114.49
26.	CH_2FCN	251.
27.	HF	204.
28.	$C\underline{F}_3CF_2COOH$	83.55
29.	$C_2H_5C(O)CF_3$	68.9
30.	CF_2HCOOH	130.42
31.	CF_4	62.5
32.	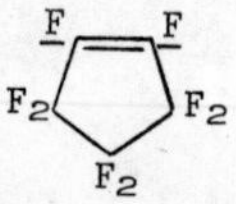	150.0
33.	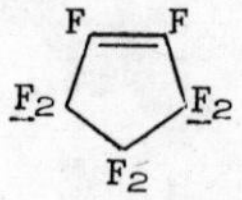	117.8
34.	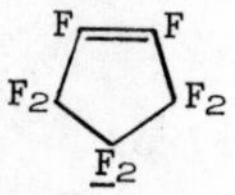	130.1
35.	$C_6H_5SO_2CF_3$	79.3
36.	$C_6H_5OCF_3$	58.4
37.	$C_6H_5SCF_3$	43.2
38.	F^- anion *(aqueous KF)*	125.3

F^{19} NMR REFERENCE STANDARD LIST (cont.)

Reference Number	Compound	δ(ppm) Relative to $CFCl_3$
39.	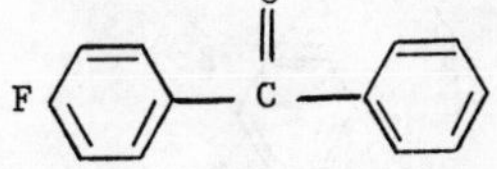	106.46
40.	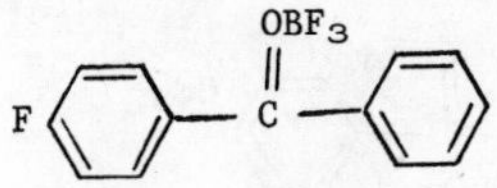	95.53
41.	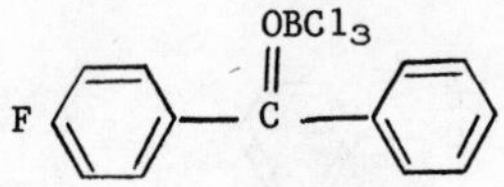	91.95
42.	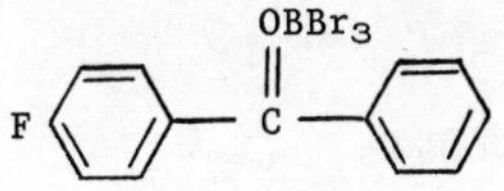	90.20
43.	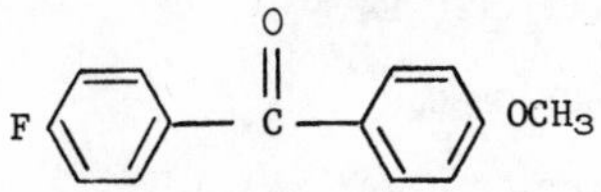	107.37
44.	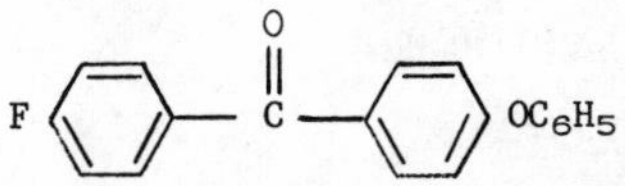	106.91
45.	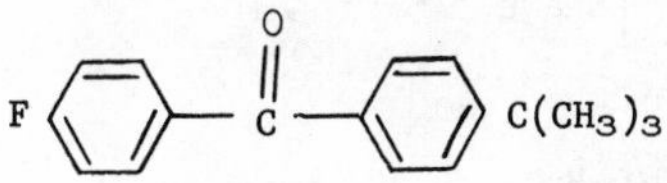	106.87
46.	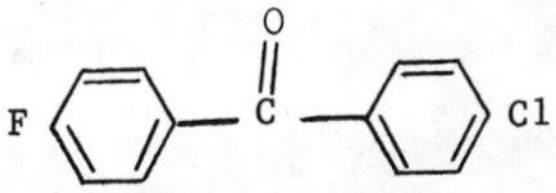	105.94
47.	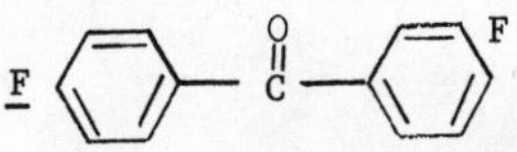	105.71
48.	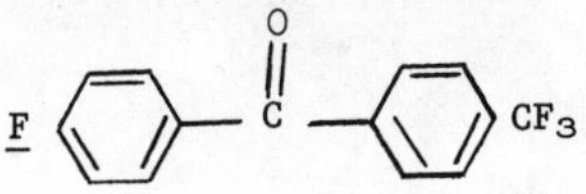	105.14

F^{19} NMR REFERENCE STANDARD LIST (cont.)

Reference Number	Compound	δ(ppm) Relative to $CFCl_3$
49.	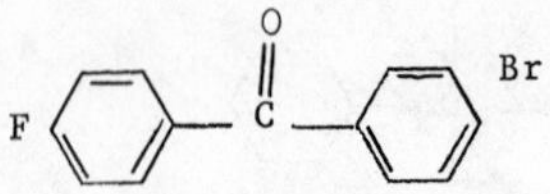	105.57
50.	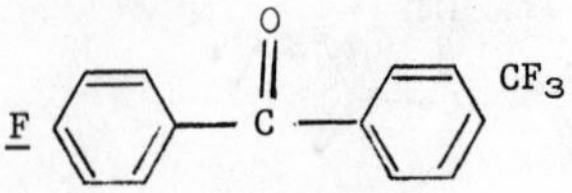	105.29
51.	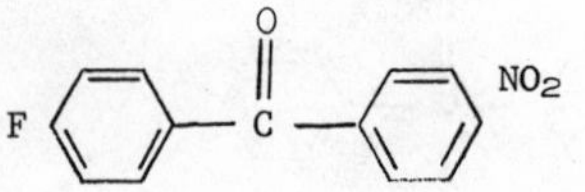	104.67
52.	$(CF_3)_2C\underline{F}C_6H_5$	183.35
53.	$CF_3CF_2C\underline{F}_2CF_2C_6H_5$	111.75
54.	$CF_3CF_2CF_2C\underline{F}_2C_6H_5$	123.25
55.	$CF_3C\underline{F}_2CF_2CF_2C_6H_5$	126.07
56.	$C\underline{F}_3CF_2CF_2CF_2C_6H_5$	81.78
57.	$(C\underline{F}_3)_2C(OH)C_6H_5$	74.80
58.	$(CF_3)_2CFC_6H_5$	76.27
59.	$C\underline{F}_3CF_2C_6H_5$	85.59
60.	$CF_3C\underline{F}_2C_6H_6$	115.80
61.	$FSO_2C_6H_5$	-65.50
62.	$FC(O)C_6H_5$	-17.1
63.	m-$FC_6H_4CH_3$	114.33
64.	m-$FC_6H_4NO_2$	109.70
65.	m-$FC_6H_4OCH_3$	112.10
66.	m-FC_6H_4F	110.12

APPENDIX II

SOLVENT LIST

Solvent Number	Solvent
1.	$CFCl_3$
2.	CCl_4
3.	$(CH_3)_2SO$ *(DSMO)*
4.	H_2O
5.	Conc. H_2SO_4
6.	BF_3
7.	CF_3Cl
8.	F_2
9.	$(CH_3)_2CO$
10.	$CHCl_3$
11.	CH_2ClCN
12.	Neat
13.	$CDCl_3$
14.	$(C_2H_5)_2O$
15.	WF_6
16.	IF_7
17.	IF_5
18.	ReF
19.	$HC(O)N(CH_3)_2$ *(DMF)*
20.	SO_3

SOLVENT LIST (cont.)

Solvent Number	Solvent
21.	Analyzed as a gas
22.	CH_3OH
23.	C_6H_6
24.	$CF_3C(CH_3)FC(CH_3)FCF_2CF_2CF_3$
25.	CH_3CN
26.	$C_6H_5NO_2$
27.	C_2H_5OH
28.	$i\text{-}C_3H_7OH$
29.	SF_6
30.	$CS_2\text{-}(CH_3)_2CO$ Mixture
31.	$CFCl_3\text{-}CDCl_3$ Mixture
32.	C_6H_{12}
33.	CD_3CN
34.	Same as solvent 19
35.	$HOCH_2CH_2OH$
36.	$ClCH_2CH_2OH$
37.	$(CD_3)_2CO$
38.	CH_2Cl_2
39.	$(CH_2)_4O$ *(THF)*
40.	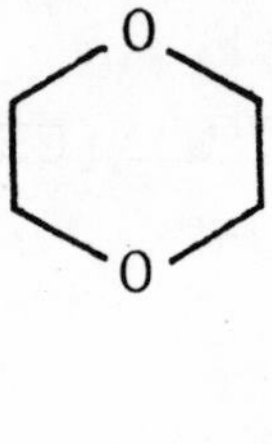

SOLVENT LIST (cont.)

Solvent Number	Solvent
41.	Aqueous methanol
42.	$C_6H_5CH_3$
43.	HF
44.	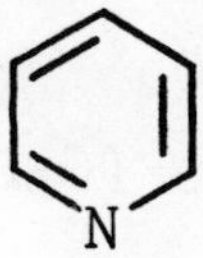
45.	C_6H_{12}
46.	FSO_3H
47.	FSO_3H-SbF_5-SO_2 Mixture
48.	SO_2
49.	NH_3
50.	CF_3COOH
51.	CS_2
52.	Analyzed in solid state
53.	SbF_5-SO_2 Mixture
54.	SbF_5-HF Mixture
55.	$(CH_3)_2O$
56.	$C_6H_5OCH_3$
57.	$(C_2H_5)_2S$
58.	$(C_2H_5)_3N$
59.	$CH_3C(O)N(CH_3)_2$
60.	C_6F_6

SOLVENT LIST (cont.)

Solvent Number	Solvent
61.	$ClCH_2CH_2Cl$
62.	NF_3
63.	Same as solvent 19
64.	CH_3NO_2
65.	$CFCl_3$-$(C_2H_5)_2O$ Mixture
66.	B_8F_{12}
67.	$C_6H_5CF_3$